Der Praktische Imker

Natürliche Bienenzucht

von Michael Bush

Der Praktische Imker, Natürliche Bienenzucht

X-Star Publishing Company
Nehawka, Nebraska, USA
xstarpublishing.com

587 Seiten
146 Abbildungen

ISBN: 978-161476-095-5

Widmung

Dieses Buch ist Ed und Dee Lusby gewidmet, die wahre Pioniere in modernen Methoden der natürlichen Bienenzucht waren und Erfolg im Umgang mit der Varroamilbe und anderen neuen Themen hatten. Danke, dass ihr uns an eurem Wissen teilhaben lasst.

Über dieses Buch

Dieses Buch handelt davon, wie man Bienen auf natürliche und praktische Weise mit möglichst geringen Eingriffen züchtet, ohne Schädlings- und andere Krankheitsbehandlungen anwenden zu müssen. Es geht also um eine einfache, praktische Bienenzucht. Es geht darum, Ihnen weniger Arbeit zu machen. Deshalb handelt es sich hierbei nicht um ein konventionelles Buch über Bienenzucht. Viele der enthaltenen Konzepte sind alles andere als konventionell. Die vorgestellten Techniken sind über Jahrzehnte des Experimentierens, Anpassens und Vereinfachens gereift. Der Inhalt wurde geschrieben und anschließend über die Jahre in Antwort auf Fragen aus Bienenforen verfeinert, sodass er die Zweifel, die neue und erfahrene Bienenzüchter haben, ausräumt.

Anstelle eines umfangreichen Inhaltsverzeichnisses gibt es eine einfache Kapitelübersicht. Das Buch wurde in drei Teilen geschrieben; die vorliegende Ausgabe enthält alle drei: Anfänger, Mittlere Stufe und Fortgeschrittene.

Danksagung

Sicher werde ich viele vergessen zu nennen, die mich auf diesem Weg begleitet haben. Zum einen sind mir viele nur dem Namen nach bekannt, den sie in den vielen Bienen-Foren verwendet haben, in denen sie von ihren Erfahrungen berichteten. Unter denen, die mich immer noch unterstützen, sind natürlich Dee, Dean und Ramona und all die wundervollen Menschen der Organic Beekeeping Group bei Yahoo. Sam, du bist mir immer eine Inspiration. Toni, Christie, ich danke euch für euren Zuspruch. Auch all denen, die in den Foren immer wieder die gleichen Fragen gestellt haben, weil ihr mir gezeigt habt, was in dieses Buch gehört und weil ihr mich motiviert habt, die Antworten darauf zu verfassen. Und natürlich all denen, die darauf bestanden haben, dass ich dies in Form eines Buches tue.

Vorwort

Ich fühle mich wie G.M. Doolittle, als er sagte, dass er schon alles, was er wusste, kostenlos in den Bienenzeitschriften niedergeschrieben hatte und die Leute ihn dennoch baten, ein Buch zu schreiben. Auf meiner Website ist alles virtuell erreichbar und ich habe es viele Male in Bienenforen veröffentlicht. Es gibt hier wenig Neues und das meiste ist kostenlos auf meiner Website erhältlich (www.bushfarms.com/bees.htm). Aber viele von uns verstehen die vergängliche Natur des Internets und möchten gern ein greifbares Buch im Regal stehen haben. Mir geht es genauso. Hier ist nun also das Buch, das man auch kostenlos hätte lesen können, um es in der Hand zu halten und es in dem Wissen ins Bücherregal zu stellen, dass man es greifbar hat.

Ich habe viele Vorträge gehalten und einige davon auch ins Netz gestellt. Wenn Sie Interesse daran haben, einige davon von mir vorgetragen zu bekommen, dann suchen Sie im Netz am besten Videos unter den Stichwörtern „Michael Bush beekeeping" oder „Königinnenzucht". Das Material ist ebenfalls unter www.bushfarms.com/bees.htm zusammen mit den PowerPoint-Präsentationen meiner Vorträge zu finden.

Inhaltsverzeichnis

Teil I Anfänger

Die Zusammenfassung

Von den Bienen lernen

"Lass die Bienen es dir sagen"-Bruder Adam

Die Zusammenfassung (im englischen BLUF genannt – Bottom Line Up Front; ein Schreibstil, in dem die Schlussfolgerungen schon am Anfang präsentiert werden) steht dafür, was dieses Kapitel erreichen will. Ich will Ihnen mit der Zusammenfassung eine Abkürzung zeigen, mit der Sie Erfolg in der Bienenzucht haben werden. Es ist nicht so, dass der Rest nicht lesenswert wäre, aber der Rest dreht sich ausschließlich um Einzelheiten und Details. Mit einer Bitte um Entschuldigung an C.S. Lewis, der in *Das Pferd und sein Junge* sagte *„Niemand lehrt so gut das Reiten wie ein Pferd"*: ich denke, dass Sie verstehen müssen, dass *„niemand die Bienenzucht so gut lehrt wie die Bienen."* Hören Sie auf sie und sie werden Ihnen alles beibringen.

Vertrauen Sie den Bienen

„Es gibt einige Faustregeln, die nützliche Orientierung bieten. Eine davon ist: wenn Sie ein Problem im Bienenstand haben und nicht wissen, was Sie tun sollen, dann tun Sie erst einmal nichts. Es wird selten davon schlimmer, dass Sie nichts tun und viel häufiger schlimmer, wenn Sie auf falsche Weise eingreifen." —The How-To-Do-It book of Beekeeping, Richard Taylor

Wenn Sie im Geiste eine Frage damit beginnen: „Wie erreiche ich, dass die Bienen...", dann denken Sie schon jetzt falsch. Wenn Sie Ihre Frage so formulieren: „Wie kann ich die Bienen dabei unterstützen, was sie versuchen zu tun...", dann sind Sie auf dem besten Weg dazu, ein Bienenzüchter zu werden.

Hilfsmittel

Hier ist nun also die knappe Antwort auf jede Bienenzuchtfrage. *Stellen Sie den Bienen die Hilfsmittel zur Verfügung, die sie brauchen, um das Problem zu lösen und lassen Sie es die Bienen tun. Wenn Sie die nötigen Mittel nicht bereitstellen können, dann senken Sie den Bedarf der Bienen an diesen Hilfsmitteln.*

Wenn die Bienen zum Beispiel bestohlen werden, dann braucht es mehr Bienen, um den Bienenstock zu beschützen. Wenn Sie das nicht ermöglichen können, dann sollten Sie den Eingang auf eine Bienenbreite reduzieren und so den Durchgang von Thermopylae schaffen, „in dem Anzahl egal war". Wenn Sie Probleme mit Wachsmotten im Stock haben, dann brauchen Sie mehr Bienen, um die Waben zu beschützen. Wenn Sie nicht mehr Bienen dazugeben können, dann sollten Sie den Bereich verkleinern, der beschützt werden muss, indem Sie leere Waben und ungenutzte Teile entfernen.

Mit anderen Worten: entweder Sie geben den Bienen die notwendigen Mittel oder Sie begrenzen ihren Bedarf an zusätzlichen Mitteln, die Sie nicht haben.

Wundermittel

Die meisten Bienenprobleme haben mit der Königin zu tun.

Es gibt wenige Lösungen, die so universell in ihrer Anwendung und in ihrem Erfolg sind wie die folgende: fügen Sie über die Dauer von drei Wochen jede Woche einen offenen Brutrahmen aus einem anderen Stock ein. Das ist ein absolutes Wundermittel für alle möglichen Probleme mit der Königin. Es gibt den Bienen die nötigen Pheromone, um eierlegende Arbeiter zu unterdrücken. Dadurch gibt es in dem Moment, in dem die Königin keine Eier legt, mehr Arbeiter. Die Anwendung funktioniert genauso, wenn die Königin unbegattet ist. Es stellt die notwendigen Mittel zur Verfügung, um eine Königin heranzuziehen. Es ist außerdem ganz einfach zu handhaben. Es ist nicht notwendig, die Königin zu finden, sich die Eier anzuschauen oder eine akkurate Problemdiagnose zu betreiben. Wenn Sie Probleme mit der Weiselrichtigkeit der Königin oder keine Brut haben sollten oder wenn Sie Sorge haben, dass es keine Königin gibt, dann ist dies eine einfache Lösung, bei der Sie nicht lange warten, hoffen und raten müssen. Sie geben den Bienen einfach, was sie brauchen, um die Lage zu meistern. Wenn Sie Zweifel an der Weiselrichtigkeit des Stocks haben, dann geben Sie ihm frische Brut und gehen Sie ruhig schlafen. Wiederholen Sie das einmal die Woche zwei Wochen lang, wenn Sie sich immer noch nicht sicher sind. Bis dahin werden sich die Dinge von selbst richtig gestellt haben

Wenn Sie Angst davor haben, die Königin aus einem weiselrichtigen Stock umzusetzen, weil Sie nicht gut darin sind, die Königin zu identifizieren, dann schütteln oder kämmen Sie alle Bienen ab, bevor Sie die Königin dazugeben.

Wenn Sie Sorge haben, die Eier aus einem neuen Paket oder einem kleinen Volk zu entnehmen, denken Sie daran, dass die Bienen nur wenig in die Eier investiert haben und dass die Königin weit mehr Eier legen kann, als ein kleines Volk wärmen, füttern und aufziehen kann. Wenn Sie einen Rahmen mit Eiern aus einem kleinen neuen Stock entnehmen und sie in leere Waben oder ausgebaute Waben umfüllen, dann hat das nur geringe Auswirkungen auf das Spendervolk und kann gegebenenfalls das Empfängervolk retten, falls es ohne Königin ist. Falls das Empfängervolk keine Königin brauchte, werden einfach die Leerstände aufgefüllt, während die neue Königin begattet wird und nichts durcheinander bringt.

Das erspart Ihnen eine Menge Sorgen und eine Menge Analyse. Stattdessen können Sie den Bienen die nötigen Mittel bereitstellen und dann beobachten, was die Bienen tun. Daraus können Sie schließen, was das wirkliche Problem war. Wenn die Bienen keine Königin heranziehen, dann gibt es wahrscheinlich schon eine unbegattete Königin. Wenn sie eine Königin heranziehen, dann gab es ganz offensichtlich vorher keine, oder die Königin, die die Bienen hatten, war nicht ausreichend.

Warum dieses Buch?

Ich schätze, dass Sie hinter den Bergen leben, wenn Sie noch nicht davon gehört haben, dass Honigbienen und Bienenzüchter heutzutage in Schwierigkeiten sind. Die Probleme sind komplex, weitreichend und meist neueren Ursprungs. Sie stellen in jedem Fall eine Bedrohung für die Bienenzuchtindustrie dar, aber darüber hinaus auch für viele Pflanzen, die wir als Nahrungsmittel brauchen und für viele andere Pflanzen, die Teil unserer natürlichen Umgebung sind.

„Leute, die sagen, dass etwas nicht erreicht werden kann, sollten nicht diejenigen unterbrechen, die dabei sind, es zu erreichen."- George Bernard Shaw

Es wird kontrovers diskutiert, ob es überhaupt möglich ist, Bienen ohne Behandlungen zu züchten, aber es gibt viele von uns, die genau das tun und damit erfolgreich sind.

Während die meisten unter uns Bienenzüchtern große Anstrengungen unternehmen, um die Varroamilben zu bekämpfen, kann ich zum Glück sagen, dass meine größten Probleme bei der Bienenzucht darin bestehen, hier im Südosten Nebraskas meine Ableger durch den Winter zu bringen und Stöcke anzulegen, die mir vom Heben keine Rückenschmerzen bereiten, oder mir einfachere Wege der Bienenfütterung auszudenken.

Ich habe mir also vorgenommen, zum Einen über die jüngsten Probleme in der Bienenzucht zu schreiben und zum Anderen darüber, wie man mit weniger Arbeit mehr Erfolg in der Bienenzucht haben kann.

Dazu sollten wir uns einen kurzen Überblick über die Probleme in der Bienenzucht und ihre Lösungen verschaffen. Die Details sind in den folgenden Kapiteln und Buchteilen zu finden.

Nicht-nachhaltiges Bienenzuchtsystem
Schädlinge in der Bienenzucht

Warum haben wir Probleme in der Bienenzucht? Es gibt viele neuere Schädlinge und Krankheiten, die sich in den letzten 30 Jahren ihren Weg nach Nordamerika (und an die meisten anderen Orte der Welt) gebahnt haben (siehe das Kapitel *Feinde der Bienen*). Wie jemand einmal gesagt hat: „Sie können die Bienen nicht genauso halten, wie es Ihr Großvater getan hat, denn die Bienen Ihres Großvaters sind tot." Die meisten von uns Bienenzüchtern haben schon ein oder mehrere Male in den letzten Jahrzehnten alle Bienen verloren, und es scheint immer schlimmer zu werden. Schädlinge sind ein Teil des Problems, das wir Bienenzüchter haben, aber es gibt auch noch andere.

Begrenzter Genpool

In Nordamerika verfügen wir nur über einen begrenzten Genpool und mit Pestiziden, Schädlingen und übereifrigen Programmen, um die Afrikanisierte Honigbiene zu kontrollieren, haben wir die Taschen von wilden Bienen geleert, und nur die Königinnen zurückgelassen, die von Leuten gekauft wurden. Wenn Sie bedenken, dass es nur eine Handvoll von Zuchtköniginnen gibt, die 99% aller Königinnen liefern, dann erklärt das den ziemlich kleinen Genpool. Dieser Makel wurde früher durch wilde Bienen und durch Menschen, die ihre eigenen Königinnen heranzogen, ausgeglichen. Aber nach der neuesten Mode zieht kaum noch jemand seine eigene Königin heran; vielmehr werden alle ermuntert, ihre Königinnen ausschließlich zu kaufen, insbesondere in Gebieten der Afrikanisierten Honigbiene.

Kontaminierung

Ein weiteres Problem in der Schädlingsproblematik ist die Standardantwort von Experten zum Einsatz von Pestiziden im Bienenstock, um Milben und andere Schädlinge zu töten. Diese Pestizide sammeln sich im Wachs an und führen zu sterilen Drohnen, die ihrerseits ein Scheitern der Königin verursachen. Die Einschätzung, die ich von einem Experten zum Thema gehört habe, besagt, dass der Anteil der stillen Unweiselung bei dreimal pro Jahr liegt. Das bedeutet, dass die Königin dreimal jährlich ausgewechselt wird. Mich hat das sehr überrascht, weil die meisten meiner Königinnen drei Jahre alt sind.

Falscher Genpool

Ein anderes Problem, den Bienen mit Pestiziden und Antibiotika zu helfen, liegt darin, dass Sie Bienen fortpflanzen, die nicht überlebensfähig sind. Das ist genau das Gegenteil von dem, was wir brauchen. Als Bienenzüchter sollten wir diejenigen Bienen sich fortpflanzen lassen, die überleben *können*. Außerdem tragen wir dazu bei, dass sich auch die Schädlinge weiter vermehren können, die dann resistent genug sind, um unsere Behandlungen zu überleben. Wir züchten also kümmerliche Bienen und mächtige Schädlinge. Jahrelang haben wir Bienen gezüchtet, die keine Drohnen heranziehen, die größer sind und die weniger Propolis verwenden.

Dies schafft Probleme für die Fortpflanzung (weniger Drohnen und größere Bienen ergo größere und langsamere Drohnen); zudem können sich die Bienen weniger gegen Viren verteidigen (weniger Propolis).

Chaos im Ökosystem des Bienenvolks verursachen

Ein Bienenvolk ist in sich selbst ein System aus nützlichen und gutartigen Pilzen, Bakterien, Hefen, Milben, Insekten und anderer Flora und Fauna, die in ihrem Überleben von den Bienen abhängen und von denen wiederum die Bienen abhängen, um den Pollen zu fermentieren und Krankheitserreger zu verdrängen. Jegliche Schädlingskontrolle zielt darauf ab, Milben und Insekten zu töten. Die von Bienenzüchtern verwendeten Antibiotika sollen entweder Bakterien (durch Terramycin, Tylosin, ätherische Öle, organische Säuren oder Thymol) oder aber Pilze und Hefen (durch Fumidil, ätherische Öle, organische Säuren oder Thymol) bekämpfen. Das Gleichgewicht dieses sensiblen Systems im Stock wird durch all diese Behandlungen gestört. Jüngst sind Bienenzüchter auf ein neues Antibiotikum, Tylosin, umgestiegen, das langlebiger ist und gegen das die nützlichen Bakterien keine Chance haben, um Abwehrkräfte zu bilden; Züchter sind ausserdem auf Ameisensäure als Behandlungsmittel umgestiegen, was den PH-Wert versäuert und viele Mikroorganismen im Stock abtötet.

Das Kartenhaus des Bienenzüchtens

Bienenzüchter haben also auf Grundlage von Ratschlägen des USDA (US-Landwirtschaftsministerium) und der Universitäten dieses sensible System der Bienenzucht geschaffen, das von Chemikalien, Antibiotika und Pestiziden abhängt, um zu funktionieren. Sie züchten damit weiter resistente Schädlinge heran, die diese Behandlungen überleben können, verschmutzen außerdem den gesamten Wachsvorrat mit ihren Giften (da wir unsere Mittelwände aus diesem kontaminierten Wachs herstellen, schließen wir damit den Kreis) und züchten darüber hinaus Königinnen, die ohne all diese Behandlungen nicht mehr überlebensfähig sind.

Wie schaffen wir ein nachhaltiges Bienenzuchtsystem?
Hören Sie mit den Behandlungen auf

Der einzige Weg, um ein nachhaltiges Bienenzuchtsystem zu schaffen, ist, mit den Behandlungen aufzuhören. Die Behandlung führt in eine Todesspirale, die irgendwann zusammenbricht. Um dies auszuhebeln, müssen Sie allerdings Ihre Königinnen aus lokalen Bienen heranzüchten. Nur dann haben Sie Bienen, die genetisch dazu fähig sind, zu überleben und Parasiten, die im Einklang mit ihrem Wirt und mit den lokalen Umweltbedingungen stehen. Solange wir Behandlungen einsetzen, haben wir als Ergebnis schwächere Bienen, die nur überleben, wenn wir weiter behandeln und stärkere Parasiten, die nur dann überleben, wenn sie sich schnell genug weiterentwickeln, um unseren Behandlungen standzuhalten. Es kann einfach kein stabiles Verhältnis entstehen, solange wir nicht mit den Behandlungen aufhören.

Das andere Problem liegt darin, dass die genetisch und umweltbedingt geschwächten Bienen sterben werden, wenn wir mit den Behandlungen aufhören. Selbst diejenigen, die genetisch dazu in der Lage sind, in einer sauberen (nicht verschmutzten) Umgebung zu überleben, sind darauf angewiesen, dass wir ihnen diese Umgebung anbieten können, oder sie werden ebenfalls sterben. Wie sieht also diese Umgebung aus?

Sauberes Wachs

Wir brauchen sauberes Wachs. Wenn wir Mittelwände benutzen, die aus wiederverwendetem, kontaminiertem Wachs stammen, dann kommen wir damit nicht weit. Der weltweite Wachsvorrat ist inzwischen mit Akariziden verschmutzt. Nur natürliche Waben können uns sauberes Wachs liefern.

Natürliche Zellgröße

Als nächstes müssen wir Bienenzüchter die Schädlinge auf natürliche Weise in den Griff bekommen. Wir werden darauf im Laufe des Buchs noch öfter zurückkommen, aber Dee und Ed Lusby sind zu der Erkenntnis gelangt, dass die Lösung in der natürlichen Zellgröße liegt.

Die Mittelwand (eine mögliche Kontaminierungsquelle im Stock, da die existierenden Bienenwachsvorräte Pestizidablagerungen aufweisen) ist dazu gedacht, dass die Bienen ihre Zellen in der Größe erbauen, die wir haben wollen. Da die Arbeiterbienen eine Größe haben und die Drohnen eine andere, und Bienenzüchter seit mehr als hundert Jahren die Drohnen als Feinde der Produktion ansehen, haben die Bienenzüchter die Mittelwand normalerweise als Kontrollmittel für die Zellgröße genutzt. Diese basierte zunächst auf der natürlichen Zellgröße. Frühe Mittelwände waren zwischen 4,4 mm und 5,05 mm dick. Dann hat aber jemand (zuerst Franz Huber) beobachtet, dass Bienen verschieden große Zellen bauen, dass große Bienen aus großen Zellen und kleine Bienen aus kleinen Zellen stammen. Daraufhin hat Baudoux beschlossen, dass man größere Bienen erhalten könnte, wenn denn die Zellen größer gebaut wären. Die Annahme lautete, dass größere Bienen mehr Nektar saugen könnten und damit produktiver seien. Deshalb haben wir heutzutage eine Standardzellgröße in der Mittelwand von 5,4 mm. Wenn Sie bedenken, dass bei 4,9 mm die Wabe etwa 20 mm dick ist und bei 5,4 mm die Wabe eine Dicke von etwa 23 mm erreicht, dann macht das natürlich einen Unterschied im Fassungsvermögen. Laut Baudoux liegt das Fassungsvermögen bei einer 5,5 mm-Zelle bei 301 Kubikmillimetern, bei einer Zelle von 4,7 mm liegt es bei 192 Kubikmillimetern. Die natürliche Zellgröße reicht von 4,4 mm bis zu 5,1 mm, wobei 4,8 mm oder kleiner die übliche Größe im Herzen des Brutnestes ist.

Wir haben es also mit unnatürlich vergrößerten Zellen zu tun, die unnatürlich große Bienen hervorbringen. Wir werden das noch genauer im Kapitel *Natürliche Zellgröße* im Zweiten Teil betrachten. Die Kurzfassung ist: mit einer natürlichen Zellgröße bekommen wir die Varroapopulation in den Griff und können unsere Bienen endlich ohne all die Behandlungen am Leben erhalten.

Natürliche Nahrung

Honig und echter Pollen sind die richtigen Nahrungsmittel für Bienen. Zuckersirup hat einen deutlich höheren PH-Wert (6,0) als Honig (zwischen 3,2 und 4,5). Zucker hat außerdem einen höheren Alkalibestand.

Um es anders auszudrücken: Honig hat einen deutlich niedrigeren PH-Wert als Zuckersirup. Honig ist säurehaltiger. Dies beeinträchtigt die Fortpflanzungskapazität so ziemlich jeder

Brutkrankheit bei Bienen inklusive der Nosemaseuche. Alle Brutkrankheiten vermehren sich weit besser bei einem Zucker-PH-Wert (6,0) als bei einem Honig-PH-Wert (~4,5). Davon abgesehen sind Honig und echter Pollen viel nahrhafter als Pollenersatz und Zuckersirup. Künstlicher Pollenersatz schafft kurzlebige, kranke Bienen.

Lernen

Anfänger, egal in welchem Gebiet, scheinen sich oft ein wenig überwältigt zu fühlen. Bevor wir also richtig einsteigen, sollten wir über das Lernen sprechen.

Das wichtigste, was man im Leben lernen kann, ist, wie man lernt. Ich gebe oft Computerunterricht und habe mein Leben lang als Lehrer gearbeitet. Ich liebe es, etwas zu lernen. Dennoch habe ich entdeckt, dass die meisten Menschen nicht wissen, wie man richtig lernt. Hier also einige Regeln zum Lernen, von denen ich glaube, dass viele sie nicht kennen.

Regel 1: Wenn Sie keine Fehler machen, dann lernen Sie gar nichts. Ich hatte mal einen Chef im Baugewerbe, der zu sagen pflegte: „Wenn Sie keine Fehler machen, dann nur, weil Sie nichts tun." Das mag stimmen, aber manchmal tut man einfach immer wieder die selben Sachen, so oft, dass man nichts mehr falsch machen kann. Aber wenn man etwas lernt, dann macht man dabei eben Fehler! Das ist einfach so. Das Fehlermachen und das Lernen gehen Hand in Hand. Wenn Sie keine Fehler machen, dann nur, weil Sie nicht über das Ihnen Bekannte hinaus gehen, und wenn Sie nicht darüber hinaus gehen, dann können Sie nichts lernen.

Die Schüler in meinem Computerunterricht berichten oft davon, wie ihre Kinder schnell und einfach lernen, mit Computern zu arbeiten, und dass sie selbst wünschten, dass es für sie auch so leicht wäre. Ich erkläre ihnen, warum es für die Kinder leicht ist. Sie haben keine Angst davor, Fehler zu machen. Kinder sind es gewöhnt, etwas falsch zu machen, Erwachsene hingegen nicht. Wenn Sie lernen wollen, sollten Sie sich daran gewöhnen, Fehler zu machen. Lernen Sie aus ihnen.

Ich habe die Geschichte eines jungen Mannes gehört, der eine Stelle als Bankdirektor angenommen hatte. Die Person, die vor ihm diese Stelle hatte, war über 40 Jahre lang auf demselben Posten gewesen und hatte dem Unternehmen viel Geld eingebracht. Der junge Mann fragte ihn vor seinem Abschied um Rat und der ältere Mann sagte, dass man gute Entscheidungen treffen muss, um der Bank Geld einzubringen. Daraufhin fragte der junge Mann „Und wie treffen Sie gute Entscheidungen?", woraufhin der ältere Mann entgegnete: „Indem Sie schlechte Entscheidungen treffen und aus ihnen lernen.“

Letztendlich ist das der *einzige* Weg, um etwas zu lernen. Machen Sie Fehler und lernen Sie aus ihnen. Ich sage nicht, dass Sie nicht auch aus den Fehlern anderer Leute oder aus Büchern lernen können, aber am Ende müssen Sie auch Ihre eigenen Fehler machen.

Regel 2: Wenn Sie nicht ratlos sind, dann lernen Sie nichts. Wenn Sie etwas lernen wollen, sollten Sie sich daran gewöhnen, ratlos zu sein. Ratlosigkeit ist das Gefühl, das Sie haben, wenn Sie versuchen, etwas herauszubekommen. Erwachsene können das als verstörend empfinden, aber es gibt keinen anderen Weg, um etwas zu lernen. Wenn Sie an das letzte Kartenspiel zurückdenken, dass Sie gelernt haben, dann wurden Ihnen die Regeln erklärt, die Sie sich nicht alle merken konnten, aber Sie haben trotzdem einfach angefangen zu spielen. Die ersten paar Spiele waren furchtbar, aber dann haben Sie begonnen, die Regeln zu verstehen. Aber das war erst der Anfang. Sie haben gespielt, bis Sie herausgefunden haben, strategisch zu spielen. Aber bis Sie richtig gut geworden sind, waren Sie zunächst einmal ratlos. Stück für Stück haben sich dann die Regeln und die Strategien zusammengefügt und ergaben einen Sinn. Der einzige Weg von A nach B führt durch eine Phase der Ratlosigkeit.

Das Problem beim Lernen und unserer Weltansicht ist, dass wir denken, dass alles linear dargestellt werden kann. Sie können diese Tatsache lernen und dann diese und jene und am Ende kennen Sie alle Daten. Aber in Wirklichkeit gibt es keine linearen Datensätze, sondern Beziehungsgefüge. Das Verständnis setzt sich aus solchen Beziehungsgefügen und Prinzipien zusammen. Dabei gibt es keinen Anfangs- und Endpunkt, weil es eben keine Linie gibt, sondern Kreise und Kreise innerhalb dieser Kreise. Sie können also an einem Punkt anfangen und weitermachen, bis Sie die grundlegenden Beziehungen verstehen.

Regel 3: Beim wirklichen Lernen geht es nicht um Fakten, sondern um Beziehungen. Es ist wie bei einem Puzzle. Sie können einfach irgendwo anfangen, obwohl es noch nach gar nichts aussieht. Sie sortieren Elemente nach Farbe und Muster aus und dann beginnen Sie, sie zusammenzufügen. Alles, was Sie über ein beliebiges Puzzleteil lernen, ist Teil des ganzen Puzzles und hängt mit allen anderen Teilen zusammen.

Die Tatsachen sind dabei nur die einzelnen Puzzleteile. Aber Sie müssen die Beziehung der Teile zueinander verstehen, weil die Einzelteile für sich keinen Sinn ergeben, solange Sie sie nicht zusammenfügen. Die Verknüpftheit der Dinge ist eine der ersten Sachen, die Sie lernen müssen, um lernen zu können.

Ein besserwisserischer Reporter hat Albert Einstein einmal gefragt, wie viele Fußeinheiten eine Meile ausmachten. Einstein sagte, dass er keine Ahnung habe. Der Reporter zog ihn damit auf, dass er es nicht wusste. Daraufhin sagte Einstein, dass dafür Bücher existierten, um solche Dinge nachzuschlagen. Er wollte seinen Kopf nicht mit Fakten zuschütten.

Es ist viel wichtiger, wenige Tatsachen im Kopf zu haben und stattdessen die Beziehungen zu verstehen, als viele Tatsachen im Kopf zu haben und keine Beziehungsgefüge. Es ist besser, nur einen kleinen Teil des Puzzles zusammenzufügen, als mehre Einzelteile zu haben, von denen aber keines mit einem anderen verbunden ist. Streben Sie also nicht Wissen an, sondern Verstehen, und das Wissen kommt von allein.

Regel 4: Wichtiger als etwas zu wissen ist es, zu wissen, wie Sie es herausfinden. Tom Brown Jr. hat ein Handbuch zum Überleben geschrieben. Ich lese ständig Überlebenshandbücher, aber normalerweise frustrieren sie mich, weil sie Rezepte angeben. Nehmen Sie dieses und jenes, und dann tun Sie dies und das und schon haben Sie einen Unterschlupf. Das Problem ist aber, dass Sie im wirklichen Leben kein einziges dieser Materialien zur Verfügung haben werden. Tom Brown Jr. jedoch zeigt in seinem Kapitel zu Unterschlupfen, wie er *gelernt* hat, selbst einen zu bauen. Ihnen zu sagen, *wie* man einen Unterschlupf baut, ist völlig verschieden davon, Ihnen zu sagen, wie man *lernt*, einen Unterschlupf zu bauen. Was Sie im Leben lernen wollen, ist ja nicht, welche die richtige Antwort ist, sondern wie Sie die Antworten finden können. Wenn Sie das gelernt haben, können Sie die Materialien und Situationen einfach anpassen.

Die übliche Methode besteht darin, sich umzusehen und aufmerksam zu sein. Tom Brown Jr. hat gelernt, einen Unterschlupf zu bauen, indem er Eichhörnchen zugesehen hat, aber er hätte genauso gut jedes andere beliebige Tier beobachten können, das einen Unterschlupf braucht und hätte von ihm lernen können. Zu beobachten, wie andere Personen oder Tiere ihre Probleme lösen und diese Lösungen dann anzupassen, ist ein Weg, um etwas zu lernen.

Bienengrundlagen

Um Bienen zu züchten, brauchen Sie ein Grundverständnis ihres Lebenszyklus und ihres jährlichen Volksrhythmus. Sie haben es hier mit zwei verschiedenen Organismen zu tun: der einzelnen Biene (die als Einzelorganismus nicht lange überleben kann) und mit dem Superorganismus des Bienenvolks.

Der Lebenszyklus einer Biene

Bienen gehören einer von drei Hauptkasten an: Königin, Arbeiter oder Drohne. Die Königin ist die einzige Biene, die sich fortpflanzt, aber selbst sie kann das nicht ganz allein. Sie ist die einzige Biene, die sich paart, während einer einzigen Phase in ihrem Leben, die nur ein paar Tage dauert, und dann legt sie den Rest ihres Lebens Eier. Die Arbeiter, je nach Alter, füttern den Nachwuchs, bilden Waben, lagern Honig ein, putzen, bewachen den Eingang oder sammeln Honig, Wasser oder Propolis. Die Drohnen verbringen ihre Tage damit, am frühen Nachmittag zum Drohnen-Sammelplatz zu fliegen und vor dem Einbruch der Dunkelheit wieder nach Hause zu fliegen. Sie verbringen ihr Leben in der Hoffnung, eine Königin zu finden, um sich mit ihr zu paaren. Wir wollen nun jede Kaste vom Ei bis zum Tod begleiten:

Königin

Wir werden mit der Königin anfangen, weil sie die Schlüsselfigur unter den Bienen ist und weil es normalerweise nur eine Königin gibt. Die Gründe dafür, dass Bienen eine Königin heranziehen, sind folgende: entweder sind sie königinnenlos (Notfall), sie haben eine unfruchtbare Königin (stille Unweiselung) oder sie schwärmen aus (Volksvermehrung).

Weiselunrichtigkeit

Jede einzelne Zelle hat kleine Unterschiede oder wird unter anderen Bedingungen erbaut, die beobachtet werden können. In einem königinnenlosen Stock kann man keine Königin finden, außerdem nur wenig Brut und keine ungeschlüpften Eier. Die Königinnenzellen gleichen einer Erdnuss, die an der Seite oder unter einer Wabe hängt. Wenn die Königin gestorben ist oder getötet wurde, dann nehmen die Bienen die jungen Larven, füttern ihnen Unmengen Königinnenfuttersaft (Gelée Royale) und bauen eine große hängende Zelle für die Larven.

Kreis der Dienerschaft

Stille Unweiselung

Bei einer stillen Unweiselung versuchen die Bienen, die Königin zu ersetzen, weil sie sie als erfolglos ansehen. Sie ist wahrscheinlich zwischen 2 und 4 Jahre alt, legt nicht viele fruchtbare Eier und stellt nicht mehr so viel Mandibeldrüsenpheromon (Königinnensubstanz) her. Diese Zellen befinden sich normalerweise auf der Vorderseite der Wabe, auf etwa 2/3 der Höhe der Wabe. Es gibt natürlich auch Ausnahmen. Jay Smith hatte eine Königin namens Alice, die auch mit 7 Jahren noch gute Eier legte, aber drei Jahre scheint die durchschnittliche Zeitspanne zu sein, nach der die Bienen die Königin austauschen.

Schwärmen

Schwarmzellen werden gebaut, um die Vermehrung des Superorganismus zu erleichtern. So beginnt das Volk, neue Kolonien zu gründen. Die Schwarmzellen befinden sich für gewöhnlich an der Unterseite der Rahmen und bilden das Brutnest. Normalerweise findet man sie ganz leicht, indem man die Brutkammer abtastet und sich die Unterseite des Rahmens anschaut.

Die Larven, die sich gut als zukünftige Königinnen eignen, sind diejenigen Arbeitereier, die gerade geschlüpft sind, was 3,5 Tage, nachdem das Ei gelegt wurde, passiert. Am 8. Tag (bei großen Zellen) oder am 7. Tag (bei natürlicher Zellgröße) wird die Zelle gedeckelt. Am 16. Tag (bei großen Zellen) oder am 15. Tag (bei natürlichgroßen Zellen) kommt die Königin zum Vorschein. Wenn das Wetter es erlaubt, kann sie am 22. Tag fliegen und, auch hier wenn das Wetter mitspielt, kann sie sich ab dem 25. Tag für die nächsten paar Tage paaren. Am 28. Tag sehen wir vielleicht schon Eier von einer neuen fruchtbaren Königin. Ab diesem Moment wird sie Eier legen (wenn das Wetter und die Vorräte es erlauben), bis sie unfruchtbar wird oder zu einem neuen Ort ausschwärmt und beginnt, dort Eier zu legen. Die Königin wird zwei bis drei Jahre lang leben, aber fast immer wird sie im dritten Jahr unfruchtbar und wird dann von den Arbeitern ersetzt. In einem Schwarm ziehen die Königinnen mit dem ersten (primären) Schwarm aus. Unbegattete Königinnen ziehen mit den Nachfolgenden, den Nachschwärmen.

Arbeiter

Ein Arbeiter-Ei hat denselben Beginn wie ein Königinnen-Ei. Es ist ein befruchtetes Ei. Beiden wird zunächst Gelée Royale gefüttert, aber die Arbeiter bekommen immer weniger, je mehr sie reifen. Beide schlüpfen nach 3,5 Tagen, aber die Arbeiter entwickeln sich langsamer. Ab dem Tag 3,5 heißen sie „offene Brut", bis sie verdeckt werden. Die Verdeckelung geschieht am 9. Tag (bei großen Zellen) und am 8. Tag (bei natürlichgroßen Zellen). Vom Tag der Verdeckelung bis zum Tag, an dem die Arbeiter zum Vorschein kommen, sprechen wir von "verdeckelter Brut". Sie taucht im 21. Tag (bei großen Zellen) oder am 18. oder 19. Tag (bei natürlichgroßen Zellen) wieder auf. Vom Zeitpunkt an, an dem sich die Bienen durch die Hülle kauen, bis zu dem Moment, an dem sie sich entkapselt haben, heißen sie „schlüpfende Brut". Nach dem Schlüpfen beginnt ein Arbeiter sein Leben als Ammenbiene, die junge Larven füttert (offene Brut). Diejenigen, die sagen, dass Arbeiter unvollständige Weibchen sind, während die Königin ein voll funktionstüchtiges Weibchen ist, sollten bedenken, dass nur Arbeiterbienen „Milch" für die Brut produzieren können. Nur Arbeiterbienen können die Jungen füttern und umsorgen. Die Königin verfügt nicht über die richtigen Drüsen, um Futter für die Jungen zu produzieren und hat nicht die Fähigkeiten, sich um sie zu kümmern. Weder die Arbeiter noch die Königin sind „vollständige Mütter"; es braucht beide, um die Jungen aufzuziehen. Arbeiter und Königinnen sind anatomisch auf viele Weisen verschieden. Nur eine Arbeiterbiene verfügt über Futtersaftdrüsen, um die Jungen zu ernähren. Nur eine Arbeiterin hat Körbe, um Pollen und Propolis zu tragen. Nur eine Königin kann fruchtbare Eier legen. Nur eine Königin kann genug Pheromone produzieren, um den Stock richtig arbeiten zu lassen.

Arbeiterbiene beim Propolis-Sammeln

Während der ersten beiden Tage wird die neu geschlüpfte Arbeiterin Zellen säubern und Hitze für das Brutnest produzieren. Die nächsten drei bis fünf Tage wird sie ältere Larven ernähren und die folgenden 6 bis 10 Tage junge Larven und Königinnen (falls es welche geben sollte). Während dieser Phase von einem bis zu zehn Tagen handelt es sich um eine Ammenbiene. Zwischen dem Tag 11 und 18 wird die Arbeiterbiene Honig machen, sie wird ihn nicht sammeln, aber sie wird den Nektar reifen lassen, ihn den Sammelbienen abnehmen, ihn zurückbringen und Waben bilden.

Zwischen dem 19. und dem 21. Tag sind die Arbeiter für die Lüftung zuständig, oder als Wehrbienen oder Hausmeister tätig, die den Stock aufräumen und den Müll rausbringen. Zwischen dem 11. und dem 21. Tag sind sie Stockbienen. Ab dem 22. Tag bis zu ihrem Lebensende sind sie Sammelbienen. Arbeiterbienen leben, außer im Winter, normalerweise sechs Wochen oder weniger. Sie arbeiten sich zu Tode, indem sie so lange fliegen, bis ihre Flügel zu zerfetzt sind, um zu fliegen. Wenn die Königin unfruchtbar wird, dann kann eine Arbeiterbiene Eierstöcke entwickeln und beginnen, Eier zu legen. Normalerweise handelt es sich dabei dann um Drohnen-Eier, von denen sich mehrere in einer Arbeiterbienenzelle befinden.

Drohnen

Drohnen stammen aus unbefruchteten Eiern. Für diejenigen, die sich etwas mit Genetik befasst haben: sie sind haploid, was bedeutet, dass sie nur ein eine Satz Gene haben, wohingegen Arbeiter und Königinnen diploid sind, das bedeutet, dass sie einen doppelten Gensatz haben. Drohnen sind größer als Arbeiterbienen, und dicker, aber kleiner als eine Königin. Sie haben ein stumpfes Hinterteil, legen große Eier und haben keinen Stachel. Die Eier schlüpfen nach 3,5 Tagen. Die Zellen werden am zehnten Tag verdeckt (bei großen Zellen) oder am neunten Tag (bei natürlichgroßen Zellen). Die Drohnen tauchen am Tag 24 (bei großen Zellen) oder zwischen dem 21. und dem 24. Tag (bei natürlichgroßen Zellen) auf. Ein Bienenvolk zieht Drohnen dann heran, wenn reichlich Ressourcen vorhanden sind, damit es Drohnen gibt, die sich mit der Königin paaren können, wann immer es nötig ist. Es ist nicht klar, welchen anderen Zweck sie erfüllen, aber da ein durchschnittlicher Stock etwa 10.000 oder mehr von ihnen im Laufe eines Jahres großzieht, und nur eine oder zwei von ihnen sich tatsächlich jemals paaren, mag es sein, dass sie noch eine andere Funktion erfüllen. Bei Ressourcenknappheit werden die Drohnen aus dem Stock verjagt und verhungern oder erfrieren. Während ihrer ersten Lebenstage erbetteln sie Futter von den Ammenbienen. Die folgenden paar Tage ernähren sie sich aus den offenen Zellen im Brutnest (wo sie sich normalerweise aufhalten). Nach etwa einer Woche beginnen sie zu fliegen und sich umzuschauen und nach etwa zwei Wochen fliegen sie regelmäßig am frühen Nachmittag zu den Drohnen-Sammelplätzen und bleiben bis zum Abend. Diese Plätze sind Sammelstätten für Drohnen und außerdem der Ort, an dem die Königinnen sich paaren. Wenn eine Drohne das „Glück" hat, sich zu paaren, dann klemmt sich die

Königin auf ihr Glied und reißt es an der Wurzel aus. Die Drohne wird aufgrund dieser Verletzung sterben. Die Königin speichert das Sperma in einem besonderen Gefäß (Samentasche) und gibt es ab, wenn sie Eier legt. Wenn das gespeicherte Sperma zu Ende geht, dann paart sich die Königin nicht erneut, sondern sie wird unfruchtbar und wird von den Bienen ersetzt. Ich denke, dass der Ruf der Drohnen, nutzlos zu sein, nicht berechtigt ist; sie sind sogar sehr wichtig. Ihr Ruf besagt nicht nur, dass sie nutzlos sind, sondern auch, dass sie faul sind, was nicht stimmt. Sie fliegen jeden Tag, an dem das Wetter es erlaubt, bis sie völlig erschöpft sind und versuchen, ihre Art zu erhalten.

Der Jahreszyklus eines Bienenvolks

Da wir uns den Zyklus anschauen werden, beginnen wir mit dem Jahresanfang im Winter. Ich kann davon berichten, was in Nebraska passiert. Für Ihren Standort sollten Sie lokale Bienenzüchter befragen.

Winter

Das Volk versucht, den Winter mit ausreichenden Vorräten zu beginnen, nicht nur, um den Winter zu überleben, sondern auch, um genug Vorrat zu haben, um das Volk im Frühjahr zu vermehren. Hierfür braucht das Volk ordentliche Honig- und Pollenreserven. Das Bienenvolk scheint den ganzen Winter über zu schlummern. Die Bienen fliegen normalerweise nicht, bis die Temperaturen auf etwa 10º C ansteigen. Die Bienen erhalten die Wärme den ganzen Winter über in der Traube und das Volk wird kleine Gruppen von Nachwuchs aufziehen, um den Bedarf an jungen Bienen zu decken. Diese kleinen Gruppen fordern viel Energie und die Traube muss für sie ausreichend warm gehalten werden. Zwischen den einzelnen Nachwuchsgruppen erholt sich das Volk. Sobald neue Vorräte an frischem Pollen ankommen, wird das Volk sich ernsthaft an den Aufbau machen. Der frühe Pollen stammt normalerweise vom Ahorn und von Weidenkätzchen (an meinem Standort geschieht das im späten Februar oder frühen März). Wenn aber das Wetter nicht warm genug zum Fliegen ist, dann werden die Bienen keine Möglichkeit haben, an den Pollen heranzukommen. Bienenzüchter legen zu dieser Zeit oft Futterteig aus, damit der Aufbau nicht vom Wetter abhängt.

Frühling

Im Frühling befindet sich das Volk im Aufbau. Zu diesem Zeitpunkt sollte mindestens ein Brutsatz großgezogen worden sein. So richtig los geht es dann mit der ersten Blüte, normalerweise von Löwenzahn oder frühen Obstbäumen. Hier in Nebraska sind das wilde Pflaumen und Virginische Traubenkirschen, die etwa Mitte April blühen. Ab da, bis Mitte Mai wird das Volk den Schwarm vorbereiten. Die Bienen werden versuchen, fertig zu bauen und dann das Brutnest mit Nektar anzufüllen, damit die Königin keine Eier legen kann. Dies löst eine Kettenreaktion aus, die zum Ausschwärmen führt. Je länger die Königin keine Eier legt, desto mehr verliert sie an Gewicht, damit sie fliegen kann. Je weniger Brut es gibt, um die man sich kümmern muss, desto mehr arbeitslose Ammenbienen gibt es (die dann ausschwärmen können). Sobald eine kritische Masse an arbeitslosen Ammenbienen erreicht ist, werden sie Schwarmzellen bilden, die Königin wird dort ihre Eier legen und das Volk wird ausschwärmen, kurz bevor die Zellen verdeckelt werden. All dies geschieht unter der Annahme, dass ausreichend Ressourcen zur Verfügung stehen und der Bienenzüchter nicht eingreift. Wenn das Volk beschließt, nicht auszuschwärmen, dann konzentriert es sich auf das Nektarsammeln. Wenn die Bienen aber beschließen zu schwärmen, dann verlässt die alte Königin mit vielen jungen Bienen den Stock und versucht, anderswo ein neues Heim zu finden. Währenddessen wird in wenigen Wochen eine neue Königin erscheinen, die dann wiederum einige Wochen später beginnt, Eier zu legen. Die verbliebenen Sammelbienen tragen die Ernte ein, um Vorräte für den nächsten Winter anzulegen.

Sommer

Hier in Nebraska findet die Haupttracht im Sommer statt und darauf folgt normalerweise die Sommerflaute. Sie scheint, zumindest an meinem Standort, vom Regen beeinflusst zu werden. Manchmal, wenn der Regen zur richtigen Zeit kommt, gibt es überhaupt keine Sommerflaute, aber üblicherweise gibt es eine. Die Tracht beginnt etwa Mitte Juni und hört auf, wenn alles vertrocknet ist. Manchmal kommt es zu Dürren, in denen es keinen Nektar gibt, dann legen die Königinnen keine Eier mehr. Ich schätze, dass der Großteil meines Nektars aus Sojabohnen, Luzernensprossen, Klee und einfachen Gräsern stammt. Das hängt natürlich immer vom Klima ab.

Herbst

In Nebraska haben wir für gewöhnlich auch eine Herbsttracht. Sie besteht hauptsächlich aus Knöterich, Goldrute, Astern und Zichorien, außerdem aus Sonnenblumen, Cassia fasciculata und anderen Gräsern. In manchen Jahren reicht das aus, um eine Honigblase zu machen. In anderen Jahren ist es nicht genug, um die Bienen durch den Winter zu bekommen und ich muss sie füttern. Etwa Mitte Oktober hört die Königin auf, Eier zu legen und die Bienen bereiten sich auf den Winter vor.

Produkte aus dem Bienenstock

Bienen produzieren eine Reihe verschiedener Dinge. Die meisten davon werden den Bienen von den Menschen abgenommen.

Bienen

Viele Züchter ziehen Bienen heran und verkaufen sie. Paketbienen aus dem Süden der USA sind meist ab April erhältlich.

Larven

Viele Menschen auf der Welt essen Bienenlarven. Hier in den USA ist das allerdings nicht sehr verbreitet. Um die Larven zu züchten (was die Bienen tun müssen, um neue Bienen zu haben), brauchen sie Nektar und Pollen. Den Bienen Sirup, Honig und Pollen oder Pollenersatz zu füttern, ist eine Form, um sie im Frühling anzuregen, mehr Brut und damit mehr Bienen zu produzieren.

Propolis

Die Bienen stellen Propolis aus Baumsaft her, der mit Enzymen, den die Bienen produzieren, gemischt und dadurch verarbeitet wird. Manchmal mischen sie den Saft auch mit Bienenwachs.

Die Substanz stammt meistens aus Knospen der Pappelfamilie wie Pappeln, Zitterpappeln, Pyramidenpappeln oder Tulpenbäumen. Sie wird im Stock verwendet, um alles auszukleiden. Es handelt sich hierbei um eine antimikrobielle Substanz, die verwendet wird, um den Stock zu sterilisieren sowie ihn strukturell zu stützen. Alles im Stock wird hiermit zusammengeklebt. Öffnungen, die die Bienen zu groß finden, werden hiermit verkleinert. Die Menschen benutzen Propolis als Nahrungsmittelergänzung und als topisches antimikrobielles Mittel für Schnittwunden, Fieberblasen und ähnliches. Es tötet sowohl

Bakterien als auch Viren ab. Es gibt Propolisfallen, deren einfache Variante darin besteht, ein Siebblatt über den Stock zu legen, es dann aufzurollen, und im Gefrierfach einzufrieren. Danach wird es gefroren ausgerollt, wodurch das Propolis herausbricht.

Wachs

Jedes Mal, wenn die Arbeiterbienen ihren Magen mit Honig angefüllt haben und keinen Speicherplatz mehr für ihn haben, fangen sie an, Wachs durch ihren Bauch abzugeben. Das meiste Wachs wird dann dafür verwendet, um Waben zu bauen. Einiges fällt auf den Boden des Stocks und bleibt ungenutzt. Für Menschen ist das Bienenwachs essbar, obwohl es keinen besonderen Nährwert hat. Es wird als Grundlage für verschiedene Dinge genutzt wie z.B. für Kerzen, Möbelpolitur und Kosmetik. Die Bienen benötigen es, um ihren Honig auf Vorrat legen zu können und um ihre Brut aufzuziehen. Um an das Wachs zu gelangen, muss man entweder die Waben aufschlagen und den Honig abfließen lassen, oder man benutzt Zelldeckel, die eingeschmolzen und gefiltert werden.

Pollen

Der Pollen hat einen hohen Nährwert. Er ist reich an Proteinen und Aminosäuren. Er ist als Nahrungsmittelzusatz sehr beliebt und viele glauben, dass er bei Allergien hilft, insbesondere, wenn der Pollen in derselben Region gesammelt wurde. Die Bienen benötigen den Pollen, um ihre Brut zu füttern. Pollenfallen gibt es zu kaufen, es gibt aber auch Anleitungen, um eigene Pollenfallen zu bauen. Das Prinzip der Pollenfalle besteht darin, die Bienen zu zwingen, durch ein schmales Loch zu krabbeln (#5-Maschendraht) und dabei ihren Pollen abzustreifen, der durch einen Rahmen hindurch in einen Auffangbehälter fällt. Der Rahmen muss groß genug sein, dass der Pollen, aber nicht die Bienen, hindurchfallen (#7-Maschendraht). Einige Pollenrahmen dürfen nur einen Teil der Zeit eingesetzt werden, damit der Stock seine Brut nicht verliert, weil sie keinen Pollen gefüttert bekommt. Jede zweite Woche, mit einer Woche Pause dazwischen, scheint ein guter Rhythmus zu sein. Ein anderes Problem mit Pollenrahmen ist, dass Drohnen weder ein noch aus können und falls eine neue Königin herangezogen wird, kann sie nicht nach draußen fliegen bzw. kommt sie nicht wieder in den Stock zurück. Wenn Sie allergisch sind und versuchen, Ihre Allergien mit Pollen zu behandeln, dann nehmen Sie zunächst nur kleine Mengen Pollen zu sich, bis Sie eine bestimmte Toleranz aufbauen oder bis Sie die Reaktionen bekommen, die Sie behandeln möchten. Wenn die Reaktionen auftreten, dann nehmen Sie weniger oder gar keinen Pollen zu sich, je nachdem wie schwerwiegend Ihre Symptome sind.

(Photo von Theresa Cassiday)

Bestäubung

Ein „Produkt" der Bienenzucht ist, dass die Bienen Blüten bestäuben. Bestäubung wird oft als Dienstleistung verkauft. Zwischen 50 und 150 Dollar (je nach Menge der Bienen) für anderthalb große Schachteln ist ein üblicher Preis für die Bestäubung. Die Bestäubungskosten entstehen auch, weil die Bienenstöcke zu einer bestimmten Zeit entfernt und später wieder angebracht werden müssen, damit die Bäume (oder anderen Pflanzen) gespritzt werden können. Es ist weniger üblich, dass eine Bezahlung stattfindet, wenn die Bienen das ganze Jahr über am selben Ort belassen werden können und keine Pestizide verwendet werden. In diesem Fall haben beide Parteien etwas davon, sowohl der Imker als auch der Landwirt, und es findet keine Bezahlung statt, obwohl es üblich ist, dem Landwirt hin und wieder ein Glas Honig zu geben.

Honig

Honig ist das am meisten bekannte Produkt des Bienenstocks und ist, in welcher Form auch immer, das Hauptprodukt. Die Bienen sammeln Honigvorräte für den Winter und wir Bienenzüchter nehmen ihn als „Mietzahlung". Honig wird aus Nektar gemacht, der hauptsächlich aus verwässerter Saccharose besteht, die von den Enzymen der Bienen in Fruktose verwandelt wird und dann entwässert wird, um sie dickflüssiger zu machen.

Honig wird normalerweise als Extrakt verkauft (flüssiger Honig in einem Glas), als Stückwabenhonig (ein Stück Honigwabe in Honig getränkt in einem Glas) oder Wabenhonig (hier befindet sich der Honig noch in der Wabe). Dieser Honig wird in Ross Rounds hergestellt, als Honig in Sektionsrähmchen, und verschiedenen anderen Formaten. Honig wird außerdem als cremiger Honig verkauft (in kristallisierter Form mit kleinen Kristallen).

Da das Thema immer wieder aufkommt: jeder Honig (außer vielleicht Tupelohonig) kristallisiert irgendwann, einige früher, andere später. Einige Honigsorten kristallisieren innerhalb eines Monats, andere brauchen etwa ein Jahr. Der Honig ist aber weiterhin essbar und kann durch Erhitzen auf etwa 100° C auch wieder flüssig gemacht werden. Kristallisierter Honig kann gegessen werden, oder zerstoßen werden, um cremigen Honig daraus zu machen. Oder er kann an die Bienen verfüttert werden, damit sie Wintervorräte haben. Honig kristallisiert am schnellsten und am besten bei 14°C. Je näher er an dieser Temperatur ist, desto schneller kristallisiert er.

Gelée Royale (Königinnenfuttersaft)

Das Futter, das einer Königin während ihrer Aufzucht gegeben wird, wird meistens in Ländern gesammelt, in denen die Arbeitskraft günstig ist und wird dann als Nahrungsmittelzusatz verwendet.

Vier einfache Schritte für gesunde Bienen

Ich habe diese schon kurz unter *Warum dieses Buch* angesprochen, aber wir werden sie uns jetzt genauer anschauen.

Zunächst werden wir folgende vier Dinge besprechen: die Wabe, Genetik, natürliches Futter und keine Behandlungen. Lassen Sie uns die Argumente überspringen und uns stattdessen darauf konzentrieren, welche Tatsachen bekannt sind und was wir damit anfangen können.

Waben

Ich denke, dass die ganze Diskussion um die Zellgröße und die Frage, ob sie bei der Varroa-Krankheit eine Rolle spielt oder nicht etwas ermüdend ist. Ich habe mit Varroa in meinen Bienenständen keine Probleme mehr, und dennoch scheint jedes Bienentreffen, zu dem ich gehe, sich zur Hälfte um das Thema Varroa zu drehen. Ich bin auf natürlich große und kleine Zellen schon zu einem Zeitpunkt umgestiegen, an dem niemand daran glaubte, dass es möglich wäre, Bienen ohne Behandlung am Leben zu erhalten. Nachdem ich mehrmals versucht hatte, ohne Behandlungen auszukommen, und dies für mich ganz schreckliche Konsequenzen hatte, war auch ich zunächst zu demselben Schluss gekommen. Aber nachdem ich auf kleine und normalgroße Zellen umgestiegen bin, bin ich froh, endlich wieder Bienen züchten zu können, statt mich ständig mit Plagen zu beschäftigen. Für manche mag diese Anekdote vielleicht nicht ausreichen, so wie es für mich nicht ausreichte, es von anderen zu hören, bis ich es selbst ausprobiert habe. Aber im Gegensatz zu mir scheint es Personen zu geben, die nicht bereit sind, es selbst zu versuchen. Aber sehen wir uns doch mal an, welche Optionen Sie haben:

Sie können annehmen, dass die Zellgröße überhaupt nicht entscheidend ist, wenn Sie so wollen. Das scheint eine ziemlich zweifelhafte Annahme zu sein, denn wir wissen, dass in Wirklichkeit alles mit der Zellgröße zu tun hat. Wenn es keine bedeutende Veränderung darstellt, den Körper einer Biene auf 150% von dem zu vergrößern, was eigentlich von der Natur angedacht war, dann weiß ich nicht, was Sie überhaupt als bedeutende Veränderung ansehen würden. Wir kennen diese Tatsache seit Hubers Beobachtungen und haben außerdem stapelweise Untersuchungen von Baudoux, Pinchot, Gontarski und anderen, sowie jüngere Forschungen von McMullan und Brown (The influence of small-cell brood combs on the morphometry of honeybees (Apis mellifera)—John B. McMullan und Mark J.F. Brown).

Optionen
Natürliche Zellgröße

Sie können annehmen, was Sie wollen, wenn es um die natürliche Zellgröße geht. Aber letztendlich ist der einzige Weg, zu einer natürlichen Zellgröße zu gelangen, aufzuhören, den Bienen Kunstwaben zu geben und sie selbst bauen zu lassen, wie sie wollen. Das ist genau das, was Bienen normalerweise tun würden, und obendrein bedeutet es weniger Arbeit und weniger Kosten für Sie. Außerdem ist es die einzige Möglichkeit, nicht-kontaminierte Waben zu schaffen (suchen Sie im Internet nach einem Video von Maryann Frasier über die Kontaminierung von Akariziden in neuen Kunstwaben). Ich denke, wir haben hier eine absolute win-win-Situation. Selbst unter der Annahme, dass die Zellgröße unwichtig wäre, hat noch niemand behauptet, dass die natürliche Zellgröße schädlich für die Bienen sei und niemand, den ich kenne, würde behaupten, sauberes Wachs sei schlecht für die Bienen. Die meisten sind inzwischen sehr überzeugt davon, dass sauberes

Wachs ganz entscheidend ist, um wirklich gesunde Bienen zu haben.

Warum sollen sie nicht bauen, wie sie wollen?

Warum sollten Sie den Bienen verbieten wollen zu bauen, wie sie wollen? Viele befürchten, dass die Bienen dann nur noch Drohnen produzieren würden, das habe ich von vielen Bienenzüchtern gehört. Das ist natürlich nicht so. Wenn dem so wäre, dann hätte es ja nie Wildbienen gegeben. Wenn Sie wissen möchten, wie viele Drohnenwaben die Bienen bauen werden, wie viele Drohnen sie produzieren und wie Sie das beeinflussen können, dann lesen Sie die Studie von Clarence Collison zum Thema (Levin, C.G. and C.H. Collison. 1991. The production and distribution of drone comb and brood in honey bee (Apis mellifera L.) colonies as affected by freedom in comb construction. BeeScience 1: 203-211.). Letztendlich wird die Menge der Drohnen von den Bienen bestimmt, und wenn Sie ihnen diese Kontrolle von vornherein zugestehen, machen Sie sich und den Bienen das Leben leichter. Wenn die Bienen einen ganzen Rahmen voller Drohnenwaben in der Mitte des Brutnests gebaut haben, dann sollten Sie diesen an den äußersten Rand der Kiste setzen und einen neuen leeren Rahmen einfügen. Wenn Sie den Drohnenrahmen einfach entfernen, dann bleibt der Bedarf der Bienen an Drohnen ungedeckt und sie werden ganz einfach den nächsten Rahmen auch wieder mit Drohnenwaben füllen. So bestätigt sich dann der Mythos, dass Bienen nur Drohnen produzieren wollen.

Waben in Rahmen?

Eine andere Sorge mag sein, dass die Bienen ihre Waben nicht in Rahmen bauen. Sie werden ohne Kunstwaben genauso gut wie mit jeglichen Kunstwaben chaotisch bauen. Bei Plastikwaben ist es schlimmer als bei Rahmen ohne Kunstwaben. Aber wenn es Ihnen zu sehr durcheinander geht, dann schneiden Sie das Stück einfach ab und knoten es innerhalb des Rahmens fest, wenn es Brut ist, oder ernten Sie es ab, wenn es Honig ist.

Waben ohne Kunstwaben bauen?

Ich habe auch schon gehört, wie ältere Bienenzüchter den neuen erzählt haben, dass die Bienen ohne Kunstwaben überhaupt nicht von selbst Waben bauen würden. Das ist so vollkommen absurd, dass ich es gar nicht für nötig erachte, darauf noch weiter einzugehen.

Draht?

Ein weiterer Mythos scheint zu sein, dass man Draht braucht, um ernten zu können. Der Draht wird vor dem Bebauen durch die Bienen den Kunstwaben hinzugefügt, damit sich die Waben nicht durchhängen (das steht in jedem älteren Bienenzucht-Handbuch). Er wurde nicht dazu eingefügt, um die Ernte zu ermöglichen. Viele Leute, einschließlich mir, ernten von Rahmen ohne Kunstwaben und ohne Draht. Wenn Ihnen der Draht zur Aufhängung dient, dann verwenden Sie eben etwas Draht an ihren Rahmen, bringen den Stock auf die gewünschte Höhe und belassen es dabei. Ich bevorzuge Ständer, so kann ich die Kisten anheben und brauche keine Verdrahtung.

Wie arbeitet man ohne Kunstwaben?

* Mit einem einfachen Keilrahmen: brechen Sie einfach den Keil heraus und nageln Sie ihn seitlich fest.

* Mit genuteten Leisten: stecken Sie Holzstiele oder halbe Lackstifte in die Nut.

* Bei ausgebautem Wachs: schneiden Sie einfach das Zentrum der Wabe aus, dadurch lassen Sie eine Reihe von Zellen an den Kanten frei.

* Mit einem alten leeren Rahmen: stecken Sie ihn einfach zwischen zwei bebaute Brutrahmen.

* Mit einem Plastikkunstwabenrahmen: schneiden Sie einfach die Mitte der Kunstwaben heraus und lassen Sie eine Reihe von Zellen an den Außenkanten frei.

* Wenn Sie ihren eigenen Rahmen machen: schneiden Sie eine Abschrägung in die Leistenenden, die in einem Punkt auslaufen. Sie können Sie mit einer Breite von etwa 3 cm bauen.

Weniger Arbeit

Wie viel Arbeit bedeutet es, ohne Kunstwaben zu züchten? Wir haben darüber gesprochen, *wie* es gemacht wird, aber wie viel Aufwand steckt dahinter? Wenn Sie Standardkeilrahmen kaufen und die Keile um 90 Grad drehen, sie zusammenkleben und festnageln, dann haben Sie schon einen kunstwabenfreien Rahmen. Das ist ziemlich einfach. Sie hätten den Rahmen sowieso aufbrechen und neu vernageln müssen. Die anderen oben beschriebenen Methoden sind auf jeden Fall weniger aufwändig, als Kunstwaben zu verdrahten. Das einzige, was etwas kompliziert ist, sind die Plastikrahmen mit den eingesetzten Kunstwaben. Hier müssen Sie das Zentrum der Waben herausschneiden. Dazu kann man verschiedene Werkzeuge verwenden, meiner Meinung nach eignet sich ein heißes Messer dafür am besten. Eine Spannvorrichtung und ein Nuthobel sind ebenfalls von Nutzen, so geben Sie den Kanten Halt und Richtung. Wie lässt sich das mit Verdrahten, Heften, Kunstwaben anbringen, Einfassen etc. vergleichen? Oder damit, Plastik zu verwenden? Sie sparen vielleicht pro Blatt 1 Dollar, wenn Sie kleine Zellen haben wollen oder wenn Sie Plastikwaben haben wollen.

Nachteile?

Also, für weniger Geld und mit weniger Arbeit können Sie sauberes Wachs erhalten, natürlichgroße Zellen, ein natürliches Brutnest sowie eine natürliche Verteilung von Zellgrößen und Drohnen. Was ist der Nachteil dabei? Wenn Sie Ihre Brutkammern nicht verdrahten, dann kann es sein, dass Sie nach einem Transport (über holprige Straßen) an heißen Tagen und mit großen Rahmen zusammengebrochene Waben haben. Aber Sie könnten sie vorher verdrahten und so das Problem lösen. Sie müssten die Kästen außerdem besser im Gleichgewicht halten, was nicht so schwierig ist, Sie sollten einfach Gefälle ausgleichen, was Sie sowieso tun würden. Aber bei einem Transport braucht es natürlich einige Anstrengung, um das Gleichgewicht der Kästen die ganze Zeit über zu halten.

Zeitpunkt

Im Notfall können Sie jederzeit umrüsten und jede andere Methode verwenden. Wenn Sie Kunstwaben verwenden, kaufen Sie diese auch zu jedem beliebigen Zeitpunkt und fügen Sie ein. Manche Züchter wechseln ihre Waben alle fünf Jahre aus, andere nach kürzerer Zeit. Einige wechseln aus, wenn Sie neue Waben brauchen, aber wie dem auch sei: wenn Sie aufhören wollen, große Zellen zu benutzen und wenn Sie keine Behandlungen mehr durchführen wollen, dann werden Sie bald natürlich saubere Waben haben, aber der einzige Weg hierzu führt darüber, dass Sie sauberes Wachs haben und Ihre eigenen Waben herstellen.

Wenn Sie viele großzellige Kunstwaben haben, dann können Sie sie vielleicht an jemanden vor Ort verkaufen, der sie sonst im Katalog bestellt hätte und dieser Person den Versand ersparen.

Oder verkaufen Sie sie einfach billig, wenn Sie ungeduldig sind und einen kleinen finanziellen Verlust zugunsten gesünderer Bienen verkraften können. Sie können sich ausrechnen, wie viel Sie gewinnen werden, wenn Sie nicht mehr mit diesen Rahmen arbeiten müssen, von denen sowie nicht alle funktionieren.

Im schlimmsten Falle

Wir sollten uns anschauen, was im schlimmsten Fall passieren kann. Lassen Sie uns davon ausgehen, dass die Zellgröße nicht auschlaggebend ist. Es wäre unlogisch, davon auszugehen, dass die Bienen in natürlich großen Zellen *un*gesünder wären, im schlimmsten Fall ändert sich also nichts durch die Art der Zellen. Die Kosten sind niedriger, als wenn Sie Ihre kontaminierten Waben gegen kontaminierte Wachswaben eintauschen würden. Darin ist nur schwer ein Nachteil zu entdecken. Sie haben weniger Arbeit, als wenn Sie ihre Waben verdrahten würden. Sie haben auch weniger Kosten, als wenn Sie Ihre Waben verdrahten würden. Das Wachs wird nicht kontaminiert sein (es sei denn, Sie kontaminieren es) und wir *wissen*, dass die Wachskontaminierung dazu beiträgt, dass die Drohnen und Königinnen weniger fruchtbar sind und eine kürzere Lebensdauer haben. Wir wissen also auch, dass die Bienen gesünder und die Königinnen produktiver sein werden. Das war der schlimmstmögliche Fall, basierend auf Spekulationen zur Zellgröße und zu natürlichen Waben.

Im besten Falle

Im bestmöglichen Fall wird Ihnen der Umstieg helfen, Ihre Varroaprobleme zu lösen.

Keine Behandlungen

Ich weiß nicht, wie es Ihnen ergangen ist, aber bei großen Zellgrößen habe ich jedes Mal all meine Bienen verloren, wenn ich ein paar Jahre lang keine Behandlung angewandt habe. Und schließlich habe ich sie sogar verloren, obwohl ich mit Apistan behandelt habe. Es war klar, dass die Milben resistent geworden waren.

Ich habe von großen Organisationen gehört, die ihren gesamten Bestand verloren haben, *während* sie mit Apistan oder Checkmite behandelten. Wir sind also an einem Punkt angelangt, an dem – unabhängig von der Behandlung - alle Bienen regelmäßig komplett absterben. Ich denke, das Problem liegt oft darin, dass wir nicht „nichts tun" wollen. Wir wollen das Problem lösen und deshalb tun wir aus Verzweiflung alles, was die Experten uns raten. Aber was uns geraten wird, scheitert genauso. Nachdem ich all meine Bienen verloren hatte, *obwohl* ich sie behandelt hatte, sah ich keinen Grund mehr, sie weiter zu behandeln. Die Behandlung verlängert das Problem nur. Sie züchten so Bienen, die nicht überlebensfähig im Vergleich zu dem sind, was Sie bekämpfen; Sie kontaminieren die Waben und stören das ganze Gleichgewicht im Stock.

Ökologie des Stocks

Es ist unmöglich, das komplexe ökologische Gleichgewicht in einem natürlichen Bienenstock zu erhalten, wenn Sie gleichzeitig Gifte und Antibiotika in ihn hineinkippen. Der Stock ist ein System aus Mikro- und Makroleben. Es gibt mehr als 30 Sorten gutartiger oder nützlicher Milben, und genauso viele oder mehr Insekten und 8.000 oder mehr gutartige oder nützliche Mikroorganismen, die bislang identifiziert werden konnten. Einige von ihnen sind überlebenswichtig für die Bienen und von anderen wird vermutet, dass sie Krankheitserreger im Gleichgewicht halten. Jede Behandlung, die wir in unserem Stock zumuten, von ätherischen Ölen (die den Geruchssinn der Bienen stören, der im Dunkeln des Stocks das einzige Kommunikationsmittel darstellt, und die außerdem gute und schlechte Mirkoorganismen abtöten) angefangen über organische Säuren (die Mirkoorganismen sowie viele Insekten und gutartige Milben töten) hin zu Akariziden (Chemikalien, die Gliederfüßler wie Insekten und in etwas höherem Maße Milben töten) und Antibiotika (die die Mikroflora, die hauptsächlich gutartig oder nützlich ist, um das Gleichgewicht zu erhalten und Krankheitserreger zu bekämpfen) und sogar Zuckersirup (dessen PH-Wert schädlich für viele nützliche Organismen ist und der vielen Krankheitserregern wie EHB und AFB, Kalkbrut, Nosemaseuche etc. nützt, ganz im Gegenteil zum PH-Wert von Honig, der deutlich niedriger ist und Krankheitserreger bekämpft, während er nützlichen Organismen nicht schadet). Ich denke, dass wir an einem Punkt angelangt sind, an dem es dumm wäre, uns einfach weiter so zu verhalten, als ob wir bisher etwas Gutes getan hätten, während die Bienen trotzdem oder gerade auch deshalb sterben.

Nachteile beim Nichtbehandeln

Was sind also die Nachteile, wenn man nicht mehr behandelt? Im schlimmsten Fall sterben die Bienen. Aber das scheinen sie sowieso regelmäßig zu tun. Ich denke nicht, dass ich sie gefährde, indem ich ihnen eine natürliche nachhaltige Umgebung biete, in der sie sich fortpflanzen können. Ich zerstöre nicht völlig willkürlich ihr System, um einen bestimmten Teil in diesem System zu beseitigen, ohne Rücksicht auf das Gleichgewicht des Ganzen. Meiner Erfahrung nach haben die Leute, die gar nicht behandeln, auch bei großen Zellen nicht *weniger* Verluste als diejenigen, die behandeln. Bei kleinen oder natürlichgroßen Zellen sind die Verluste noch geringer. Aber selbst wenn Sie dieser ganzen Zellgrößendebatte keinen Glauben schenken, funktioniert es zumindest genauso gut, nicht zu behandeln wie zu behandeln. Auf den Bienentreffen im ganzen Land höre ich Leute, die wie ich ihre Bienen verloren haben, während sie pflichtbewusst behandelt haben, und die daraufhin die Behandlungen gestoppt haben. Ihren neuen Bienen geht es jetzt besser als denen, die sie vorher behandelt hatten. Ich fühle mich schlecht, wenn ich einen toten Stock sehe, aber ich sage damit der Genetik Lebewohl, die es nicht geschafft hat zu überleben.

Wenn Sie fürchten, dass Sie zu viele Verluste haben werden (ich schätze, dass Sie schon jetzt tatsächlich zu viele Verluste haben), und Sie diese Verluste nicht verkraften können, warum teilen Sie nicht einfach Ihren Bestand in zwei Teile auf und züchten den Winter über genügend Ableger, um im Frühjahr die Verluste mit Ihrem eigenen Stock auszugleichen? Wenn Sie die Trennung im Juli vollziehen, nachdem die Haupternte eingefahren ist, dann werden die Bienen normalerweise überwintern und, zumindest in meiner Region keinen Honigzuschuss brauchen. Sie können mittelmäßige Stöcke auch früher aufteilen, da sie sowieso nicht viel Ertrag einbringen, dann Zellen aus Ihrem besten Stock umsetzen und Sie werden keine großen Einbußen haben. Sie können auch einen Teil des starken Stocks kurz vor der Haupttracht abschneiden und einen guten Teil mit einer gut genährten Königin und mehr Honig bekommen.

Vorteile beim Nichtbehandeln

Was sind die Vorteile, wenn Sie nicht behandeln? Sie müssen keine Behandlungen *kaufen*. Sie müssen nicht zum Bienenstand *fahren*, um die Behandlungen anzuwenden. Sie müssen Ihr Wachs nicht kontaminieren oder das natürliche Gleichgewicht Ihres Stocks stören, indem Sie Mikro- und Makroorganismen töten, die Sie gar nicht loswerden wollten, die aber trotzdem von der Behandlung getötet werden. Wenn Ihnen das nicht als Vorteil ausreicht: Sie geben dem Ökosystem des Bienenstocks die Möglichkeit, sein natürliches Gleichgewicht wiederzufinden. Es ist ganz offensichtlich, dass Sie keine Bienen züchten können, die unter anderen Umständen überleben, solange Sie nicht mit den Behandlungen aufhören. Solange Sie weiterbehandeln, züchten Sie schwache Gene, und wissen nicht, welche Anfälligkeiten Ihre Bienen haben werden. Solange Sie weiter behandeln, züchten Sie schwache Bienen und Supermilben. Je eher Sie damit aufhören, desto eher werden Sie anfangen, Milben zu züchten, die sich an ihren Wirt anpassen und Bienen, die damit leben können.

Lokal angepasste Königinnen züchten

Ich sehe keine Nachteile darin, lokal angepasste Königinnen aus den stärksten überlebenden Bienen zu züchten. Wenn Sie von unbehandelten Bienen züchten, dann werden Sie Bienen erhalten, die dort wo Sie sich befinden trotz der ortsüblichen Bedrohungen überleben können. Sie werden sich mit lokalen wilden Bienen paaren, die auch überlebensfähig sind. Die Aussage, dass Sie keine Königinnen selber züchten können, die so gut sind wie gekaufte Königinnen, ist nichts als Werbung. Dasselbe gilt für die Aussage, dass es nötig sei, zu Beginn des Frühjahrs die Königin auszuwechseln. Frühe Königinnen sind oft nicht gut gepaart und nicht gut genährt. Wenn Sie nicht behandeln, nicht regelmäßig Ihre Königin auswechseln und zur Zucht die besten Überlebenden verwenden, dann werden Ihre Königinnen als folgenden Gründen besser sein als gekaufte:

- Sie sind lokal angepasst.

- Sie sind aus überlebensfähigen Bienen gezüchtet.

- Sie können sie zu bestimmten Zeitpunkten züchten, damit sie genug Futter und Drohnen zur Verfügung haben.

- Sie sind nie mit dem Versand verschickt worden und haben keine Unterbrechung zwischen der Paarung und dem Eierlegen im Nest. Dadurch haben sie besser entwickelte Eischläuche und produzieren bessere Pheromone. Dadurch leben sie länger, legen bessere Eier, schwärmen weniger und werden eher von den Bienen angenommen.

- Sie ersparen sich viel Arbeit. Wenn Sie die Königinnen für einen längeren Zeitraum behalten und diejenigen paaren, die die Ausmusterungen überstehen, dann werden Sie Bienen haben, die sich selbst wieder eine Königin züchten können. Das spart Ihnen die Arbeit, eine neue Königin zu finden und sie einzuführen, weil sich die Bienen selbst darum kümmern werden.

- Wenn Sie den Stock mit einer neuen Königin besetzen, können Sie Arbeit sparen, indem Sie die Zellen mit der neuen Königin besetzen, ohne die alte Königin zu suchen. Die neue Königin wird normalerweise akzeptiert und Sie verbringen nicht den ganzen Tag damit, die alte Königin zu suchen.

- Sie sparen viel Geld. Königinnen aus offener Zucht kosten zwischen 15 und 40 Dollar und Zuchtköniginnen sind noch deutlich teurer.

- Sie können ganz einfach Ersatzableger haben, und so Königinnen züchten, wann immer Sie sie brauchen.

Was ist mit der Afrikanisierten Honigbiene (AHB)?

Diejenigen in Gebieten mit AHB sind über diesen Ansatz besorgt. Ich wohne nicht in so einem Gebiet, aber ich denke, dass Abstammung kein Problem ist. Das Temperament ist entscheidender. Ebenso die Produktivität und das Überleben. Wenn Sie nur die friedlichen behalten und nur die agressiven mit einer neuen Königin versehen, dann sollte es funktionieren. Die Personen, die ich kenne, die in Gebieten der AHB leben, sind zu demselben Schluss gekommen. Ein anderes Thema, dass man bedenken sollte, ist, dass F1-Kreuzungen oft agressiv sind. Wenn Sie also weiter Bestände von außen in den Stock einführen, dann tragen Sie vielleicht dazu bei, sie aggressiv zu machen. Sie tun besser daran, sanfte Bienen auszuwählen und agressive Stöcke besser mit einer neuen Königin zu besetzen, die aus einem lokalen friedlichen Stock stammt.

Natürliche Nahrung

Es ist ganz einfach weniger Arbeit, natürliches Futter zu verwenden. Wenn ich nicht mit Pollenersatz füttere, dann brauche ich keine Pasteten zu machen. Wenn ich keinen Sirup füttere, brauche ich keinen Zucker zu kaufen und keinen Sirup herzustellen, ich muss nicht die Stände abfahren und jeden einzelnen füttern. Wenn ich den Bienen Honig zum Überwintern dalasse, dann brauche ich weniger Honig ernten, mit nach Hause nehmen, schleudern, ich brauche nicht wieder zurückzufahren, Sirup machen, zu den Ständen fahren um zu füttern usw. Es ist alles in allem einfach viel weniger Arbeit, selbst wenn Sie nicht glauben, dass Honig nahrhafter für die Bienen ist (obwohl ich mich dann frage, warum Sie Honig produzieren wollen, wenn Sie keinen Unterschied zwischen Honig und Zucker sehen). Es ist definitiv weniger aufwändig. Auch wenn Sie glauben, dass der pH-Wert egal ist (was ich ernsthaft bezweifeln möchte), ist es trotzdem weniger Arbeit, als Sirup zu machen und ihn zu verfüttern. Wenn es Ihnen um den Preisunterschied geht (ein Pfund Zucker kostet 40 Cent, ein Pfund Honig 2 Dollar), dann rechnen Sie die Zeit, um den Honig zu ernten, den Zucker zu kaufen, Sirup zu machen, ihn auf die Bestände zu verteilen, dann zurückzufahren usw. Wenn Sie das alles zusammenrechnen, dann kommen da nicht nur 60 Cent zusammen, es sei denn, Ihre Arbeitskraft ist nichts wert. Selbst wenn wir davon ausgehen, dass die Gesundheit der Bienen sich durch Honig bzw. Zucker nicht sehr unterscheidet und wenn wir ignorieren, dass sich die Nosemaseuche besser bei einem pH-Wert von Zucker verbreitet als bei einem pH-Wert von Honig, genauso wie Kalkbrut, EFB und AFB – wenn wir all dies außer Acht lassen, dann bleibt das als EINZIGER eventueller Unterschied der zwischen einem Volk, das überleben kann, und dem anderen, das sterben kann. Neue Pakete kosten hier etwa 80 Dollar.

Betrachten wie den pH-Wert näher

Zuckersirup hat einen deutlich höheren pH-Wert (6,0) als Honig (3,2 bis 4,5) - Zucker ist alkalihaltig. Im Gegensatz dazu hat Honig einen deutlich niedrigeren pH-Wert als Zuckersirup - Honig ist säurehaltiger. Dies beeinträchtigt die Fortpflanzungsfähigkeit praktisch jeder Brutkrankheit bei Bienen sowie der Nosemaseuche. Sie alle pflanzen sich besser bei einem pH-Wert von 6,0 als bei einem von 4,5 fort.

Beispiel Kalkbrut

„Niedrigere pH-Werte (in Pollen, Honig und Brutfutter) reduzieren die Vergrößerung und die Keimschlauchproduktion drastisch. Ascosphaera apis scheint ein hoch spezialisierter

Krankheitserreger für das Leben innerhalb einer Honigbienenlarve zu sein." – (Autor: Dept. Biological Sci., Plymouth Polytechnic, Drake Circus, Plymouth PL4 8AA, Devon, UK. Library code: Bb. Language: In. Apicultural Abstracts from IBRA: 4101024)

Ähnliche Information lässt sich auch für andere Bienenkrankheiten finden. Suchen Sie einfach im Internet nach pH-Wert und AFB, EFB oder Nosemaseuche und Sie werden vergleichbare Ergebnisse finden, wenn es um die Fortpflanzungsfähigkeit in Zusammenhang mit dem pH-Wert geht.

Die Unterschiede im pH-Wert beeinträchtigen andere gutartige und nützliche Organismen im Stock. Die anderen über 8.000 Mikroorganismen im Stock werden von pH-Wert-Schwankungen negativ beeinflusst. Zuckersirup unterbricht außerdem das Gleichgewicht im Stock durch die Veränderung des pH-Werts im Futter und im Verdauungskanal der Bienen.

Pollen

Wenn Sie keinen Pollenersatz verwenden, können Sie den Pollen im Stock belassen, oder wenn Sie wollen, können Sie ein oder zwei Stöcke beiseite nehmen (je nachdem, wie groß Sie die Aktion anlegen möchten) und ein paar Pfund Pollen beiseite legen, um damit im Frühling zu füttern. Frieren Sie den Pollen solange einfach ein. Ich lege den Pollen dann auf ein genutetes Brett auf einer stabilen Unterlage und stülpe eine Kiste mit einem Deckel darüber. So bleibt der Pollen von unten und von oben trocken und vor Regen geschützt.

Pollenfallen

Das teuerste sind meistens die Fallen. Wenn Sie zu Hause oder in der Nähe Ihres Hauses züchten, dann ist es das Einfachste, die Fallen jeden Abend zu leeren. So brauchen Sie keine Pollenpasteten zu kaufen und haben eine hochwertigere Ernährung sichergestellt.

Wenn Sie bezweifeln, dass der Pollen einen Unterschied macht, dann suchen Sie nach Forschungen zu Bienenernährung, in denen Pollen und Pollenersatz verglichen werden. Bienen, die mit Pollenersatz großgezogen werden, leben kürzere Zeit und sind schwächer.

Zusammenfassung

Was haben Sie zu verlieren? Sie können Bienen mit besseren Genen erhalten, wenn Sie sie selbst züchten; Sie haben saubere Waben, weil Sie keine Kunstwaben benutzen und keine Behandlungen einsetzen; Sie haben langlebige Bienen, weil Sie sauberes Wachs verwenden und echten Pollen füttern; Sie arbeiten weniger, weil Sie den Honig, den Sie füttern, nicht erst ernten müssen und keinen Sirup produzieren brauchen. Im schlimmsten Fall haben Sie einfach nur weniger Arbeit und im besten Fall haben Sie eine deutliche Verbesserung für die Gesundheit Ihrer Bienen erreicht. Im schlimmsten Fall, wenn Sie dies Stück für Stück umsetzen, verlieren Sie ein paar Bienen, was Ihnen jetzt auch schon passiert. Im besten Fall verlieren Sie weniger Bienen.

Eine andere Gewinnberechnung

Lassen Sie es uns mit einer anderen Gewinnberechnungsmethode versuchen. Wie viel Zeit, Benzin, Arbeit und Geld investieren Sie in Sirup, Fütterung, Pastetenauslegen, Behandlungen in den Stock einführen, Behandlungen wieder aus dem Stock entfernen, auch den allerletzten Rest Honig ernten, den Sie dann mit Sirup ersetzen müssen, Kunstwaben einfügen usw.? Wie viel Zeit und Honig würden Sie sparen, wenn Sie das alles nicht mehr tun würden? Wie viele Stöcke könnten Sie zusätzlich haben und wie viel Honig könnten Sie zusätzlich ernten?

Optionen

Zu viele Optionen?

Ich weiß, dass manche Menschen einfach jemanden haben möchten, der ihnen sagt, „tu dieses oder jenes" und dies akzeptieren. Ich denke auch, dass dies für Anfänger die besten Anweisungen sein können, die man ihnen geben kann, aber auf der anderen Seite war ich nie ein Freund der Idee, dass dieselbe Methode für jeden geeignet ist. Ich bevorzuge es, zu wissen, welche Optionen ich habe. Vielleicht fühlen sich Anfänger von den vielen Optionen überfordert, aber ich habe nicht das Gefühl, dass ich sicher sagen könnte, dass es nur eine richtige Antwort gibt, wenn es eben nicht so ist. Vielleicht sollte ich die Dinge, die ich selber hinter mir gelassen habe, hier auslassen, aber es gibt eine ganze Menge Dinge, die mir nützlich erscheinen und es ist schwer zu sagen, dass das eine besser als das andere wäre, wenn jedes seine Vorteile hat.

Bienenzuchtphilosophie

Einige dieser Optionen hängen mit Ihrer Philosophie und Ihrer Einstellung zusammen. In meinen Beispielen werde ich davon ausgehen, dass Sie natürlich große Zellen oder kleine Zellen haben möchten und dass Sie keine Behandlungen einsetzen wollen. Wenn Sie nun also zum Beispiel nicht mit Plastik arbeiten wollen, dann macht es keinen Sinn, Honey Super Cell, Mann Lake PF120s, PF100s, PermaComb oder PermaPlus in Erwägung zu ziehen. Sie können sich auf 4,9 mm Rahmen mit oder ohne Kunstwaben als mögliche Optionen konzentrieren. Aber wenn Sie kein Problem mit Plastik haben, dann wird Ihnen der PF120s viel Arbeit sparen, weil Sie keine kunstwabenfreien Rahmen mehr bauen müssen und er wird Ihnen im Vergleich zum Honey Super Cell auch viel Geld einsparen. Zu wissen, welche Optionen Ihnen zur Verfügung stehen, kann Ihnen also helfen, eine Entscheidung zu treffen.

Zeit und Energie

Hier stellt sich die Frage, ob Sie Zeit und Energie haben – ich zum Beispiel mag es, meine Rahmen auf 3,2 cm statt auf den Standard von 3,5 cm zuzuschneiden, aber das braucht Zeit, Energie und Werkzeuge. Also habe ich viele Mann Lake PF120s, die die Standardbreite haben und werde wahrscheinlich nie dazu kommen, sie zuzuschneiden.

Bienen füttern

Dasselbe trifft auf das Füttern zu. So ist es zum Beispiel praktisch, einen Oberlader zu haben, in den 20 Liter passen, damit Sie im Herbst einen Fernstand gut versorgen können, aber gleichzeitig ist das auch sehr teuer. Im eigenen Garten zu füttern kann dagegen gut mit Standbrettfütterung und häufigerem Nachfüllen funktionieren (was mich gar nichts kostet).

Diese Optionen zu haben bedeutet nicht, dass eine zwangsläufig besser als die andere ist, aber die eine mag in Ihrer bestimmten Situation nützlicher sein als die andere. Futtergeschirr für 200 Stöcke zu kaufen ist nicht sonderlich praktisch, also füttere ich meine Außenstände, wann immer es nötig ist, mit trockenem Zucker in leeren Kisten. Die Bienen fressen es, aber sie speichern es nicht. Das erspart es mir, Futtergeschirr zu kaufen, Sirup zu machen, es erspart den Bienen, ihre Waben mit Zuckersirup zu füllen und ich brauche keinen Zuckersirup zu ernten. Für mich funktioniert das sehr gut, muss aber für Sie nicht unbedingt genauso gut funktionieren.

Nehmen Sie sich Zeit

Meiner Meinung nach sind Optionen eine gute Sache, aber manchmal führen sie dazu, dass man als neuer Bienenzüchter, der keine großen Vergleichswerte kennt, übereilte Entscheidungen trifft. Eine gute Entscheidung wäre, die Bienenzucht langsam aufzubauen und nicht zu sehr in spezielle Ausrüstung zu investieren, bis Sie genug Zeit hatten, sie auszuprobieren. Viele Züchter haben viel Geld für Ausrüstung verschwendet, die sie bald nicht mehr benutzen. Natürlich besteht ein Teil der Erfahrung auch darin, zu sehen, was nicht unbedingt nötig ist und was Sie wirklich brauchen, statt einfach alles auszuprobieren, was auf dem Markt angeboten wird. Wenn Sie zum Beispiel mit einer leeren Kiste und trockenem Zucker füttern, ist das deutlich billiger, als Oberlader-Futtergeschirr zu kaufen.

Wichtige Entscheidungen

Es ist wichtig zu lernen, die wichtigen, schwer veränderbaren Entscheidungen von denen trennen zu können, die sich leicht rückgängig machen lassen.

Wenn Sie aufmerksam den Rest durchlesen, dann werden Sie sehen, dass fast nichts von dem, was ich kaufen würde, Teil eines Anfängersets für Bienenzüchter ist.

Es gibt viele Dinge beim Züchten, die Sie einfach verändern können, deshalb will ich sie hier nur kurz erwähnen. Aber es gibt andere Dinge, die eine Investition bedeuten und die sich später nur schwer wieder rückgängig machen lassen.

Dinge in der Bienenzucht, die sich einfach ändern lassen

Sie können immer auf einen Obereingang umsteigen. Sie brauchen einfach nur den unteren Eingang zu blockieren (mit einer 1,9 cm x 1,9 cm x 37 cm Eingangssperre, auf einem Standard-Unterbrett) und die Oberseite vorbereiten. Es ist nicht so, dass alles geändert werden muss, nur weil Sie einen Obereingang haben wollen.

Sie können in jedem beliebigen Moment entscheiden, ein Absperrgitter zu verwenden oder zu entfernen. Wahrscheinlich werden Sie früher oder später mal eines brauchen. Sie sind auch praktisch als Deckel für Behälter zu verwenden oder wenn Sie einen Schwarm einlogieren. Außerdem ist es nicht teuer, ein oder zwei Gitter vorrätig zu haben (oder nicht). Sie können aber auch problemlos später eines kaufen, wenn Sie keines haben sollten.

Sie können die Rasse der Bienen *sehr* einfach ändern. Sie werden wahrscheinlich hin und wieder die Königin austauschen, und selbst wenn Sie dabei bisher nicht die Rasse gewechselt haben, ist das Einzige, was Sie tun brauchen, eine andersrassige Königin zu kaufen und sie einzusetzen. Es ist nicht so entscheidend, welche Brut Sie aussuchen. Ich bezweifle, dass eine italienische, eine Carnica oder eine kaukasische Rasse, Sie enttäuschen wird. Wenn Sie entschieden haben, dass Sie wechseln wollen, dann ist das nicht schwer zu bewerkstelligen.

Dinge in der Bienenzucht, die sich nur schwer ändern lassen:

Komplizierter wird es bei Dingen, die eine Investition darstellen, mit der Sie leben müssen, es sei denn Sie betreiben großen Aufwand, um sie zu ändern.

Wenn Sie zum Beispiel kleine Zellen oder natürlich große Zellen haben wollen, dann ist es am besten, sie von Anfang an zu nutzen. Andernfalls werden Sie schrittweise alle großzelligen Waben auswechseln müssen, oder Sie müssen alle Bienen abschütteln, um die Waben komplett austauschen zu können. Wenn Sie Geld in Plastikrahmen investiert haben, dann wird das für Sie enttäuschend sein (ich habe hunderte von Blättern für große

Zellen in meinem Keller liegen und werde sie nie benutzen). Aber wenigstens verlieren Sie nicht Ihre gesamte Ausrüstung.

Wenn Sie ein typisches Anfängerset kaufen, dann bekommen Sie zehn Rahmen für die Brut und Honigrähmchen. Die zehn Rahmen wiegen 40 Kilo, wenn sie mit Honig gefüllt sind. Nun werden einige sagen, dass die Rahmen weniger wiegen, wenn sich auch Brut darin befindet. Das ist richtig. Aber früher oder später werden Sie mal einen Rahmen voller Honig haben und ihn vielleicht gar nicht hochheben können. Wenn Sie mittlere Rahmen auswählen, dann brauchen Sie bei einem Rahmen voller Honig nur etwa 25 Kilo hochheben. Bei acht mittleren Rahmen bedeutet das, dass Sie 25-Kilo-Kisten tragen müssen. Ich hatte mit dem Starterset begonnen und musste jede Kammer und jeden Rahmen auf die Hälfte zuschneiden. Dann habe ich die zehn Rahmenkammern auf acht reduziert. Es wäre sicher einfacher gewesen, acht mittlere Rahmen zu kaufen. Austauschbarkeit ist eine tolle Sache. Genutete Bretter kann man ganz einfach kaufen. Es ist schwieriger, die alten Bretter selber zurechtzuschneiden.

Wenn Sie von *allem* viel kaufen, bereuen Sie das später vielleicht. Gehen Sie Veränderungen also langsam an. Probieren Sie Dinge aus, bevor Sie viel Geld investieren. Nur weil jemand anderes etwas mag, heißt das noch lange nicht, dass Sie es auch genauso mögen werden.

Optionen, die ich empfehle
Wenn Sie also Ihre Auswahlmöglichkeiten reduzieren und erfolgreich sein wollen, dann habe ich hier mal herausgefiltert, was ich empfehlen würde:

Rahmengröße
Ich empfehle Ihnen, für alles die selbe Rahmengröße zu verwenden, und da mittlere Rahmen der beste Kompromiss zu sein scheinen, empfehle ich mittlere Maße für alles, vor allem weil die Kammern dann leichter sind. Das schließt Wabenhonig, geernteten Honig, Brut usw. ein. Die Maße werden manchmal auch Illinois Super oder ¾ Super genannt. Sie sind 17 cm breit mit 16 cm Rahmen.

Gründe dafür, die gleiche Rahmengröße zu verwenden:

Sie können diese Rahmen oder andere Rahmen aus der Brutkammer mit Brut füllen. Sie können auch Honig aus den

Rahmen ziehen, und beginnen, Ableger zu züchten. Sie können ein unbegrenztes Brutnest ziehen und wenn die Königinnen in den Rahmen legen, dann nehmen Sie diese Rahmen voller Brut einfach und tauschen Sie sie gegen Honig aus der Brutkammer aus. Verschiedene Rahmengrößen behindern Sie nur bei der Arbeit an Ihren Stöcken.

Gründe für mittlere Rahmen anstelle von großen: Ein 10er Rahmen voller Honig wiegt bis zu 25 Kilo. Damit ist eigentlich alles gesagt.

Verschiedene Rahmen von ganz klein bis extra groß

Verschieden tiefe Kisten von ganz flach bis extra tief

Rahmenmenge

Wenn Sie sich für eine Rahmengröße entschieden haben, dann sollten Sie als nächstes entscheiden, wie groß Ihr Stock werden soll. Der Durchschnitt liegt bei 10 Rahmen. Es gibt viele Vorteile für diese Anzahl, es gibt aber auch viele für leichtere Stöcke (20 gegenüber 25 Kilo). Das 8-Rahmen-Set von Brushy Mt., Miller Bee Supply, Walter T. Kelley oder anderen Anbietern ist gut geeignet, um sich weniger Arbeit zu machen. Sie müssen sich entscheiden, ob Sie lieber leichtere Kisten haben wollen oder doch die Standardgröße. Ich bin auf 8er-Rahmen umgestiegen. Einer der Vorteile dieser Größe ist, dass sie so vielseitig einsetzbar sind. Sie haben denselben Umfang wie ein Ablegerkasten und kann auch als solcher verwendet werden. Mit einem Brett könnte er sogar für ein Begattungsvölkchen mit zwei Rahmen verwendet werden und, wenn nötig, zu acht Rahmen erweitert werden.

Verschiedene Kastenbreiten, von zwei bis zehn Rahmen

Rahmenstil und Kunstwabengröße

Bezüglich Rahmen, Kunstwaben, etc. müssen Sie sich entscheiden, ob Sie mit Plastikkunstwaben, Plastikrahmen, vollverdrahteten Plastikwaben oder ähnlichem arbeiten wollen und in welcher Größe Sie die Kunstwaben haben wollen. Ich würde Ihnen empfehlen, nur kleine Zellen, PermaComb oder Honey Super Cell zu kaufen. Wenn Sie Wachs verwenden wollen, dann kaufen Sie Wachs für kleine Zellen von Dadant oder einem anderen Anbieter. Auf dem Markt sind inzwischen keine kleinzelligen Plastikwaben von Dadant mehr erhältlich. Von Mann Lake's PF120's gibt es 4,95 mm Zellen mit Rahmen und Kunstwaben. Wenn Sie Ihre Rahmen nicht selber bauen wollen, aber auch nicht warten wollen, bis Ihre Bienen sie selber durchzogen haben, und wenn Sie sich nicht gleichzeitig auch um Wachsmotten oder Bienenstockkäfern sorgen wollen, dann sollten Sie PermaComb oder Honey Super Cell kaufen. Ich erhitze PermaComb auf 93°C und tauche es in 100°C heißes Bienenwachs. Dann schüttele ich den Wachsüberschuss ab. Das funktioniert für 4, 9 mm Zellen und scheint alle Probleme mit Motten in den Griff zu bekommen. Machen Sie sich im Moment noch keine Sorgen über Rückentwicklung oder ähnliche komplexe Dinge, sondern bleiben Sie einfach bei Kunstwaben in natürlicher oder kleiner Zellgröße (4,9 mm). Oder benutzen Sie einfach Rahmen ohne Kunstwabeneinsatz (im entsprechenden Kapitel finden Sie mehr Infos).

Acht mittlere Rahmen

Von links nach rechts: acht Rahmen, zehn Rahmen, acht Rahmen

Um Verletzungen durch das Anheben zu vermeiden und sich das Leben einfacher zu machen, sollten Sie mittlere Kästen für acht Rahmen kaufen. Suchen Sie sich einen Hersteller aus, der Ihnen einen vernünftigen Preis anbietet und lieferfähig ist.

Plastikrahmen für kleine Zellen

Wenn Sie kein Problem mit Plastik haben, dann kaufen Sie Rahmen und Kunstwaben von Mann Lake PF120. So brauchen Sie keine Zeit darin zu investieren zu lernen, wie man Rahmen baut,

Waben verdrahtet usw. Meiner Erfahrung nach sind dies die besten, um schnell kleine Zellgrößen zu bekommen.

Wenn Sie die Vorstellung von Plastik nicht so mögen

Dann benutzen Sie Rahmen ohne Kunstwaben. Meiner Meinung nach ist das eine gute Entscheidung, weil es die natürlichste Methode ist. Ich würde die oberen Keilrahmen kaufen und den Winkel um 90 Grad drehen, damit der Stock gut ausgerichtet ist.

BUSH

our syrup here

Drain plug->

Jay Smith-Stil Bodenfütterer

Standbrettfütterer

Ich würde solide Standbretter kaufen und sie zu Standbrettfütterern umbauen. Sie brauchen nicht viel Geld für Fütterungsvorrichtungen ausgeben, wenn Sie vorhaben, den Bienen etwas Honig zu lassen anstatt sie zu füttern, und nur im Notfall etwas zur Fütterung dazuzugeben.

Ich würde die Fütterer ohne Eingang bauen und einfach einen Stöpsel zum Ablaufen basteln. Die Oberbedeckung sollte Zugänge von oben haben, um Stinktiere, Mäuse, Gras, Schnee und Tau fernzuhalten.

Grundausrüstung
Einige Grundinstrumente für Bienenzüchter
Großer Rauchapparat

Ich würde einen guten und großen Rauchapparat kaufen. Die großen sind am einfachsten anzuzünden und brennen am besten. Die kleineren sind schwieriger anzuzünden und brennen nicht so gut. Ich würde den Rauchapparat immer dann anwenden, wenn Sie mehr vorhaben, als nur kurz den Deckel hochzuheben. Ich würde ihn auch dann anwenden, wenn Sie Grund haben anzunehmen, dass die Bienen defensiv sind, weil zum Beispiel Futtermangel herrscht oder ähnliches. Räuchern Sie die Bienen nicht zu sehr ein. Stellen Sie sicher, dass der Apparat gut brennt, blasen Sie in den Eingang und danach über die obersten Leisten. Legen Sie den Apparat beiseite und lassen Sie ihn liegen, es sei denn, die Bienen beginnen sich aufzuregen.

Schleier, Jacke oder Anzug

Wenn ich nur einen Schutzanzug hätte, würde ich wahrscheinlich eine Jacke mit einem Reißverschluss-Schleier vorziehen. Diesen benutze ich am meisten, aber es ist natürlich auch angenehm, einen Ganzkörperanzug zusammen mit einem Reißverschluss-Schleier zu haben. Auf diese Weise brauche ich keine Angst vor den Bienen zu haben. Wenn Sie sie lange genug wütend machen, dann kommen sie allerdings auch hier durch, aber sie brauchen dafür eine ganze Weile. Wenn Sie das Geld haben, dann würde ich mir beides anschaffen. Ich mag eher die mit Kapuze als die mit Helm. Am Anfang fühlte ich mich etwas paranoid dadurch, dass die Kapuze direkt an meinem Kopf anliegt, aber ich habe drei Nylon-Outfits (eine Jacke und zwei Overalls) und zwei aus Baumwolle, alle mit Kapuze und ich bin noch nie in den Hinterkopf gestochen worden, wie ich befürchtet hatte. Meine Lieblingsjacke ist die Ultra Beeze aus Maschen, die stachelgeprüft sind und sich an einem heißen Tag trotzdem kühl anfühlen. Sie ist teuer, aber jeden Cent wert.

Handschuhe

Ich würde normale Lederhandschuhe empfehlen und sie in den Ärmeln der Jacke festtackern. Sie sind leichter anzuziehen als die langen Handschuhe und außerdem billiger.

Stockwerkzeug

Jede Art von flachem Stab tut seinen Dienst. Einer meiner Lieblinge ist ein sehr altes leichtes Beil (die Klinge ist etwa 3,8 cm breit und 15 cm lang). Ich habe es am Ende angespitzt. So kann ich eine Kiste aufhebeln und Dinge auskratzen. Allerdings eignet es sich nicht besonders gut zum Nägel heraus ziehen, und wenn man zu heftig hebelt, dann würde es wohl brechen. Wenn Sie Werkzeug kaufen, kann ich Ihnen das italienische Stockwerkzeug von Brushy Mt. empfehlen. Eines der Werkzeuge hat einen Hebehaken an einer Seite, es ist lang und hat dadurch eine gute Hebelwirkung. Leider habe ich es im letzten Katalog nicht mehr entdeckt. Ein anderes meiner Lieblingswerkzeuge ist das Thorne Messerwerkzeug, mit einem Rahmenheber oder auch das Maxant´s Rahmenheber-Werkzeug. Allerdings mag ich das italienische von Brushy Mt. mehr, weil der Haken besser zwischen die Rahmen passt.

Eine Bienenbürste

Sie können sie kaufen, oder, falls Sie Vögel haben oder jagen, können Sie auch eine lange Feder verwenden. Dafür muss der Kiel allerdings recht fest sein, damit die Feder etwas taugt. Sie werden hin und wieder Bienen abbürsten müssen, um zu ernten oder andere Dinge zu erledigen. Schütteln funktioniert manchmal, aber manchmal brauchen Sie eben einfach eine Bürste, wenn die Bienen sich zum Beispiel alle in einer Ecke des Stocks zusammenkugeln, dann können Sie sie auseinanderbürsten, ehe Sie die nächste Kammer aufsetzen.

Zusätzliche nützliche Ausrüstung

Diese Dinge sind nützlich, aber nicht unbedingt notwendig. Ich denke aber, es kann nicht schaden, sie zu kaufen.

Werkzeugkiste

Sie können Ihre Werkzeuge einfach in einem 20-Liter-Eimer aufbewahren, aber wenn Sie eine schöne Werkzeugkiste haben wollen, empfehle ich die von Brushy Mt. die auch also Schwarmkammer genutzt werden kann. Sie hat Platz für Stockwerkzeug, einen Rahmenhalter, einen Rauchapparat, eine Rahmenstange und Platz für Krimskrams. Die Kiste dient außerdem gut als Hocker. Wenn Sie Ihre eigene Werkzeugkiste bauen wollen, dann schauen Sie sich die von Brushy Mt. an und bauen sie einen Ablegerkasten um.

Königinnenfänger

Ich finde die, die wie Haarspangen sind, am besten, weil sie die Königin fangen, ohne sie zu verletzen. Sie müssen natürlich trotzdem vorsichtig sein, aber der Fänger ist so gestaltet, dass die Königin nicht so leicht verletzt wird und die Arbeiter einfach hindurchkommen. Manchmal reicht es völlig, wenn Sie wissen, wo sich die Königin befindet, während Sie ein paar Dinge umbauen oder eine Aufteilung vornehmen. Mit einem Tubenschreiber und elnem Farbstift können Sie sie ganz einfach kennzeichnen.

Königinnenmuff

Ich habe einen von Brushy Mt. So können Sie die Königin mit der Haarspange fangen und sie in den Muff packen, ohne befürchten zu müssen, dass sie Ihnen davonfliegt.

Rahmennagelvorrichtung

Diese Vorrichtung (wie sie Walter T. Kelly hat), ist praktisch, um Holzrahmen zusammenzufügen. Sie hält 10 Rahmen fest an einer Stelle, um sie nageln zu können. Am Anfang ist es etwas kompliziert zu handhaben, aber sie wird Ihnen viel Zeit und Frust einsparen.

Tackergerät und Kompressor

Wenn Sie ein Auto haben, dann brauchen Sie sowieso einen Kompressor. Ein Tackergerät kostet weniger als 100 Dollar. Walter Kelly bietet eins in genau der richtigen Größe an. Es schießt Heftklammern von 3,8 cm bis 1,5 cm (die Klammern kaufe ich im lokalen Baumarkt). Die 2,5cm-Klammern sind perfekt für die Rahmen. Die 3,8cm-Klammern sind ideal, um die Kästen zusammenzuheften. Die 1,5cm-Klammern sind praktisch, wenn Sie nicht wollen, dass die Klammer durch ein 2cm-Brett hindurchgeht und die 3,2 cm, wenn Sie wollen, dass es durch zwei 3,2cm-Bretter hindurchgeht (wenn Sie zum Beispiel Griffe an selbstgemachten

Kisten befestigen wollen). So brauchen Sie auch nicht all diese Löcher vorzubohren. Ich war jahrelang Tischler und bin ziemlich gut im Nageln, aber wenn ich Rahmen mache, dann verbiege ich die Hälfte der Nägel. Wenn man es von Hand macht, verbiegt sich eben die Hälfte. Aber vielleicht bin ich einfach daran gewöhnt, einen Nagel mit einem Schlag zu versenken und habe einfach kein Fingerspitzengefühl.

Entsafter

Ich würde nicht unbedingt einen neuen Entsafter kaufen, wenn Sie nur ein paar Stöcke haben. Wenn Sie ein gutes Angebot finden, warum nicht, aber einen neuen Entsafter zu kaufen ist Geldverschwendung. Sie sollten lieber die Augen nach einem Schnäppchen bei gebrauchten Entsaftern aufhalten. Ich habe die ersten 26 Jahre meines Züchterlebens einfach die Waben zerstoßen und ausgesiebt und geschnittenen Wabenhonig gemacht. Letztlich habe ich dann einen 9/18 Motor gekauft, als ich mehr Stöcke hatte. Ich bin heute froh, dass ich auf den richtigen Entsafter gewartet habe.

Vermeiden Sie Geräte

Ich würde all die Geräte, die es auf dem Markt gibt, vermeiden, weil sie überflüssig und teuer sind. Ich mag das italienische Stockwerkzeug von Brushy Mt, aber Rahmenhalter, Rahmenklammern und ähnliches würde ich nicht kaufen.

Nützliche Geräte

Es gibt einige nützliche Dinge auf dem Markt. So finde ich zum Beispiel den Ablegerkalender „Ready Date" sehr praktisch, um einen Überblick über den Stand des Stocks zu behalten. Wenn Sie Außenstände haben und Ihren Rauchapparat umherschleppen, dann gibt es von betterbee.com eine Kiste für den Rauchapparat, der aus Sicherheitsgründen empfehlenswert ist. So können Sie Ihren Rauchapparat anzünden, ohne Angst zu haben Ihr Auto mitanzuzünden.

Der Anfang

Nachdem wir über die Auswahl der richtigen Ausrüstung gesprochen haben, können wir mit dem Züchten loslegen.

Die richtigen Schritte in der Bienenzucht

Ich habe darüber nachgedacht und bin sicher, dass viele Leute nicht meiner Meinung sein werden, aber ich werde Ihnen trotzdem meinen eigenen Rat geben, wenn es darum geht, wie ich die Bienenzucht anfangen würde, wenn ich nochmal von Grund auf beginnen müsste. Hier also das, was ich beim ersten Mal gern getan hätte.

Zuerst müssen Sie entscheiden, woher Sie Ihre Bienen bekommen. Es ist sehr schwer, sie einfach von einem Baum oder vom Nachbarsgrundstück zu bekommen, wenn Sie keine Ahnung von Bienen haben. Das wäre ein Abenteuer für Fortgeschrittene. Nachdem ich das klargestellt habe, kann ich auch zugeben, dass es genau das ist, was ich damals getan habe. Ich habe mir meine Bienen von Häusern und Bäumen besorgt und dann ein paar Königinnen gekauft. Aber mir ist es dabei nicht sonderlich gut gegangen und ich bin sehr oft gestochen worden. Also denke ich, dass es für die Bienen kein besonders gutes Erlebnis war, obwohl ich dabei eine Menge gelernt habe.

Wenn es bei Ihnen vor Ort Bienenzüchter gibt, dann können Sie vielleicht dort ein paar Ableger oder ein paar Brutrahmen besorgen. Der Nachteil ist, dass es wahrscheinlich große Rahmen sein werden (23,5 cm Rahmen in 24,4 cm Kammern). Das würde ich Ihnen nicht empfehlen. Wahrscheinlich haben die Rahmen auch große Waben und ich empfehle Ihnen auf jeden Fall natürlich große oder kleine Zellen.

Sie können auch einfach ein Paket voller Bienen bestellen. Ich habe sie für gewöhnlich per Post bekommen, aber das ist inzwischen sehr teuer geworden. In den meisten Städten gibt es auch einen Bienenzuchtladen, der im Frühjahr eine ganze LKW-Ladung voller Bienen zur Verfügung hat. Wenn es bei Ihnen einen Bienenverein gibt, dann können Sie sicher auch hier gute Empfehlungen bekommen. Zwei Pakete sollten für einen guten Anfang reichen.

Wie viele Stöcke?

Es macht Sinn zu empfehlen, dass Sie mindestens zwei Stöcke haben sollten. Ich glaube, viele Züchter verstehen nicht den *Hintergrund* davon, sondern sie wollen oft mit zwei *verschiedenen* Arten von Stöcken experimentieren, wie mit einem Tragleistenstock und einem Langstroth, oder mit einem Langstroth mit acht mittleren Rahmen und einem Langstroth mit zehn großen Rahmen. Aber das entspricht nicht dem eigentlichen Grund, warum Sie zwei Stöcke haben sollten. Der Hauptgrund dafür, zwei Stöcke zu haben, ist, dass das, was Sie am meisten brauchen, Brutrahmen sind, weil oft Probleme mit der Weiselrichtigkeit der Königin auftreten. Die Brutrahmen haben keinen großen Wert, wenn sie nicht austauschbar sind. Wenn Sie also zum Beispiel unbedingt einen Tragleistenstock und einen Langstroth-Stock haben wollen, dann legen Sie zumindest für beide die gleichen Rahmenmaße fest, damit die Rahmen beider Stöcke austauschbar sind.

Paket oder Ableger?

Ein anderes Thema, das bei neuen Züchtern oft zu Missverständnissen führt, ist die Frage Paket oder Ableger. Letztlich kommt es auf folgendes an: wenn Sie die Bienen auf einem anderen Rahmen haben wollen, als dem, auf dem sie sich gerade befinden, dann kaufen Sie besser ein Paket. Anders ausgedrückt: wenn sich die Ableger auf einem großen Langstroth-Rahmen mit großen Waben befinden, Sie die Bienen aber auf einem Tragleistenstock oder in einem klein- oder mittelzelligen Stock haben wollen, dann ist es einfach nicht praktisch, Ableger in einem großzelligen Rahmen zu kaufen und sie dann in einen anderen Stock umquartieren zu wollen.

Wenn Sie aber Ableger in der Zellgröße und mit den Rahmenmaßen, die Sie verwenden, bekommen können, dann haben Sie bei guten Ablegern zwei Wochen Vorsprung vor einem Paket und Sie bekommen lokale Bienenableger. Insbesondere Bienen, die schon als Ableger überwintert haben, haben große Vorteile, weil sie an das lokale Klima gewöhnt sind, und nach dem Überwintern im Frühling oft so gut starten, dass sie sogar andere Stöcke, die überwintert haben, überholen können.

Lassen Sie sich von diesen zwei Wochen Zeitvorsprung allerdings nicht zu sehr beeinflussen. Natürlich ist das toll, wenn die Ableger in der Zellgröße und mit den Rahmenmaßen kommen, die Sie brauchen, aber wenn nicht, dann haben Sie nicht nur die

Mühe, auf eine andere Rahmengröße, eine andere Zellgröße oder einen anderen Stocktyp umzusteigen, sondern Sie werden die Entwicklung auch um mindestens zwei Wochen oder mehr zurücksetzen. Das sollten Sie also in Betracht ziehen, wenn Sie Ihre Bienen auswählen.

Bienenrasse

Wenn Sie Ihre Bienen nicht im Paket kaufen, dann müssen Sie als nächstes entscheiden, welche Rasse Sie haben wollen. Ich habe nicht gern keine Meinung, aber ich habe eigentlich noch keine Bienenrasse kennengelernt, die ich nicht mag. Ich hatte zwar mal richtig gemeine Bienen, aber sie waren von derselben Rasse, die ich seit Jahrzehnten gezüchtet hatte. Ich würde Ihnen eine Rasse empfehlen, die nicht hybrid ist und die gut gezüchtet werden kann. Kaukasische, italienische, Korduan (Italien), russische und Carnica-Bienen eignen sich. Wählen Sie einfach eine aus. Wenn Sie lokal gezüchtete Königinnen bekommen können, dann bringt uns das hier im Norden nur Vorteile, weil nur wenige Königinnen aus dem Norden auf Bestellung erhältlich sind. Sie können Ihre Königinnen auch austauschen, nachdem Sie angefangen haben.

Weitere Schritte

Wir haben uns im vorherigen Kapitel die Optionen angeschaut und nun haben wir unsere Entscheidungen getroffen. Jetzt schauen wir uns an, in welcher Reihenfolge wir wirklich anfangen.

Beobachtungsstock

Viele Personen werden nicht meiner Meinung sein, aber ich empfehle, einen Beobachtungsstock zu kaufen. Sie werden sagen, dass es einige Fertigkeiten braucht, um einen Beobachtungsstock zu betreiben und das stimmt auch. Aber Sie lernen in ein paar Tagen so *viel* dabei, zu beobachten, und noch mehr in einem ganzen Jahr, dass ich denke, dass ein Beobachtungsstock unersetzlich ist. Selbst wenn die Bienen sterben oder ausschwärmen sollten, lernen Sie dabei eine Menge. Man konnte bislang einen Satz mit einem 4er-Rahmenstock bei Brushy Mt. kaufen. Ich bin nicht sicher, ob sie ihn noch anbieten, weil ich ihn im letzten Katalog nicht mehr gefunden habe. Der Satz enthält vier mittlere Rahmen (vergessen Sie nicht, dass Sie immer dieselbe

Rahmengröße suchen sollten). Sie müssen den Anschluss für die Röhre selber legen, aber der Rest ist komplett fertig und einsatzbereit. Um die Röhre anzuschließen, nehmen Sie einfach ein galvanisiertes Wasserleitungsrohr mit einem 2,5cm x 2,5cm Durchmesser und eine 2,8cm Lochsäge (die ein 2,8cm-Loch macht). Dann kleben Sie ein Stück Kien an das Ende des Stocks, bohren das 2,8cm-Loch und benutzen eine Zange oder eine Rohrzange, um die Leitung einzudrehen. Nehmen Sie einen 3,2cm-Schlauch und verbinden Sie ihn mit einer Schlauchschelle. Schneiden Sie ein Stück von 2,5 cm x 10 cm zu, damit es unter das Fenster passt und ein anderes Stück, das unter die Sturmklappe passt. Bohren Sie ein 3,3cm-Loch in beide Stücke, sodass sie bei geschlossenem Fenster zusammenpassen. Stecken Sie den 3,2cm- Schlauch (eine Sumpfpumpe tut es auch) durch das Fenster nach draußen. Ich habe außerdem eine Zwischenwand hinter den Scharnieren und hinter dem Türstopper eingebaut, um den Raum zum Glas um 0,6 cm zu vergrößern. Das funktioniert perfekt. Die Öffnung von 3,8 cm funktioniert, wenn die Bienen im Stock ihre eigenen Waben bauen. Aber wenn Sie Rahmen aus einem anderen Stock verwenden wollen, dann ist sie zu dicht, auch für PermaComb oder Honey Super Cell reicht der Platz nicht aus.

Wenn Sie Bienenforen besuchen, werden Sie oft Leute treffen, die Beobachtungsstöcke nach Ihren Angaben bauen können.

Ich würde in die Rückseite und an der Tür, dort wo der Rahmen angesetzt ist, eine kleine Schraube oder Heftklammer eindrehen, damit der Rahmen an der richtigen Stelle bleibt. Ich trage den Stock immer nach drinnen und stoße dabei an die Rahmen, die dann auf eine Seite rutschen und alles drinnen durcheinanderbringen.

Stellen Sie ein paar Rahmen her (oder ziehen Sie PermaComb durch Wachs) und füllen Sie sie mit kleinen Kunstwaben. Dann setzen Sie die Rahmen in den Beobachtungsstock. Schneiden Sie schwarzen Stoff so zu, dass er den Stock zu beiden Seiten bis auf den Boden bedecken kann. Damit schaffen Sie Privatsphäre.

Ablegerstock

Wenn die Bienen den Beobachtungsstock zu sehr bevölkert haben, dann brauchen Sie einen Ort, an den Sie sie auslagern können. Wenn Sie acht mittlere Rahmen benutzen, dann können Sie einfach eine Kammer mit acht Rahmen für Ableger benutzen, damit alle Ihre Maße gleich sind.

Wenn nicht, dann sollten Sie einen mittleren Ablegerrahmen bauen oder kaufen. Besorgen Sie sich einen Boden und einen Deckel. Damit haben Sie eine gute Basis, wenn Ihr Beobachtungsstock zu voll wird. Ein Ablegerstock gibt Ihnen außerdem die Möglichkeit, eine extra Königin zu halten, oder einen kleinen Teil der Bevölkerung abzuteilen. Ihr Stock sollte fertig sein, bevor Sie die Bienen umlagern. Nun brauchen Sie nur noch auf den Frühling zu warten.

Den Beobachtungsstock mit Bienen füllen

Sobald der Frühling kommt, können Sie Ihren Beobachtungsstock mit Bienen füllen. Ich gehe davon aus, dass Sie Paketbienen verwenden, Sie müssen also sicherstellen, dass sie gut ernährt sind. Besprühen Sie die Platte mit Zuckersirup, warten Sie eine Weile und dann besprühen Sie die Platte erneut, solange, bis die Bienen kein Interesse mehr daran zeigen, die Platte abzuessen. Nehmen Sie die Bienen und den Stock mit nach draußen. Verschließen Sie den Eingang zum Stock mit einem Stück Stoff und einem dicken Haargummi, das einfach zu handhaben ist. Machen Sie dasselbe mit dem äußeren Ende des Schlauchs und dem

Schlauchende innerhalb des Stocks. Legen Sie den Stock flach auf die Seite und öffnen Sie die Tür. Ziehen Sie Ihre Schutzkleidung an. Hebeln Sie den Deckel des Pakets auf und fischen Sie vorsichtig den Königinnenkäfig heraus. Stellen Sie ihn beiseite. Nehmen Sie nun die Dose heraus und schütteln Sie die Bienen aus der Dose in den Beobachtungsstock. Schlagen Sie die Box hart auf den Boden, damit die Traube herausfällt, dann drehen Sie sie um und schütten Sie die Bienen in den Beobachtungsstock. Schütteln Sie die Box solange, bis alle Bienen im Beobachtungsstock sind. Wenn nur noch 20 Bienen in der Box sind, dann ist das nicht so schlimm, wenn aber noch hunderte von Bienen stecken bleiben, dann schütteln Sie solange, bis nur noch wenige Bienen übrig sind.

Bespritzen Sie die Königin vorsichtig mit etwas Wasser, damit sie Ihnen nicht davonfliegt. Stemmen Sie vorsichtig den Deckel des Käfigs auf, aber heben Sie ihn nicht an, damit die Königin nicht entwischt. Halten Sie den Käfig über die Traube und drehen Sie ihn nach unten. Öffnen Sie den Deckel und halten Sie den Käfig nah an die Bienen, damit sie sehen, wie ihre Königin herauskommt (ich weiß, das ist etwas kompliziert). Wenn Sie sie nicht gesehen haben und sie auch nicht davongeflogen ist, und Sie nicht beobachtet haben, wie die Königin in den Beobachtungsstock gegangen ist, dann werden Sie sie suchen müssen. Wenn Sie davon ausgehen, dass die Königin in den Stock geflogen ist, dann benutzen Sie den Rauchapparat, um die anderen Bienen vom Eingang zu vertreiben, damit sie nicht eingequetscht werden. Schließen Sie dann die Tür (dabei werden Sie wahrscheinlich ein paar sture oder unentschlossene Bienen zerquetschen, aber hoffentlich nicht zu viele). Bürsten Sie die Bienen von der Außenseite des Stocks ab und nehmen Sie ihn mit ins Haus. Halten Sie den Schlauch an die Pfeife, ziehen Sie den Stoff von beiden Stücken ab und klemmen Sie sie an (die Klammer muss schon auf dem Schlauch sein, bevor Sie das tun).

Jetzt ist Ihr Beobachtungsstock fertig. Füllen Sie ein Glas viertelvoll mit 2:1 Sirup (zwei Anteile Zucker auf einen Anteil Wasser) und füttern Sie die Bienen. Sie können den Stoff an der Außenseite des Schlauchs jetzt entfernen.

Wenn Sie nicht gesehen haben, ob die Königin in den Stock geflogen ist, dann suchen Sie draußen nach Bienenansammlungen am Boden oder in Büschen. Wenn Sie Bienengruppen sehen sollten, suchen Sie sorgfältig, ob Ihre Königin darunter ist. Wenn Sie sie sehen, dann fangen Sie sie vorsichtig mit der Haarspange ein und befördern Sie sie in den Schlaucheingang. Beobachten Sie, ob die Königin in den Stock fliegt. Wenn das nicht klappt, dann werden Sie Ihren Stock wahrscheinlich noch einmal nach draußen tragen müssen und von vorn anfangen müssen, um sicher zu gehen, dass Ihr Stock auch eine Königin hat.

Wenn Sie zwei Bienenpakete gekauft haben, was ich empfehlen würde, dann geben Sie ein Paket in den Ablegerkasten und kaufen Sie Ausrüstung für einen Stock und bauen Sie ihn zusammen.

Füttern und beobachten Sie die Bienen. Zählen Sie die Tage, die vergehen, bis die Königin beginnt, Eier zu legen. Normalerweise dauert es drei oder vier Tage, manchmal vergehen aber auch bis zu zwei Wochen. Zählen Sie auch, wie viele Tage vergehen, bis die Eier schlüpfen, wann Sie die verdeckelte Brut sehen und wie lange es dauert, bis sie wieder aus den Eiern kommt. Der Stock wird sich am Anfang nur langsam entwickeln, aber wenn die neuen Bienen erst einmal geschlüpft sind, wird die Bevölkerung stark anwachsen.

Bienen für den Ablegerkasten abtrennen

Wenn der Stock ziemlich voll mit Honig, Brut und Pollen ist, dann ist es an der Zeit, die drei Rahmen mitsamt der Königin in den 8-Rahmen-Stock umzulagern. Füttern Sie den neuen Stock, aber füttern Sie auch den Beobachtungsstock weiter. Stellen Sie sicher, dass der Rahmen, den Sie im Beobachtungsstock lassen, auch Eier hat. So können Sie beobachten, wie sich die Bienen selber eine Königin heranziehen. Wenn die Königin im Beobachtungsstock Eier legt, wird die gesamte Brut schon geschlüpft sein. Der Beobachtungsstock wird wieder etwas kämpfen, um in Gang zu kommen, aber der Stock mit fünf Rahmen wird sich schnell auffüllen. Wenn viereinhalb Rahmen voll sind, sollten Sie den nächsten Kasten vorbereiten und vier mittlere Kästen, ausreichend Rahmen sowie ein gerastertes Unterlagebrett, eine innere und äußere Abdeckung sowie eine Transportbedeckung besorgen.

Wenn sich beide 8-Rahmen-Kästen gefüllt haben, dann verlagern Sie die Königin und die Rahmen in den anderen Stock. Lassen Sie nur zwei Rahmen im alten Kasten. Stellen Sie sicher, dass einer dieser beiden Rahmen Eier und geschlüpfte Brut und der andere Pollen und Honig hat. Stellen Sie diese beiden Rahmen in einen Kasten mit Boden und Deckel und warten Sie darauf, dass die Bienen eine Königin heranziehen.

Jetzt haben Sie einen Stock, einen Ablegerkasten und einen Beobachtungsstock (und wenn Sie zwei Pakete gekauft haben, noch einen Stock). Wenn Sie eine Königin brauchen, dann können Sie einfach den Ablegerkasten mit dem Stock zusammenlegen, oder einen Rahmen mit Brut für den Ablegerkasten nehmen, um eine Königin heranzuziehen, oder Sie nehmen einen Rahmen mit Brut aus dem Beobachtungsstock dafür. Sie können in allen Einzelheiten beobachten, was mit Ihren Bienen im Beobachtungsstock passiert. Sie können sehen, wie Pollen und Nektar herantransportiert werden, Sie können sehen, ob die Bienen bestohlen werden oder ob Sie andere Probleme haben. Sie können beobachten, wie die Königin Eier legt. Sie können üben, wie man die Königin findet, ohne den ganzen Stock in Aufruhr zu versetzen.

Wachstumsmanagement

Wenn der Beobachtungsstock zu groß wird, können Sie Rahmen herausnehmen und sie in die normalen Stöcke umsetzen, um sie zu verstärken. Wenn der Ablegerkasten zu groß wird, können Sie auch hier Rahmen herausnehmen und in andere Stöcke umsetzen. Sie können die Rahmen mit nicht ausgebauten Rahmen ersetzen. Wenn Sie nur einen Stock haben wollen, dann haben Sie genügend Ersatzteile. Wenn Sie weitere Stöcke haben möchten, dann lassen Sie einfach den Ablegerkasten wachsen und setzen Sie ihn in einen normalen Kasten um. Danach öffnen Sie einen neuen Ablegerkasten mit ein paar Rahmen aus dem Beobachtungsstock. Dann hätten Sie zwei Stöcke, einen Ablegerkasten und einen Beobachtungsstock.

Mit mehreren Stöcken beginnen

Wenn Sie mit mehreren Stöcken anfangen wollen, was ich für eine gute Idee halte, dann können Sie gleichzeitig ein Paket in den Beobachtungsstock geben und das andere in einen Ablegerkasten oder in einen Stock. Je mehr Sie haben, desto mehr Reserven haben Sie, falls ein Stock Probleme haben sollte. Ich würde aber mit nicht mehr als fünf Stöcken beginnen.

Kunstwaben und Rahmen

Welche Art von Kunstwaben und Rahmen sollten Sie kaufen? Wenn es dafür „eine" korrekte Antwort gäbe, dann gäbe es wahrscheinlich auch nur eine Art von Kunstwaben und eine Art von Rahmen im Angebot. Aber Bienenzüchter haben verschiedene Vorlieben, Ansichten und Erfahrungen hiermit.

Lassen Sie uns zunächst ein paar Begrifflichkeiten klären: Wenn es um Wachs geht, dann sind derzeit folgende verschiedene Dichten erhältlich: mittel, flüssig (surplus) und sehr flüssig (thin surplus). Mittel bedeutet dabei nicht, dass dieses Wachs für mittlere Rahmen gedacht ist, sondern, dass das Wachs eine mittlere Dickflüssigkeit hat. Surplus ist dünnflüssig und thin surplus ist noch dünnflüssiger. Surplus wird für Wabenhonig verwendet.

Brutwaben

Bienen bauen am liebsten ganz ohne Kunstwaben. Rahmen ohne Kunstwaben werden von ihnen am besten angenommen und sind am natürlichsten. Sie haben viele Vorteile, von der besseren Kontrolle der Varroa-Seuche bei kleinen Zellgrößen bis hin zu der Möglichkeit, Königinnenzellen aus einer Wabe herauszuschneiden, ohne sich Sorgen darüber zu machen, dass der Draht beschädigt werden könnte oder dass das Plastik einen daran hindern könnte.

Was Bienen auch noch mögen, sind Kunstwaben aus Wachs, weil sie sie so umbauen können, wie sie wollen. Je näher die Form an dem liegt, was die Bienen eigentlich wollen, desto besser wird sie von ihnen angenommen. Ich würde schätzen, dass nicht zurückgebildete („nomale") Bienen 5,1 mm am besten annehmen, weil es am meisten dem ähnelt, was sie selbst bauen würden. Es ist bei Dadant erhältlich. 4,9 mm wäre auch in Ordnung, erst danach 5,4 mm. Ich würde mich wegen der Varroaseuche für 4,9 mm entscheiden. Eine Eigenschaft der Kunstwabe ist also das Material, aus dem sie gemacht ist, wie Wachs oder Plastik, und die andere Eigenschaft ist die Größe der Zellen.

Bei Wachskunstwaben sollten wir uns auch mit dem Thema der Verstärkung beschäftigen. DuraComb und DuraGlit haben einen weichen Plastikkern. Das funktioniert so lange ganz gut, bis die Bienen das Wachs abtragen, um es anderswo zu verwenden und die Wachsmotten es dann bis zur Plastikfundierung abfressen. Danach werden die Bienen nicht erneut auf die Plastikfundierung aufbauen. Bei Wachswaben wird auch oft Draht verwendet. Einige Kunstwaben haben vertikale Drähte und Züchter benutzen sie so, wie sie geliefert werden. Andere Kunstwaben haben keine Drähte und Züchter ziehen horizontale Drähte ein. Die Drähte verlangsamen das Durchhängen der Kunstwaben.

Das Material, das Bienen am wenigsten mögen, das aber Züchter am meisten zu mögen scheinen, ist Plastik. Die Wachsmotten können die Kunstwaben nicht zerstören (obwohl sie die Wabe an sich zerstören können). Die Bienen können die Größe nicht verändern. Die Größen, in denen Plastikwaben angeboten werden, reichen von 5,4 mm bis zu 4,95 mm. Sie erhalten einzelne Blätter mit Plastikwaben oder auch komplette Rahmen mit dem Wabeneinsatz.

Sie können auch voll ausgebaute Waben aus Plastik kaufen. PermaComb mit 5,0 mm Zellgröße erhalten Sie als medium oder auch als Honey Super Cell mit 4,9 mm Zellgröße für alle üblichen Rahmentiefen. Voll ausgebaut bedeutet, dass die Bienen die Zellen nicht mehr ausbauen brauchen, sie haben schon die nötige Dichte und brauchen einfach nur noch benutzt und verdeckelt werden.

Kunstwaben für Aufsätze

Die voll ausgebauten Waben sind insofern vorteilhaft, als dass, wenn sich die Bienen einmal an sie gewöhnt haben, sie einfach nur den Nektar lagern brauchen und keine neuen Waben bauen müssen. Die Wachsmotten und kleinen Stockkäfer können den Zellen nichts anhaben.

Die verschiedenen Plastikrahmen und Plastikwaben für Aufsätze sind dieselben, die auch für Brut erhältlich sind, wobei einige zusätzliche Drohnenwaben haben (die einfacher zu entfernen sind) oder mehrere Honey Super Zellen mit 6 mm und einer Ei-Attrappe am Zellboden. Diese Attrappe soll dazu dienen, die Königin auszutricksen, damit sie kein weiteres Ei in diese Zelle legt. Die Größe von 6 mm verwirrt die Königin zusätzlich, weil es weder eine Drohnengröße mit 6 mm noch eine Arbeiterbienengröße zwischen 4,4 mm und 5,4 mm gibt. Deshalb legen Königinnen nicht gern Eier in diese Zellen.

Für Wabenhonig gibt es surplus (dünflüssig) und thin surplus (sehr dünnflüssig), damit der Wabenhonig einfach zu kauen ist und in der Mitte keinen dicken Kern hat. Diese Optionen sind bei den meisten Lieferanten problemlos erhältlich. Bei Walter T. Kelley gibt es 7/11, der Größe, in die Königinnen nicht gern ihre Eier ablegen. So können Sie auf das Absperrgitter verzichten und bekommen keine Brut in den Aufsätzen.

Rahmenarten

Es gibt verschiedene Rahmenarten und viele Kunstwaben sind so entworfen worden, dass sie für eine bestimmte Rahmenart passend sind. Sie können aber normalerweise beides entsprechend an einander anpassen, oder gleich beim Bestellen von Rahmen und Kunstwaben beides passend auswählen.

Tragleisten sind genutet, verkeilt und gespalten erhältlich (gespalten bei Walter T. Kelley). Die genuteten werden normalerweise mit Plastik oder Wachsklemmen verwendet. Ich ziehe sie den verkeilten Tragleisten vor. Ich kann mit Wachsklemmen viel mehr Kunstwaben sicher anbringen, ohne dass sie herausfallen. Die verkeilten Leisten haben eine extra Lasche, die abgebrochen und an den Rahmen genagelt wird, damit die Kunstwaben halten. Die gespalteten Leisten werden für gewöhnlich für Wabenhonig verwendet. Die Kunstwaben werden dabei einfach nur auf einer soliden Bodenleiste in den Spalt geschoben und in den Stock gestellt, ohne mit Nägeln befestigt zu werden.

Bodenleisten sind gespalten, genutet und massiv erhältlich. Ich mag die massiven am liebsten, weil die Wachsmotten nicht in sie hineinkriechen können. Aber Ihre Kunstwaben, je nachdem, für welche Sie sich entscheiden, passen vielleicht nicht zu massiven Bodenleisten. Die gespalteten Bodenleisten sind nicht sehr stark und scheinen immer zu brechen, wenn ich zum ersten Mal versuche, sie sauberzumachen und neue Kunstwaben anzubringen. Genutete Leisten werden normalerweise für Plastik verwendet, sodass die Plastikwaben einfach in den Rahmen eingerastet werden. Die Größe der Kunstwaben, die Sie verwenden, ist ein anderes Thema. Sie können sie natürlich so zuschneiden, dass sie in die gespalteten oder auch in genutete Leisten passen. Walter T. Kelley scheint der einzige Anbieter zu sein, der in seinen Katalogen ausführlich beschreibt, welche Waben in welche Leisten passen.

Plastikrahmen in einem Stück. Damit werden alle vorherigen Problem gelöst, außer der Frage, wie die Bienen die Waben annehmen und der Tatsache, dass Sie nicht so einfach die Königinnenzellen herausschneiden können. Sie brauchen hier keinen Rahmen zu bauen und die Kunstwaben sind von vornherein in den Rahmen eingepasst. Wenn Sie Mann Lake PF-120 (mittlere Tiefe) oder PF-100 (tiefe Tiefe) kaufen, dann haben Sie auch gleich den Vorteil kleiner Zellgrößen. Die Rahmen sind günstig (in großen Mengen kosteten sie etwas mehr als einen Dollar, als ich sie das letzte Mal gesehen habe). Sie brauchen Sie nicht zu verdrahten und die Bienen nehmen die Waben gut an.

Stöcke platzieren?

„Wo soll ich meine Stöcke am besten platzieren?" Es gibt hierauf leider keine einfache Antwort, denn es gibt keinen perfekten Standort. Aber ich würde die folgenden Kriterien anwenden, um einen Standort zu beurteilen, wobei die erstgenannten die wichtigeren sind. Die am wenigsten entscheidenden Kriterien sind diejenigen, die Sie zuerst vernachlässigen können, falls Sie sie nicht erfüllen können.

Sicherheit

Es ist ganz entscheidend, dass sie den Stock an einem Ort platzieren, an dem er keine Bedrohung für andere Tiere darstellt, die angekettet oder eingesperrt sind und die nicht fliehen können, falls sie angegriffen werden sollten. Auch sollte der Stock nicht an einem Ort stehen, an dem er für Vorbeikommende gefährlich werden könnte, die nicht wissen können, dass es dort überhaupt Bienenstöcke gibt. Wenn der Stock in der Nähe von einem Weg stehen soll, auf dem Menschen vorbeikommen, dann sollten Sie einen Zaun oder etwas ähnliches haben, um die Bienen über die Köpfe der Menschen hinwegzuführen. Für die Sicherheit der Bienen selbst sollte der Stock sich an einem Ort befinden, an dem ihn keine Kühe oder Pferde umstoßen können und an dem kein Bär an ihn herankommen kann.

Zugänglichkeit

Es ist außerdem entscheidend, dass der Stock an einem Ort platziert wird, der mit dem Auto erreichbar ist. Es ist einfach zu aufwändig, volle Aufsätze, die bis zu 40 Kilo wiegen können, wenn sie tief sind, oder bis zu 25 Kilo bei Kästen mit 8 mittleren Rahmen, umherzutragen. Dasselbe trifft auf den Transport von Ausrüstung und Futter zu. Sie müssen gegebenenfalls bis zu 20 Kilo oder mehr an Sirup für jeden Stock verfüttern. Da wären weite Wege zum Tragen nicht praktisch. Außerdem werden Sie viel mehr über Bienen lernen, wenn Sie sie im eigenen Hinterhof haben, als wenn Sie 30 Kilometer zum Haus eines Bekannten fahren müssen. Sie können sich auch um ein Grundstück in einem Kilometer

Entfernung noch viel besser kümmern, als wenn Sie 80 Kilometer fahren müssten.

Gutes Futter

Wenn Sie verschiedene Optionen zur Verfügung haben, dann sollten Sie einen Ort aussuchen, an dem gutes Futter zur Verfügung steht. Süßer Klee, Alfalfa, Pappeln usw. können den Unterschied zwischen einer Superernte von 80 Kilo Honig pro Stock oder mehr und einem knappen Gewinn bedeuten. Sie sollten dabei aber nicht vergessen, dass die Bienen sich nicht nur von Ihrem Grundstück ernähren, sondern von den 3.000 Hektar Land rings um den Stock.

Kein Hindernis

Es ist wichtig, dass die Bienen nicht in das Leben anderer Leute eingreifen. Sie sollten Sie also nicht in die Nähe von vielbenutzten Wegen stellen. Wenn die Bienen hungrig und schlecht gelaunt sind, könnten sie sonst jemanden anfallen und stechen. Stellen Sie sie also nirgendwo hin, wo sie stören könnten.

Volle Sonneneinstrahlung

Stöcke, die volle Sonneneinstrahlung bekommen, haben nach meiner Erfahrung weniger Probleme mit Krankheiten und Seuchen und produzieren mehr Honig. Ich würde sie deshalb in die volle Sonne stellen. Der einzige Vorteil dabei, sie in den Schatten zu stellen, ist, dass Sie dann auch im Schatten arbeiten können, oder vielleicht erfüllt ein Schattenplatz besser ein weiteres der oben genannten Kriterien.

Wenn Sie in einem sehr heißen Klima leben, dann kann es vorteilhaft sein, nachmittags etwas Schatten zu haben. Aber machen Sie sich darüber nicht zu viele Gedanken, es sein denn, Sie haben einen Oberladerstock, dann würde ich Schatten suchen, um ein Zusammenbrechen der Waben zu vermeiden.

Nicht in sehr niedrig gelegenen Gebieten

Ich denke, dass es egal ist, ob der Stock in mittleren oder hochgelegenen Gebieten steht, aber ich möchte die Bienen nicht an einem Ort stehen haben, an dem es viel Tau und Nebel gibt, und erst recht nicht an einem Ort, an dem sie von einer Überflutung bedroht sein könnten.

Im Windschatten

Es rät sich, den Stock an einem Ort zu platzieren, an dem der Winterwind nicht zu kalt bläst und an dem es unwahrscheinlich ist, dass der Stock vom Wind umgestoßen werden kann. Das ist natürlich nicht das wichtigste Kriterium, aber wenn am Standort ein Windschutz vorhanden ist, dann ist das von Vorteil. Das schließt aus, den Stock auf die Spitze eines Hügels zu stellen.

Wasser

Bienen brauchen Wasser. Eine Sache ist, Wasser bereit zu stellen. Die andere Sache ist, das Wasser für die Bienen attraktiver zu machen als das Wasser aus der Badewanne des Nachbarn. Hierzu müssen Sie verstehen, dass Bienen sich von einer bestimmten Art Wasser angezogen fühlen:

- Geruch: Bienen werden von Wasser angezogen, dass einen Geruch hat, wie zum Beispiel gechlortes Wasser oder Abwasser.

- Wärme: Warmes Wasser kann auch an kühleren Tagen getrunken werden. Bei kaltem Wasser funktioniert das nicht, weil Bienen nicht mehr nach Hause fliegen können, wenn sie auskühlen.

- Beständigkeit: Bienen ziehen eine beständige Wasserquelle vor.

- Zugang: Bienen müssen Zugang zum Wasser haben, ohne in das Wasser fallen zu können. Eine Pferdetränke oder ein Eimer ohne schwimmende Gegenstände sind daher nicht besonders geeignet. Kleine Bäche sind ideal, weil die Bienen am Ufer landen und bis an das Wasser heranlaufen können.

- Ein Eimer ist nur dann geeignet, wenn Sie Klettermöglichkeiten oder schwimmende Gegenstände einplanen. Ich benutze zum Beispiel einen Eimer voller Wasser mit kleinen treibenden Holzstöcken. So können die Bienen auf den Stöcken landen und an das Wasser herankrabbeln.

Zusammenfassung

Alles in allem sind Bienen sehr anpassungsfähig. Stellen Sie also sicher, dass der Standort für Sie geeignet ist und versuchen Sie einfach, so gut wie möglich die restlichen Bedingungen zu erfüllen. Sie werden wahrscheinlich keinen Standort finden, an dem alle oben genannten Punkte vollständig gegeben sind.

Pakete öffnen

Wenn ich die Beiträge neuer Bienenzüchter in den verschiedenen Foren lese oder mir die YouTube-Videos von unerfahrenen Leuten anschaue, die ihre ersten Pakete öffnen und wenn ich höre, welche Ratschläge die Experten im Bienenzucht-Unterricht geben, dann denke ich mir, dass es viele schlechte Ratschläge gibt. Manchmal weiß ein Anfänger einfach nicht, was der goldene Mittelweg ist, oder er hat einfach einen schlechten Rat bekommen. Hier ist also meine Auswahl an Ratschlägen zu Dingen, die man tun, und solchen, die man besser lassen sollte:

Was Sie nicht tun sollten:
Besprühen Sie Bienen nicht mit Sirup

Wenn Sie trotzdem darauf bestehen, es zu tun, dann sprühen Sie nur wenig und benutzen Sie keinen dickflüssigen Sirup. Zwei Anteile Wasser und ein Anteil Zucker sind völlig ausreichend. Ich persönlich würde gar nicht sprühen. Wenn Sie die Bienen füttern müssen, weil sie sich noch nicht richtig eingerichtet haben, dann sprühen Sie nur etwas auf die Platte und warten Sie, bis die Bienen sie saubergefressen haben. Wiederholen Sie das so lange, bis die Bienen nicht mehr weiterfressen. Noch besser ist es, meiner Meinung nach, ein Gefäß mit Sirup nachzufüllen. Holen Sie das Gefäß aus dem Stock und decken Sie die Öffnung mit einem Brett oder etwas ähnlichem ab, damit die Bienen nicht herausfliegen können.

Wenn Sie ein Gefäß mit einer runden Öffnung mit einer Gummidichtung haben, dann öffnen Sie den Deckel und schütten Sie den Sirup in das Gefäß. Schließen Sie den Deckel und stellen Sie das Gefäß zurück in den Stock. Wenn das Gefäß nur kleine Öffnungen hat, dann machen Sie ein größeres Loch, um den Sirup einfüllen zu können. Schließen Sie das Füllloch mit etwas weichem Bienenwachs. Stellen Sie das Gefäß dann zurück in den Stock.

Warum? Ich habe schon zu viele Bienen gesehen, die wegen auslaufender Gefäße ertrunken sind, oder vom Sprühen verklebt waren, oder - schlimmer noch - Bienen, die den Honig erbrochen haben, um sich etwas abzukühlen. Ich will keine ertrunkenen Bienen mehr sehen. Ich habe neulich bei YouTube ein Video gesehen, in dem jemand die Bienen auf den Boden klopfte (was in Ordnung ist, um sie in den Stock zu befördern), sie dann buchstäblich in Sirup gebadet hat, die Kiste dann umdrehte, um sie auch von der anderen Seite noch mit Sirup zu verkleben und sie dann nochmal umgedreht hat. Ich bezweifle, dass auch nur die Hälfte der Bienen dies überlebt hat.

Ich habe aber noch nie gesehen, dass Bienen davon gestorben wären, dass man sie nicht mit Sirup besprüht.

Lassen Sie Bienen nicht in der Versandschachtel

Geben Sie die Bienen nicht mitsamt der Versandschachtel in den Stock, weil Sie sie nicht herausschütteln können – das wird Ihnen nur Probleme bringen. Wenn Sie den Königinnenkäfig irgendwo innerhalb des Stocks absetzen, dann werden sich die Bienen auf der inneren Seite versammeln oder aber ihre Waben in der leeren Schachtel bauen. Bienen ziehen es immer vor, ihre eigenen Waben zu bauen, statt Kunstwaben zu benutzen und sie werden jede Gelegenheit nutzen, die Sie ihnen lassen. Tun Sie es also nicht. Es ist nicht schwer, die Bienen aus der Schachtel zu schütteln. Sicher, es ist eine der Tätigkeiten, bei der Sanftheit nicht von Vorteil ist, aber das Schütteln ist nicht schlimm für die Bienen und macht sie auch nicht wütend. Sie sollten sich an die Idee gewöhnen, weil Sie eines Tages auch einen Schwarm in eine Box hineinwerfen müssen, statt ihn herauszuschütteln. Wenn Sie aber trotzdem darauf bestehen, dass die Bienen die Schachtel von allein verlassen sollen, dann legen Sie einen tiefen Rahmen (oder einen mittleren oder kleinen, das ist eigentlich egal) auf den Boden und stellen Sie die Schachtel dort ab. Dann legen Sie einen weiteren Rahmen auf die Schachtel drauf. Damit nutzen Sie aus, dass die Bienen sich normalerweise oben versammeln und sich dann nach unten hängen lassen. Hoffentlich tun sie das in der Schachtel und nicht noch weiter nach unten. *Am nächsten Tag* sollten Sie die Schachtel entfernen, nicht etwa vier Tage später, oder fünf, sondern wirklich direkt *am nächsten Tag*. Sie riskieren sonst, dass die Bienen ihre Waben in luftleerem Raum aufbauen.

Hängen Sie die Königin nicht zwischen die Rahmen

Das führt fast immer dazu, dass Sie noch eine extra Wabe zwischen den beiden Rahmen haben, die direkt am Königinnenkäfig gebaut wird. Wenn Sie die Königin freilassen, brauchen Sie sich keine Sorgen machen, dass die Wabenstruktur durcheinander kommt. Noch wichtiger ist das bei einem Rahmen ohne Kunstwaben oder einem Oberladerstock, weil eine Wabe, die zwischen den Rahmen gebaut wird, dazu führt, dass dasselbe sich im ganzen Stock wiederholt. Schütten Sie die Bienen in den Stock. Geben Sie ihnen Zeit, sich zurechtzufinden. Damit die Königin nicht umherfliegt, ziehen Sie den Korken aus dem Ende ohne Honigteig heraus, aus dem die Königin nun herauskommen kann, legen Sie den Daumen auf die Öffnung, legen Sie den Käfig auf den Boden und lassen Sie ihn dort. Schieben Sie die Rahmen wieder hinein, schließen Sie den Deckel und entfernen Sie sich. Versuchen Sie nicht, die Königin auf den oberen Leisten freizulassen, sondern lassen Sie sie auf dem Boden frei.

Einige Personen scheinen zu glauben, dass die Königin entweder flieht oder dass die Bienen sie töten werden. Aber in meiner Erfahrung hilft es nicht, die Königin im Käfig zu belassen. Wenn die Bienen fliehen wollen, dann bewegen sie sich normalerweise sowieso zum nächsten Stock und verlassen die Königin. Wenn Sie die Königin freilassen, können Sie das genauso wenig verhindern, aber es wird es auch nicht fördern. Ich hatte noch nie das Problem, dass eine Sammlung von Bienen die Königin getötet hätte. Ein Haufen verwirrter Bienen ist aus verschiedenen Stöcken zusammen in eine Schachtel geworfen worden, deshalb sind sie danach einfach nur froh, wenn sie eine Königin finden. Wenn sie die Königin doch töten sollten, dann lag es daran, dass in der Schachtel, in der sie kamen, schon eine Königin enthalten war und die Bienen ziehen diese Königin der neuen vor, weil sie sich schon an sie gewöhnt haben.

Benutzen Sie keine zu großen Absperrgitter

Benutzen Sie keine Absperrgitter, auch nicht solche, die die Königin drinnen halten, nachdem es im Stock offene Brut gibt. Ich würde überhaupt keine Gitter benutzen. Aber sie machen in jedem Fall keinen Sinn, wenn es offene Brut gibt, sondern sie werden die Drohnen vom Fliegen abhalten.

Besprühen Sie die Königin nicht mit Sirup

Sie verursachen damit nur Chaos. Es wird zwar höchstwahrscheinlich die Königin vom Fliegen abhalten, aber sie kann dabei auch zu Schaden kommen. Es gibt Personen, die das nicht glauben, aber sie haben anscheinend noch keine verklebte tote Königin gesehen, ich dagegen habe schon viele sehen müssen. Ich besprühe die Königinnen gar nicht, aber wenn Sie unbedingt sprühen wollen, dann benutzen Sie einfach nur Wasser oder allerhöchstens einen Anteil Zucker auf zwei Anteile Wasser.

Setzen Sie Bienen nicht ohne Schutzkleidung in den Stock

Sie müssen sich in dem Moment schon auf genug andere Sachen konzentrieren als darauf, dass Sie nicht von den Bienen gestochen werden.

Räuchern Sie eine Schachtel mit Bienen nicht ein

Die Bienen sind sowieso schon in einer widerstandslosen Stimmung und brauchen ihre Pheromone, um sich zu organisieren, die Königin zu finden etc. Es ist nicht nötig, die Pheromone noch weiter durcheinanderzubringen, indem Sie die Bienen einräuchern, weil es wenig dazu beitragen wird, sie zu beruhigen.

Schieben Sie es nicht hinaus

Schieben Sie den Zeitpunkt der Umsetzung der Bienen nicht hinaus, nur weil es etwas kühl ist oder nieselt. Wenn es nicht kühler als -12°C ist, dann würde ich die Bienen umsetzen und die Temperatur sogar als Vorteil ansehen, weil die Bienen nicht sehr flugfreudig sein werden und sich einfacher niederlassen werden. Stellen Sie einfach nur sicher, dass ausreichend Futter zur Verfügung steht, damit die Bienen nicht hungern. Verdeckelter Honig ist am besten. Trockener Zucker, der mit ausreichend Wasser besprüht wurde, um ihn zu befeuchten, funktioniert auch.

Lassen Sie nicht zu viel Raum für Füttervorrichtungen

Eine Schachtel mit Bienen ist wie eine Arbeitsgruppe zum Stockbauen. Die Bienen werden Waben bauen, wo auch immer sie die Möglichkeit dazu haben. Geben Sie ihnen also keinen Platz zum Bauen an Stellen, an denen Sie es nicht wollen. Das gilt auch dafür, um leere Schachteln im Stock zu lassen, zu denen die Bienen Zugang haben, oder Platz für eine Beutelfüttervorrichtung. Ein Rahmenfütterer, ein Gefäß mit einem Klebeband, das so verschlossen ist, dass es keinen Eingang gibt, funktioniert gut. Auch eine Bodenfüttervorrichtung erfüllt ihren Zweck. Beutelfütterer auf dem Boden sind dann gut, wenn Sie die Bienen zuerst in den Stock geben und den Beutelfütterer erst dann auf dem Boden platzieren, wenn sich die Bienen vom Boden erhoben haben.

Lassen Sie keine Rahmen draußen

Niemals. Nicht einmal für ein paar Minuten. Oft versucht man, die Rahmen nur einen Moment draußen zu lassen und vergisst dann, sie wieder in den Kasten einzusetzen. Wenn Sie einen Stock schließen, dann sollten Sie immer den kompletten Satz an Rahmen sehen, oder im Fall eines Oberladerstocks, alle Leisten.

Auch wenn Sie einen Platzhalter verwenden, um den Platz eine Zeitlang zu reduzieren, sollten Sie diesen leeren Raum mit Rahmen oder Leisten füllen. Sie wissen schließlich nie, wann die Bienen sich doch ihren Weg in diesen Raum bahnen.

Schütten Sie keine Bienen auf den Beutelfütterer

Die Bienen werden sonst mit Sirup verklebt, der aus dem Beutel dringt, wenn die Bienen auf ihn fallen.

Verschließen Sie einen neu eingesetzten Stock nicht gleich

Lassen Sie die Bienen umherfliegen und sich orientieren.

Lassen Sie keine leeren Königinnenkäfige umherliegen

Die Bienen werden sich sonst um sie herum versammeln und sich wie ein Schwarm verhalten, weil sie den Käfig, der noch nach der Königin riecht, für eine Königin halten werden.

Lassen Sie nicht zu, das chaotische Waben zu noch mehr chaotischen Waben führen

Das ist umso wichtiger, wenn Sie Rahmen ohne Kunstwaben oder Oberlader haben. Mit Kunstwaben erhalten Sie eine Art sauberen Schiefer in jedem Rahmen, weil es immer wieder eine neue Schicht mit Kunstwaben gibt, auf der begonnen wird. Aber auch hier würde ich versuchen, jegliches Durcheinander schnell zu beseitigen. Bienen bauen ihre Waben immer parallel, wenn Sie also eine schlechte Wabe haben, dann wird es davon bald mehr geben. Umgekehrt führt eine gute Wabe auch zu weiteren guten Waben. Je eher Sie sicherstellen, dass die letzte Wabe, auf deren Grundlage die nächste gebaut wird, gerade und im Gleichgewicht ist, desto besser wird die nächste Wabe werden, die parallel gebaut wird. Wenn Sie einen Oberladerstock haben, dann sollten Sie sicherstellen, dass Sie einige Rahmen haben, in die Sie Waben einknoten können, selbst wenn diese sich krümmen oder herunterfallen. Auf diese Weise können Sie immer wenigstens die letzte Wabe in der Reihe korrigieren, oder noch besser, alle aus der Reihe. Insbesondere bei Rahmen ohne Kunstwaben würde ich bald nach dem Einsetzen der Bienen prüfen, dass die Bienen gleich richtig anfangen, also die Waben sich innerhalb der Rahmen befinden und gerade verlaufen. Je eher Sie das erreichen, desto besser wird es Ihnen gehen.

Wenn Sie Kunstwaben benutzen, und die Bienen Seitenenden außerhalb der Kunstwaben oder parallele Waben in Lücken bauen, dann sollten Sie die Waben abkratzen, bevor sie offene Brut enthalten. Das Wachs ist nicht annähernd vergleichbar mit der Investition, die offene Brut bedeutet. Halten Sie Ihren Stock frei von unordentlichen Waben oder Sie werden lange Zeit damit zu kämpfen haben. Bei Plastikkunstwaben können Sie die Waben einfach bis auf das Plastik hinunterschaben. Bei Wachskunstwaben brauchen Sie etwas mehr Fingerspitzengefühl.

Entfernen Sie keine Zellen der stillen Unweiselung

Bienen bauen oft Zellen der stillen Unweiselung und reißen sie nach ein paar Tagen von selbst wieder ab, aber wenn Sie sie abreißen sollten, dann riskieren Sie es, die Königin zu verlieren. Manchmal gibt es ein Problem mit der Königin, das Sie noch nicht erkannt haben. Wenn Sie davon ausgehen, dass die Bienen falsch liegen und Sie Recht haben, was die Qualität angeht, dann geht das nach meiner Erfahrung schlecht aus.

Keine Panik, wenn die Königin im Käfig tot ist

Erschrecken Sie nicht, wenn die Königin im Käfig tot ist. Die Bienen sind deshalb nicht unbedingt königinnenlos. Es ist möglich, dass im Paket schon eine Königin mitgeliefert wurde. Ich würde mich zwar trotzdem mit dem Lieferanten in Verbindung setzen, aber Sie können die Bienen einsetzen und später noch einmal überprüfen, bevor Sie eine neue Königin einsetzen, damit Sie sie nicht von vornherein zum Tod verurteilen.

Keine Panik, wenn die Königin nicht sofort Eier legt

Einige Königinnen legen, sobald es eine Wabe mit 0,6 cm Tiefe im Stock gibt. Manche brauchen zwei Wochen, um mit dem Legen anzufangen. Wenn sie nach zwei Wochen noch keine Eier legen, dann werden sie es wahrscheinlich auch nicht mehr tun – jetzt ist der Zeitpunkt gekommen, sich Sorgen zu machen.

Keine Panik, wenn es in einem Stock besser läuft als in einem anderen

Es gibt viele Faktoren, die hierauf Einfluss haben. Wenn die Stöcke sowohl Eier als auch Brut haben, dann ist alles in Ordnung.

Legen Sie nicht nur einen Stock an

Sie sollten mindestens zwei Stöcke haben. So können Sie immer auf den anderen Stock zurückgreifen, falls es mal Probleme geben sollte.

Füttern Sie nicht permanent

Füttern Sie nicht einfach weiter, davon ausgehend, dass die Bienen schon aufhören werden zu fressen, wenn sie nichts mehr brauchen. Ich habe schon Völker gesehen, die ausgeschwärmt sind, obwohl sie nicht einmal die erste Kiste fertig gebaut hatten, weil sie alles mit Sirup angefüllt hatten. Füttern Sie, bis Sie einige verdeckelte Vorräte sehen. Das ist ein Zeichen dafür, dass die Bienen einiges vom Futter auf lange Sicht angelegt haben und dies als Ernte ansehen. Wenn es in diesem Moment Nektartracht gibt, sollten Sie mit dem Füttern aufhören.

Wühlen Sie nicht jeden Tag herum

Die Bienen könnten flüchten, wenn Sie zu oft im Stock herumwühlen.

Lassen Sie die Bienen nicht zu lang allein

Sie verpassen sonst die Gelegenheit, von ihnen zu lernen und merken nicht gleich, wenn etwas nicht gut läuft. Ich würde alle drei bis vier Tage nach den Bienen schauen und versuchen, dabei nicht alles zu durchwühlen. Verschaffen Sie sich nur ein allgemeines Bild davon, wie die Dinge laufen.

Räuchern Sie die Bienen nicht zu sehr ein

Räuchern Sie die Bienen nicht zu sehr ein, nachdem Sie sie in den Stock gesetzt haben. Die häufigsten Räucherfehler sind die folgenden:

- Manche Leute zünden den Rauchapparat zu heiß an und verbrennen die Bienen mit dem Flammenwerfer, den sie umherschwingen.

- Manche benutzen viel zu viel Rauch und verursachen damit Panik bei den Bienen, statt einfach nur das Alarmpheromon zu beeinflussen. Ein Schub in den Eingang reicht völlig aus. Ein weiterer Schub oben, wenn die Bienen sehr aufgeregt sind, ist auch in Ordnung. Wenn Sie danach den Rauchapparat einfach anlassen und in die Nähe legen, reicht das normalerweise völlig aus.

- Manche Leute benutzen keinen Rauchapparat, weil sie denken, dass er die Bienen nervös machen könnte. Das hat dann wahrscheinlich mit einem der vorher genannten Punkte zu tun.

- Manche Leute blasen den Rauch in den Eingang und öffnen unmittelbar danach den Stock. Wenn Sie aber eine Minute warten, dann werden Sie eine komplett andere Reaktion sehen. Sie können in der Zwischenzeit etwas anderes machen, zum Beispiel die Rahmenfütterer auffüllen, oder schon einmal den nächsten Stock beräuchern, bevor Sie den ersten öffnen. So vergeht eine Minute, bis Sie den Stock nach dem Räuchern öffnen.

- Manche Personen räuchern nicht, weil sie denken, dass es für die Bienen schädlich sein könnte oder unnatürlich ist. Aber die

Bienen bekommen nur ein- oder zweimal in der Woche kurzen Rauch ab. Seit mehr als 8000 Jahren werden Bienen dokumentierter Weise beräuchert, und dies aus einem sehr guten Grund: nichts funktioniert besser, um sie zu beruhigen.

Was Sie tun sollten:
Setzen Sie die Bienen immer in den kleinstmöglichen Raum

Um Brut heranzuziehen und Wachs zu produzieren, braucht es Wärme und Feuchtigkeit. Sie sollten die Bienen deshalb immer im kleinstmöglichen Raum einsetzen, in den sie passen und in dem Sie sie gut versorgen können. Anders gesagt, wenn Sie einen Ablegerkasten mit fünf Rahmen haben, dann passt das ausgezeichnet. Ein einfacher Fünf-Rahmen-Kasten reicht völlig, wenn Sie noch keine Waben eingesetzt haben. Bei Kunstwaben reicht ein Acht-Rahmen-Kasten vollkommen aus. Obwohl an sich nichts dagegen einzuwenden ist, den Bienen mehr Platz zu lassen, ist es insbesondere im nordischen Klima viel mehr Arbeit für die Bienen und sie legen in einem kleineren Raum viel schneller los. Ich würde nun nicht extra einen Ablegerkasten mit fünf Rahmen kaufen, aber ich würde ihn auf jeden Fall nutzen, wenn ich ihn sowieso zu Hause hätte.

Halten Sie Ihre Ausrüstung bereit

Sie sollten Ihre Ausrüstung bereit haben, bevor die Bienen ankommen. Ebenso sollten Sie schon einen Standort ausgesucht haben und die Ausrüstung dort verstauen. Auch Ihre Schutzkleidung sollte bereitliegen.

Tragen Sie Schutzkleidung

Sie müssen sich schon um genügend Dinge sorgen – gestochen zu werden sollte nicht dazu gehören.

Wie Sie die Bienen einsetzen:

Wenn alles bereit ist, Bienen, Ausrüstung usw., dann holen Sie vier oder fünf Rahmen, ein Gefäß und die Königin, klopfen Sie die Schachtel auf den Boden, um die Bienen zu lockern und schütten Sie sie wie dickflüssiges Öl heraus. Schütteln Sie die

Schachtel vor und zurück, und wenn keine Bienen mehr herausfallen, klopfen Sie die Schachtel noch einmal auf den Boden, um die restlichen Bienen zu lockern. Wenn nur noch zehn oder zwanzig Bienen übrig sind, stellen Sie die Schachtel ab. Ziehen Sie den Korken aus der Seite vom Königinnenkäfig ab, an der kein Honigteig ist (falls es Honigteig gibt), und halten Sie Ihren Finger auf die Öffnung. Stellen Sie den Käfig auf dem Boden ab und lassen Sie ihn dort. Setzen Sie vorsichtig die Rahmen ein. Lassen Sie sie nicht auf den Boden fallen, um die Bienen nicht zu zerdrücken. Die Bienen werden sich entfernen und die Rahmen werden dann von allein nach unten rutschen.

Wenn Sie die Königin freilassen, wobei es schwer ist, sicherzustellen, dass sie nicht davonfliegt, dann lassen Sie nicht den Käfig im Stock. Schütteln Sie alle Bienen vom Käfig ab und packen Sie den Käfig in eine Tüte, die Sie mit nach Hause nehmen. Wenn Sie den Käfig dalassen, dann werden sich die Bienen rings um den Käfig versammeln und Sie werden einen Schwarm ohne Königin am Käfig hängen haben.

Die Rahmen eng beieinander

Aus irgendeinem Grund taucht dieses Thema in der Literatur nicht auf und verursacht Bienenzüchtern immer wieder Probleme. Die Rahmen sollten in der Mitte eng beieinander angebracht sein und zwar immer der komplette Satz (also 10 Rahmen für einen Kasten, der für zehn Rahmen gedacht ist). Wenn Sie zu viel Platz lassen, dann werden die Bienen in den Zwischenräumen irgendetwas schaffen, was Ihnen nicht gefallen wird, wie zusätzliche Waben oder Seitenablegerwaben. Der beste Weg, diese Art „kreativer" Zerstörung zu verhindern, liegt darin, die Bienen eng beieinander zu halten. Am Besten reduzieren Sie die Zwischenräume auf   3,2 cm Breite und schieben einen zusätzlichen Rahmen in den Kasten.

Füttern Sie sie

Ein Paket voller Bienen braucht eine Menge Futter, insbesondere wenn sie noch keine Waben und keine Vorräte haben. Füttern Sie die Bienen, bis Sie verdeckelten Honig sehen oder bis die Bienen beginnen, das Brutnest zu füllen. Prüfen Sie regelmäßig, ob alles in Ordnung ist. Es ist besser, Fehler früh zu korrigieren, insbesondere wenn es um falsch gebaute Waben geht.

Feinde der Bienen

Traditionelle Feinde der Bienen

Bienen haben traditionelle Feinde wie Schädlinge, Raubtiere und Schmarotzer. Manche sind groß, wie Bären, und andere sind winzig, wie Viren.

Bären

Bären. Bären sind für mich kein Problem. Aber es gibt Personen, die in Gebieten mit Bären leben, und in denen die Bären das größte Problem darstellen. Alle möglichen Bärenarten lieben es, Bienenlarven zu fressen und natürlich auch den Honig. Wie Sie merken, dass Sie ein Problem mit Bären haben? - Wenn Ihre Stöcke umgestoßen sind und große Teile des Brutnests gefressen wurden. Natürlich stoßen manchmal auch Randalierer die Stöcke um, aber sie essen für gewöhnlich nicht die Bienenlarven. Die einzige Lösung, von der ich gehört habe, sind starke elektrische Zäune, mit abwechselnd geerdeten Kabeln und Ködern auf dem Zaun (Speck scheint beliebt zu sein), damit der Bär mit der Innenseite seines Mauls an den Zaun kommt. Das scheint meistens zu funktionieren. Manche Leute hängen die Stöcke auch an Orten auf, die für Bären zu hoch gelegen sind, aber es ist gleichzeitig natürlich beschwerlich, den Honig zu ernten und die Kästen hoch- und runterzuheben. Manchmal ist der einzige Weg, einen Bären aufzuhalten, ihn zu töten. Aber damit entsteht eine Lücke, die normalerweise schnell von einem anderen Bären ausgefüllt wird. Ob das legal ist und welche Probleme und Gefahren es mit sich bringt, sollten Sie am besten in einer Jagdzeitschrift nachlesen.

Bienenraub

Zusammengefasst: wenn Sie Probleme mit Räubern haben, dann müssen Sie sofort etwas dagegen unternehmen! Der Schaden greift sehr schnell um sich und kann Ihren Stock zerstören. Wenn Sie sicher sind, dass die Bienen rauben, dann sollten Sie drastische Mittel ergreifen. Schließen Sie den Stock und hängen Sie ihn mit feuchter Kleidung zu. Öffnen Sie alle starken Stöcke, damit sie sich um ihre eigenen Stöcke kümmern. Auf jeden Fall müssen Sie etwas unternehmen, auch wenn es einfach nur darin besteht, dass Sie den beraubten Stock mit engem Maschendraht komplett abdichten. Dann können Sie überlegen, was Sie den Bienen erlauben wollen (ein kleiner Eingang, eine Räuberfalle usw.). Sie können auf gar keinen Fall zulassen, dass das Räubern weitergeht. Sie müssen es so schnell wie möglich unterbinden.

Während einer Hungersnot passiert es manchmal, dass die stärkeren Stöcke die ärmeren ausrauben. Die italienischen Bienen sind dabei besonders schlimm. Das Füttern stoppt es manchmal, macht es manchmal aber auch nur schlimmer, deshalb ist es das Beste, vorzubeugen. Wenn Sie merken, dass eine Hungersnot beginnt, dann reduzieren Sie die Eingänge in allen Stöcken. Das wird die ganze Bewegung runterfahren. Sie müssen natürlich beobachten, wann die Hungersnot zu Ende ist, damit Sie Ihren Bienen wieder mehr Bewegungsfreiraum lassen können.

Ich habe die Beobachtung gemacht, dass Stöcke ohne Königin deutlich öfter ausgeraubt werden als Stöcke mit Königin. Ich habe immer gedacht, dass es daran liegt, dass die Räuber die Königin töten, und das mag wohl auch so sein, aber wenn ich zum Beispiel im Herbst einen Ablegerkasten anlege, der keine Königin hat, weil ich ihn mit einem anderen Ablegerkasten mit Königin zusammenführen will, dann wird der Ablegerkasten ohne Königin meist unverzüglich ausgeraubt.

Sie sollten sich sicher sein, dass die Bienen ausgeraubt werden. Manchmal verwechseln die Leute einen Orientierungsflug am Nachmittag mit einem Raub. Meist jedem warmen, sonnigen Nachmittag in der Brutzeit werden Sie sehen können, wie junge Bienen Orientierungsflüge starten. Sie werden schweben und rund um den Stock fliegen. Das ist leicht mit Räubern zu verwechseln, die ja genauso um den Stock herumfliegen. Aber mit etwas Übung werden Sie wissen, wie die jungen Bienen aussehen, die so etwas tun. Junge Bienen sehen fusselig aus und sind im Vergleich zu Räubern sehr ruhig. Beobachten Sie den Eingang. Räuber befinden sich in einem Rausch, bei heimischen Bienen hingegen geht der Einflug geordnet zu, auch wenn es am Eingang eine Schlange gibt. Wenn es am Eingang Gerangel gibt, dann ist das ein ziemlich klares Zeichen, andererseits garantiert Ihnen ein geordneter Eingang aber nicht, dass der Stock nicht beraubt wird, sondern kann ein Zeichen dafür sein, dass die Wachbienen überwältigt worden sind. Ein sicherer Weg, um herauszufinden, ob der Stock beraubt wird, ist, die Dunkelheit abzuwarten und den Eingang zu verschließen. Wenn dann am Morgen Bienen auftauchen, die versuchen, durch den Eingang nach drinnen zu gelangen, dann sind diese mit Sicherheit Räuber – insbesondere, wenn es viele von ihnen am Eingang gibt.

Innenansicht einer Räuberfalle.

Außenansicht einer Räuberfalle

Wenn Sie schon Räuber haben, dann habe ich hier ein paar Tipps für Sie, um sie loszuwerden. Ein sehr geschwächter Stock kann mit einem #8 Drahtgitter für ein oder zwei Tage verschlossen werden. So können die Räuber nicht in den Stock gelangen und werden es irgendwann müde zu probieren. Es ist hilfreich, wenn Sie Ihren Stock trotzdem füttern können. Mit etwas Pollen und ein paar Tropfen Wasser kommt ein kleiner Ablegerstock gut durch. Sie müssen natürlich mehr füttern, wenn Sie mehr Bienen haben. Wenn Sie den Stock dann wieder freigeben, sollten Sie in jedem Fall den Eingang verkleinern. Wenn Sie den Stock 72 Stunden lang füttern, bewässern und durchlüften können, können Sie ihn anschließend dann blockieren, wenn er voller Räuber ist. So zwingen Sie die Räuber, Teil des Stocks zu werden. Eine andere Variante besteht darin, den Eingang mit Gras zu verschließen. Die Bienen werden es irgendwann beiseite schaffen, aber die Räuber geben hoffentlich schon vorher auf.

Sie können auch selbst eine "Räuberfalle" bauen, oder zum Beispiel bei Brushy Mt. eine kaufen (sie scheinen ihre Modelle so umgebaut zu haben, dass sie jetzt als Räuberfallen funktionieren). Die Falle hat ein Raster, das den Bereich rund um die Tür abdeckt und eine Öffnung an der Oberseite. Dadurch werden die Räuber gezwungen, sich ihren Weg durch viele Windungen zu bahnen. Das wird dadurch erschwert, dass sie sich vor allem nach ihrem Geruchssinn orientieren, wodurch sie verwirrt werden. Die Falle hält auch Stinktiere fern.

Sie können die Räuber auch verwirren, indem Sie rund um den Eingang Vicks Vaporub verteilen, damit die Räuber den Stock nicht riechen können. Die Bienen, die im Stock leben, werden davon übrigens nicht verwirrt, weil sie den Weg nach drinnen und draußen auch so kennen.

Ein schwacher Stock kann manchmal völlig ausgeraubt werden, sodass nicht ein einziger Tropfen Honig übrigbleibt. Dann verhungern die Bienen schnell. Wenn Sie den Raub nicht in Griff bekommen können, dann ist es das Beste, ein paar schwache Stöcke zusammenzuschließen, statt sie leerrauben und verhungern zu lassen.

Wenn Sie nur einen starken und einen schwachen Stock haben, dann können Sie sich etwas schlüpfende Brut aus dem starken Stock „stehlen" und ein paar Ammenbienen, die auf der offenen Brut sitzen, aus dem starken in den schwachen Stock schütteln. Oder Sie legen einfach den schwachen mit dem starken Stock zusammen. Das ist auf jeden Fall besser als das Kämpfen und Hungerleiden.

Stinktiere
Mephitis mephitis und andere Sorten. Stinktiere sind in ganz Nordamerika typische Feinde der Bienen. Die Anzeichen: sehr verärgerte Bienen, Kratzspuren am Eingang des Stocks, kleine durchnässte Häufchen toter Bienen am Boden in der Nähe des Stocks, aus denen der Saft gesogen wurde. Es gibt viele ganz gut funktionierende Lösungen hierfür. Sie können den Stock höher

hängen, oder auf Oberlader umsteigen, sonst helfen kleine Sicherheitsnägel auf dem Landebrett, Maschendraht am Landebrett, Räuberfallen, andere Fallen, Gift und Schüsse. Ich habe Schüsse und Raster am Eingang ausprobiert und bin letztendlich auf die Oberlader umgestiegen. Viele greifen zu anderen Lösungen. Eine davon ist ein rohes Ei in seiner Schale, wobei ein Stück der Schale aufgebrochen wird, und drei zermahlene Aspirin in das rohe Ei gegeben werden. Das Ei wird dann mit der unteren Hälfte im Boden vor dem Bienenstock eingegraben. Das hätte ich wahrscheinlich als nächstes versucht, wenn die Oberlader nicht funktioniert hätten. Bei anderen Giften hätte ich Sorgen um meinen Hund, meine Hühner und meine Pferde gehabt.

Opossums

Didelphis marsupialis. Weitgehend dieselben Probleme und Lösungen wie bei Stinktieren.

Mäuse

Genus Mus. Es gibt viele Spezies und Arten. Auch Spitzmäuse (Cryptotis parva). Sie sind meistens im Winter ein Problem, wenn die Bienen Trauben bilden und dann die Mäuse einziehen. Wenn Sie #4 Schweißgitter benutzen, dann können die Bienen rein, die Mäuse aber nicht mehr. Oder benutzen Sie einen Oberlader, damit die Mäuse nicht mehr reinkommen können.

Wachsmotten

Galleria mellonella (größer) and Achroia grisella (kleiner) Wachsmotten sind wahre Opportunisten. Sie nutzen schwache Stöcke aus und leben von Pollen und Honig, während sie sich durch das Wachs fressen. Sie hinterlassen Netze und Fäkalien. Manchmal sind sie schwer zu entdecken, weil sie versuchen, sich vor den Bienen zu verstecken. Sie buddeln sich durch die Mittelwand (meistens in der Brutkammer, aber manchmal auch in den Honigkammern) und graben sich in die Nut der Rahmen ein. Sie sind eine wahre Sorge für Bienenzüchter und der Grund für viel chemische Verschmutzung im Stock, deshalb sollten wir uns mit den Wachsmotten eingehender beschäftigen.

Klima

Zunächst muss man verstehen, dass die Motten ein sehr klimaabhängiges Thema sind. In einem Klima, in dem es selten auch nur etwas Frost gibt, können Wachsmotten das ganze Jahr über leben. Das heißt, Sie haben ein ganz anderes Szenario als in einem Klima, in dem es harten Forst und lange Winter gibt. Ich werde Ihnen erzählen, was ich tue, und wie es funktioniert, aber Sie sollten dabei nicht vergessen, dass Sie dies an Ihr Klima und Ihre Gegebenheiten anpassen müssen. Wenn Sie in einer Region leben, in der Wachsmotten nie erfrieren, dann werden die Methoden, die ich verwende, bei Ihnen nicht funktionieren und Sie werden eine andere anwenden müssen.

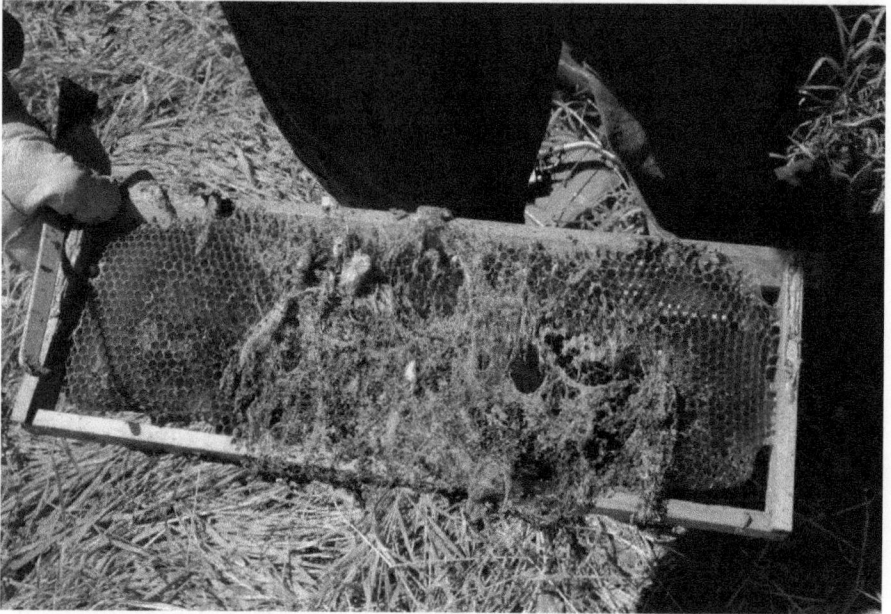

(Foto von Theresa Cassiday)

Die Gründe für Wachsmottenbefall

Lassen Sie uns zunächst etwas über die Motten reden. Galleria mellonella (größere Wachsmotte) und Achroia grisella (kleinere Wachsmotte). Beide werden in ihrer aktiven Lebensphase unbewachte Stöcke angreifen. Dabei bevorzugen sie Stöcke mit Pollen und als zweite Wahl Stöcke mit Larven, aber sie werden auch solche Stöcke angreifen, in denen es außer reinem Wachs nichts gibt. Die meisten meiner Wachsmottenprobleme sind entstanden, wenn ein Ableger es nicht geschafft hat, eine Königin hervorzubringen und der Stock am Sterben war, oder wenn ein Begattungsvölkchen zu sehr geschrumpft war, um den Stock gut genug bewachen zu können. Andernfalls habe ich keine Wachsmottenprobleme, aber in der Vergangenheit habe ich eine Reihe drastischer Fehler gemacht.

Fehler beim Bienenzüchten

In einem Jahr habe ich auf die Erfahrungen einer anderen Person gehört und meine Kästen feucht in den Keller gestellt. Die Wachsmotten haben nicht nur alle meine Stöcke zerstört, sondern auch mein ganzes Haus derart befallen, dass ich sie nicht mehr loswerden kann. Seitdem fliegen Wachsmotten um mein Haus herum, seit 2001. Stellen Sie also nie Aufsätze, insbesondere feuchte, an einen warmen Ort, vor allem dann nicht, wenn Sie die Option haben, sie nach draußen zu stellen, wo sie gefrieren werden und die Wachsmotten sterben. Dass die Wachsmotten nur in Stöcke mit Brut gehen ist ein Mythos, der nicht wahr ist. Ja, sie ziehen Brut vor, aber sie schließen alles andere nicht aus.

Wachsmottenkontrolle

Meine derzeitige Methode lautet: ich warte mit der Ernte lange ab. Der Grund dafür ist, dass ich so besser einschätzen kann, was ich für den Winter aufheben sollte und so spare ich mir das Füttern vor dem Ernten und das ständige Füttern nach dem Ernten. Ich muss die Bienen nicht aus den Honigkammern vertreiben, sondern einfach nur auf einen etwas frischen Tag warten, an dem die Bienen zusammengekauert sind und kann so die Aufsätze ohne die Bienen herausziehen. Nach der Ernte können die Stöcke feucht werden. Dann warte ich auf einen warmen Tag, um sie zu säubern und danach wiederzuverwenden, ohne Angst vor Wachsmotten zu haben, weil das Klima kalt ist und es keine Motten in der Gegend gibt. Wenn ich früher ernten will, dann setze ich die feuchten Kisten wieder zusammen und mache sie erst nach einem harten Frost wieder auf.

Motten legen zumindest in der Region, in der ich lebe, erst im späten Juli oder August so richtig los und ich versuche, die Waben spätestens Mitte Juni in den Stöcken zu haben, damit die Bienen Vorräte anlegen können. Während der Honigsaison (Juni bis September) habe ich keine Motten, weil die Stöcke von den Bienen bewacht werden. Von Oktober bis Mai habe ich auch keine Motten, weil das Wetter zwischendurch immer wieder so kalt wird, dass die Motten und ihre Eier getötet werden. Zwischen Mai und Juni habe ich keine Probleme mit Motten, weil sie sich zu der Zeit noch nicht wieder vom Winter erholt haben.

Befallenes Bienenvolk

Was sollte man am besten mit einem befallenen Bienenvolk machen? Der Grund dafür, dass das Volk befallen wurde, ist, dass es schwach ist. Zur Vorbeugung sollten Sie Bienen also nicht mehr Fläche geben, als sie bewachen können, oder anders gesagt, lassen Sie nicht viele fertige Waben in einem Stock, der klein ist und ums Überleben kämpft. Wenn der Stock einmal befallen ist, dann liegt die Lösung darin, die Bienen auf eine Fläche zu reduzieren, die sie gut abdecken können. Entfernen Sie den Rest der Waben. Wenn Sie ein Gefrierfach haben, dann legen Sie diese Waben hinein, um die Motten abzutöten. Oder, wenn es schon zu spät ist, lassen Sie die Motten die Waben abfressen. Wenn sie damit fertig sind, werden sich die Waben in Netze verwandelt haben, die einfach aus dem Rahmen oder aus den Plastikwaben abfallen.

Wenn Sie aber nur ein oder zwei Tunnel in den Waben haben, dann können Sie sie durch das Gefrieren noch retten. Ich habe eigentlich nur Mottenprobleme in Stöcken, die keine Königin mehr haben oder die ausgeraubt worden sind. Das Gute an Rahmen ohne Kunstwaben ist meiner Meinung nach, dass Sie sie in einen Stock geben können und damit einfach leeren Raum für ein zukünftiges Wachstum schaffen, aber die leeren Rahmen werden nicht zu zusätzlicher Fläche, die vor Motten bewacht werden müssen, wie es zum Beispiel bei vorgefertigten Wachswaben der Fall ist.

Sie eignen sich auch gut in Köderstöcken, weil die Bienen in den Rahmen Waben bauen werden, ohne dass Ihnen die Wachsmotten die Kunstwaben kaputt machen.

Bacillus thuringiensis

Manche Züchter verwenden Bt (Bacillus thuringiensis) wie Certan oder Xentari, für ihre Waben. Hierdurch werden die Mottenlarven getötet und es scheint den Bienen laut verschiedenen Studien nichts anzuhaben. Es kann einfach auf die befallenen Waben aufgesprüht werden, selbst wenn Bienen darauf sitzen, um den Befall zu stoppen. Es kann ebenso auf die Kunstwaben gesprüht werden, bevor sie in den Stock eingesetzt werden oder Sie können es auf Waben sprühen, bevor Sie sie lagern. Ich habe in den letzten Jahren schlichtweg keine Zeit gehabt, es zu tun, und scheine es auch nicht zu brauchen, weil ich die Wachsmotten außer in königinnenlosen Stöcken unter Kontrolle habe. Aber wahrscheinlich würde diese Methode auch bei königinnenlosen Stöcken helfen, wenn man die Substanz schon von vornherein auf die Waben auftragen würde. Certan war in den USA für den Gebrauch gegen Wachsmotten zertifiziert, aber die Zertifizierung lief aus und wurde aus finanziellen Gründen nicht rechtzeitig erneuert. Deshalb wird das Mittel nicht mehr unter diesem Namen in den USA vertrieben, aber man erhält es für denselben Gebrauch in Kanada; in den USA wird es für Wachsmottenlarven (aber nicht Wachsmotten selbst) als Xentari vertrieben.

Tropische Wachsmottenkontrolle

Was würde ich tun, wenn ich in einem tropischeren Gebiete leben würde, in dem Wachsmotten im Winter nicht sterben? Ich würde leere Waben auf starke Stöcke legen, damit sie sie bewachen können. In einem gemäßigten Klima ist das keine gute Idee.

Was Sie bei Wachsmotten nicht tun sollten

Was ich nicht tun würde – und dies steht ganz oben auf meiner Verbotsliste – ist, Mottenkugeln zu verwenden, insbesondere die aus Naphthalin. Etwas besser und auf der FDA-Liste auch akzeptiert, ist PDB (Para-Dichlor-Benzol). Allerdings sind beide Stoffe krebserregend und ich möchte solche Dinge nicht in meiner Nahrungskette haben, und Bienenstöcke sind nun einmal Teil meiner Nahrungskette.

Wachsmotten hassen

Ich habe es aufgegeben, Wachsmotten zu hassen, obwohl es sehr leicht ist, das zu tun, wenn Sie sehen, wie sie die Waben zerstören, welche die Bienen mit harter Arbeit aufgebaut haben. Wachsmotten sind einfach Teil des Ökosystems eines Bienenstocks. Sie erfüllen ihre Aufgabe, die wahrscheinlich auch irgendwie sinnvoll ist. Sie entsorgen alte Waben, die vielleicht kranke Larven getragen haben. Wenn Sie sie wirklich hassen und in den Griff bekommen wollen, was ich inzwischen aufgegeben habe, dann können Sie Fallen bauen. Dazu nehmen Sie eine Zwei-Liter-Flasche und machen kleine Löcher in die Seiten. Dann füllen Sie die Flasche mit einer Mischung aus Essig, Bananenschale und Syrup. Die Mischung scheint gut zu funktionieren und hilft außerdem bei Wespen. Die Motten fliegen in die Löcher an den Seiten, trinken, versuchen, wieder hochzufliegen und werden so gefangen.

Nosemaseuche

Die Nosemaseuche Nosema apis wird von einem Pilz verursacht (der zu den Protozoonen gehört). Die Seuche ist allgegenwärtig und eine opportunistische Krankheit. Die übliche chemische Lösung, die ich nicht benutze, hieß Fumidil und wurde inzwischen in Fumagilin-B umbenannt. Meiner Meinung nach ist die beste Vorsorge, den Stock möglichst gesund zu halten, ihn nicht zu stressen und Honig zu füttern. Untersuchungen haben gezeigt, dass das Füttern von Honig, insbesondere von dunklem Honig, als Winterfutter das Auftreten von Nosema unwahrscheinlicher macht. Forschungen, die in Russland in den 70er Jahren durchgeführt wurden, haben gezeigt, dass natürliche Abstände (32 mm statt den üblichen 35 mm) das Auftreten von Nosema verringern.

Meiner Meinung nach tragen Feuchtigkeit im Stock während des Winters, langes Gefangenhalten und das Füttern von Zuckersirup dazu bei, dass die Krankheit häufiger auftritt. Wenn es denn sein muss: füttern Sie Zuckersirup, wenn Sie keinen Honig haben und Sie damit einem schwachen Volk oder einem Ablegerstock helfen können. Füttern Sie im Herbst Zuckersirup, ehe Ihre Bienen verhungern, aber meiner Meinung nach sollten Sie den Bienen Honig für ihre Wintervorräte übriglassen.

Wenn Sie eine Lösung suchen, aber keine „Chemikalien" verwenden wollen, aber kein Problem mit ätherischen Ölen haben, dann sollten Sie Thymol oder Zitronengras-Öl in Sirup versuchen, was als Behandlung recht effektiv ist. Dabei sollten Sie aber nicht vergessen, dass Sie damit auch viele nützliche Mikroben im Stock abtöten. Symptome sind ein geschwollener weißer Verdauungskanal und Ruhr, wenn Sie eine Biene auseinandernehmen. Verlassen Sie sich nicht nur auf die Ruhr. Alle Bienen, die gefangengehalten werden, bekommen die Ruhr. Manchmal fressen Bienen verdorbenes Obst oder andere Dinge, die ihnen die Ruhr geben, aber das muss nichts mit der Nosemaseuche zu tun haben. Die einzige sichere Diagnose liegt darin, den Nosemaorganismus unter dem Mikroskop zu entdecken.

Ich werde Ihnen ein paar Dinge berichten, die Ihnen helfen werden, einen Eindruck davon zu bekommen, wie notwendig (oder nicht notwendig) es ist, der Nosemaseuche vorzubeugen. Zunächst sollten Sie sich klarmachen, dass viele Bienenzüchter, einschließlich mir, die Seuche noch nie behandelt haben. Nicht nur, weil es viele Züchter gibt, die keine Antibiotika in ihre Stöcke geben wollen, sondern weil viele Bienenzüchter auf der Welt laut Gesetz keinen Zugang zu Fumidil haben. Ich bin mit Sicherheit nicht die einzige Person, die denkt, dass es eine schlechte Idee ist, Fumidil in einen Stock zu geben. Die Europäische Union hat es für die Bienenzucht verboten. Es ist also eine illegale Substanz. Warum? Es wird vermutet, dass es Behinderungen verursacht. Fumagillin kann die Bildung von Blutgefäßen verhindern, indem es sich an das Enzym Methionin Aminopeptidase anbindet.

Gendeletionen durch Methionin Aminopeptidase 2 führen zu Defekten in der Gastrulation des Embryos und zu unkontrolliertem Wachstum von Endothelzellen. Was wird in der EU zur Behandlung benutzt? Thymolsirup.

Warum Sie Fumidil vermeiden sollten

Welche Gefahren birgt Fumidil für Ihren Stock? Das ist schwer mit Genauigkeit zu beantworten, aber von all den Chemikalien, die die Leute in ihre Stöcke kippen, ist es wahrscheinlich eine der weniger gefährlichen. Es zersetzt sich schnell. Es scheint auf den ersten Blick nicht viele Nachteile zu haben. Aber wenn Sie eine organische Lebensphilosophie vertreten, dann fragen Sie sich doch trotzdem, warum Sie eigentlich Ihrem Stock Antibiotika zuführen. Ich möchte auf jeden Fall keine in meinem Honig haben und so wie ich es sehe, endet alles, was Sie dem Stock zuführen, früher oder später im Honig. Bienen bewegen die ganze Zeit alle möglichen Dinge. Jedes Buch, dass ich über Honigwaben gelesen habe, spricht davon, wie die Bienen den Honig aus der Brutkammer hoch in das Honiglager transportieren. Es ist zwar nett, sich vorzustellen, dass man die Chemikalien nur in einem bestimmten Bereich des Stocks anwendet, aber letztendlich ist es dasselbe, wie von einem Pool zu sprechen, in dem das Pinkeln nur in einem Bereich verboten ist.

Mikrobisches Gleichgewicht

Was richten Antibiotika mit dem natürlichen Gleichgewicht in einem natürlichen System an? Die Erfahrungen mit Antibiotika zeigen, dass sie die natürliche Flora egal welchen Systems durcheinanderbringen. Sie töten eine Menge Dinge, die ihren Sinn hatten, zusammen mit anderen, die es nicht geben sollte, und hinterlassen ein Vakuum, das von jedem Organismus gefüllt werden kann, der wachsen kann. Probiotika sind bei Menschen, Pferden und anderen Tieren inzwischen modern, vor allem auch deshalb, weil wir ständig Antibiotika konsumieren und damit die natürliche Flora unseres Verdauungssystems durcheinanderbringen. Leben in einem Bienenstock mit den Bienen nützliche Mikroorganismen? Wie werden sie von Fumidil beeinträchtigt? Klar, es ist nicht wissenschaftlich von mir, anzunehmen, dass es so ist, ohne Studien vorzuweisen, die das belegen, aber meine Erfahrung sagt mir, dass alle natürlichen Systeme sehr komplex gestaltet sind, bis hinunter auf die mikroskopische Ebene. Und ich möchte es nicht riskieren, dieses Gleichgewicht durcheinanderzubringen. Dann ist da natürlich noch das Argument, dass die Substanz in den meisten Teilen der Welt verboten ist, eben weil sie in Säugetieren Geburtsfehler verursacht.

Schwache Bienen aufpäppeln

Aus der wissenschaftlichen Perspektive wird dieser Punkt wohl geradezu beleidigend klingen. Aber ich weiß nicht, wie ich es anders ausdrücken sollte. Wenn Sie ein Bienenzuchtsystem schaffen, das von Pestiziden und Antibiotika am Laufen gehalten wird und das Bienen hervorbringt, die ohne ständige Behandlung nicht überlebensfähig wären, ist das aus meiner organischen Bienenzuchtperspektive völlig kontraproduktiv. So fahren wir einfach nur damit fort, Bienen zu züchten, die ohne uns nicht leben könnten. Vielleicht ist es für manche Leute ein befriedigendes Gefühl, von ihren Bienen gebraucht zu werden. Ich weiß es nicht. Aber ich würde Bienen vorziehen, die auf sich selber aufpassen können und das auch tun.

Welche anderen nicht-organischen Praktiken können zur Verhinderung der Nosemaseuche beitragen?

Nosemaseuche stärken?

Während die nicht-organische Fraktion glauben möchte, dass das Füttern von Zucker statt Honig der Seuche vorbeugen könnte, sehe ich überhaupt keine Anhaltspunkte, das zu glauben. Es ist möglich, dass Honig mehr Festkörper besitzt und deshalb mehr Durchfall verursachen kann, aber auch wenn Durchfall ein Symptom von Nosemaseuche ist, so hat dieser Durchfall damit nichts zu tun. Anders ausgedrückt: nur weil die Bienen Durchfall haben, heißt das nicht, dass sie an der Nosemaseuche erkrankt sind.

Viele Feinde der Honigbienen wie Nosema, Kalkbrut, EFB und Varroa funktionieren besser bei einem pH-Wert von Zuckersirup und pflanzen sich bei einem pH-Wert von Honig nicht so schnell fort. Dies scheint allerdings weltweit von Bienenzüchtern ignoriert zu werden. Die vorherrschende Theorie darüber, wie Oxalsäure funktioniert, ist dass das Blut der Bienen zu sauer für Varroa wird und die Varroa abstirbt, nicht aber die Bienen. Wie kann es aber hilfreich sein, den Bienen etwas zu füttern, das einen pH-Wert in einem Bereich hat, der die meisten ihrer Feinde, einschließlich Nosema, begünstigt, statt ihnen Honig zu lassen, der sich in einem pH-Bereich befindet, der für die meisten ihrer Feinde nachteilig ist.

Resümee

Mein Resümee ist folgendes: Sie müssen selber abwägen, welche Risiken es gibt. Was sind Sie bereit, in Ihren Stock und damit auch in Ihren Honig zu geben? Wie wollen Sie Ihre Bienen halten? Wie sehr vertrauen Sie auf das natürliche System oder wie sehr vertrauen Sie auf ein besseres Leben durch Chemikalien?

Steinbrut

Sie wird von den Pilzen Aspergillus fumigatus und Aspergillus flavus hervorgerufen. Auszüge aus diesen Pilzen werden dazu verwendet, Fumagilin herzustellen, das zur Behandlung von Nosema benutzt wird. Larven und Puppen sind besonders anfällig. Steinbrut führt zur Mumifizierung der befallenen Brut. Die Mumien sind hart und fest und nicht schwammig wie zum Beispiel bei Kalkbrut. Befallene Brut wird von staubigen grünen Pilzsporen bedeckt. Die Mehrzahl der Sporen wird in Kopfhöhe der Brut gefunden. Die Hauptursache ist zu viel Feuchtigkeit im Stock. Sie sollten dann eine bessere Belüftung schaffen. Öffnen Sie die innere Abdeckung oder öffnen Sie das gelöcherte Bodenbrett. Ich empfehle keine andere Behandlung; das Problem wird von allein verschwinden.

Kalkbrut

Sie wird vom Pilz Ascosphaera apis verursacht, der im Jahr 1968 in den USA das erste mal auftauchte. Die Hauptursachen sind zu viel Feuchtigkeit im Stock, abgekühlte Brut und genetische Veranlagung. Sorgen Sie für bessere, aber nicht zu viel, Belüftung. Öffnen Sie die innere Abdeckung oder öffnen Sie das gelöcherte Bodenbrett. Wenn Sie weiße Kügelchen vor dem Stock finden, die wie kleine Maiskörner aussehen, dann haben Sie wahrscheinlich Kalkbrut im Stock. Wenn Sie den Stock in die volle Sonne stellen und für bessere Belüftung sorgen, löst sich das Problem normalerweise von allein. Honig statt Zucker kann helfen, die Krankheit zu vertreiben, weil Zuckersirup deutlich alkalihaltiger (höherer pH-Wert) ist als Honig.

"Niedrigere pH-Werte (wie solche, die in Honig, Pollen und Futterbrei zu finden sind) reduzieren deutlich die Ausbreitung und Produktion von Keimfäden. Ascosphaera apis scheint ein hoch spezialisierter Krankheitserreger für Honigbienenlarven zu sein."—Autor. Dept. Biological Sci., Plymouth Polytechnic, Drake Circus,

Plymouth PL4 8AA, Devon, UK. Library code: Bb.
Language: En. Apicultural Abstracts from IBRA:
4101024

Kalkbrut

Saubere Königinnen werden dazu beitragen, die Kalkbrut loszuwerden. Saubere Bienen werden die Larven entfernen, bevor der Pilz Sporen bilden kann. Der Vorteil von Kalkbrut ist, dass es EFB vorbeugt.

Europäische Faulbrut (EFB)

Wird von einer Bakterie verursacht und wurde früher Streptococcus pluton genannt, ist inzwischen aber auf Melissococcus pluton umbenannt worden. Die Euroäische Faulbrut ist eine Brutkrankheit. Bei EFB färben sich die Larven bräunlich und ihre Luftröhren sind noch brauner. Verwechseln Sie das bitte nicht mit Larven, die dunklen Honig gefüttert bekommen. Es ist nicht nur das Futter, das die braune Farbe annimmt. Schauen Sie sich die Luftröhre an. Wenn der Befall schlimm ist, dann stirbt die Brut und wird schwarz, mit eingesunkenen Verdeckelungen. Aber normalerweise stirbt die Brut schon vor dem Verdeckeln. Die Deckel im Brutnest sind bei EFB brüchig, nicht solide, weil die tote

Larve bewegt wurde. Um die Krankheit von AFB zu unterscheiden, nehmen Sie einen Stock, spießen Sie eine befallene Larve auf und holen Sie sie aus dem Stock.

Die AFB wird sich auf etwa 10 cm ausbreiten.

Sie ist stressbedingt, und die beste Lösung liegt darin, den Bienen den Stress zu nehmen. Sie können natürlich auch, wie bei jeder Brutkrankheit, den Brutzyklus unterbrechen, indem Sie die Königin einsperren oder sie vollständig ersetzen und warten, bis die Bienen selbst eine neue Königin heranzüchten. Bis diese neue Königin geschlüpft ist, sich gepaart hat und beginnt, Eier zu legen, ist die alte Brut entweder schon geschlüpft oder gestorben. Wenn Sie Chemikalien verwenden wollen, dann können Sie die Krankheit mit Terramycin behandeln. Streptomycin ist zwar noch effektiver, wird aber von der FDA und EPA nicht anerkannt.

Amerikanische Faulbrut (AFB)

Wird von einer Bakterie verursacht, die Sporen bildet. Die Bakterie wurde früher Bacillus larvae genannt, ist aber kürzlich auf Paenibacillus larvae umbenannt worden. Bei der Amerikanischen Faulbrut stirbt die Larve normalerweise, nachdem sie verdeckelt wurde, aber sie sieht schon vorher krank aus. Das Brutmuster hat einen fleckigen Anschein. Die Verdeckelungen sehen eingesunken und manchmal löchrig aus. Frisch gestorbene Larven werden sich aufziehen, wenn sie mit einem Stock aufgespießt werden. Der Geruch ist gammelig und markant. Larven, die schon länger tot sind, können von den Bienen selber nicht mehr entfernt werden.

Der Holst Milchtest:

Quelle: The Hive and The Honey Bee. "Extensively Revised in 1975" edition. Seite 623.

„Holst Milchtest: der Holst Milchtest wurde dazu entwickelt, Enzyme zu identifizieren, die von Bienenlarven produziert werden (Holst 1946). Ein Zahnstocherabstrich wird vorsichtig in ein Röhrchen von 3 bis 4 mm mit einprozentigem Magermilchpulver eingerührt und bei Körpertemperatur inkubiert. Wenn Larvensporen vorhanden sind, dann wird sie die trübe Lösung in 10 bis 20 Minuten aufklären. Anzeichen von EFB oder Sackbrut können mit diesem Test nicht ermittelt werden."

Testsets sind bei verschiedenen Bienenzucht-Anbietern erhältlich. Kostenlose Tests erhalten Sie bei Beltsville Lab:

http://www.ars.usda.gov/Services/docs.htm?docid=7473

Auch hier handelt es sich um eine Stresskrankheit. In einigen Staaten sind Sie verpflichtet, den Stock mitsamt Bienen und Zubehör zu verbrennen. In anderen Staaten sind Sie verpflichtet, die Bienen aus dem Stock abzuschütteln und in einen neuen umzusiedeln und die gesamte alte Ausrüstung zu verbrennen. In einigen Staaten wird Ihnen die gesamte Ausrüstung mitsamt der Bienen weggenommen und alles wird in einem großen Tank ausgeräuchert. In wieder anderen Staaten sind Sie nur dazu verpflichtet, Ihre Stöcke mit Terramycin zu behandeln. In einigen Staaten ist es erlaubt, mit Terramycin zu behandeln, aber wenn der Bienenkontrolleur davon etwas mitbekommt, dann müssen Sie Ihre Stöcke zerstören. Viele Bienenzüchter behandeln präventiv mit Terramycin (manchmal auch als TM abgekürzt). Das Problem dabei ist, dass die AFB dadurch verdeckt werden kann. Die AFB-Sporen werden immer weiter wachsen, sodass infizierte Ausrüstung immer infiziert bleiben wird, es sei denn, sie wird ausgeräuchert oder verbrannt. Abkochen allein tötet die Sporen nicht ab. Weder TM noch Tylosin können die Sporen töten, sondern nur die lebenden Bakterien. AFB-Sporen sind in *allen* Bienenstöcken zu finden. Ein Ausbruch ist dann am wahrscheinlichsten, wenn ein Stock gestresst ist, deshalb ist Prävention das Beste. Bemühen Sie sich darum, dass Ihre Stöcke nicht ausgeraubt werden oder knapp an Vorräten sind. Stocken Sie die Vorräte auf und geben Sie Bienen dazu, um schwache Stöcke zu stärken, damit sie nicht gestresst werden. Was Sie im Falle eines AFB-Befalls tun können ist je nach Staat unterschiedlich geregelt. Sie sollten also sicherstellen, dass Sie die in Ihrem Staat geltende Gesetzgebung befolgen. Ich persönlich hatte noch nie einen AFB-Befall. Ich habe meine Stöcke auch seit 1976 nicht mehr mit TM behandelt. Wenn plötzlich AFB in meinen Stöcken ausbrechen würde, müsste ich mir überlegen, wie ich reagieren würde. Das hängt zum einen davon ab, wie viele Stöcke befallen sind. Wenn ich nur einen kleinen Befall hätte, würde ich wahrscheinlich die Bienen in einen neuen Stock schütteln und den alten verbrennen. Bei einem großen Ausbruch würde ich versuchen, den Brutzyklus zu unterbrechen und die infizierten Waben entfernen. Wenn wir Bienenzüchter jedoch weiter alle Bienen verbrennen würden, die von AFB befallen wurden, dann werden wir es nie schaffen, AFB-resistente Bienen zu züchten. Wenn wir Bienenzüchter weiter TM als Vorbeugung einsetzen, dann werden Sie einfach nur dazu beitragen, TM-resistente AFB weiter zu verbreiten.

"Es ist bekannt, dass eine unangebrachte Ernährung für Krankheiten anfällig macht. Ist es deshalb nicht logisch zu vermuten, dass das exzessive Füttern von Zucker an die Bienen sie anfälliger für die Amerikansiche Faulbrut und andere Bienenkrankheiten macht? Es ist auch bekannt, dass die Amerikanische Faulbrut im Norden häufiger auftritt als im Süden. Warum? Liegt es nicht etwa daran, dass den Bienen im Norden mehr Zucker gefüttert wird als hier im Süden, wo die Bienen die meiste Zeit des Jahres Nektar sammeln können, wodurch das Füttern von Zuckersirup für den Großteil des Jahres überflüssig ist?"—Better Queens, Jay Smith

Parafaulbrut

Sie wird vom Bacillus para-alvei und möglicherweise einer Kombination mit anderen Mikroorganismen verursacht und zeigt ähnliche Symtpome wie die EFB. Die einfachste Lösung ist eine Unterbrechung der Brutaufzucht. Schließen Sie die Königin ein oder entfernen Sie sie ganz und warten Sie darauf, dass die Bienen eine neue Königin heranziehen. Wenn Sie die Königin inzwischen in einen Ablegerstock oder eine Königinnenbank geben, dann können Sie sie später wieder im Stock einführen, falls die Bienen nicht selbst eine Königin heranziehen sollten.

Sackbrut

Wird von einem Virus verursacht, der üblicherweise als SBV (Sackbrutvirus) bezeichnet wird. Die Symptome sind fleckige Brutmuster, wie bei anderen Brutkrankheiten, aber hier befinden sich die Larven mit erhobenem Kopf in einem Sack. Wie bei anderen Brutkrankheiten kann es helfen, den Brutzyklus zu unterbrechen. Normalerweise verschwindet die Krankheit im späten Frühjahr wieder. Eine neue Königin ist eine weitere Option.

Bei Brutkrankheiten hilft es, den Brutzyklus zu unterbrechen

Dies ist bei allen Brutkrankheiten hilfreich, sogar bei Varroa, weil so eine Varroa-Generation übersprungen werden kann. Hierzu müssen Sie einfach nur die gesamte Brut, insbesondere offene Brut, aus dem Stock entfernen und sicherstellen, dass keine neue entsteht. Wenn Sie sowieso vorhaben, die Königin zu ersetzen, dann töten Sie die alte Königin und warten Sie eine Woche. Zerstören Sie dann alle Königinnenzellen. Warten Sie dann zwei weitere Wochen und geben Sie eine neue Königin in den Stock (bestellen Sie genügend Königinnen mit ausreichend Vorlauf). Wenn Sie Ihre eigene Königin züchten wollen, dann entfernen Sie einfach die alte Königin (sperren Sie sie in einen Käfig oder geben Sie sie in einen Ablegerstock, falls die Bienen es doch nicht schaffen, ihre eigene Königin heranzuziehen) und warten Sie, dass die Bienen sich ihre eigene Königin züchten. Zu dem Zeitpunkt, an dem die neue Königin Eier legt, wird es keine vorherige Brut mehr geben. Ein Haarspangenhalter funktioniert gut als Käfig, so können die Arbeiterbienen rein- und rausfliegen, die Königin jedoch nicht.

Kleine Zellgrößen und Brutkrankheiten

Bienenzüchter, die mit kleinen Zellgrößen arbeiten, haben davon berichtet, dass ihnen die Größe bei Brutkrankheiten hilft, insbesondere bei Zellen, die kleiner als 4,9 mm sind. Es ist bekannt, dass Bienen Zellen, sobald sie unter eine bestimmte Größe fallen, auskauen. Dann ist da noch die Tatsache, dass in eine große Zelle mehr Kokons passen als in eine kleine Zelle (sehen Sie dazu Grouts Forschungen). Ich weiß nicht, ob das bei Brutkrankheiten hilfreich ist oder nicht, aber meine Annahme (und es ist wirklich nicht mehr als eine Annahme), ist, dass die kleinen Zellen aufgekaut werden, bevor sich viele Kokons in ihnen bilden können, wohingegen Zellen von 5,4 mm mit Generationen von Kokons angefüllt werden, bis sie endlich abgenutzt sind und bei einer Größe von 4,8 mm oder kleiner ankommen, um dann aufgekaut werden. Dadurch ist hier viel mehr Platz und Zeit gegeben, damit sich Krankheitserreger ansammeln können.

Nachbarn

Ängstliche Nachbarn sind dafür bekannt, Bienenstöcke mit Raid einzusprühen, aber normalerweise haben Sie zu viel Angst es zu tun und benutzen einfach Pestizide auf ihren Blumen, um die Bienen loszuwerden. Wenn Sie dazu Sevin verwenden, dann können viele Ihrer Bienen daran sterben. „Mutige" Nachbarkinder sind auch dafür bekannt, Stöcke als Mutprobe abzuschlagen. Honiggeschenke an die Nachbarn und eine gute Werbestrategie können hier helfen. Wenn jemand Sie beobachtet, wie Sie Ihren Stock ohne Schleier öffnen, dann kann das die Angst manchmal schon beruhigen. Aber Sie können natürlich auch Pech haben und den Stock an einem Tag öffnen, an dem die Bienen verärgert sind. Dann werden Sie gestochen und Ihre Nachbarn sehen sich in ihrer Angst nur bestätigt. Ich würde einen Schleier tragen, aber keine Handschuhe und einfach nicht reagieren, wenn ich gestochen werde. So sehen Ihre Nachbarn, dass das alles nicht so tragisch ist und die Bienen sich nicht auf Sie stürzen, um Sie zu töten.

Neue Feinde
Seit neuestem haben die Bienen weitere Feinde bekommen.

Varroamilben

Varroa

Varroa destructor (vorher Varroa jacobsoni genannt, eine andere Sorte als diejenige, die es in Malaysia und Indonesien gibt) ist eine der neueren Eindringlinge in nordamerikanischen Bienenstöcken. Sie kamen 1987 nach Nordamerika. Sie sind wie Häkchen. Sie hängen sich an die Bienen, saugen das Blut aus erwachsenen Bienen und dringen in Brutzellen ein, bevor sie verdeckelt werden. Dort vermehren sie sich während der Zeit der Verdeckelung der Larven weiter. Ein erwachsenes Weibchen begibt sich ein bis zwei Tage vor der Verdeckelung in die Zelle, weil es von den Pheromonen der Larven angezogen wird, die diese kurz vor der Verdeckelung abgeben. Das Weibchen ernährt sich von der Larve und beginnt dann etwa alle 30 Stunden, ein Ei zu legen. Das erste ist männlich (haploid), der Rest sind Weibchen (diploid).

In einer großen Zelle (lesen Sie dazu das Kapitel Natürliche Zellgröße im zweiten Band) kann das Weibchen bis zu sieben Eier legen. Da noch nicht reife Motten nicht überleben werden, wenn die Biene aus der Verdeckelung herauskommt, ist es wahrscheinlich, dass ein bis zwei Weibchen überleben. Diese werden sich paaren, noch bevor die Biene aus der Verdeckelung ausbricht und dann mit ihrem Wirt zusammen aus der Zelle kommen.

Varroamilben sind groß genug, dass Sie sie sehen können. Sie sehen wie eine Sommersprosse auf der Biene aus. Sie sind lila-braun und oval geformt. Wenn Sie eine Milbe unter dem Vergrößerungsglas anschauen, dann sehen Sie, dass sie kurze Beine hat. Um Varroabefall zu kontrollieren, brauchen Sie ein gerastertes Bodenbrett und ein weißes Stück Karton. Wenn Sie kein Bodenbrett haben, können Sie auch eine Klebeplatte verwenden. Sie können sie entweder kaufen, oder auch mit einem #8 Schweißgitter und einem Stück Klebepapier, wie man es zum Auslegen von Schubladen benutzt, selber machen. Legen Sie das Brett darunter, warten Sie 24 Stunden und zählen Sie die Milben. Es ist besser, das mehrere Tage lang zu machen und dann einen Mittelwert zu bilden. Wenn Sie täglich nur wenige Milben haben (0 bis 20), dann ist es nicht so schlimm. Wenn Sie allerdings innerhalb von 24 Stunden viele Milben haben (50 oder mehr), dann müssen Sie etwas unternehmen, wenn Sie die Verluste in Ihrem Stock nicht hinnehmen wollen.

Es gibt verschiedene chemische Lösungen.

Ich denke, dass es Ihr Ziel sein sollte, keine Behandlungen zu verwenden. Aber ich stelle Ihnen trotzdem diejenigen vor, die am üblichsten sind.

Apistan (Fluvalinate) und Checkmite (Coumaphos) sind die verbreitetsten Akarizide, um Milben zu töten. Beide sammeln sich im Wachs an, verursachen den Bienen Probleme und kontaminieren den Stock. Ich benutze sie nicht.

Sanftere Chemikalien zur Bekämpfung von Milben sind Thymol, Oxalsäure, Ameisensäure und Essigsäure. Die natürlichen Säuren werden im Honig sowieso gebildet, weshalb zusätzliche Säuren von manchen nicht als Kontaminierung des Stocks angesehen werden. Thymol ist der Geruch in Listerine und in Thymianhonig, nicht aber in Honig. Ich habe Oxalsäure als Übergangskontrolle benutzt, während ich auf kleine Zellen umgestiegen bin. Ich habe einen einfachen Zerstäuber aus Bleirohr benutzt. Aber ich habe trotzdem bei all diesen Stoffen Bedenken, wie sie sich auf die nützlichen Mikroben im Stock auswirken.

Inerte Chemikalien für Varroamilben

FGMO ist die beliebteste. Dr. Pedro Rodriguez ist Befürworter und Forscher auf diesem Gebiet. Sein ursprüngliches System bestand aus Baumwollseilen mit FGMO, Bienenwachs und Honig in einer Emulsion. Ziel war es, das FGMO so lange wie möglich an den Bienen zu halten, sodass die Motten entweder präpariert wurden oder im Öl erstickten. Später wurde ein Insekten-Propanvernebler benutzt, um die Baumwollseile zu verstärken. Ein Vorteil des FGMO-Nebels ist es, dass er scheinbar auch die Tracheenmilben tötet. Gleichzeitig kann dies ein Nachteil sein, weil Sie damit Bienen am Leben erhalten, deren Genetik nicht mit Tracheenmilben fertig werden kann.

Inerter Staub. Der üblichste inerte Staub, der verwendet wird, ist gemahlener Zucker, wie Sie ihn im Supermarkt kaufen können. Er wird auf die Bienen gestäubt, um die Milben zu vertreiben. Nach Untersuchungen von Nick Aliano von der Universität in Nebraska ist diese Methode effektiver, wenn Sie die Bienen aus dem Stock entfernen und sie dann zurückgeben. Die Methode ist sehr temperaturabhängig: wenn es zu kalt ist, dann fallen die Milben nicht ab, wenn es zu heiß ist, sterben die Bienen.

Physikalische Methoden

Einige Methoden sind Bestandteil des Stocks. Jemand hat beobachtet, dass es weniger Milben in Stöcken gibt, die Pollenfallen haben; vielleicht, weil die Milben auch in die Fallen fallen. Das Ergebnis ist ein genutetes Unterbrett. Dieses Unterbrett hat ein Loch, das fast über den ganzen Boden reicht, und das von einem Schweißgitter bedeckt wird. Dadurch fallen die Milben von den Bienen ab und können sich nicht wieder an sie heranheften. Laut Untersuchungen sinken die Milben dadurch um 30%. Ich bezweifle zwar ernsthaft, dass die Anzahl so hoch ist. Aber ich mag Unterbretter, um Milben monitoren zu können, um für gute Belüftung zu sorgen und andere Kontrollmechanismen zu haben.

Was ich tue. Ich benutze kleine und normalgroße Zellen, genutete Unterbretter und ich überwache die Milben mit einem weißen Brett unter dem Unterbrett. Mein Plan war es, die Milben unter Kontrolle zu halten, und das ist mir auch seit 2002 gelungen. Das ist alles, was ich mache. Ich habe noch nie etwas anderes machen müssen und meine Milbenzahl liegt auf einem sehr niedrigen Niveau, sie sind kaum wahrzunehmen. Wenn die Zahl der Milben plötzlich ansteigen würde, wenn ich noch Honigaufsätze habe, dann würde ich wahrscheinlich die Drohnenbrut entfernen und vielleicht mit FGMO einnebeln, oder gemahlenen Zucker verstäuben. Wenn die Milben nach der Herbsternte immer noch so stark wären, dann würde ich vielleicht Oxalsäuredampf verwenden, aber ich würde auch meine Königin auswechseln. Seit ich auf kleine Zellgrößen umgestiegen bin, bin ich aber noch nicht in die Lage gekommen, Behandlungen einsetzen zu müssen. Die Zellgröße allein ist für mich auschlaggebend gewesen, um mit Milben gut zurecht zu kommen.

Mehr zum Thema Varroa

Ohne darüber zu reden, welche Methode nun die beste ist, denke ich, dass die Wahl der Methode entscheidend für den Erfolg oder das Scheitern eines Bienenzüchters sein kann. Ich habe FGMO-Nebel nur zwei Jahre lang benutzt und als ich dann alle Milben mit Oxalsäure getötet habe, hatte ich eine Anzahl von etwa 200 Milben pro Stock. Das ist eine recht niedrige Summe. Aber es gibt Züchter, die ein plötzliches Wachstum auf Tausende von Milben innerhalb kürzester Zeit erlebt haben. Das hängt natürlich zum Teil von der ganzen Brut ab, die schon mit Milben schlüpft. Aber ich glaube, dass FGMO (und viele andere Methoden) dazu beitragen, eine stabile Milbenbevölkerung im Stock zu schaffen. Um es anders auszudrücken: die Anzahl der Milben, die neu schlüpfen, wird durch die Anzahl der Milben, die getötet werden, unter Kontrolle gehalten. Das ist die Logik, die hinter vielen Behandlungen steht. SMR-Königinnen sind Königinnen, die die Fortpflanzungsfähigkeit der Milben einschränken. Aber selbst wenn Sie eine stabile Fortpflanzung der Milben in Ihren Stöcken haben, dann schützt Sie das noch nicht davor, dass nicht auch noch tausende Tramper vorbeischauen. Wenn Sie Puderzucker, kleine Zellen, FGMO oder anderes benutzen, was den Bienen einen Vorteil verschafft, um einen Teil der Milben zu vertreiben, oder sie von der

Fortpflanzung abhält, dann funktioniert das unter bestimmten Bedingungen. Eine dieser Bedingungen ist zum Beispiel, dass nicht noch eine zusätzliche Anzahl von Milben von außerhalb in den Stock gelangt.

Wenn es einen zu plötzlichen Milbenbefall im Stock gibt, dann scheitern jedoch manchmal all diese Methoden.

Es gibt noch andere Wege, die gewaltsamer sind. Sie töten praktisch alle Milben, schlagen aber auch manchmal fehl. Wir interpretieren das als Immunität, und das ist sicherlich ein Faktor. Aber manchmal liegt es auch am großen Zustrom von Milben von außerhalb des Stocks. Selbst wenn das Gift über einen Zeitraum im Stock bleibt, ist es für den Moment, in dem die Bevölkerungsexplosion passiert, manchmal nicht ausreichend.

Eine Erklärung könnte darin liegen, dass die Bienen beraubt werden oder sich verfliegen.

> *„Der Anteil an Sammelbienen, der aus einem anderen Volk stammt, liegt innerhalb eines Stocks zwischen 32 und 63 Prozent"—aus einer 1991 veröffentlichten Studie von Walter Boylan-Pett und Roger Hoopingarner in Acta Horticulturae 288, 6th Pollination Symposium (Edition Januar 2010 von Bee Culture, 36)*

Mir ist das bei kleinen Zellen – noch - nicht passiert. Auch nicht, als ich FGMO oder Apistan verwendet habe. Andere Züchter haben bei FGMO diese Beobachtung gemacht. Ich frage mich, wie sehr das einen Einfluss auf den Erfolg der verschiedenen Methoden von Sukrazid zu SMR-Königinnen bzw. von FGMO zu kleinen Zellen hat. Es scheint, dass mindestens zwei Dinge vorhanden sein müssen, damit eine Behandlung Erfolg hat. Das erste ist, ein stabiles System zu schaffen, damit die Milbenbevölkerung innerhalb des Stocks nicht anwächst. Das zweite ist, eine Methode zu finden, den gelegentlichen Zugang anderer Milben zu überwachen und zu beschränken. Die Milben scheinen sich im Herbst explosiv zu vermehren, wenn der Stock andere Stöcke ausraubt, die voll von Milben sind, und die Bienen dann einen Haufen Milben mit nach Hause schleppen, während gleichzeitig die Milben, die in den Zellen waren, schlüpfen, ohne Brut zu haben, in die sie sich zurückziehen könnten.

Tracheenmilben

Tracheenmilben (Acarapis woodi) sind zu klein, um sie mit dem bloßen Auge sehen zu können. Zunächst wurde die Krankheit die „Isle of Wight-Krankheit" genannt, weil sie dort zum ersten Mal beobachtet worden war und die Ursache der Krankheit zu der Zeit unbekannt war. Dann wurde entdeckt, dass es sich um Milben handelt, und man sprach von der „Milbenkrankheit", weil es sich um die damals einzige für Honigbienen schädliche Milbe handelte. Die Symptome waren kriechende Bienen, Bienen, die im Winter keine Traube bildeten und „K"-Flügel, bei denen sich die beiden Flügel auf jeder Seite getrennt hatten und eine K-Form annahmen. Tracheenmilben gibt es unseres Wissens nach seit 1984 in den USA. Um Sie zu sehen, brauchen Sie ein Mikroskop. Kein besonders gutes, aber in jedem Fall können Sie sie mit bloßem Auge nicht entdecken.

Tracheenmilben müssen in die Luftröhre gelangen, um sich ernähren und vermehren zu können. Die Luftröhrenöffnung bei Insekten wird Atemloch genannt. Bienen verfügen über mehrere Atemlöcher und haben ein Muskelsystem, dass es ihnen erlaubt, die Atemlöcher komplett zu schließen, wenn sie wollen. Da die Milben deutlich größer sind als das größte Atemloch (das erste im Brustkorb), müssen sie sich junge Bienen aussuchen, deren Chitin noch weich genug ist, damit das erste Atemloch größer gefressen werden kann. Einmal im Inneren angelangt, bietet die Luftröhre genug Platz, um zu leben und zu brüten. Tracheenmilben müssen dies tun, solange die Bienen ein oder zwei Tage alt sind, bevor ihr Chitin zu hart wird. Ein gutes Abwehrmittel ist eine Fettpaste (Kochfett und Zucker zu einer Fettpaste vermischen), weil es den Geruch der jungen Bienen übertüncht, den die Milben brauchen, um sie zu finden. Wenn sie keine jungen Bienen finden können, dann können sie auch keine Atemlöcher von älteren Bienen auffressen und sich damit auch nicht fortpflanzen. Üblicherweise wird Menthol verwendet, um Tracheenmilben zu töten. Auch FGMO und, laut einigen Züchtern, Oxalsäure töten die Milben ab. Es hilft aber auch, resistente Bienen zu züchten und kleine Zellgrößen zu haben. Die Theorie besagt, dass kleine Zellen dazu beitragen, dass die Atemlöcher auch bei jungen Bienen noch kleiner sind, und die Milben nicht mehr eindringen können. Dadurch, dass das Atemloch noch kleiner ist, wird die Öffnung für Milben unattraktiver, weil sie eine Öffnung suchen, die sie einfach durch Fressen vergrößern können. Aber wenn das Chitin zu fest ist, dann können die Milben das Loch nicht mehr weit genug öffnen, um durchzupassen. Das

Thema müsste allerdings eingehender untersucht werden. Ich habe kleine Zellen und habe noch nie Probleme mit Tracheenmilben gehabt.

Es ist nicht schwer, resistente Biene zu züchten. Das erklärt auch, warum Züchter mit kleinen Zellgrößen keine Probleme mit Tracheenmilben haben. Wenn Sie Ihre Bienen nie behandeln und Ihre Königin immer selbst heranziehen, dann werden Sie als Ergebnis widerstandsfähigere Bienen haben. Der Abwehrmechanismus gegen Tracheenmilben ist nicht bekannt. Eine Theorie besagt, dass die Bienen hygienischer sind und die Milben abputzen, bevor sie in die Luftröhre gelangen. Ein andere Theorie besagt, dass die Atemlöcher kleiner oder härter sind, sodass die Milben nicht durchpassen. Eine andere ist der Fettpaste ähnlich, bei der junge Bienen keinen Geruch von sich geben, der die Milben anziehen könnte.

Acarapis dorsalis und Acarapis externus sind Milben, die auf Honigbienen leben und sich nicht von Tracheenmilben (Acarapis woodi) unterscheiden lassen. Sie werden einfach nur durch ihren Fundort unterschieden. Das führt zu der Frage, ob sie dieselben Milben sind, die einfach nur unfähig sind, in die Luftröhre zu gelangen?

Kleine Bienenstockkäfer

Eine weitere neue Schädlingsart, die mich seit langem nicht betroffen hat, ist die des Kleinen Bienenstockkäfers (Aethina tumida Murray). Die Larven ernähren sich von Waben und Honig, ähnlich wie Wachsmotten, sind allerdings mobil, bewegen sich in Gruppen und verlassen den Stock, um zum Verpuppen in den Boden zu kriechen. Die erwachsenen Käfer ernähren sich von den Bienen, aber die Bienen drängen die Käfer gern in enge Nischen. Es wird diskutiert, ob diese Nischen schlecht sind, weil sie den Käfern einen Platz zum Verstecken bieten, oder ob sie gut sind, weil die Bienen sie in die Enge treiben können.

Der Schaden, den die Käfer anrichten, ähnelt dem der Wachsmotten, allerdings breitet er sich weiter aus und ist schwerer unter Kontrolle zu bringen. Wenn Sie einen Vergärungsgeruch im Stock wahrnehmen und einen Haufen stachelige, krabbelnde Larven in den Waben sehen, dann haben Sie vielleicht ein Problem mit dem Kleinen Bienenstockkäfer. Die einzigen chemischen Mittel, die erlaubt sind, sind Fallen mit CheckMite und genässter Boden, um die Puppen im Boden vor dem Stock zu töten.

Obwohl die Käfer auch in Nebraska verbreitet sind, habe ich noch keine Probleme mit ihnen gehabt, aber ich würde auf PermaComb in den Brutnestern umsteigen, falls sie mir zu stark werden. Starke Stöcke sind immer noch der beste Schutzmechanismus.

Manche Imker benutzen verschiedene Fallen, einige selbstgemacht und andere gekauft, und andere Züchter ignorieren die Käfer einfach. Sie scheinen auf sandigem Boden und bei warmem Wetter zu gedeihen, aber sie überleben auch auf lehmigem Boden und in kalten Wintern. Wie bedrohlich die Käfer werden und wie viel Sie unternehmen müssen, um sie in den Griff zu bekommen, scheint von zwei Fragen abzuhängen: wie lehmig ist der Boden und wie kalt ist der Winter.

Sind Behandlungen notwendig?

Die Standardbücher, die es zum Thema Bienenzucht gibt, sprechen über Behandlungen, als ob sie absolut notwendig wären und die Bienen ohne menschliches Eingreifen aussterben würden. Nur, um Ihnen eine Vorstellung davon zu geben, habe ich hier meine komplette Behandlungsgeschichte aufgelistet:

1974 Terramycin benutzt, weil die Bücher mir gesagt haben, die Bienen würde ohne es sterben

1975-1999 keine Behandlungen, habe aber 1998 und 1999 alle Bienen wegen Varroa verloren

2000-2001 Apistan gegen Varroa benutzt. 2001 sind sie trotzdem alle an Varroa gestorben.

2002-2003 Oxalsäure für einige Bienen benutzt, FGMO für andere, Wintergrünöl für weitere und für eine andere Gruppe gar nichts. Umstieg auf kleine Zellgröße

2004-heute keine Behandlungen

Die einzigen 3 Jahre, in denen ich alle meine Bienen behandelt habe, waren 1974, 2000 und 2001.

Die 2 Jahre, in denen ein Teil meiner Bienen behandelt wurde, waren 2002 und 2003.

Die 35 Jahre (bis zum heutigen Tag), in denen ich keine meiner Bienen behandelt habe, waren: 1975, 1976, 1977, 1978, 1979, 1980, 1981, 1982, 1983, 1984, 1985, 1986, 1987, 1988, 1989, 1990, 1991, 1992, 1993, 1994, 1995, 1996, 1997, 1998, 1999, 2004, 2005, 2006, 2007, 2008, 2009, 2010, 2011, 2012, 2013.

Ich prüfe natürlich, ob meine Bienen Milben haben, (genauso, wie es der Inspektor jedes Jahr macht), und ich suche gründlich nach Spuren, ob tote Bienen an Varroa gestorben sind. Ich habe aber keine Varroaprobleme mehr, nur hin und wieder finde ich eine Varroaspur.

Ich habe meine Bienen nie gegen Nosema oder Tracheenmilben behandelt (obwohl das Wintergrünöl, das FGMO und die Oxalsäure einen Einfluss darauf gehabt haben könnten).

Ich habe hin und wieder Pakete gekauft, und habe von etwa 4 Stöcken auf 200 Stöcke erweitert. Gleichzeitig verkaufe ich Ableger mit kleinen Zellgrößen und züchte Königinnen.

Königinnensuche

Müssen Sie sie wirklich finden?

Ich werde vorwegnehmen, dass Sie sie nicht jedes Mal sehen müssen, wenn Sie in den Stock schauen. Ich habe sogar meine Techniken so geändert, dass ich die Königin nicht finden brauche, weil es einfach zu viel Zeit in Anspruch nimmt. Wenn Sie offene Brut haben, dann gab es zumindest bis vor zwei Tagen noch eine Königin. Aber natürlich gibt es Situationen, in denen Sie die Königin finden müssen. Und zwar dann, wenn Sie sie austauschen wollen. Hier also ein paar Tipps:

Benutzen Sie nur wenig Rauch

Räuchern Sie die Königin nicht ein, sonst wird sie fliehen, und dann finden Sie sie gar nicht mehr.

Sehen Sie da nach, wo die meisten Bienen sind

Die Königin befindet sich normalerweise in dem Brutrahmen, um den die meisten Bienen versammelt sind. Das stimmt zwar nicht immer, aber wenn Sie bei diesem Rahmen anfangen und sich von dort weiter vorarbeiten, dann werden Sie sie mit 90%iger Sicherheit entweder auf diesem oder auf dem nächsten Rahmen finden.

Ruhige Bienen

Die Bienen sind in der Nähe der Königin ruhiger.

Größer und länger

Der offensichtlichste Hinweis ist natürlich der, dass die Königin größer ist, vor allem ihr Unterleib ist länger, aber das ist nicht immer einfach zu entdecken, wenn Bienen auf ihr umherkrabbeln. Suchen Sie nach breiteren „Schultern", nach der Breite des Rückens, nach einem kleinen Fleck auf dem Brustkorb, dann können Sie sie unter den anderen krabbelnden Bienen vielleicht erspähen. Wenn Sie ihren Oberkörper nicht sehen können, ragt auch manchmal der längere Unterleib heraus.

Verlassen Sie sich nicht darauf, dass sie markiert ist

Verlassen Sie sich nicht darauf, dass Ihre markierte Königin noch da ist und immer noch markiert ist. Vergessen Sie nicht, dass die Bienen vielleicht ausgeschwärmt sind und die Königin vielleicht ersetzt wurde oder sie gegangen ist.

Bienen verhalten sich in der Nähe der Königin anders

Beobachten Sie, wie sich die Bienen in der Nähe der Königin verhalten. Oft gibt es mehrere Bienen, nicht alle, aber viele, die ihr zugewandt sind. Die Bienen verhalten sich anders, wenn die Königin in der Nähe ist. Wenn Sie die Bienen jedes Mal beobachten, wenn Sie die Königin ausfindig gemacht haben, werden Sie merken, wie sie sich verhalten und wie sie sich andersartig bewegen.

Die Königin bewegt sich anders

Andere Bienen bewegen sich entweder schnell oder sie bewegen sich gar nicht. Die Arbeiter bewegen sich, als ob sie Musik von Aerosmith hören würden. Die Königin bewegt sich, als ob sie Schubert oder Brahms in den Ohren hätte. Sie bewegt sich langsam und anmutig, so als ob sie einen Walzer tanzen würde, während die Arbeiter um sie herum einen Bossa-Nova tanzen. Wenn Sie das nächste Mal die Königin sehen, dann beobachten Sie, wie sich die Bienen um sie herum bewegen und wie die Königin sich bewegt.

Verschiedene Färbung

Normalerweise hat die Königin eine etwas andere Farbe. Mir hat das bisher nicht viel geholfen, weil die Farbe derjenigen der anderen Bienen zu ähnlich ist, sodass es schwer ist, sie nur anhand des Farbunterschieds zu finden.

Glauben Sie daran, dass die Königin da ist

Die Grundeinstellung ist wichtig, wenn Sie versuchen, etwas zu finden, egal ob es Ihre Autoschlüssel sind oder eben die Königin. Solange Sie nur oberflächige Blicke werfen, weil Sie denken, dass Sie sowieso nichts finden, werden Sie es auch nicht finden. Sie müssen daran glauben, dass die Schlüssel, die Königin etc. wirklich da sind. Sie müssen daran glauben, dass Sie es vor Augen haben und es einfach nur sehen müssen. Und dann tun Sie es plötzlich. Sie müssen davon überzeugt sein, dass es da ist und dass Sie es

finden werden. Ich weiß nicht, wie ich es anders erklären soll, aber
Sie müssen lernen, so zu denken.

Übung

Können Sie sie finden?

Hier ist sie.

Die beste Lösung, um zu lernen, die Königin zu finden, ist, einen Beobachtungsstock anzulegen. Sie können sie jeden Morgen suchen, wenn Sie aufstehen, jeden Abend, wenn Sie nach Hause kommen oder bevor Sie schlafen gehen, ohne die Bienen zu stören. Dadurch haben Sie zwar noch nicht die Übung, sie später gleich beim ersten Versuch im richtigen Rahmen zu finden, aber es hilft Ihnen, sie ausfindig zu machen. Wenn die Königin im Beobachtungsstock markiert ist, dann mag das praktisch sein, allerdings ist es zu Übungszwecken besser, sie nicht zu markieren. Selbst wenn Sie nur markierte Königinnen kaufen, werden Sie oft einer unmarkierten neuen Ersatzkönigin begegnen.

Wie sieht es mit diesem Bild aus?

Hilft das weiter?

Trugschlüsse

Sicherlich glauben einige Personen an diese Trugschlüsse und werden nicht mit mir übereinstimmen, aber im Folgenden stelle ich einige Ideen vor, die ich für Mythen im Bereich der Bienenzucht halte:

Mythos: Drohnen sind böse.

Drohnen sind normal. Ein normaler, gesunder Stock hat im Frühjahr eine Bevölkerung von etwa 10 bis 20% Drohnen. Das Argument, warum Drohnen böse sind, lautet seit einem Jahrhundert oder mehr, dass Drohnen Honig fressen (was ein gutes Verkaufsargument für Kunstwaben ist), dass sie Energie benutzen und dem Stock nichts einbringen und dass es deshalb den Stock produktiver machen würde, die Anzahl der Drohnen zu kontrollieren. All die Forschungen, die ich kenne, besagen das genaue Gegenteil. Wenn Sie versuchen, die Anzahl der Drohnen zu kontrollieren, dann wird Ihre Produktion sinken. Bienen haben ein instinktives Bedürfnis, eine bestimmte Anzahl zu erreichen. Dies zu bekämpfen, ist Energieverschwendung. Andere Untersuchungen, die ich kenne, besagen, dass Sie letztlich immer bei derselben Anzahl von Drohnen landen werden, egal ob Sie als Imker eingreifen oder nicht.

Mythos: Drohnenwaben sind schlecht.

Dieser Mythos hängt mit dem ersten zusammen. Die Art und Weise, wie Bienenzüchter versuchen, die Anzahl der Drohnen zu kontrollieren, ist, die Drohnenwaben zu reduzieren. Aber indem die Drohnenwaben reduziert werden, begünstigen Sie nur, dass Sie später Drohnenwaben in Ihren Honigaufsätzen finden werden und dann ein Sieb brauchen werden. Die Bienen streben nach einem stabilen Brutnest, aber der Mangel an Drohnen besorgt sie sehr. Wenn Sie ihnen also nicht erlauben, im Brutnest Drohnenwaben zu bauen, dann werden sie es überall dort tun, wo sie Gelegenheit dazu bekommen. Wenn Sie wollen, dass die Bienen damit aufhören, Drohnenwaben zu bauen, dann nehmen Sie ihnen nicht die weg, die sie schon gebaut haben. Wenn Sie nicht wollen, dass die Königin in die Aufsätze legt, dann lassen Sie ihnen genug Drohnenwaben im Brutnest.

Mythos: Königinnenzellen sind schlecht

...und der Züchter sollte sie zerstören, wenn er welche findet.

Die meisten der Bücher, die ich gelesen habe, schienen den Züchter davon überzeugen zu wollen, dass Königinnenzellen immer zerstört werden sollten. Entweder werden die Bienen sonst ausschwärmen, wovon Sie sie abhalten sollten, oder sie werden versuchen, Ihre kostbare ladengekaufte Königin mit einer Königin unbekannter Gen-Herkunft zu ersetzen, die sich mit furchtbaren wilden Drohnen paart. Wenn Sie die Königinnenzellen zerstören, schwärmen die Bienen meistens trotzdem, oder sie sind schon geschwärmt, bevor Sie die Zellen zerstören, nur dass Sie jetzt königinnenlos bleiben. Ich denke, dass sowohl Schwarmzellen als auch Königinnenzellen von hoher Qualität sprechen. Ich gebe jedem Rahmen, der Königinnenzellen hat, seinen eigenen Ablegerkasten. Normalerweise versuche ich, einen Rahmen mit einer alten Königin in seinem ursprünglichen Stock zu belassen. Auf diese Weise habe ich eine ganze Menge Spaltungen vorgenommen und der Stock glaubt, dass er schon geschwärmt ist. Zellen mit stiller Unweiselung belasse ich einfach so, weil ich den Bienen vertraue. Die Zellen zu zerstören würde bedeuten, die Bienen ohne Königin zu lassen. Die Königin ist wahrscheinlich kurz davor, zu versagen, oder sie hat schon versagt oder sie ist tot ,und indem Sie die Zellen zerstören, nehmen Sie den Bienen die Hoffnung auf eine neue Königin.

Mythos: Zu Hause herangezogene Königinnen sind schlecht

...und Bienenzüchter sollten Königinnen kaufen, weil es schlecht ist, dass sie sich mit lokalen Bienen paaren.

Dieser Mythos hängt mit dem vorherigen zusammen, dass Königinnenzellen schlecht sind. Ich denke, dass lokale Bienen zu bevorzugen sind. So erhalten Sie Bienen, die in der Region überleben können. Ich kenne viele Züchter, die aufgrund dieses Irrglaubens Königinnen immer kaufen und nie heranziehen. Das Auswechseln der Königin findet in den letzten Jahren immer schneller statt, sodass eine eingeführte Königin fast unmittelbar ersetzt wird. Wenn das so ist – und viele Experten behaupten es –

dann haben Sie sowieso eine im eigenen Stock herangezogene Königin in Ihrem Stock. Warum sollten Sie also Ihr Geld verschwenden? Es gibt viele Forschungen dazu, ob die Qualität der Königin besser ist, wenn Sie sie weiter Eier legen lassen anstatt sie unmittelbar nach dem Legen einzuengen. Wenn Sie eine Königin kaufen, dann werden Sie eine bekommen, die eingeengt wurde, sobald sie mit dem Legen begonnen hatte. Ich bezweifle ernsthaft, dass die Königinnen, die Sie kaufen können, besser sind als die, die Sie selbst heranziehen, insbesondere dann, wenn Sie sauberes Wachs verwenden und wenn Ihre Bienen aus Schwärmen bestehen, die in Ihrem Klima aufgewachsen sind.

Mythos: Wilde Bienen sind böse

...unproduktiv, schwärmen zu viel und haben einen schlechten Charakter.

Ich habe das schon oft gehört, so oder in ähnlicher Form. Früher sind wilde Bienen wahrscheinlich genommen worden, weil sie einfach zur Verfügung standen. Ich habe viele wilde Bienen entfernt und viele gefangen. Einige sind gemein. Andere sind ganz nett. Manche sind nervös, aber nicht gemein. Manche sind ganz ruhig. Das sind die Eigenschaften, die ich in wilden Bienen beobachtet habe, und die gut zu züchten sind. Behalten Sie einfach die guten Bienen und ersetzen sie die Königin der gemeinen Bienen. Meiner Erfahrung nach sind sie oft sogar produktiver, weil sie besser an Ihr Klima angepasst sind und sich zum richtigen Zeitpunkt fortpflanzen, um eine gute Ernte zu bekommen. Im Bezug auf das Argument, dass sie zu viel schwärmen, kann ich nur sagen, dass ich glaube, dass alle Bienen eine Neigung zum Schwärmen haben. So pflanzen sie sich nun einmal fort. Ich habe noch keine Probleme damit gehabt, das Schwärmen meiner Bienen, egal welcher Art, unter Kontrolle zu behalten.

Mythos: Wilde Bienen sind von Krankheiten befallen

...und sollten deshalb ausgesetzt, getötet oder vom Züchter sofort gegen jede denkbare Krankheit behandelt werden.

Ich verstehe diesen Ansatz nicht. Ein gesunder, produktiver Stock sendet Schwärme aus. Deshalb ist die logische Schlussfolgerung, dass ein Schwarm gesund und produktiv ist.

Mythos: Füttern kann nicht schaden.

Das habe ich schon oft gehört. Ich denke allerdings, dass es eine Menge Schaden anrichten kann. Das Füttern ist eines der Dinge, die am meisten Probleme verursachen. Es zieht Schädlinge wie Ameisen an, es zieht Räuber an, oft ertrinken viele Bienen, und, was am schlimmsten ist, es führt oft zu einem nektarabhängigen Brutnest und Schwarm. Wenn der Stock im Herbst zu leicht ist, dann sollte der Züchter füttern, genauso dann, wenn die Bienen am Verhungern sind. Wenn Sie ein neues Paket oder einen neuen Schwarm in Ihren Stock einführen, dann füttern Sie, bis es verdeckelte Zellen gibt. Aber sobald die Bienen einen kleinen Vorrat angesammelt haben und alles in Ordnung ist, lassen Sie sie tun, was Bienen nun mal tun: Nektar sammeln. Eine gute Daumenregel ist, dass sie zumindest ein paar verdeckelte Waben und Tracht haben sollten, bevor Sie mit dem Füttern aufhören können.

Mythos: Durch Aufsätze verhindern Sie das Schwärmen.

Das ist ein ganz weit verbreiteter Irrglaube in der Bienenzucht. Das funktioniert zwar, wenn die Saison der Fortpflanzungsschwärme vorbei ist, aber die hauptsächliche Schwarmzeit hat mit Aufsätzen wenig zu tun, sondern viel mehr mit dem Plan der Bienen, sich fortzupflanzen. Wenn Sie einen Schwarm davon abhalten wollen, zu schwärmen, dann müssen Sie dafür sorgen, dass das Brutnest geöffnet bleibt. Teil dieser Strategie besteht darin, einen Aufsatz anzubringen, bevor die Bienen das Brutnest auffüllen können, aber der Aufsatz allein wird sie nicht vom Schwärmen abhalten können.

Mythos: Indem Sie Königinnenzellen zerstören, halten Sie die Bienen vom Schwärmen ab.

Meiner Erfahrung nach funktioniert das nicht. Die Bienen schwärmen trotzdem und bleiben dann königinnenlos.

Mythos: Schwarmzellen befinden sich immer auf dem Boden.

Der andere Teil dieses Irrtums liegt darin zu glauben, dass sich Auswechslungszellen immer in der Mitte befinden. Das kann allgemein gesagt stimmen, aber Sie dürfen den Gesamtkontext nicht aus den Augen verlieren. Ich würde davon ausgehen, dass Königinnenzellen Schwarmzellen am Boden sind, wenn der Stock sich schnell vermehrt und entweder sehr stark oder sehr dicht bevölkert ist. Wenn er nicht stark oder nicht dicht bevölkert ist, dann würde ich denken, dass es keine Schwarmzellen gibt. Wenn die Zellen sich mehr in der Mitte befinden, aber die anderen Gegebenheiten mich darauf hinweisen, dass es Schwarmzellen gibt, dann würde ich vermutlich davon ausgehen, dass es sich wirklich um Schwarmzellen handelt. Wenn der Stock aber nicht wächst und auch nicht überbevölkert ist, dann würde ich davon ausgehen, dass es sich um Auswechslungszellen oder Notfallzellen handelt. Schwarmzellen sind oft viel zahlreicher.

Mythos: Indem Sie die Königin stutzen, verhindern Sie das Schwärmen.

Ich habe die Erfahrung gemacht, dass die Bienen trotzdem schwärmen. Vielleicht kaufen Sie sich so etwas Zeit, wenn Sie aufpassen (wenn die Stöcke auf Ihrem Hinterhof stehen und Sie jeden Tag nachsehen können). Die Bienen werden trotzdem versuchen, zu schwärmen, und die gestutzte Königin wird nicht fliegen können. Die Bienen werden zurückkehren und werden erneut ausschwärmen, wenn die erste unbegattete Schwarmkönigin geschlüpft ist. Wenn Sie sich darauf verlassen, dass das Stutzen das Ausschwärmen verhindert, dann werden Sie sehen, dass es letztlich nicht funktioniert.

Mythos: 60 Zentimeter oder 3 Kilometer

...Sie müssen Ihre Bienen um 60 Zentimeter oder 3 Kilometer bewegen, sonst verlieren Sie viele Bienen.

Auch das habe ich schon oft gehört. Jedes Mal, wenn Sie Bienen transportieren, dann wird es zumindest am nächsten Tag Chaos geben, aber ich habe Bienen schon oft 50, 100 oder mehr Meter bewegt.

Der Trick besteht darin, einen Zweig vor dem Eingang zu befestigen, um die Orientierung zu erleichtern. Wenn Sie das tun, werden Sie keine Probleme haben. Wenn sie es nicht tun, dann werden die meisten Sammelbienen zum alten Standort zurückkehren. Sie müssen damit rechnen, dass für eine Weile Verwirrung herrscht, verändern Sie den Standort Ihrer Bienen also nicht, wenn es nicht nötig ist.

Mythos: Sie müssen schleudern

...ode es ist grausam den Bienen gegenüber, wenn Sie nicht schleudern.

Anfängerzüchter glauben immer, dass sie eine Schleuder kaufen müssten. Es ist nicht ihre Schuld. Schließlich lehren einen das alle Bücher. Tun Sie es nicht. Ich züchte seit 26 Jahren Bienen, ohne zu schleudern. Sie können Wabenhonig, zerstoßenen Honig oder mit etwas Investition auch feineren Honig herstellen, ohne zu schleudern.

Mythos: 16 Pfund Honig = 1 Pfund Wachs.

Dies ist ein alter Irrglaube, der immer noch mit verschiedenen Zahlen kursiert. Ich kenne aber keine Studie, die diese Rechnung belegt. Und es ist auch nicht wichtig. Wichtig ist, wie produktiv ein Stock mit oder ohne Kunstwaben ist. Zweifelsohne werden Sie mit einem Stock mit Kunstwaben mehr Honig produzieren können. Aber Sie brauchen eine Menge Stöcke, bevor es sich lohnt, eine Schleuder zu kaufen. Diese Idee funktioniert genauso, wenn es um den Verkauf von Kunstwaben geht. Meiner Erfahrung nach bauen die Bienen schneller ihre Waben, wenn der Rahmen keine Kunstwaben hat und je schneller sie einen Ort haben, an dem sie den Nektar sammeln können, desto mehr Honig produzieren sie.

Mythos: Sie können nicht Honig und Bienen produzieren.

...oder anders gesagt: spalten Sie und produzieren Sie.

Es ist alles eine Frage des Timings. Wenn Sie die Spaltung direkt vor der Tracht vornehmen, und die Sammelbienen zum ursprünglichen Stock zurückkehren lassen, dann erhalten Sie mehr Honig und mehr Bienen.

Mythos: Zwei Königinnen können nicht im selben Stock koexistieren.

Züchter legen immer wieder vorsätzlich Stöcke mit zwei Königinnen an. Aber wenn Sie sorgfältig suchen, dann werden Sie merken, dass auch oft auf natürliche Weise zwei Königinnen im selben Stock leben, normalerweise Mutter und Tochter, wobei die neue, ersetzende Königin legt und die alte Königin direkt neben ihr auch noch immer legt.

Mythos: Königinnen legen keine doppelten Eier

...anders gesagt, multiple Eier sind ein Hinweis auf legende Arbeiter.

Ich habe schon doppelte Eier von einer Königin gesehen, selten mehr als drei. Legende Arbeiter werden zwischen zwei und zwölf Eiern in eine einzige Zelle legen. Ich suche nach mehr als zwei Eiern sowie Eiern am Zellrand und nicht in der Mitte, außerdem suche ich nach Eiern auf Pollen. Das sind für mich Hinweise auf legende Arbeiter.

Mythos: Wenn es keine Brut gibt, dann gibt es auch keine Königin

Es gibt viele Gründe dafür, dass ein Stock keine Brut hat, selbst wenn es eine Königin gibt. Zum einen kann es zumindest in meinem Klimagebiet daran liegen, dass es zwischen Oktober und April Brut nicht unbedingt geben muss, weil die Bienen im Oktober eine Pause einlegen und dann eine brutlose Phase beginnt, in der die Bienen nur zwischendurch kleine Schübe an Brut großziehen. Zum anderen stoppen einige Bienen die Brut auch, wenn eine Hungersnot droht. Drittens ist auch ein Stock, der seine Königin verloren hat und eine Ersatzkönigin herangezogen hat, oft ohne Brut, weil bis zum dem Moment, an dem die neue Königin geschlüpft, gereift ist, sich gepaart hat und mit dem Legen beginnt, 25 oder mehr Tage vergehen und in dem Zeitraum die gesamte vorherige Brut schon geschlüpft ist. Viertens kann ein Stock ausschwärmen, wenn die neue Königin noch nicht legt. Sie wird wahrscheinlich auch in den kommenden drei Wochen nach dem Schwärmen noch nicht legen. Viele Anfängerzüchter, aber auch einige Erfahrenere haben das bei ihren Stöcken erlebt, eine Königin bestellt und sie eingeführt, worauf sie getötet wurde. Dann haben sie eine weitere Königin bestellt, die auch getötet wurde und erst danach haben sie bemerkt, dass es Eier im Stock gibt. Nicht markierte unbegattete Königinnen sind besonders schwer zu finden, sogar für erfahrene Züchter. Ein Rahmen voller Eier und Brut ist eine gute Absicherung. Falls der Stock dann königinnenlos bleiben sollte, dann können die Bienen ihre eigene Königin heranziehen. Falls sie das nicht tun sollten, dann kennen Sie schon die Antwort darauf. Lesen Sie hierzu im Kapitel Wundermittel nach.

Mythos: Bienen arbeiten nur nach oben

...oder anders gesagt, sie bauen den Stock und die Brut nur noch oben hin aus und nicht nach unten.

Wenn Sie ein Paket mit Bienen in einen Schacht mit fünf Kisten geben, wie ich es einmal getan habe, dann können sie diese Idee schnell widerlegen. Aber auch wenn Sie über einen Stock an einem Baum nachdenken, werden Sie sehen, dass diese Idee ein Irrglaube ist. Die Bienen versammeln sich an der Spitze egal in welchem Raum und bauen ihre Waben nach unten, solange bis sie die Leere ausgefüllt haben oder eine Größe erreichen, mit der sie zufrieden sind.

Bienen beginnen das Bauen immer an der Oberseite und arbeiten sich dann nach unten weiter. In einem Baum haben sie gar keine andere Gelegenheit; sie können nicht nach oben arbeiten. Sobald der Stock gebildet ist, bewegen sich die Bienen in Richtung jeglichen Raumes, den sie anfüllen können. Wenn sie also, wie im Falle eines Baumes, den Boden des Brutnests erreicht haben, dann werden sie sich in andere leere Räume weiter vorarbeiten, solang der Stock expandiert und sich dann wieder zurückziehen, sobald die Saison vorbei ist. Im Falle eines Stocks geben Züchter Rahmen dazu und nehmen andere weg. Wir fügen die Rahmen dort ein, wo es für uns praktisch erscheint und wo wir sie gut im Blick haben können. Den Bienen ist das egal. Sie werden jeden Raum bearbeiten, der zur Verfügung steht.

Mythos: Ein Stock mit einem legenden Arbeiter hat eine Pseudo-Königin

… und Sie müssen sie loswerden, um das Problem zu lösen.

Ein Stock mit einem legenden Arbeiter hat in Wirklichkeit viele legende Arbeiter. Die einzige Weise, das Problem zu lösen, ist, die Bienen so zu unterbrechen, dass sie eine Königin akzeptieren werden, oder ihnen genug Pheromone aus der offenen Arbeiterbrut zu geben, dass die legenden Arbeiter das Legen abbrechen und eine Königin akzeptieren. Anders ausgedrückt: geben Sie ihnen jede Woche einen Rahmen mit offener Brut, bis die Bienen beginnen, eine Königin heranzuziehen. Dann können Sie entweder warten, dass sie die Königin fertig aufziehen, oder eine neue Königin einführen.

Mythos: Es hilft, einen Stock mit legenden Arbeitern auszuschütteln

…weil die legenden Arbeiter zurückbleiben und den Weg zurück in den Stock nicht mehr finden.

Ich denke nicht, dass das stimmt und die Untersuchungen, die ich gelesen habe, bestätigen diese These auch nicht. Es gibt viele legende Arbeiter und sie werden keine Schwierigkeiten haben, den Weg zurück in den Stock zu finden. Den Stock auszuschütteln kann manchmal deshalb funktionieren, weil Sie damit die Bienen genügend verwirren, dass sie manchmal nach dem Durcheinander eine neue Königin annehmen.

Mythos: Bienen brauchen ein Landebrett.

Ganz offensichtlich haben die Bienen in ihrem natürlichen Umfeld auch kein Landebrett, schon allein deshalb ist das keine logische Annahme. Ich denke nicht, dass Bienen ein Landebrett brauchen, sondern das Brett hilft im Gegenteil Mäusen und Stinktieren und tut den Bienen keinen Gefallen.

Mythos: Bienen brauchen viel Belüftung.

Ja, Bienen brauchen Belüftung. Aber sie brauchen die richtige Menge an Belüftung. So bedeutet im Winter zu viel Belüftung zu viel Wärmeverlust. Aber selbst im Sommer kühlen die Bienen den Stock durch Verdampfung, sodass es an einem heißen Tag in einem Bienenstock deutlich kühler sein kann als draußen. Zu viel Belüftung würde dazu führen, dass die Bienen nicht in der Lage wären, die Innentemperatur des Stocks kühl zu halten. Wenn Wachs aber über die normaler Temperatur eines Stock hinaus erwärmt wird (> 34° C), dann wird es sehr weich und der Stock kann zusammenbrechen.

Mythos: Bienen brauchen Bienenzüchter.

Tatsächlich brauchen Bienen Bienenzüchter genauso wie Fische Fahrräder brauchen. Je nach Weltanschauung, haben Bienen seit Millionen Jahren oder seit der Schöpfung allein überlebt. Es stimmt zwar, dass Bienenzüchter sie überall auf der Welt heimisch gemacht haben, aber die Bienen hätten sich über kurz oder lang sowieso ausgebreitet. Wie sind afrikanische Bienen nach Florida gekommen? Sie sind „per Anhalter" gefahren.

Mythos: Sie müssen jährlich Ihre Königin auswechseln.

Ich kenne viele Bienenzüchter, die ihre Königin nur dann auswechseln, wenn sie Probleme haben. Normalerweise haben die Bienen selbst schon längst ihre Königin ausgewechselt, bevor Sie überhaupt merken, dass es ein Problem gibt. Wenn die Bienen das tun, heißt das, dass Sie Bienen züchten, die eine Genetik haben, die weiß, was zu tun ist. Wenn Sie sauberes Wachs im Stock haben (und keine Chemikalien), dann werden Ihre Königinnen etwa drei Jahre lang leben. Wenn das Wachs in Ihrem Stock allerdings nicht sauber ist, dann wird Ihre Königin jeweils nur ein paar Monate leben. In keinem der beiden Fälle hilft es Ihnen, Ihre Königin jährlich auszutauschen. Das Argument, das am häufigsten angeführt wird, ist, dass eine Königin im ersten Jahr höchstwahrscheinlich nicht ausschwärmen wird, was einfach dadurch widerlegt werden kann, dass Sie ein Volk ununterbrochen füttern. Ein weiteres Argument ist, dass die Königin im zweiten Jahr auf jeden Fall ausschwärmen wird, wobei auch dies widerlegt werden kann: die meisten meiner Königinnen sind drei Jahre alt.

Mythos: Bei einem schwachen Bienenvolk sollten Sie immer die Königin auswechseln.

Ich habe es schon oft erlebt, dass schwache Völker sich auf einmal entwickelt haben und dann gute Ernten erzielten. Die Völker haben oft deshalb Probleme, weil sie bis zu einem Punkt schrumpfen, an dem sie nicht mehr genug Arbeiter haben, um auf dem Feld zu sammeln und sich um die Brut zu kümmern. Oft hilft es, einen Rahmen mit frischer Brut dazuzugeben, um die Bienen aus dieser Situation herauszuführen. Andererseits gibt es natürlich Völker, die einfach vor sich hin zehren, wenn sie sich schon längst erholt haben sollten. Bei diesen würde auch ich die Königin auswechseln.

Mythos: Sie müssen Pollenersatz füttern,

…, im Frühling und im Herbst, sowohl einem Pakete als auch den Bienen.

Ich habe noch nie das Glück gehabt, dass meine Bienen Pollen akzeptiert hätten, nicht einmal, wenn es frischen Pollen gab. Ich finde einfach keinen Grund dafür, ein Paket mit Pollenersatz zu füttern, wenn das doch im Vergleich zu wirklichem Pollen, der das ganze Jahr über erhältlich ist, einfach nur minderwertige Nahrung ist. Manchmal kann es einen guten Wachstumsanschub geben, wenn man im Frühjahr echten Pollen füttert; manchmal macht es auch keinen Unterschied.

Mythos: Sie sollten im Winter Sirup füttern.

Natürlich hängt das von Ihren Klimaverhältnissen ab, aber hier in Nebraska können Sie die Bienen nicht davon überzeugen, im Winter Sirup zu fressen, und wenn Sie es könnten, dann hätte ich trotzdem meine Zweifel, ob es gut für die Bienen wäre, wenn sie mit dieser Feuchtigkeit kämpfen müssten. Die Bienen können trockenen Zucker fressen, egal wie kalt es ist, aber Sirup können sie nur dann zu sich nehmen, wenn der Sirup mindestens 10°C warm ist. Das passiert hier nicht allzu häufig, und selbst wenn die Tagestemperaturen so ansteigen würden, bräuchte der Sirup eine Weile, um auf dieselbe Temperatur erwärmt zu werden.

Mythos: Sie können Plastik nicht mit Wachs mischen.

Hierbei handelt es sich eigentlich weniger um einen Mythos als vielmehr um eine grobe Vereinfachung. Wenn Sie nicht ausgebaute Plastikwaben und nicht ausgebaute Wachswaben zusammengeben, dann ist das so, als ob Sie einen Kirschkuchen neben eine Schüssel mit Brokkoli vor Ihre Kinder stellen. Wenn Sie wollen, dass Ihre Kinder den Brokkoli essen, dann sollten Sie mit dem Kirschkuchen lieber warten.

Wenn Sie Wachs- und Plastikwaben mischen, dann werden sich die Bienen auf das Wachs stürzen und die Pastikwaben ignorieren. Wenn Sie nur Plastik verwenden, dann werden die Bienen es auch benutzen, wenn sie Waben bauen wollen.

Sie verursachen keine Katastrophe, wenn Sie Wachs und Plastik mischen. Bienen haben einfach ihre Vorlieben und wenn Sie wollen, dass sie *Ihren* Vorlieben folgen, dann sollten Sie ihnen die Entscheidung erleichtern.

Sobald die Waben gebaut sind und benutzt werden, können Sie die Rahmen dann ohne Probleme beliebig mischen.

Mythos: Mit dem Kopf nach unten in Zellen liegende tote Bienen sind verhungert.

Das ist ein verbreiteter Irrglaube. Alle toten Stöcke werden im Winter viele Bienen mit dem Kopf in Zellen haben. Das ist einfach die Art, wie sich die Bienen warm halten. Ich würde in dem Fall weiterforschen, ob die Bienen genug Vorrat hatten oder nicht.

Realistische Erwartungen

"Gesegnet ist der, der wenig erwartet, weil er nie enttäuscht werden wird"—Alexander Pope

In allen Bereichen der Bienenzucht ist es meiner Meinung nach wichtig, realistische Erwartungen zu haben. Ich sage nicht, dass diese nicht hin und wieder übertroffen werden können, aber manchmal erfüllen sie sich eben auch nicht, einfach weil Erfolg und Misserfolg von vielen Variablen abhängen.

Lassen Sie uns einige mögliche Ergebnisse anschauen.

Honigernte

Die Leute raten Zuchtanfängern normalerweise, dass sie für das erste Jahr nicht mit einer Ernte rechnen sollten. Das ist ein Versuch, realistische Erwartungen zu schaffen. Dennoch kann natürlich ein gutes Paket mit einer guten Königin in einem guten Jahr (richtiges Verhältnis zwischen Regenfällen zur rechten Zeit und ausreichend gutem Wetter zum Fliegen) weit über diese Erwartung hinausschießen, oder sich andernfalls nicht einmal richtig einrichten. Aber generell ist es eine realistische Erwartung für einen Bienenzüchter, dass die Bienen sich gut genug organisieren, um durch den Winter zu kommen und vielleicht ein wenig Honig produzieren.

Plastikwaben

Die Menschen kaufen Plastikwaben (und anderes Zubehör aus Plastik, wie die vollbezogenen Honey Super Cell-Waben) und sind danach manchmal sehr enttäuscht. Bienen zögern normalerweise, in Plastikwaben zu bauen oder Honey Super Cell zu benutzen, und das verzögert die Entwicklung etwas. Manchmal bauen die Bienen ihre Waben auch zwischen zwei Plastikrahmen, nur um es zu umgehen, in die Plastikstruktur hineinzubauen. Manchmal bauen sie auch Seitenlamellen aus dem Kunstrahmen heraus. Das ist alles nicht unüblich, aber in manchen Fällen bauen die Bienen auch einfach in die Plastikstruktur hinein. Wie gut das funktioniert, hängt aus einer Mischung von Genetik und Nektarfluss zusammen. Manche Züchter entscheiden sich, nie wieder Plastik zu verwenden, nachdem sie sehen, wie ihre Bienen zögern.

Tatsächlich ist es jedoch so: wenn die Bienen einmal diese Struktur angenommen haben, dann sind Waben auf Plastik nichts anderes als auf jeder anderen Struktur. Die Zeitverzögerung scheint am Anfang ein großer Rückschlag zu sein, und bei einem Paket ist es das vielleicht auch, aber wenn diese Hürde erst einmal überwunden ist, dann wird es danach keine Probleme mehr geben.

Wachswaben

Wenn man Wachswaben verwendet, passiert es oft, dass das Wachs sich erwärmt und ausbeult, oder dass die Bienen es aufkauen, oder, dass sie nicht auf dem Wachs bauen wollen, sondern stattdessen außen herum oder zwischen den Wachsrahmen. Das passiert nicht so häufig wie bei Plastik, aber es passiert gelegentlich. Wenn die Struktur verbeult ist und dann Waben in ihr gebaut werden, entwickelt sich das oft zum Chaos. Viele Züchter entschließen sich nach so einer Erfahrung, nie wieder Wachswaben zu verwenden. Aber es war einfach Zufall, dass es nicht funktioniert hat. Wenn sie Glück gehabt hätten, hätten die Bienen das Wachs nicht abgekaut, und hätten ihre Waben gebaut, bevor das Wachs verbeult war. Was ich damit sagen will, ist, dass die Menschen oft einfach unrealistische Erwartungshaltungen haben, und wenn sich diese dann nicht erfüllen, sind sie enttäuscht von der Methode, wenn es eigentlich andere Umstände waren, die das Problem verursacht haben.

Ohne Kunstrahmen

Manche Leute benutzen leere Rahmen. Viele haben damit Glück, aber andere haben Bienen, die die Idee einfach nicht verstehen und anfangen, kreuz und quer zu bauen. Das passiert genauso häufig mit Plastikwaben. Bei Wachs hat man das Problem, dass die Struktur zusammenbricht oder herausfällt. Wenn Sie nur Erfahrung mit leeren Rahmen gemacht haben, dann denken Sie vielleicht, dass diese Probleme bei den anderen Alternativen nicht auftreten. Aber das ist nicht so. Nochmal, die Genetik und die Tracht haben viel mit Erfolg und Misserfolg zu tun.

Das wichtigste Konzept, dass man bei leeren Rahmen verstehen sollte, ist folgendes: Bienen bauen ihre Waben parallel, das heißt, eine gut gebaute Wabe führt zur nächsten, genauso wie eine schlecht gebaute Wabe zur nächsten führt. Sie können es sich nicht leisten, Ihre Bienen am Anfang zu vernachlässigen. Die häufigste Ursache für Chaos ist, den Königinnenkäfig im Kasten zurückzulassen, weil Bienen immer genau dort beginnen, ihre Waben zu bauen. Damit fängt das Durcheinander an. Ich kann immer noch nicht glauben, wie viele Leute auf Nummer sicher gehen wollen, und den Königinnenkäfig im Kasten aufhängen. Sie wissen offensichtlich nicht, dass sie damit verhindern, dass die erste Wabe richtig gebaut wird, und wenn sie dann nicht eingreifen, heißt das, dass alle Waben im Stock falsch gebaut werden. Wenn es erst einmal so weit gekommen ist, dann sollten Sie wenigstens dafür sorgen, dass die letzte Wabe ordentlich ist, damit die nächste Wabe dann auch gut wird. Sie können die Bienen nicht einfach nur hoffnungsvoll anschauen und erwarten, dass sie von allein den richtigen Bauweg einschlagen. Das werden sie nicht tun. Sie müssen sie auf den richtigen Weg führen.

Das ist völlig unabhängig davon, ob es Drähte gibt oder nicht, genauso hat es nichts damit zu tun, ob es Rahmen mit Kunstwaben gibt oder nicht. Es kommt einfach nur darauf an, dass die letzte Wabe gerade gebaut ist.

Verluste

Neue Bienenzüchter gehen oft davon aus, dass jeder Stock ewig leben sollte und es jeder Stock durch den Winter schaffen muss. In manchen Wintern ist das auch so. Aber die meisten Winter töten eben ein paar Stöcke. Je mehr Stöcke Sie haben, desto mehr wird Ihnen das geschehen.

Ich habe ein paar Jahre lang keinen Stock verloren, aber damals hatte ich nur wenige Stöcke, und ich habe immer die schwachen mit stärkeren zusammengelegt. Wir sprechen hier aber noch von den Zeiten vor Tracheenmilben, Vorroaseuche, Nosema, Kleinen Bienenstockkäfern und den ganzen Viren, mit denen wir es heute zu tun haben. Heute habe ich etwa zweihundert Stöcke und versuche, möglichst viele Ableger über den Winter zu retten, aber da gibt es eben diese neuen Krankheiten und Schädlinge, die sie schwächen. Es ist eine unrealistische Erwartung, im Winter keine Verluste zu haben. Aber hohe Verluste im Winter sind ein Hinweis darauf, dass Sie etwas falsch machen, oder das Wetter muss wirklich besonders eigenartig gewesen sein.

Ich versuche immer, den Grund für meine Winterverluste herauszufinden. Oft sind die Bienen verhungert, weil sie in der Brut stecken geblieben sind. Bei Ablegern oder kleinen Völkern liegt es manchmal an einem Kälteschock (-25° bis -35° C), bei dem die Gruppe nicht groß genug war, um sich warm zu halten. Ich suche auch immer nach Varroa. Wenn Sie in den toten Bienen tausende von toten Varroas finden, dann ist das ein guter Hinweis dafür, dass die Varroa die Hauptursache für den Verlust war. Wenn Sie solche Spuren nicht finden, war es höchstwahrscheinlich etwas anderes.

Manchmal übertrifft die Überwinterungsrate unsere Erwartungen, und manchmal liegt sie, auch wenn wir realistisch waren, darunter. Aber es ist in jedem Fall ein guter Ausgangspunkt, realistische Erwartungen zu haben. Das bedeutet für gesunde Stöcke, dass die Verluste um die 10% liegen sollten, in manchen Jahren weniger, in anderen mehr.

Aufteilung

Eine übliche Frage, die mir von neuen Bienenzüchtern oft gestellt wird, ist: „Wie kann ich Aufteilungen machen?". Die Möglichkeiten, das zu beantworten, sind endlos, und werden vielleicht nur noch von der Auswahl an Antworten auf die folgende Frage übertroffen: „Wie viel Honig wird mein Stock produzieren?". Der Unterschied zwischen einem guten und einem schlechten Jahr kann mehr als das Zehnfache betragen. Ich habe schon Jahre erlebt, in denen ich aus jedem Stock 100 Kilo Honig ernten konnte, aber es gab auch Jahre, in denen ich nichts geerntet habe und zwischen Frühjahr und Winter zusätzlich noch 30 Kilo Zucker an jeden Stock verfüttern musste. Es gibt Stöcke, die können gar nicht aufgeteilt werden. Andere kann man fünfmal im Jahr aufteilen. Aber die meisten verkraften eine Trennung nur, wenn Sie trotzdem noch eine vernünftige Honigernte haben und den Bienen genug Vorrat für den Winter bleibt.

Kurz gesagt: die Ergebnisse hängen in der Bienenzucht ganz wesentlich von dem ab, was um die Bienen herum geschieht, ebenso wie von den Jahreszeiten und der Art, wie sie gepflegt werden. Deshalb ist es sehr schwer, genau vorherzusagen, welche Ergebnisse Sie erzielen werden und deshalb macht es auch keinen Sinn, zu hohe oder zu niedrige Erwartungen zu haben. Nehmen Sie die Dinge, wie sie kommen und passen Sie sich entsprechend an. Seien Sie sowohl auf außergewöhnlichen Erfolg als auch auf Misserfolg vorbereitet und ändern Sie Ihre Strategie entsprechend.

Ernte

Anfänger sind oft überzeugt davon, dass sie zur Ernte eine Honigschleuder benötigen. Es gibt aber viele Alternativen, die sinnvoller sind. Eine davon ist Wabenhonig.

Wabenhonig

Ich bin eigentlich nicht zu schüchtern, um die Dinge selbst auszudrücken, aber in diesem Fall sagte es Richard Taylor so gut, dass ich nicht einmal versuchen möchte, es besser auf den Punkt zu bringen. Sie finden mehr seiner Weisheiten in den Büchern *The How to do it book of beekeeping*, *The Joy of Beekeeping* und *The Comb Honey Book*.

Richard Taylor über Wabenhonig und Honigschleudern:

„...immer wieder habe ich Bienenzucht-anfänger gesehen, die nach einer Honigschleuder gesucht haben, sobald sie ein halbes Dutzend an Bienenstöcken in ihrem Stand zusammen hatten. Das ist in etwa so, wie wenn man einen kleinen Garten vor der Küchentür anlegen möchte und dann anfängt, nach einem Traktor zu suchen, um alles zu ackern. Wenn Sie nicht 50 oder mehr Stöcke haben, und dies auch nicht anstreben, dann sollten Sie der Versuchung widerstehen, in Bienenkatalogen nach Schleudern und anderen magisch wirkenden Werkzeugen zu suchen, die dort angeboten werden. Stattdessen sollten Sie mit neugewonnener Zuneigung Ihr kleines Küchenmesser anschauen, das symbolisch für die Einfachheit des wirklich guten Lebens steht.

Die Kosten der Wachsherstellung

Richard Taylor über die Kosten der Wachsherstellung:

„Die Expertenmeinung besagte früher, dass die Wachsherstellung in einem Volk große Mengen an Nektar benötigt, der, weil er ja zu Wachs verarbeitet wurde, nicht mehr zu Honig verarbeitet werden konnte. Bis vor kurzem glaubte man, dass Bienen sieben Pfund Honig für jedes Pfund Wachs, das sie für den Wabenbau

brauchen, lagern können. Dies ist eine Zahl, die scheinbar nie eine wissenschaftliche Grundlage hatte und die in jedem Fall falsch ist."

Aus *Beeswax Production, Harvesting, Processing and Products*, Coggshall and Morse, S. 35

„Es ist unklar, mit welcher Effizienz die Wachsproduktion erfolgt, das heißt wie viel Pfund Honig oder Zuckersirup notwendig sind, um ein Pfund Wachs zu produzieren. Es ist auch schwer, dies experimentell zu prüfen, weil das Ergebnis von vielen Variablen abhängt. Das meistzitierte Experiment ist das von Whitcomb (1946). Er hat vier Bienenvölkern einen dünnen, dunklen und starken Honig gefüttert, den er selbst als unverkäuflich bezeichnete. Das einzige Problem bei diesem Versuch war die Tatsache, dass die Bienen Gelegenheit zum Ausflug hatten, was wahrscheinlich nötig war, um sich ihrer Fäkalien zu entleeren; es wurde festgestellt, dass es während des Versuchs keine Honigtracht gab. Die Produktion von einem Pfund Bienenwachs benötigte 8,4 Pfund Honig (Variation zwischen 6,66 und 8,8). Whitcomb fand heraus, dass die Wachsproduktion tendenziell mit der Zeit effizienter wurde. Das heißt, dass ein Projekt, das das Verhältnis Zucker zu Wachs herausfinden will, oder Wachs aus einer billigen Zuckerquelle herstellen will, eine gewisse Zeit braucht, damit sich die Wachsdrüsen entwickeln können und die Bienen routinierter darin sind, gleichzeitig Wachs zu sekretieren und Waben zu bauen."

Das Problem bei den meisten dieser Schätzungen dazu, was es benötigt, um ein Pfund Wachs zu produzieren, ist, dass nicht mit einbezogen wird, wie viel Honig dieses Pfund Wachs verkraften wird.

Aus *Beeswax Production, Harvesting, Processing and Products*, Coggshall and Morse S. 41

„Ein Pfund Bienenwachs, wenn es in Wabenform gebildet wird, hält 22 Pfund Honig. In einer unverstärkten Zelle ist der Druck auf die obersten

Zellen am größten; ein Stock von 30 cm Tiefe hält 1320 Mal sein eigenes Gewicht in Form von Honig."

Zerstoßen und Sieben

Ich habe 26 Jahre lang Bienen gehabt, ohne eine Honigschleuder zu besitzen. Ich habe Wabenhonig hergestellt, und ich habe Honig zerstoßen und gesiebt, um flüssigen Honig zu erhalten. Als ich schließlich eine Schleuder gekauft habe, habe ich mich für eine radiale motorisierte Schleuder 9/18 entschieden.

Die Methode, die ich zuletzt zum Zerstoßen und Sieben benutzt habe, ist ein doppelter Siebeimer. Ich benutze ihn sogar noch, wenn ich schleudere, weil es so viel Honig gibt, dass ich nur so mit dem Sieben hinterherkomme.

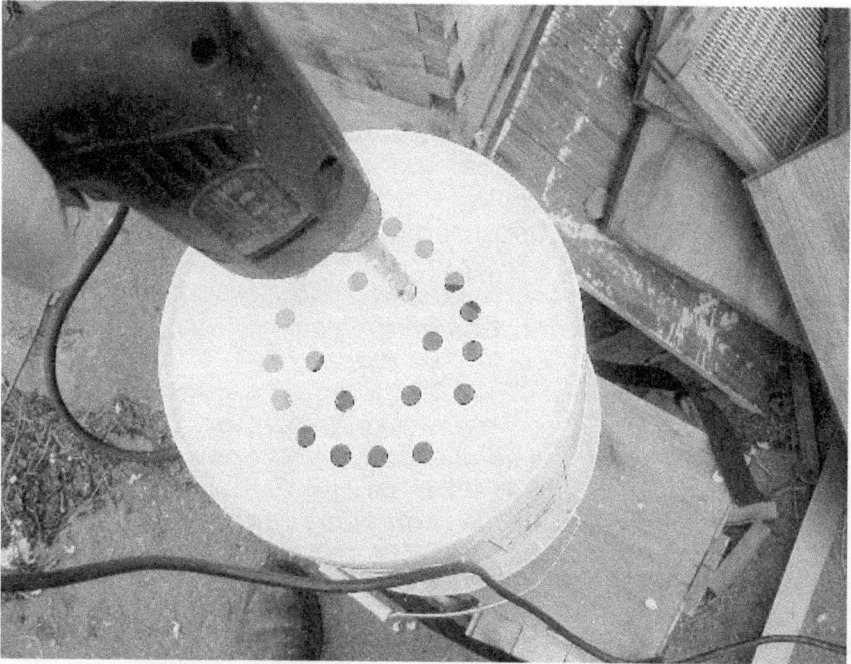

So bearbeiten Sie den oberen Eimer des Doppeleimersiebs. Bohren Sie die Löcher. Wenn Sie die Löcher klein genug machen, dann können Sie auch nur einen Eimer verwenden, ohne ein zweites Sieb zu benutzen. Sie können das Wachs oben abschöpfen und alles andere setzt sich unten ab. Schneiden Sie die Hälfte des Deckels heraus (lassen Sie einen Rand von ein paar Zentimetern, um den zweiten Eimer darauf setzen zu können).

So wird das Doppeleimersieb verwendet, um Honig zu sieben.

Schleudern

Beim Schleudern schneiden Sie die Verdeckelung der Waben ab. Die Waben werden dann in einer Zentrifuge, der Schleuder, gedreht.

Abschneiden der Verdeckelung.

Abschneiden der unteren Spitzen.

Beladen der Schleuder.

Schleudervorgang.

Die Bienen vor der Ernte entfernen

Zu diesem Thema gibt es viele verschiedene Ansichten, viele davon rühren aus persönlicher Erfahrung. Der richtige Zeitpunkt hat auf jeden Fall einen großen Einfluss auf das Endergebnis.

Verlassen

C.C. Miller's Lieblingsmethode wird normalerweise als "Verlassen" bezeichnet. Hierbei ziehen Sie alle Boxen aus dem Stock und stellen sie an die beiden Enden, sodass die Ober- und die Unterseite offen sind. Der beste Zeitpunkt hierfür ist am Ende einer Tracht, aber nicht während einer Hungersnot, unmittelbar nach Sonnenuntergang aber noch vor Einbruch der Dunkelheit. Die Bienen tendieren dazu, zum Stock zurückzufliegen und Sie können die Rahmen entnehmen. Wenn sie allerdings Brut enthalten, dann werden die Bienen sie nicht verlassen. Wenn gerade eine Hungersnot herrscht, dann werden Sie ein wahres Chaos auslösen. Wenn Sie es nachmittags versuchen, wird es noch schwieriger sein, mit den Bienen fertig zu werden. Dann müssten Sie die Kästen zweimal bewegen, einmal, um alle Bienen zu entfernen und einmal, um die Kästen zu laden (der Rest des Vorgangs ist hier nicht mit eingerechnet).

Bürsten und/oder schütteln

Manche Leute ziehen einfach jeden Rahmen einzeln heraus, schütteln oder bürsten die Bienen ab und legen den Rahmen in einen anderen Kasten mit Verschluss. Das setzt allerdings viele Bienen frei, die einen schnell einschüchtern und nerven können. Sie bewegen jeden Kasten Rahmen für Rahmen und dann laden Sie die jeweiligen Kästen auf.

Bienenabzug

Es gibt verschiedene Typen und je nachdem variieren die Ergebnisse. Ich hatte mit den Porter-Bienenabzügen, die in ein Loch an der Innenabdeckung gehen, noch nie Glück. Ich mag die dreieckigen von Brushy Mt. Normalerweise wird dafür der Aufsatz entfernt, der Abzug wird angebracht (so funktioniert es auf jeden Fall richtig, die Bienen können raus, aber nicht mehr rein) und Sie warten ein oder zwei Tage darauf, dass alle Bienen ausfliegen. Die Bienen werden nicht rausfliegen, wenn sie Brut im Rahmen haben.

Ich setze den Abzug lieber auf das Bodenbrett (mit dem Ausgang nach unten) und stapel die Aufsätze so hoch wie es geht darauf. Dann setze ich einen weiteren Abzug obendrauf (mit dem Ausgang nach oben) und lasse die Konstruktion über Nacht so. Wenn Sie in der Gegend von kleinen Bienenstockkäfern leben, dann würde ich länger warten. Der größte Nachteil ist, dass Sie jeden Aufsatz dreimal anfassen müssen (einmal um ihn abzunehmen, dann um den Abzug anzubringen und sie wiederaufzustapeln und dann um sie zu laden). Sie müssen sie zweimal bewegen, wenn Sie den Abzug auf ein eigenes Bodenbrett stellen (einmal, um die Kästen auf das Bodenbrett zu stapeln und dann nochmal, um sie zu laden).

Blasen

Hierbei werden einfach alle Bienen von den Waben weggeblasen. Manche Leute benutzen einen Laubbläser und andere kaufen einen speziellen Bienenbläser. Ein Nachteil dabei ist, dass der Wind, der stark genug ist, um die Bienen von den Waben wegzublasen, auch stark genug ist, um viele von ihnen zu zerreißen. Ich habe noch nie so ein Gebläse benutzt, deshalb kann ich nicht viel dazu sagen.

Buttersäure

Ich habe diese Option getrennt von Bee Quick aufgeführt, obwohl beide einige Gemeinsamkeiten haben und ich sie etwa ähnlich einschätze. Beide sind Bienenschutzmittel, die benutzt werden, um die Bienen von den Aufsätzen zu entfernen. Bee Go und Honey Rubber sind Buttersäuren, und damit keine lebensmittelsicheren Chemikalien, die wie Erbrochenes riechen. Honey Rubber riecht wie Erbrochenes mit Kirschgeschmack. Die Chemikalie wird auf einen Dampfaufsatz gegeben, der auf den Stock gestellt wird. Die Bienen werden dadurch nach unten getrieben und Sie können die Aufsätze nach oben entfernen und aufladen. Damit müssen Sie die Aufsätze nur einmal bewegen. Ich habe das Zeug gerochen und noch nie selber benutzt.

Fischer Bee Quick

Jim Fischer möchte sein Geschäftsgeheimnis nicht verraten und deshalb ist nicht bekannt, was genau dieses Mittel enthält. Aber für mich riecht es wie Benzaldehyd. Das ist der Geruch, den auch Maraschino Kirschen und Mandelextrakt haben. Nachdem ich einmal im Chemieunterricht Benzaldehyd hergestellt habe, konnte ich nie wieder Maraschino Kirschen essen. Benzaldehyd ist der Hauptbestandteil von künstlichem Mandelgeschmack. Aber Jim Fischer versichert, dass er nichts außer ätherischer Öle in Lebensmittelqualität verwendet. Es riecht auf jeden Fall besser und ist bestimmt auch viel sicherer als Buttersäure. Anderseits arbeitet es nach demselben Grundprinzip. Sie geben es auf einen Dampfaufsatz oben auf dem Stock, um die Bienen nach unten zu vertreiben. So müssen Sie die Aufsätze zum Laden nur einmal anfassen. Ich habe es gerochen und es riecht gut, aber ich habe es noch nie benutzt.

Häufig gestellte Fragen

Als Moderator und Teilnehmer in vielen Bienenforen höre ich bestimmte Fragen häufig, weshalb ich einige davon hier besprechen möchte.

Können Königinnen stechen?

Ich habe seit 1974 mit Königinnen zu tun. Seit ich 2004 angefangen habe, Königinnen selber zu züchten, habe ich jedes Jahr mit Hunderten von ihnen gearbeitet. Ich bin noch nie von einer Königin gestochen worden. Aber ich habe schon beobachten können, wie sie ihre Laune ändern.

Jay Smith, ein Bienenzüchter, der über Jahrzehnte tausende von Bienen pro Jahr gezüchtet hat, sagt, dass er nur einmal von einer Königin gestochen worden ist und zwar genau dort, wo er kurz zuvor eine Königin zerquetscht hatte und er glaubt, dass die Königin ihn für eine Königin gehalten hatte.

Können sie stechen? Ja. Tun sie es auch? Wohl kaum. Die wenigen Leute, die ich kenne und die sagen, dass sie schon einmal von einer Königin gestochen worden sind, sagen, dass es weniger weh tut, als von einer Arbeiterbiene gestochen zu werden.

Was passiert, wenn meine Königin davonfliegt?

Diese Frage wird oft zusammen mit der folgenden gestellt: „Wenn meine Königin wegfliegt, wie hoch ist die Wahrscheinlichkeit, dass sie wiederkommt?" Lassen Sie uns zunächst überlegen, was zu tun ist. Wenn die Königin fliegt, sollten Sie zunächst still stehen bleiben. Sie wird sich an Ihnen orientieren und wahrscheinlich den Weg zurückfinden. Das zweite, was Sie tun sollten, ist, die anderen Bienen zu ermutigen, die Königin mit dem Nasonov-Pheromon zurückzuführen. Dafür nehmen Sie einen Rahmen, der voller Bienen ist, aus dem Stock heraus und schütteln die Bienen in den Stock hinein. So bringen Sie die Bienen dazu, Nasonov auszustoßen. Wenn Sie die Königin dann nicht zurückfliegen sehen, dann sollten Sie zehn Minuten warten, bevor Sie den Stock zudecken, damit die Königin Zeit hat, das Nasonov zu riechen. Wenn Sie diese drei Dinge tun, dann ist die Wahrscheinlichkeit hoch, dass die Königin den Weg zurückfindet.

Wenn Sie diese drei Dinge nicht getan haben, dann stehen Ihre Chancen vielleicht 50/50, dass die Königin trotzdem den Rückweg findet.

Wie verhindern Sie, dass die Königin davonfliegt? Behalten Sie sie fest im Auge, wenn Sie die Schachtel aufmachen. Königinnen sind schnell. Wenn Sie den Käfig auf die Bienen stellen, die Sie gerade in den Stock geschüttelt haben und die Königin tief unten im Stock freilassen und sich selber über den Stock beugen, dann ist es wenig wahrscheinlich, dass die Königin davonfliegt.

Tote Bienen vor dem Stock?
Eine Königin legt zwischen 1.000 und 3.000 Eier pro Tag; Biene leben durchschnittlich sechs Wochen. Sie werden *immer* ein paar tote Bienen vor Ihrem Stock finden. Oft sehen Sie sie gar nicht, weil sie im Gras liegen. *Viele* (haufenweise) tote Bienen können Anlass zur Sorge sein, weil sie Ihnen einen Hinweis auf Vergiftung durch Pestizide oder andere Probleme geben können. Aber einige wenige tote Bienen sind normal.

Platz zwischen Rahmen und Brutnestern?
Diese Frage wird häufig gestellt: „Sollte ich 9er- oder 10er-Rahmen in meinen Aufsätzen verwenden?" oder „Sollte ich besser 9er- oder 10er-Rahmen in meinen Brutkästen benutzen?"

Meine Antwort im Bezug auf Brutkästen lautet: ich verwende 11er-Rahmen, zumindest in einem 10er-Kasten. Ich tue das, weil die Bienen sonst den verbleibenden Platz ausnutzen. Damit die Rahmen passen, schneide ich die Enden ab. Aber es funktioniert auch mit 10er-Rahmen. Sie sollten im Zentrum eng an einander gesteckt sein, und nicht gleichmäßig breit verteilt sein. Die Rahmen sind auch so schon weiter von einander entfernt, als die Bienen es mögen, und wenn sie noch zusätzlichen Abstand haben, dann führt das zu Wirrbau und extra Waben zwischen den Rahmen. Die Theorie besagt, dass es mehr Raum zur Traubenbildung, weniger Schwarmrisiko und Bündel gibt. In der Praxis ist es aber meiner Erfahrung nach so, dass mehr Bienen benötigt werden, um die Brut warm zu halten, dass die Wabenstruktur unregelmäßiger ist und dass die Bienen zerdrückt werden, wenn die Rahmen entfernt werden. Die Unregelmäßigkeit wird dadurch verursacht, dass die Waben zur Honigspeicherung unterschiedlich dick sein können, während die Brutwaben immer gleich dick gebaut werden. Wenn die Bienen in einem Kasten mit 9er-Rahmen Honigüberschuss haben, dann werden sie den freien Platz mit Honig auffüllen. Wenn sie Brut haben, dann sind die Waben nicht so dick wie wenn sie Honig enthalten. Ich habe 9er-Brutkästen ausprobiert, aber das Ergebnis hat mich nicht überzeugt. Ich arbeite nun mit 8er-Kästen, in die ich 9er-Rahmen setze (wofür ich die Ecken kürze). Mit 11er- Rahmen in einem 10er-Kasten erhalten Sie leichter sehr flache, konsistente Waben in kleiner Zellgröße.

Meine Antwort im Bezug auf die Aufsätze ist, dass wenn sie einmal bezogen sind, dann können Sie 9er- oder sogar 8er-Rahmen in einen 10er-Aufsatz stellen und damit gute Resultate erzielen, weil die Waben dicker werden. Aber wenn die Rahmen keine Kunstwaben enthalten, dann ist es wahrscheinlicher, dass die Bienen die Zwischenräume verbauen, wenn die Rahmen zu weit auseinander stehen. Die Rahmen ohne Kunstwaben sollten immer im Zentrum eng zusammen stehen, sowohl bei Aufsätzen als auch bei Brutkästen, um die Bienen davon abzuhalten, Waben in den Zwischenräumen zu bauen, statt in den Rahmen selbst. Mit 8er-Kästen können Sie sieben oder sogar sechs Rahmen mit Kunstwaben verwenden. Ein Thema, was eng damit zusammenhängt, sind verbaute Waben.

Warum verbauen Bienen Waben?

Ein Teil der Gründe liegt in der Genetik. Manche Bienen bauen gerade Waben, egal was Sie tun. Andere werden Waben immer verbauen. Aber es gibt einiges, was Sie unternehmen können, um die Dinge in die richtige Bahn zu lenken.

Manches liegt daran, dass den Bienen zu viel Freiraum gelassen wird. Stellen Sie also alle Rahmen eng zusammen. Die Abstandsmesser in den Kästen haben ihren Sinn – nutzen Sie sie. Verteilen Sie die Rahmen nicht gleichmäßig im ganzen Kasten. Wenn Sie Rahmen ohne Kunstwaben verwenden, dann benutzen Sie auf keinen Fall weniger Rahmen in einem Kasten. Wenn die Bienen Ihre Kunstwaben nicht mögen (und das tun sie eigentlich nie) und wenn Sie ihnen dann auch noch den Platz dazu geben (indem Sie die Rahmen mehr als 3,5 cm auseinander stellen), dann werden sie versuchen, zwischen den Rahmen Waben zu bauen, anstatt innerhalb der Rahmen mit Kunstwaben. Indem Sie die Rahmen enger zusammenstellen, entmutigen Sie die Bienen, weil sie dann nicht mehr genug Platz für Brutwaben finden.

Das Problem kann auch darin bestehen, dass Bienen es nicht mögen, wenn Sie über ihre Zellgröße entscheiden. Sie werden ihre eigenen Zellen mit mehr Enthusiasmus bauen, als sie ihn für Ihre Kunstwaben aufbringen werden. Eine Lösung kann sein, keine Kunstwaben mehr zu benutzen. Eine andere Lösung wäre, Kunstwaben zu besorgen, die näher an dem sind, was die Bienen natürlicherweise verwenden würden. 5,4 mm Standard-Kunstwaben sind deutlich größer als eine normale Arbeiterbrutwabe. Mit 4,9 mm liegen Sie näher dran.

Normalerweise mögen Bienen Plastik nicht besonders. Die Lösung besteht darin, ihnen die Plastikwaben dann zu geben, wenn sie unbedingt Waben bauen müssen. Benutzen Sie besser keine Wachswaben, die mit Plastik gemischt sind, sonst werden die Bienen das Plastik einfach ignorieren und das Wachs bebauen. Kaufen Sie Plastik, das mit Wachs überzogen ist, damit die Bienen die Waben besser annehmen. Sprühen Sie etwas Sirup oder Sirup mit ätherischen Ölen, wie Honey Bee Healthy, darauf, um den Geruch des Plastiks zu überdecken. Sobald die Bienen die Waben einmal sauber geleckt haben, werden sie die Waben wahrscheinlich besser annehmen. Manchmal werden sie aber auch trotzdem drumherum bauen.

Wie reinige ich benutzte Ausrüstung?

Benutzte Ausrüstung wird seit mehr als einem Jahrhundert diskutiert. AFB (Amerikanische Faulbrut) ist immer noch ein Thema, auch wenn es früher schlimmer war. Die einzige wirkliche Sorge bei benutzter Ausrüstung ist AFB. Die Sporen sind praktisch unsterblich (auf jeden Fall leben sie länger als wir) und infizierte Ausrüstung ist wohl einer der Faktoren, die dazu beitragen, AFB einzuschleppen. Viele Leute mit AFB-Befall verbrennen die Ausrüstung einfach. Andere versengen sie, andere kochen sie in Lauge aus. Manche „braten" die Ausrüstung in Paraffin und Balsamharz.

Nun haben Sie oft die Möglichkeit, an benutzte Ausrüstung zu kommen, entweder gratis oder sehr günstig. Die Geräte von Mäusen zu reinigen ist nicht allzu kompliziert. Lassen Sie die Sachen einfach im Regen liegen, bis sie besser riechen. Sie können die Ausrüstung von Wachsmotten befreien, indem Sie ganz einfach die Weben entfernen (was für die Bienen nicht so leicht ist) und die Kokons auskratzen. Wenn die Waben trocken und spröde sind, werden die Bienen auch allein damit fertig. Wenn die Sachen staubig sind, können die Bienen sie säubern. Das einzige wirkliche

Risiko ist AFB. Wenn Sie alte Brutwaben haben, dann würde ich auf deren Boden nach Anzeichen von AFB-Befall suchen. Wenn Sie Schuppen sehen, dann sollten sie die AFB-Bedrohung sehr ernst nehmen. Manche Leute würden die Ausrüstung in dieser Situation einfach verbrennen. Aber angenommen, Sie sehen keine Schuppen – was sollen Sie tun? Ich kann Ihnen die Entscheidung nicht abnehmen, weil immer ein Restrisiko bleibt und ich nicht möchte, dass Sie mir später die Schuld geben. Aber ich kann Ihnen sagen, was ich tue. Ich habe meine Ausrüstung immer von Leuten bezogen, von denen ich denke, dass sie ehrlich sind. Normalerweise bin ich kostenlos oder sehr günstig an die Ausrüstung gekommen, mit der noch nichts gemacht worden ist. Ich hatte noch nie AFB in meinen Stöcken.

Wie bereite ich die Stöcke für den Winter vor?

Hierzu finden Sie ausführlichere Informationen im zweiten Buch im Kapitel *Bienen überwintern*.

Die Antwort auf diese Frage hängt ganz von Ihrem Standort ab. Ein Bienenzüchter in Süd Georgia oder Südkalifornien hat ganz andere Probleme als ein Züchter im Norden von Minnesota oder in Anchorage Alaska.

Ich kann also nur allgemeine Empfehlungen geben und mich auf meine eigenen Erfahrungen in der Landesmitte beziehen. Ich befinde mich im Südosten von Nebraska und habe vorher im Westen Nebraskas gelebt, an der vorderen Bergkette der Rocky Mountains. Deshalb nutzt mein Rat am besten denjenigen in ähnlichen Gebieten.

Schränken Sie den Platz ein. Es hat keinen Sinn, im Winter leeren Platz im Stock zu haben. Ich würde alle leeren Kästen im Winter ruhen lassen.

Sichern Sie sich vor Mäusen. Mäuse können den Stock zerstören. Wenn Sie Eingänge an der Unterseite haben, dann sollten Sie sicherstellen, dass Sie sie mit Mäusefallen blockieren. Ein Stück Maschendraht funktioniert auch.

Wenn Sie Absperrgitter für die Königin benutzen, dann sollten Sie diese entfernen, bevor der Winter beginnt. Eine Königin kann sich sonst auf der anderen Seite verfangen und durch die kalten Temperaturen erfrieren.

Sie sollten einen Obereingang haben. Ich mag Obereingänge viel lieber als Untereingänge, aber unabhängig davon brauchen Sie in jedem Fall einen kleinen Obereingang, damit feuchte Luft entweichen kann und sich kein Kondenswasser am Dach des Stocks bildet. So können die Bienen auch nach draußen, wenn hoher Schnee liegt, oder zu viele tote Bienen am Boden des Stocks liegen. Die Leute fragen für gewöhnlich, ob durch den Obereingang nicht zu viel Wärme verloren geht. Aber die Wärme ist selten das Problem. Kompliziert wird es, wenn Kondenswasser vom Dach des Stocks nach unten auf die Bienen tropft, weil sie das im Winter normalerweise tötet.

Sorgen Sie dafür, dass die Bienen genug Vorräte haben. In meiner Region und mit italienischen Bienen sollte der Stock etwa 70 Kilo wiegen, um eine gute Reserve für den Winter zu haben. Wahrscheinlich würden die Bienen auch mit 45 Kilo überleben, aber sie könnten es genauso gut aufbrauchen und dann im Frühlingsschub Honigmangel leiden. Alles unter 45 Kilo ist besorgniserregend. Der richtige Moment um die Bienen zu füttern ist, wenn es noch warm ist, weil die Bienen den Sirup nicht mehr annehmen werden, wenn die Witterung schon zu kalt ist. Sobald der Stock das Zielgewicht erreicht hat, brauchen Sie nicht mehr weiterfüttern. Ein Stock mit 70 Kilo hat dann normalerweise zwei Kästen mit tiefen 10er-Rahmen, oder drei Kästen mit mittleren 10er-Rahmen oder vier Kästen mit mittleren 8er-Rahmen, die zum Großteil mit Honig gefüllt sind.

Ich habe die Kästen nur einmal eingewickelt und war nicht sonderlich begeistert. Aber wenn es unter den Züchtern in Ihrer Region üblich ist, sollten Sie es in Betracht ziehen. Zum Einwickeln wird Dachpappe verwendet, weil sie an warmen Tagen Wärme gewinnt. Aber ich finde, dass dadurch zu viel Feuchtigkeit eingeschlossen wird. Andere Materialien sind wachsüberzogener Karton oder Blätter, die die Luft rings um den Stock zirkulieren lassen. Das scheint mir wegen der Feuchtigkeit eine bessere Lösung zu sein. Wenn ich es nochmal probieren würde, würde ich wohl Karton verwenden und die Freiräume mit Filz füllen.

Glauben Sie nicht, dass es eine gute Idee ist, einen stabilen Stock zu beheizen. Auch eine dicke Wärmedämmung ist keine gute Idee. Die Dämmung verhindert, dass sich die Bienen an einem warmen Tag selbst aufwärmen können und einen Flug starten können. Stellen Sie die Stöcke nicht nach drinnen - die Bienen brauchen Ausflug. Stapeln Sie keine Strohballen rings um die Stöcke – damit ziehen Sie nur Mäuse an. Wenn Sie einen Windstopper besorgen können, dann tun Sie das. Wenn Sie dafür

Strohballen verwenden, dann stellen Sie sie in einiger Entfernung vom Stock auf.

Wie weit fliegen Sammelbienen?

Laut Bruder Adam gibt es Bienen, die er dabei beobachtet hat, wie sie acht Kilometer oder noch weiter geflogen sind, um Nektar zu sammeln. Huber hingegen hatte Arbeiterbienen markiert und sie dann in verschiedener Entfernung ausgesetzt, um zu sehen, ob die Bienen zum Stock zurückfinden würden. Laut ihm fanden sie bei einer Entfernung von zweieinhalb Kilometern immer zum Stock zurück, aber darüber hinaus nicht mehr. Huber befand, dass es sehr vom Futterangebot sowie von der Größe der Bienen abhängen müsse. Bruder Adam berichtete davon, wie seine einheimischen Apis Mellifera lifera, die kleiner sind, die Entfernung von acht Kilometern geflogen sind, um zum Heidekraut zu gelangen, wohingegen die italienischen Bienen, die er danach besaß, und die größer waren, dies nicht taten. Dee Lusby berichtete davon, dass ihre Bienen aus kleinen Zellen nach der Regression mit ganz anderen Pollen zurückkamen als vorher, und dass abhängig von der Blüte und der Verbreitung der Flora, auf denen die Bestäubung beruht, sie sicher war, dass Bienen aus kleinen Zellen in größerer Entfernung Futter sammelten als Bienen aus großen Zellen. Dies würde mit den Beobachtungen von Bruder Adam übereinstimmen.

Wie weit fliegen Drohnen, um sich zu paaren?

Ich denke nicht, dass jemand hierauf mit Bestimmtheit Antwort geben kann. Die Drohnen fliegen zu den Drohnensammelplätzen. Dafür gibt es einige topographische Eigenschaften und Pheromonspuren, die sie gezielt suchen, um diese Plätze zu finden. Sie befinden sich normalerweise an einem Ort, an dem eine Baumreihe auf eine andere trifft. Forschungen scheinen zu zeigen, dass Drohnen zum nächstgelegenen Sammelplatz fliegen. Dabei ist es schwer, den genauen Abstand zu benennen, weil es auf den Ort und die anderen nahegelegenen Stöcke ankommt. Die meisten Forscher sagen jedoch, dass Drohnen im Durchschnitt nicht so weit fliegen wie Königinnen.

Wie weit fliegen Königinnen, um sich zu paaren?

Wie bei vielen anderen Fragen rings um die Bienen ist auch diese schwer zu beantworten, weil sie von vielen Faktoren abhängt. Laut Jay Smith, der eine Insel als Paarungsstation zur Verfügung hatte, flogen die Königinnen mindestens drei Kilometer weit. Ich habe auch schon von Schätzungen gehört, die bei sieben oder acht Kilometern lagen. Aber genauso habe ich Bienenzüchter kennengelernt, die davon berichteten, wie sie die Paarung direkt im Bienenstand beobachtet haben (als Beweis dafür galten die Drohnenspuren und die unmittelbare Rückkehr der Königin ins Begattungsvölkchen).

Wie viele Stöcke kann ich auf 0,4 Hektar betreiben?

Das Problem bei dieser Fragestellung liegt darin, dass man nicht davon ausgehen kann, dass die Bienen sich nur auf dieser Fläche aufhalten werden. Sie werden auch in den umliegenden 3.000 Hektar Nahrung sammeln.

Wie viele Stöcke kann ich an den gleichen Ort stellen?

Das ist eine weitere typische Frage: „Wie viele Stöcke kann ich an den gleichen Ort stellen?" Bei sehr guter Futterlage (inmitten von 3.000 Hektar Steinklee) und gutem Wetter kann es fast nicht zu viele Bienen am selben Ort geben. Bei schlechter Futterversorgung und Dürre können schon ein paar Stöcke zu viel sein. Eine Nummer, die oft in den Raum geworfen wird, ist 20. Das ist eine nette runde Nummer, die als Richtwert gut sein kann, aber in Wirklichkeit hängt es von vielen Faktoren ab, die von Jahr zu Jahr variieren können.

Mit wie vielen Stöcken sollte man anfangen??

Die Standardantwort für einen Anfänger ist zwei. Ich würde sagen zwei bis vier. Wenn Sie mit weniger als zwei beginnen, dann haben Sie keine Reserve, um typische Züchterprobleme lösen zu können, wenn Sie zum Beispiel keine Königin haben, oder vermuten, dass Sie keine Königin im Stock haben, oder wenn Ihre Arbeiter Eier legen, usw. Mehr als vier ist wohl für einen Anfänger etwas viel auf einmal.

Pflanzenanbau für Bienen

Bienenzüchter wollen immer wissen, was sie am besten für ihre Bienen anbauen könnten. Sie sollten sicherstellen, dass Sie verstehen, dass die Bienen nicht nur die Blumen auf Ihrem Grundstück abfliegen werden. Sie werden in einem Radius von etwa 3 Kilometern eine Fläche von ca. 3.000 Hektar abernten. Um die Ernte zu bestimmen, müssten Sie die 3.000 Hektar Land besitzen und bepflanzen. Aber es ist gar nicht so schwer, diejenigen Pflanzen zu säen, die den Bienen das ganze Jahr über Nahrung geben. Die Notzeiten für die Stöcke beginnen früh (Februar bis April), danach September bis zum ersten richtigen Frost und während Trockenperioden (hier sind sie in der Regel im Hochsommer. Daher brauchen die Bienen Pflanzen, die auch bei wenig Regen blühen). Ich würde mich deshalb auf Pflanzen konzentrieren, die diese Lücken schließen können. Eine Auswahl an Honigpflanzen wird diese Bedürfnisse besser stillen, als wenn Sie sich auf ein oder zwei Sorten einschränken. Es kann auf jeden Fall nicht schaden, Steinklee zu pflanzen (sowohl gelben als auch weißen, weil diese zu unterschiedlichen Zeiten blühen), außerdem Weißklee, Schotenklee, Borretsch und etwas Anis-Ysop sowie Tulpenbäume und Robinie, diese füllen zwar nicht die Lücken, helfen aber bei der Honigproduktion und können vielleicht einige Lücken überbrücken helfen. Frühjahrspflanzen, die genug Pollen liefern, sind roter Ahorn, Weidenkätzchen, Ulmen, Krokusse, Judasbaum, Schlehdorn, Kirschen und andere Obstbäume. Löwenzahn ist immer nützlich. Sie können die getrockneten Blütenköpfe bei Leuten einsammeln, deren Rasen damit übersät ist. Pflücken Sie sie, stecken Sie sie in einen Beutel, nehmen Sie sie mit nach Hause und verstreuen Sie sie. Zichorien und Goldrute blühen auch bei Dürre und normalerweise von Juli bis zum ersten Frost. Astern sind als Spätblüher geeignet. Was Sie nicht vergessen sollten, ist, dass Sie nur versuchen, die Lücken zu überbrücken, aber nicht die ganze Ernte garantieren sollten.

Königinnen-Absperrgitter?

Das Benutzen von Königinnen-Absperrgittern wird unter Bienenzüchtern seit jeher kontrovers diskutiert. Ich habe schon sehr früh in meiner Züchterlaufbahn aufgehört, sie zu benutzen. Die Bienen wollten nicht durch sie hindurchgehen und sie wollten auch nicht auf den Ablegern arbeiten, die sich auf der anderen Seite befanden. Sie schienen mir sehr unnatürlich und einengend. Ich kann mir vorstellen, dass sie praktisch für die Königinnenzucht sind, oder wenn man verzweifelt versucht, die Königin zu finden, aber sonst benutze ich sie nicht.

Gründe dafür, sie zu benutzen:

Die Königin ist leichter zu finden, wenn ich den Bereich, in dem ich suchen muss, einschränken kann. Aber ich finde diesen Bereich sehr schmal. Ich finde sie selten anders als einfach dadurch zu sehen, wo die größte Ansammlung von Bienen ist, und das reduziert es normalerweise auf neue Rahmen. Das funktioniert nur gut, wenn Sie die Königin sehr häufig finden müssen. Bei der Königinnenzucht kann das nur einmal die Woche sein und da kann ein Absperrgitter helfen, Zeit einzusparen.

Um Brut in den Aufsätzen zu verhindern. Der einzige Grund, der mir dafür bekannt ist, dass eine Königin in die Aufsätze legt, ist, dass sie im Brutnest keinen Platz mehr frei hat. Wenn sie gekonnt hätte, wäre die Königin in so einer Lage ausgeschwärmt. Ein anderer Grund kann sein, dass die Königin Drohnenzellen zum Legen braucht und im Brutnest keine vorhanden sind. Da Brutwaben schwer wieder zu entfernen sind, weil sie Kokons enthalten, und die Aufsätze normalerweise weiches Wachs ohne Kokons enthalten, dass die Bienen leicht umbauen können, werden sie auf die Aufsätze ausweichen. Wenn Sie also keine Brut in Ihren Aufsätzen haben wollen, müssen Sie den Bienen Drohnenwaben ins Brutnest geben. Wenn Sie einheitliche Kisten benutzen, können Sie auch einfach die Aufsätze entfernen, falls Ihre Königin dort gelegt hat, und sie nach unten ins Brutnest geben und stattdessen einen Honigrahmen entfernen (wenn Sie keine Chemikalien verwenden) und diesen in Ihre oberen Aufsätze einschieben.

Wenn Sie sie gern benutzen möchten

Wenn Sie gern ein Absperrgitter benutzen möchten, dann sollten Sie nicht vergessen, dass Sie Ihre Bienen dazu bringen müssen, durch das Gitter zu gehen. Wenn Sie einheitliche Kistengrößen verwenden, hilft Ihnen das insofern, als dass Sie die Rahmen mit offener Brut über das Absperrgitter stellen können (dabei müssen Sie natürlich aufpassen, dass Sie nicht gleich die Königin mitnehmen). So bewegen Sie die Bienen dazu, durch das Gitter zu krabbeln. Wenn die Bienen dann an diesen Rahmen arbeiten, können Sie die Waben zurück nach unten ins Brutnest geben. Eine andere Option (insbesondere, wenn Sie keine einheitlichen Kisten verwenden) ist, das Absperrgitter draußen zu lassen, so lange die Bienen am ersten Aufsatz arbeiten und es dann erst einsetzen (auch hier müssen Sie wieder sicherstellen, dass die Königin unten bleibt und die Drohnen einen Weg nach draußen frei haben).

"Angehende Imker sollten nicht versuchen, Absperrgitter zu verwenden, um Brut in den Aufsätzen zu vermeiden. Sie sollten aber trotzdem ein Gitter bereit halten, um es als Hilfsmittel zu verwenden, wenn sie die Königin finden wollen oder aber wenn sie ihr Zugang zu bestimmten

Rahmen verwehren wollen, die die Imker an einen anderen Ort transportieren wollen" –Aus dem Buch How-To-Do-It book of Beekeeping, Richard Taylor

Königinnenlose Bienen?

Von den Bienen lernen: Geben Sie einen Rahmen mit offener Brut und Eiern in den Stock und Sie brauchen sich keine weiteren Sorgen machen.

Die Frage taucht häufig in Bienenzucht-Foren auf: „Sind meine Bienen ohne Königin geblieben?" Die Symptome dafür sind vielfältig und es kommt auch auf die Jahreszeit an. Aber es ist eine wichtige Frage, die geklärt werden muss, was manchmal schwieriger ist, als man zunächst denkt.

Der Ursprung dieser Frage liegt womöglich darin, dass keine Brut und keine Eier zu sehen sind. Viele angehende Bienenzüchter könnten eine Königin nicht einmal dann ausmachen, wenn sie markiert, und auf einem einzigen Rahmen festgesteckt wäre. Sogar erfahrene Züchter haben an manchen Tagen in einem reich bevölkerten Stock Mühe, die Königin ausfindig zu machen. Dass sie nicht zu sehen ist, beweist also noch lange nichts. Wenn Sie keine Brut und keine Eier sehen, ist das ein wichtiger Hinweis, aber das bedeutet noch nicht sicher, dass es keine Königin mehr gibt. Es bedeutet zunächst nur, dass es keine legende Königin gibt und dies schon seit einer Weile, sonst würden Sie Eier sehen. Aber es kann durchaus sein, dass es im Stock eine jungfräuliche Königin gibt, die einfach noch nicht gelegt hat.

Lassen Sie uns ein bisschen Bienenmathematik betreiben: wenn Sie heute aus Versehen eine Königin töten, wie lange dauert es dann, bis Sie die Eier einer ersatzweise herangezogenen Königin sehen? Etwa 26 Tage. Wie viel offene und verdeckelte Brut ist zu dem Zeitpunkt noch übrig, wenn die Eier der neuen Notfall-Königin sichtbar sind? Keine. Wenn die Bienen ihre Königin heute verlieren, und beginnen, aus einer vier Tage alten Larve (vier Tage vom Ei) eine neue Königin heranzuziehen, dann vergehen weitere 12 Tage, bis sie schlüpft und eine weitere Woche, bis sie ausgehärtet ist und sich genügend orientiert. Dann nochmal eine Woche, um sich zu paaren und mit dem Legen zu beginnen. Das macht zusammen etwa 26 Tage (plus/minus eine Woche). In der Zwischenzeit sind alle Eier gebrütet, verdeckelt und geschlüpft. Es gibt in diesem Fall zwar keine Brut im Stock, wohl aber eine Königin.

Ein Risiko liegt darin, dass die neue Königin zur Paarung ausfliegt und es nicht in den Stock zurückschafft. Dann ist der Stock wirklich ohne Königin und ohne Brut. Dies sieht aber von außen nicht anders aus - keine Eier, keine Brut, nicht einmal verdeckelte. Wie reagieren Sie in diesem Fall? Sie geben den Bienen einen Rahmen mit Brut und Eiern und sehen zu, wie die Bienen sich verhalten. Wenn Sie ein paar Tage später Königinnenzellen sehen, dann war der Stock wirklich königinnenlos. Sie können dann entweder eine neue Königin besorgen oder warten, bis die Bienen sich eine neue heranziehen.

Es kann auch ein Problem geben, wenn Sie nur wenige Eier und wenige Larven finden und diese noch dazu sehr weit voneinander verteilt sind. Manchmal liegt es daran, dass es eierlegende Arbeiterbienen gibt und die Bienen Drohneneier bis auf wenige Ausnahmen aus Arbeiterzellen entfernen. Aber was, wenn es Anzeichen für eine neue Königin sind, die gerade begonnen hat, zu legen. Normalerweise legt sie nach einem bestimmten Muster und nicht einfach quer verstreut. Eierlegende Arbeiter sind in jedem Fall schwieriger in den Griff zu bekommen.

Eine Möglichkeit, herauszufinden, ob Ihr Stock königinnenlos ist oder nicht, besteht im Zuhören. Wenn Sie nicht wissen, wie ein königinnenloser Stock klingt, versuchen Sie, eine Königin aus einem Stock zu greifen und sie zu entfernen. Dann warten Sie ein paar Minuten und hören Sie zu. Der Stock wird in Aufruhr geraten, manchmal wird das auch das „königinnenlose Getöse" genannt.

Eine andere Möglichkeit, herauszufinden, ob es vielleicht eine neue Königin gibt, die gerade mit dem Eierlegen beginnt, besteht darin, dass Sie nach einem Muster von leeren Zellen, die von Nektar umgeben sind, suchen, bei dem schon ein Platz für die neue Königin bereit gemacht wurde, damit sie Eier legen kann.

Ein schlechtgelaunter oder lethargischer Stock gibt Ihnen oft Anhaltspunkte dafür, dass es keine Königin gibt, aber Sie sollten trotzdem nach Eiern und Larven suchen.

Kurz zusammengefasst ist es schwierig, eine definitive Diagnose zu treffen, ob ein Stock ohne Königin geblieben ist. Eine Kombination mehrerer Symptome (fehlende Eier und Brut, Aufruhr im Stock, Lethargie oder Wut) würden mich wahrscheinlich überzeugen. Ich gebe meinen Bienen dann einen Rahmen mit offener Brut und Eiern und beobachte, was danach passiert.

Das macht Ihnen natürlich auch deutlich, warum Sie mehr als einen Stock benötigen.

Für weitere Informationen schauen Sie im Kapitel *Die Abkürzung* nach.

Das Nachziehen einer Königin

Zu diesem Thema kommen verschiedene Fragen auf: „Wie oft sollte ich Königinnen nachziehen?" Bienenzüchter vertreten hierzu sehr verschiedene Ansichten, die von alle zwei Jahre bis zu niemals reichen. Ich tendiere eher dazu, die Bienen selber das Nachziehen übernehmen zu lassen, aber um das Schwärmen zu beeinflussen und wenn die Bienen zu defensiv oder zu schwach sind, ziehe auch ich schon mal Königinnen nach.

Die zweite Frage ist: „Wie ziehe ich eine Königin nach?" und damit verbunden „Was soll ich tun, wenn ich die alte Königin nicht finden kann?" oder „Wie kann ich wissen, ob die Bienen die neue Königin annehmen?"

Ich habe bisher kein Glück damit gehabt, eine Königin einzusetzen, wenn die Bienen noch eine Königin im Stock hatten. Die einzige Art, dies zu tun, ist es, sich eine eigene Königin heranzuziehen und die Zellen oder die jungfräuliche Königin in den Stock einzuführen, während Sie viel Rauch erzeugen, um ihr Auftauchen im Stock zu überdecken. Auf diese Art wird es von den Bienen eher als stille Umweiselung angenommen. Andernfalls müssten Sie die alte Königin aus dem Stock entfernen, um die neue Königin einführen zu können. Wenn Sie die alte Königin absolut nicht finden können, und trotzdem davon überzeugt sind, dass es notwendig ist, eine neue Königin einzuführen, dann sollten Sie einen kleinen einschiebbaren Käfig benutzen. Das ist die sicherste Methode.

Wenn Sie etwas Süßes mitgeben, dann sollte alles gut gehen, wenn der Stock keine Probleme hat (wie legende Arbeiter, wütender Stock, es wurden schon vorher Königinnen zurückgewiesen, die alte Königin ist nicht zu finden, etc.). Sie öffnen dazu das Ende des Käfigs, an dem die Süßigkeit haftet (oder im Fall von kalifornischen Käfigen geben Sie ein Plastikröhrchen dazu, das Süßes enthält oder stecken Sie einen kleinen Marshmallow in das Loch), stellen Sie den Käfig dann in den Stock und warten Sie darauf, dass die Bienen die Süßigkeit auffressen und damit die Königin befreien. Für die Akzeptanz der Königin kann es von Vorteil sein, wenn Sie die Wächter im Königinnenkäfig freilassen, aber wenn Sie ein Anfänger sind, kann es Sie auch einschüchtern. Ein Königinnenmuff (wie von Brushy Mt.) kann Ihnen helfen, weil Sie alle Arbeitsschritte vornehmen können, ohne dass Ihnen die Königin davonfliegen kann. Wenn Sie die Königin fangen und ihren Kopf in den Käfig stecken, wird sie für gewöhnlich wieder dort hineinlaufen.

Es funktioniert aber auch gut, Königinnenzellen in den Stock zu geben, am besten an eine Stelle, an der die Bienen sich zahlreich genug versammeln, um die Zellen warm zu halten.

Einschiebbarer Käfig

Dies ist die zuverlässigste Methode, um eine legende Königin freizulassen. Die Idee ist, dass Sie der Königin ein paar ihrer neu geschlüpften Wachen zur Seite stellen, die sie sowieso schon akzeptieren, weil sie gar keine andere Königin kennen, außerdem geben Sie etwas Futter dazu und lassen Raum zum Legen. Sobald die Bienen sehen, dass es sich um eine legende Königin mit Wachen handelt, werden sie sie normalerweise widerstandslos aufnehmen.

Einen einschiebbaren Käfig bauen

Die meisten Leute machen ihn etwa 10 cm hoch, aber ich mache sie gern größer. Je mehr Platz sie haben, desto einfacher ist es, etwas Honig mithineinzugeben (damit die Königin nicht verhungert), ein paar offene Brutzellen (damit sie einen Ort zum Eierlegen hat), und ein paar Brutzellen, die kurz vor dem Schlüpfen stehen (damit die Königin Wächter hat). Ich baue meine Käfige zwischen 12,5 cm und 25 cm groß. Schneiden Sie Maschendraht zurecht und ziehen Sie die ersten drei Stränge an Draht ringsherum hinaus, sodass an allen Seiten ein Streifen aus Drähten ohne Querstreben stehenbleibt. Diese dienen dazu, den Käfig in den Waben festzustecken, damit die Bienen nicht so leicht in ihn hineinkommen können. Messen Sie von den Außenkanten 1,9 cm nach innen und machen Sie an allen vier Ecken einen Einschnitt. Dann falten Sie die Seiten - hierbei kann es helfen, ein Brett mit einer scharfen Kante unterzulegen. Sie haben nun eine Schachtel ohne Boden.

E

herauszukommen, die sie gerade aufgekaut haben. Eine Biene, die mit ihrem Kopf aus einer Zelle herausschaut, ist schlüpfende Brut. Eine Biene, deren Hinterteil aus der Zelle herausragt, ist eine Ammenbiene, die Larven füttert, oder eine Reinigungsbiene, die saubermacht. Wenn die Waben stabil genug sind, schütteln oder bürsten Sie alle Bienen von diesen Waben ab. Setzen Sie die Königin an einer Stelle der Waben frei, an denen es schlüpfende Brut und etwas offenen Honig gibt. Stülpen Sie den Käfig so darüber, dass unter ihm sowohl schlüpfende Brut als auch Honig erreichbar sind. Ein paar offene Zellen wären auch sinnvoll. Drücken Sie den Käfig in die Waben hinein. Er sollte etwa einen cm über dem Wabenboden Luft haben, damit sich die Königin unter dem Käfig trotzdem hin und her bewegen kann. Schaffen Sie im Stock Platz für diesen Rahmen. Es kann sein, dass er zusätzlich hineinpasst, oder dass Sie einen anderen Rahmen entfernen müssen, aber auf jeden Fall müssen Sie den Rahmen und den Raum, den der Käfig nach oben hin einnimmt, mit einplanen, damit die Bienen Zugang bis zum Käfig haben und die Königin kennenlernen und gegebenenfalls füttern können. Schauen Sie vier Tage später nach und setzen Sie die Königin frei, indem Sie den Käfig entfernen.

Wie halte ich Königinnen für ein paar Tage außerhalb des Stocks?

Wenn Sie eine Königin, die in einem Käfig mit Wächtern und Süßem kommt, für ein paar Tage außerhalb des Stocks halten müssen, sollten Sie den Stress der Königin reduzieren, indem Sie sie in einem kühlen (16° bis 21° C), dunklen (wie einem Kleiderschrank) und ruhigen (Schrank oder Keller) Umfeld aufbewahren und ihr jeden Tag einen Tropfen Wasser geben, damit sie die Süßigkeit verdauen kann. Das kann normalerweise ein paar Wochen so funktionieren, wenn die Bienen vor ihrer Ankunft nicht zu gestresst waren und die Wächter gesund sind. Geben Sie ihnen einen Wassertropfen, sobald Sie sie bekommen und den nächsten am Tag darauf. Wenn die süße Nahrung nicht ausreichen sollte, können Sie auch einen Tropfen Wasser und einen Tropfen Honig täglich verabreichen. Falls alle Wächter sterben sollten, braucht die Königin neue Wächter.

Wozu ist das Innenfutter gut?

Das Innenfutter wurde erfunden, um einen Luftraum zu schaffen, der die Kondensbildung auf der Verpackung reduziert. Die Originale wurden noch aus Stoff gemacht, inzwischen sind sie aber durch hölzerne Futter ersetzt worden. Im Norden besteht gerade im Winter das Problem der Kondensierung und der Ablage dieser Flüssigkeit auf dem Deckel. Die warme Luft, die aufsteigt, trifft auf die kalte Luft, kondensiert und tropft dann nach unten. Um das zu verhindern, wurde eine Innenverkleidung geschaffen, für die im Laufe der Jahre weitere Verwendungszwecke gefunden worden sind. Sie können ein umgestülptes Glas über den Eingang stellen, um zu füttern. Sie können feuchte (frisch abgeerntete und geschleuderte) Aufsätze darüber legen, damit die Bienen sie säubern. Sie können auch ein Eingangsabsperrgitter in den Eingang einsetzen, um die Bienen aus den Aufsätzen herauszubekommen -

ich habe damit sehr gute Erfahrungen gemacht. Sie können auch eine doppelte Abdeckung auf den Eingang legen und sie zwischen einem Ablegervolk oben und einem Stock unten benutzen, zum Beispiel im Frühjahr oder im Herbst, damit der Ablegerstock warm genug bleibt - das hat bei mir allerdings im Winter wegen der Konsensbildung nicht so gut funktioniert.

Kann ich auf das Innenfutter verzichten?

Wenn Sie bewegliche Abdeckungen benutzen, dann werden Sie wahrscheinlich kein Innenfutter benötigen und auch keines benutzen wollen. Wenn Sie eine ausziehbare Abdeckung verwenden, dann verhindern Sie, dass die Abdeckung mit Propolis festgeklebt wird, denn es ist schwer, eine Abdeckung abzulösen, die mit Propolis am Kasten festgeklebt wurde, wenn es kein Innenfutter gibt, weil Sie dann keinen Hebel ansetzen können, um die Teile auseinanderzubiegen. Deshalb würde ich Ihnen auf jeden Fall ein Innenfutter empfehlen, wenn Sie ausziehbare Adeckungen benutzen. Wenn Sie im Norden leben und bewegliche Abdeckungen vorziehen, dann sollten Sie darauf achten, dass Sie eine Art von Obereingang schaffen (Sie können eine Kerbe in die Abdeckung schneiden. Schauen Sie sich hierzu die beweglichen Abdeckungen von Brushy Mt. als Beispiel an). Legen Sie etwas Styropor auf den Deckel und befestigen Sie es mit einem Ziegelstein. Das Styropor wird den Deckel vor Kälte schützen und die obere Öffnung (durch die Kerbe) macht eine Zirkulierung der Luft möglich.

Woher kommt der Geruch?

Gerüchen sollte man am besten immer nachspüren. Sie sind sehr subjektiv und deshalb ist es am besten, wenn Sie sehen, womit der Geruch zusammenhängen könnte. Der Geruch nach reifem Goldrutenhonig beunruhigt viele Leute. Er tritt manchmal zwischen Sommer und Herbst auf. Ich finde, es riecht dann wie alte Sportsocken, andere sagen es riecht nach Karamell, und die meisten sagen, es riecht sauer.

Wenn Sie den Geruch von verrottetem Fleisch spüren, sollten Sie auf jeden Fall nachsehen. Manchmal finden Sie haufenweise tote Bienen, die durch ein Pestizid gestorben oder nach einem Raub verhungert sind. Manchmal finden Sie auch eine Brutkrankheit. Es lohnt sich jedenfalls, nachzuschauen, wo die Ursachen liegen.

Welches ist das beste Bienenzuchtbuch?

Alle. Lesen Sie jedes Buch, das Sie in die Finger bekommen können. Meine Favoriten sind das alte „ABC XYZ of Bee Culture", Langstroth's „The Hive and the Honey Bee", alles von Richard Taylor und Bruder Adam und diejenigen, die ich auf meiner Seite für klassische Bienenbücher nenne (bushfarms.com/beesoldbooks.htm). Wenn Sie dann alle Bienenbücher durchgelesen haben und immer noch mehr wissen wollen, dann sind Eva Crane´s spannende Bücher zu empfehlen.

Als Buch für Einsteiger in die natürliche Bienenzucht ist „The Complete Idiots Guide to Beekeeping" hervorragend. Allgemein zur Bienenzucht ist „Backyard Beekeeping" von Kim Flottum sehr gut und einfach gehalten.

Welche ist die beste Bienensorte?

Bienenzüchter diskutieren über diese Frage schon seit Jahrhunderten. An der Jahrhundertwende vom 19. zum 20. Jahrhundert gab es so etwas wie einen weit verbreiteten Konsens. Fast alle wollten Italienische Bienen haben. Heutzutage gibt es genauso viele, die kaukasische oder Buckfast oder russische Bienen bevorzugen. Ich denke, die Unterschiede zwischen einzelnen Stöcken können größer sein als die Unterschiede zwischen Rassen. Meine Empfehlung bezüglich der Sorte wäre daher, die Bienen auszusuchen, die am besten in Ihrer Umgebung überleben können. Das ist das Kriterium, nach dem ich aussuche. Wenn Sie Bienen kaufen wollen, dann sollten Sie sich fragen, wie gut sie sich an Ihr Klima anpassen können (Italienische Bienen zum Beispiel passen sich besser an den Süden an und Carnica-Bienen besser an den Norden), und wie ihr Gesundheitszustand ist (wie sauber sind sie, wie resistent sind sie gegen Tracheenmilben und Varroa, usw.).

Warum gibt es so viele Bienen in der Luft?

Eine Frage, die mehrmals im Jahr panisch in Bienenforen gestellt wird, ist, warum so viele Bienen in der Luft herumfliegen. Ein Zuchtanfänger interpretiert dies normalerweise als Ausschwärmen oder als Raubzug. Natürlich bringt ein Schwarm eine Menge Bienen in die Luft, aber sie fliegen fort. In diesem Fall aber schwirren sie einfach um den Stock herum. Wenn die Bienen glücklich und organisiert erscheinen und keinen hektischen oder kämpferischen Ansturm auf das Landebrett nehmen, dann handelt es sich wahrscheinlich einfach nur um junge Bienen, die sich zum ersten Mal draußen orientieren. Suchen Sie nach Anzeichen für

Kämpfe auf dem Landebrett, um einen Raub auszuschließen. Wenn Sie keine Signale für Raub sehen können, dann nehmen Sie es als Zeichen für einen gesunden Stock. Wenn die Bienen einer geordneten Reihe von Bienen folgen, die davonfliegen, dann ist es wahrscheinlich ein Schwarm, der sich in einem Ihrer Bäume versammelt hat.

Warum sind die Bienen an der Außenseite des Stocks?

Bienenzüchter sprechen in diesem Fall vom Bart, weil es so aussieht, als ob der Stock einen Bart hätte. Die Ursachen dafür sind Hitze, Überfüllung und fehlende Belüftung. Stellen Sie sicher, dass Ihre Bienen genug Raum und Luft haben und machen Sie sich keine Sorgen.

Wenn die Bienen sich als Bart versammeln, ist es so, als ob Menschen schwitzen; es ist einfach das, was Bienen tun, wenn ihnen heiß ist.

Es ist gut, sich abzusichern und es dann einfach zu akzeptieren. Wenn Sie schwitzen würden, würden Sie auch etwas unternehmen (den Ventilator anschalten, das Fenster öffnen, den Pullover ausziehen, viel Wasser trinken), und dann würden Sie es einfach hinnehmen, dass es heiß ist.

Sie sollten bei Ihren Stöcken sicherstellen, dass sie von oben und unten Belüftung bekommen (öffnen Sie den Untereingang, entfernen Sie den Einsatz, wenn Sie ein gelöchertes Bodenbrett haben, öffnen Sie den oberen Aufsatz, verschieben Sie Rahmen um Luftlücken zu schaffen) und sorgen Sie dafür, dass die Bienen genug Platz haben. Dann brauchen Sie sich weiter keine Sorgen zu machen. Die Bärte sind kein Beweis dafür, dass die Bienen vorhaben, zu schwärmen. Es zeigt einfach nur, dass ihnen warm ist. Ich denke, dass fehlende Belüftung zusätzlich zu einem überfüllten Stock das Problem noch verschärft, auch wenn dies nicht die einzigen Gründe sind. Wenn Sie für Platz und Belüftung gesorgt haben, können Sie beruhigt sein.

Wieso tanzen die Bienen am Eingang im Gleichklang?

Hin und wieder fragen neue Bienenzüchter, wieso die Bienen um das Landebrett in einer Reihe tanzen (sie schwingen rhythmisch hin und her). Wir nennen das „Waschbrett-Fliegen" und niemand weiß so wirklich, warum die Bienen es tun, sie tun es eben. Ich persönlich denke, es handelt sich dabei um einen sozialen Tanz, vielleicht sogar einen „Erntedanktanz".

Wieso benutzt man keinen elektrischen Ventilator zur Belüftung?

Das Thema wird sehr häufig angesprochen. Ich habe es nie so richtig verstanden, aber ich denke, es ist auf die Motivation zurückzuführen, den Bienen zu „helfen". Aber die Bienen haben selbst ein sehr effizientes und präzises Belüftungssystem, und alles, was Sie zu diesem Thema unternehmen, wird wahrscheinlich nur damit in Konflikt geraten, statt zu helfen. Das Problem einer elektrischen Belüftung ist, dass die Bienen dagegen ankämpfen werden. Deshalb denke ich, dass es viel besser ist, wenn Sie ihnen oben und unten am Stock Luftzugänge verschaffen und den Bienen die Kontrolle über ihre Lüftung belassen.

Warum sind meine Bienen gestorben?

Wenn der Tod im Winter passiert, sollten Sie abklären:

- Haben Sie Zugang zu den Vorräten? Es ist für die Bienen nutzlos, Honig im Stock zu haben, wenn sie nicht an ihn herankommen können, weil sie feststecken. Wenn sie nicht an die Vorräte gelangen, verhungern sie.

- Wenn sie an die Vorräte kommen, sehen Sie dann vielleicht tausende von varroakranken toten Bienen auf dem Boden oder auf der Ablage unter dem gelöcherten Bodenbrett? Wenn ja, dann kann man wohl relativ sicher sagen, dass die Hauptursache die Varroa war.

- Gibt es viele kleine verstreute Wabengruppen anstatt eines großen durchgängigen Musters? Dann würde ich auf Tracheenmilben tippen.

- Sind die Bienen feucht und modrig? Dann würde ich vermuten, dass sie durch das Kondenswasser nass geworden sind. Feuchte Bienen überleben nur selten.

- Einer weit verbreiteten Ansicht nach sind Bienen verhungert, wenn sie mit dem Kopf zuerst tot in Zellen stecken. Alle toten Stöcke werden den Winter über viele Bienen mit den Köpfen in den Zellen haben. Das ist einfach die Art, wie sich die Bienen zusammenhalten, um warm zu bleiben. Ich würde eher danach schauen, ob sie Zugang zu den Vorräten haben oder nicht.

- Bei toten Bienen außerhalb der Winterzeit würde ich nach Haufen von toten Bienen und anderen Zeichen von Raub suchen. Wenn ein Stock ausgeraubt wird, kann das dazu führen, dass Sie haufenweise tote Bienen vorfinden. Aber es gibt auch noch andere Zeichen, wie zum Beispiel zerfetzte Waben und hektische Bienen. Bei Pestiziden sehen Sie für gewöhnlich kriechende sterbende Bienen und ebenso Haufen von toten Bienen. Bei einem kleiner werdenden Stock sollten Sie die Brut prüfen, um sicherzustellen, dass Sie keine Brutkrankheit im Stock haben.

Warum produzieren Bienen verschiedene Wachsfarben?

Bienen produzieren nur eine einzige Wachsfarbe: weiß.

Wenn sie viel Pollen auf dem Wachs transportieren, dann nimmt das Wachs eine gelbe Farbe an. Wenn im Wachs Brut aufgezogen wird, dann wird es durch die Kokons braun. Und wenn genügend Kokons im Wachs zurückbleiben, dann färbt es sich schwarz.

Bienen produzieren zwei Sorten von Verdeckelung. Für Honig wird die Verdeckelung aus Wachs hergestellt, das luftdicht genug ist, um den Honig abzuschließen, ohne dass er weitere Feuchtigkeit aufnimmt. Hier ist die Farbe so lange weiß, bis genügend Pollen darüber hinweg transportiert wird, damit sich das Wachs gelblich färbt. Für Brut wird die Verdeckelung aus einer Mischung von Wachs und Kokons hergestellt. Das Material ist luftdurchlässig, damit die Puppen Sauerstoff atmen können. Die Farbe variiert zwischen hellgelb und dunkelbraun, abhängig davon, wie alt und dunkel die verwendeten Kokons sind und wie viele benutzt werden.

Wie oft sollte ich nachschauen?

Wenn Sie neu in der Bienenzucht sind, dann sollten Sie oft nachschauen. Nicht unbedingt, weil die Bienen Sie brauchen, sondern weil Sie nichts dazulernen können, wenn Sie nicht aufmerksam beobachten. Was die Bienen betrifft, brauchen Sie nur so oft nach dem Rechten zu sehen, dass Sie sicherstellen, dass Ihre Bienen immer noch genügend Platz zur Verfügung haben. Wie oft? Ich würde raten, sie nicht jeden Tag völlig zu verstören. Wenn Sie einen Beobachtungsstock haben, dann können Sie dort eine Menge lernen. Wenn Sie eine Fensterscheibe oder ein Plexiglas im Stock haben, dann würde ich empfehlen, es etwa einmal die Woche zu öffnen, bis Sie sich sicherer fühlen und schon bei der Außenansicht eine Vorstellung davon haben, was gerade im Stock vor sich geht. Irgendwann gelangen Sie an den Punkt, an dem Sie von außen schon eine Vermutung haben und beim Öffnen des Stocks auch darin bestätigt werden.

Sollte ich ein Loch bohren?

Die Frage bezieht sich normalerweise auf einen Obereingang oder einen Ventilationskanal. Ich persönlich mag keine Löcher in meinen Stöcken, weil ich es schon mehrfach bereut habe, Löcher gebohrt zu haben:

- als ich zum Beispiel meinen Stock komplett schließen wollte und vergessen hatte, ein Loch abzudecken (mir fällt dabei eine Bienenflucht ein)

- als ich meine Hände aus Versehen über, unter oder in eines dieser Löcher gesteckt habe, als ich die Aufsätze abheben wollte

- als ich im Winter den Stock besser verschließen wollte

- als mein Stock zu schwach geworden war und nicht mehr alle Eingänge bewachen konnte und deshalb ausgeraubt wurde

- als ich eine Kiste ohne Löcher brauchte und alle verfügbaren schon Löcher hatten.

Sie können statt ein Loch zu bohren genauso gut die Kiste etwas verschieben oder einfache Scheiben einfügen.

Wenn Sie Löcher in Ihrer Ausrüstung haben, können Sie diese mit einer Blechdose, die Sie über das Loch heften, wieder verschließen oder Sie können Sie vorrübergehend mit einem Wachspropfen verschließen.

Wie bürsten Sie Bienen ab?

Es gibt zwei Wege, Bienen von Waben zu entfernen: bürsten oder schütteln. Probieren Sie verschiedene Varianten aus, um zu sehen, was für Sie besser funktioniert, denn das hängt von vielen Faktoren ab. Neue weiche Waben (egal ob auf Kunstwaben oder nicht, verdrahtet oder nicht) werden brechen, wenn Sie zu hart schütteln. Wenn es draußen heiß ist, wird das Wachs sogar noch weicher. Strukturen ohne Kunstwaben, die nicht rundum befestigt sind, sind noch zerbrechlicher. Deshalb sollten Sie in diesem Fall bürsten. Alte schwarze Brutwaben werden nicht zerbrechen, ganz egal wie hart Sie sie schütteln. Ältere Waben, die nicht mehr weich sind, können geschüttelt werden, aber auch sie haben eine Belastbarkeitsgrenze, die Sie kennen sollten (abhängig davon, ob es neue, weiche oder alte Waben voller Kokons sind, ob sie mit Honig angefüllt und deshalb schwer sind oder ob sie Brut enthalten und dementsprechend leichter sind). Sie sollten außerdem keinen Rahmen schütteln, der Königinnenzellen enthält, sonst werden Sie die Königin verletzen. Nehmen Sie hier eine Bürste. Doppelt schütteln (zweimal direkt hintereinander) funktioniert, wenn Sie es richtig machen, dafür müssen Sie mehrmals üben. Sie können Bienen „stampfen", wie C.C. Miller es genannt hat. Dazu nehmen Sie ein Ende des oberen Aufsatzes fest in die Hand und schlagen mit der anderen Faust gegen Ihre Hand. Der Schlag wird die Bienen abschütteln.

Das Schütteln ist eher eine Kunst als eine Wissenschaft, aber Sie müssen trotzdem gewisse Regeln befolgen. Die wichtigste ist der Überraschungseffekt. Die zweite ist, dass der Schlag hart sein muss. Das scheint widersprüchlich zu sein, weil Sie normalerweise in der Bienenzucht daran gewöhnt sind, sanft und langsam zu handeln und nichts Unerwartetes zu tun. Aber um die Bienen abzuschütteln, müssen Sie plötzlich und hart schlagen. Es gibt einfach keine anmutige und weiche Art, es zu tun.

Wie viele Zellen auf einem Rahmen?

Tiefer Rahmen mit 5,4 mm Mittelwand 7000

Tiefer Rahmen mit 4,9 mm Mittelwand 8400

Mittlerer Rahmen mit 5,4 mm Mittelwand 4620

Mittlerer Rahmen mit 4,9 mm Mittelwand 5544

Wirrbau?

Die Hauptursache für Wirrbau zwischen den einzelnen Kisten liegt in den dünnen Oberaufsätzen. Bei Plastikrahmen passiert es immer. Ich nehme es einfach hin.

"...dieser sehr pragmatische kanadische Bienenzüchter, J.B. Hall hat mir seine dicken Oberaufsätze gezeigt und mir davon berichtet, dass er damit verhindert, dass Wirrbau zwischen den Oberaufsätzen und den einzelnen Bereichen entsteht... und ich bin sehr glücklich, dass man heutzutage Wirrbau durch Oberaufsätze, von 2,8 cm Breite und 2,1 cm Dicke mit Platz von 0,6 cm zwischen dem Oberaufsatz und dem nächsten Bereich, vorbeugen kann. Es ist zwar nicht so, dass es gar keinen Wirrbau mehr gäbe, aber es hilft auf jeden Fall beträchtlich besser als eine extra Leiste. Und man vermeidet das tägliche Bienenzerquetschen, das sonst auf dieser Leiste stattgefunden hat."--C.C. Miller, Fifty Years Among the Bees.

"Frage: Glauben Sie, dass ein 1,3 cm dicker Brutrahmen-Oberaufsatz die Bienen davon abhalten wird, Wirrbau auf diesen Rahmen zu errichten, so wie bei einem three-quarter inch Oberaufsatz? Welche Sorte benutzen Sie?

Antwort: Ich glaube nicht, dass ein 1,3 cm Aufsatz die Bienen davon abhalten wird, genauso wenig wie einer mit 1,9 cm. Ich benutze 7/8."--C.C. Miller, A Thousand Answers to Beekeeping Questions

Anhang zum Band I: Glossar

Anmerkung: viele der Bezeichnungen stammen aus dem Lateinischen und der Plural derjenigen, die mit „a" enden, wird mit „ae" gebildet. Der Plural von „u"-Endungen wird mit „i" gebildet. Die Bedeutungen sind immer auf den Kontext der Bienenzucht bezogen.

7/11 = Kunstwaben mit einer Zellgröße von 700 Zellen pro Quadratdezimeter mit 11 überschüssigen Zellen, daher 7/11. Zellgröße 5,6 mm wird benutzt, weil die Königin diese Zellgröße nicht mag, weil sie zu groß für Arbeiterbrut und zu klein für Drohnenbrut ist. Wenn die Königin Eier in diese Zellen legen sollte, dann wird es für gewöhnlich Drohnenbrut sein. Erhältlich bei Walter T. Kelley.

A

Abdomen = der hintere oder dritte Teil des Bienenkörpers, der den Honigmagen, den Magen, Därme, den Stachel und die Fortpflanzungsorgane umfasst.

Ablagerungen/Detritus = Wachsschuppen und Abfälle, die sich manchmal am Boden des Bienenstocks ansammeln.

Ableger = ein kleines Bienenvolk, das oft zur Königinnenzucht benutzt wird oder der Kasten, in dem dieses kleine Bienenvolk lebt. Die Bezeichnung bezieht sich auf die Tatsache, dass die wichtigen Elemente Bienen, Brut, Futter und eine Königin oder die notwendigen Bestandteile, um eine Königin heranzuziehen, alle vorhanden sind, aber noch nicht in dem Maße, dass es sich um ein ausgewachsenes Bienenvolk handeln würde.

Absatzbehälter = ein Behälter mit hohem Fassungsvermögen, damit sich der geschleuderte Honig absetzen kann; Luftblasen und Ablagerungen werden auf der Oberfläche treiben, wodurch der Honig gereinigt wird.

Absperrgitter = eine Vorrichtung aus Draht, Holz oder Zink (oder einer Mischung) mit Öffnungen von 4,1 mm, die Arbeiter durchlassen, aber Königinnen und Drohnen ausfiltern. Wird benutzt, um Königinnen in bestimmten Bereichen des Stockes zurückzuhalten, für gewöhnlich im Brutnest.

Acarapis dorsalis (Rückenmilben) = Milben, die auf Honigbienen leben und nicht von Tracheenmilben (Acarapis woodi) zu unterscheiden sind. Sie werden einfach nur durch ihren Fundort, auf dem Rücken, von den anderen Milben unterschieden.

Acarapis externus = Milben, die auf Honigbienen leben und nicht von Tracheenmilben (Acarapis woodi) zu unterscheiden sind. Sie werden einfach nur durch ihren Fundort, am Hals, von den anderen Milben unterschieden.

Acarapis vagans = Milben, die auf Honigbienen leben und nicht von Tracheenmilben (Acarapis woodi) zu unterscheiden sind. Sie werden einfach nur durch ihren Fundort, beliebig am Köper der Biene, von den anderen Milben unterschieden.

Acarapis woodi = Tracheenmilbe, die die Luftröhre der Bienen infiziert, manchmal auch „Milbenkrankheit" oder „Isle of Wight-Krankheit" genannt.

Achter-Rahmen = Kästen, die dafür geschaffen sind, acht Rahmen zu fassen. Normalerweise zwischen 34,3 cm und 35,5 cm breit, abhängig vom Hersteller.

Acute Paralysis Virus (akutes Paralysevirus, APV) = eine virale Krankheit bei erwachsenen Bienen, die ihre Fähigkeit beeinträchtigt, die Beine und Flügel normal zu benutzen. Kann erwachsene Bienen und Brut töten.

Ätherwäsche = ein Glas wird mit Bienen gefüllt. Die Bienen werden mit Anlassergas getötet, damit die Varroamilben gezählt werden können. Eine Zuckerrolle ist eine nicht-tödliche und weniger brennbare Alternative, um dasselbe zu tun.

Afrikanisierte Honigbienen (AHB) = ich habe davon gehört, dass sie Apis mellifera scutelata genannt werden, aber Scutelata sind tatsächlich arikanische Bienen vom Kap. Sie wurden früher auch Adansonii genannt, zumindest dachte Dr. Kerr, der sie gezüchtet hat, dass sie dies wären. AHB sind eine Mischung aus afrikanischen (scutelata) und italienischen Bienen. Sie wurden in der Bemühung gezüchtet, die Bienenproduktion zu steigern.

Afterschwarm oder Nachschwarm = ein Schwarm nach dem ersten Schwarm. Er wird von einer jungfräulichen Königin angeführt.

Alarmpheromon = eine chemische Substanz (Iso-Pentyl-Acetat), die ähnlich wie künstlicher Bananengeschmackstoff riecht. Wird in der Nähe des Stachels der Arbeiterbienen abgegeben, um den Stock in Angriffsbereitschaft zu versetzen.

Alkoholwäsche = ein Glas voll Bienen wird in ein Glas mit Alkohol gegeben, um die Bienen und Milben zu töten. So können Varroamilben gezählt werden. Mit einer Zuckerrolle kann dasselbe erreicht werden, ohne die Bienen zu töten.

Allergische Reaktion = eine Reaktion des Systems auf etwas, wie zum Beispiel auf Bienengift; zeichnet sich durch Atemprobleme oder Bewusstlosigkeit aus; sollte von einer normalen Reaktion auf Bienengift unterschieden werden, bei der der Stich und die unmittelbare Umgebung juckt und brennt.

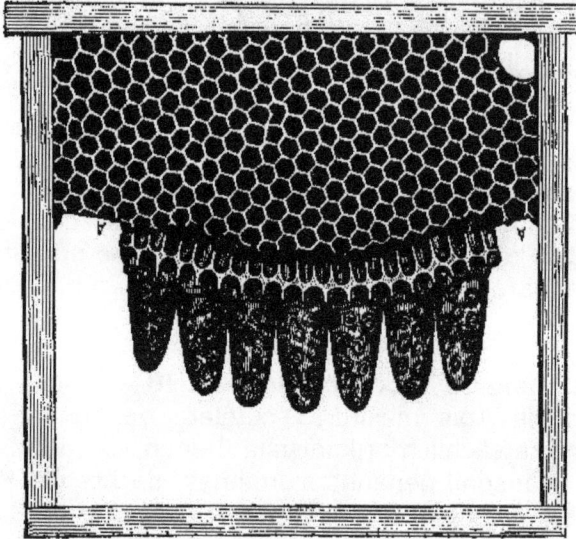

Alley-Methode

Alley-Methode = transplantationsfreie Methode, die Königin nachzuziehen. Dazu werden Bienen in eine „Schwarmkiste" gepackt, um sie davon zu überzeugen, dass sie keine Königin mehr haben. Ein Streifen alter Brut wird auf eine Leiste gesetzt, damit die Bienen hier Königinnenzellen bauen können.

Amerikanische Faulbrut = für weitere Einzelheiten schlagen Sie im Kapitel *Feinde der Bienen* nach. Wird von einer Bakterien bildenden Spore gebildet. Wurde früher Bacillus larvae genannt, seit neuestem auf Paenibacillus larvae umbenannt. Bei der amerikanischen Faulbrut stirbt die Larve normalerweise, nachdem sie verdeckelt wurde, zeigt aber schon vorher Symptome der Krankheit. Das Brutmuster ist fleckig. Die Verdeckelungen sind eingesunken und manchmal durchstochen. Gerade erst gestorbene Larven werden sich auffädeln, wenn man sie mit einem Streichholz anpiekst. Der Geruch ist markant und verrottet. Seit längerem tote

Larven nehmen eine Form an, die die Bienen nicht von selbst entfernen können.

Anaphylaktischer Schock = Einschränkung der glatten Muskulatur, einschließlich der Bronchien und Blutgefäße eines Menschen, verursacht, im Zusammenhang mit der Bienenzucht, durch eine Überempfindlichkeit auf Gift; kann möglicherweise zum plötzlichen Tod führen, falls keine unmittelbare medizinische Betreuung erfolgt.

Anbringen von Oberaufsätzen = das Platzieren von Honigaufsätzen auf dem obersten Aufsatz; im Gegensatz zum Platzieren unter allen anderen Aufsätzen und direkt auf den Brutkasten oder unterhalb des Brutkastens, dabei würde es sich dann um Unteraufsätze handeln.

Antenne/Fühler = eins von zwei Sinnesorganen am Kopf der Biene, das es ihr ermöglicht, zu riechen und zu schmecken.

Apiarium (Imkerei) = Ein Bienenstand.

Apis mellifera = umfasst die aus Afrika und Europa stammenden Honigbienen.

Apis mellifera mellifera = in England oder Deutschland einheimische Bienen. Sie teilen einige Eigenschaften mit anderen dunklen Bienen. Sie tendieren dazu, viel herumzulaufen (leicht auf den Waben erregbar) und zu schwärmen, aber sie scheinen sich auch gut an das feuchte nordische Klima anzupassen.

Arbeiterbienen (genauer Pflegebienen) = Arbeiterbienen, die die Königin betreuen. Wenn es um Königinnen im Käfig geht, bezieht es sich auf die Bienen, die dem Käfig hinzugefügt werden, um sich um die Königin zu kümmern.

Arbeiterkönigin/Legende Arbeiterin = Arbeiterbienen, die Eier in einem Bienenvolk legen, in dem es keine Königin gibt; diese Eier sind nicht befruchtet, weil sich die Arbeiterbienen nicht fortpflanzen können, und entwickeln sich deshalb zu Drohnen.

Arbeiterkontrolle = Arbeiterbienen, die Eier entfernen, die von Arbeiterbienen gelegt werden.

Arbeiterwabe = Wabe, die zwischen 4,4 mm und 5,4 mm misst; hier werden Arbeiterbienen herangezogen und Honig und Pollen gelagert.

Atemlöcher = Öffnungen im Atemsystem einer Biene, die bewusst geschlossen werden können. Sie befinden sich an der Seite. Sie sind deutlich kleiner als die Luftröhre, die sie schützen. Das erste thorakale Atemloch wird am ehesten von Tracheenmilben befallen, weil es das größte ist. Die Atemlöcher können luftdicht verschlossen werden.

Aufsatz = ein Kasten mit Rahmen, in denen die Bienen Honig lagern; wird normalerweise über dem Brutnest platziert.

Aufsatz = ein Kasten von 14,5 cm oder 14,6 cm, mit Rahmen von 14 cm Tiefe.

Aufsetzen = Handlung, bei der Honigaufsätze in der Hoffnung auf Honigtracht in einem Bienenvolk platziert werden.

Aufteilung = Trennung eines Bienenvolks in zwei oder mehrere Völker.

Ausgebaute Waben = Waben, die fertiggestellt sind, um Brut oder Nektar aufzunehmen und deren Wände von den Bienen schon ausgekleidet sind, wobei die Bienen die Waben vervollständigen – im Gegensatz zu Kunstwaben, die noch nicht von den Bienen bearbeitet worden sind und noch keine Zellwände haben.

Ausreißender Schwarm = wenn das gesamte Bienenvolk den Stock aufgrund von Schädlingen, Krankheiten oder anderen ungünstigen Bedingungen verlässt.

Ausschneiden = das Entfernen eines Bienenvolks aus einem Ort, an dem sie nicht genügend bewegliche Waben zur Verfügung haben, indem die Waben ausgeschnitten und in Rahmen gegeben werden.

Außenstand = auch Fernstand genannt; ist ein Bienenstand, der in einer bestimmten Distanz vom eigenen Haus oder von den Hauptständen des Züchters gehalten wird.

Außenverkleidung = die äußerste Hülle eines Stocks, die ihn vor Regen schützt; die zwei häufigsten Arten sind Teleskophauben und Transportverkleidung.

B

Bacillus larvae = der überholte Name für Paenibacillus Larvae, die Bakterie, die die Amerikanische Faulbrut auslöst.

Bacillus thuringiensis = eine natürlich vorkommende Bakterie, die auf leere Waben gesprüht wird, um Wachsmotten zu töten. Wird auch verkauft, um Larven vor anderen Insekten zu schützen.

Backfilling = von Walt Wright geprägter Ausdruck, der den Prozess beschreibt, bei dem Bienen ein honiggebundenes Brutnest bauen. Der Prozess, in dem Bienen Honig in das Brutnest geben, um zu verhindern, dass die Königin Eier legt, damit sich der Stock auf das Ausschwärmen vorbereitet.

Backstein = wird benutzt, damit die Deckel nicht vom Wind weggeblasen werden; wird oft in bestimmten Kombinationen benutzt, um den Status des Stocks zu kennzeichnen.

Bartbildung = wenn Bienen sich vor dem Stock versammeln.

Baumhöhlenstock = ein Bienenstock in einer Baumhöhle; manchmal wird der Teil des Baums, in dem sich der Stock befindet, herausgeschnitten und mitsamt den Bienen in einen Bienenstand gebracht. Oder es wird ein Holzblock herausgeschnitten, wobei ein Brett als Deckel verwendet wird und ein Schwarm eingesetzt wird. Da der Stock keine beweglichen Waben enthält, und jeder einzelne Staat in den USA laut Gesetzgebung bewegliche Waben einfordert, ist diese Art der Haltung in den USA verboten.

Befruchtet = bezieht sich normalerweise auf die Eier, die von einer Königin gelegt wurden. Sie werden beim Legevorgang mit Samen befruchtet, der in der Samentasche der Königin gelagert wird. Diese Eier entwickeln sich dann in Arbeiterbienen oder in Königinnen.

Bee Go = Buttersäure, die benutzt wird, um die Bienen aus den Aufsätzen zu entfernen. Riecht sehr nach Erbrochenem.

Bee Quick = eine Chemikalie, die wie Benzaldehyd riecht und benutzt wird, um die Bienen von den Aufsätzen zu entfernen.

Begattungsvölkchen = ein kleiner Ableger für die Königinnenzucht mit dem Ziel, Königinnen zu paaren; reicht von zwei Standard-Rahmen, die ein Bienenzüchter sonst für Brut verwendet, bis hin zu Mini-Ablegersets, die speziell für diesen Zweck mit kleineren Rahmen verkauft werden. Die Idee aller Begattungsvölkchen ist es, weniger Ressourcen zu nutzen, um die Königin zu paaren.

Beintaschen = auch Pollentaschen genannt; eine flache Vertiefung, die von gebogenen Stacheln umgeben ist und sich am Schienbein des Hinterbeins befindet. Wird für den Transport von Blütenpollen und Propolis genutzt.

Benzaldehyd = ein farbloses, nicht-giftiges Aldehyd C_6H_5CHO, dass nach Bittermandelöl riecht. Teil vieler ätherischer Öle; wird manchmal dazu benutzt, die Bienen aus den oberen Aufsätzen zu entfernen. Geschmack, der Maraschino Kirschen wird hinzugefügt, der Geruch von Bee Quick.

Beobachtungsstock = ein Stock, der zum Großteil aus Glas oder durchsichtigem Plastik besteht, damit man die Bienen bei der Arbeit beobachten kann.

Beschleunigte Königinnenaufzucht = ein Begattungsvölkchensystem, bei dem normalerweise zwei Königinnen mit einer Woche Abstand im Begattungsvölkchen sind, eine davon in einem Okulierkäfig und die andere schon in der Paarung. Jede Woche wird diejenige, die sich gepaart hat, von der Königin, die aus dem Käfig freikommt, ersetzt und die neue Zelle wird mit einem Käfig eingesetzt.

Bessere Königinnenmethode = Methode der Königinnenzucht ohne Veredelung, ähnlich der Methode von Isaac Hopkins zur Königinnenzucht (entgegen der Hopkins-Methode). Eine Form der Alley-Methode, aber mit neuen anstatt alten Waben.

Betterbee = ein Unternehmen für Bienenzucht-Bedarf in New York. Sie haben viele Artikel, die sonst niemand anbietet, außerdem Ausstattung für Acht-Rahmen-Sets.

Beutelfütterer = Beutel mit Reissverschluss, die etwa vier Liter fassen; sind drei Viertel gefüllt mit Sirup. Die Beutel werden auf die oberen Aufsätze gelegt. Mit einer Rasierklinge werden zwei oder drei kleine Öffnungen hineingeschnitten. Die Bienen saugen den Sirup heraus, bis der Beutel leer ist. Hierfür muss in der Kiste Platz geschaffen werden. Ein Fütterer von oben nach unten, Unterlegplatten oder einfach ein leerer oberer Aufsatz funktionieren hier gut. Vorteile sind zum einen die Kosten (nur der Preis des Beutels) und die Tatsache, dass die Bienen es an kälteren Tagen nutzen können, weil die Traube es warm hält. Nachteile entstehen dann, wenn Sie die Bienen unterbrechen müssen, um die Beutel auszuwechseln und wenn die alten Beutel kaputt gehen.

Bewegliche Rahmen = ein Rahmen, der derart gebaut ist, dass er den Bienenabstand einhält, sodass die Rahmen einfach bewegt werden können. Wenn sie sich in Position befinden, berühren sie die sie umgebenden Materialien nicht.

Bewegliche Waben = Waben, die in einem Stock gebaut werden, der es ermöglicht, sie einzeln zu prüfen und zu bearbeiten. Oberladestöcke haben bewegliche Waben, aber keine Rahmen. Langstroth-Stöcke haben bewegliche Waben *in* Rahmen.

Bienenanzug = weißer Schutzanzug für Bienenzüchter, um sie vor Stichen zu schützen und ihre Kleidung sauber zu halten. Meistens mit Reißverschluss.

Bienenbank = eine Struktur, die dem Stock als Grundlage dient; hält das Bodenbrett länger funktionsfähig, weil es Abstand zum feuchten Boden bekommt. Bienenbänke können aus behandeltem Holz, Zedern, Ziegelsteinen oder Betonblöcken u.Ä. gebaut werden.

Bienenbaum = ein hohler Baum, der von einem Bienenvolk bewohnt wird.

Bienenbläser = ein Gebläse, das mit Gas oder elektrisch betrieben wird, um die Bienen bei der Ernte von den Aufsätzen wegzublasen.

Bienenbrot = fermentierter Pollen, der im Stock gelagert wird, um die Brut zu füttern.

Bienenbürste = weiche Bürste, Besen, lange Feder oder eine Handvoll Grashalme, mit denen die Bienen von den Waben vertrieben werden.

Bienenflucht = eine Vorrichtung, die es den Bienen erlaubt, in eine Richtung durchzukommen, die aber ihre Rückkehr verhindert; wird unter anderem benutzt, um Bienen aus Aufsätzen zu entfernen. Die üblichste ist die Porter-Bienenflucht, die in ein Loch in der Innenauskleidung passt. Am effektivsten scheint eine dreieckige Bienenflucht zu sein, die ihr eigenes Brett hat.

Bienenfluchtbrett = ein Brett, das eine oder mehrere Bienenfluchten beinhaltet, um die Bienen aus den Aufsätzen zu entfernen.

Bienengift = das Gift, das aus speziellen Drüsen, die am Stachel hängen, abgesondert wird und das dem Opfer des Stichs eingespritzt wird.

Bienenhaber = von George Imirie geprägter Ausdruck. Jemand, der Bienen hat, aber noch nicht genug technisches Wissen hat, um ein Bienenzüchter zu sein.

Bienenjacke = eine weiße Jacke, normalerweise mit Reißverschluss und elastischen Armen und Taille, die zum Schutz vor den Bienen getragen wird.

Bienenrassen = laut der Klassifizierungslehre handelt es sich präzise ausgedrückt um Varietäten, aber in der Bienenzucht wird meist von „Rasse" gesprochen. Alle gehören der Apis mellifera an. Die in den USA am häufigsten vertretenen sind die italienischen (ligustica), Carnic-Bienen (carnica) und kaukasischen (caucasica). Russische Bienen gehören entweder den carpatica, acervorum, carnica oder den caucasica an, da gibt es verschiedene Ansichten.

Bienenreihen = Wildbienen finden, indem die Reihe untersucht wird, in der Bienen nach Hause fliegen. Dabei kann auch die Zeit und Entfernung gemessen werden, um den Ort kreuzen zu können, indem Bienen an verschiedenen Plätzen freigelassen werden.

Bienenschleier = Netz oder Schirm, der den Kopf und Hals des Bienenzüchters vor Stichen schützt.

Bienenstaubsauger = Ein Staubsauger, der bei einer Verkleinerung des Stocks oder beim Umziehen benutzt wird. Normalerweise aus einem kommerziellen Staubsauger gefertigt. Braucht aber einen sorgfältigen Umbau, um die Bienen nicht zu töten.

Bienenstock = ein Kasten, der üblicherweise bewegliche Rahmen enthält, und als Stand eines Bienenvolks benutzt wird.

Bienenvolk = Superorganismus, der aus Arbeiterbienen, Drohnen, Königinnen und sich entwickelter Brut besteht und als Familieneinheit zusammenlebt.

Bienenwachs = eine Substanz, die von den Bienen aus der Unterseite ihres Abdomens in dünnen Blättchen abgesondert wird. Wird nach dem Kauen und Mischen mit den Absonderungen der Speicheldrüse für das Bauen von Honigwaben benutzt. Der Schmelzpunkt von Wachs liegt zwischen 62° und 64° Celsius.

Bienenzüchter = jemand, der Bienen züchtet. Ein Imker.

Boden ohne Boden (Cloake-Brett) = eine Vorrichtung, um ein Volk in königinnenlose Zellenbeginner aufzuteilen und mit dem weiselrichtigen Zellenbeender wieder zusammenzubringen, ohne den Stock öffnen zu müssen.

Bodenaufsätze einfügen = wenn Honigkammern unter allen anderen Aufsätzen eingefügt werden, direkt auf die Brutkiste. Der Theorie nach arbeiten Bienen besser, wenn diese Honigkammer direkt über der Brutkammer liegt; im Gegensatz dazu wären die *Oberaufsätze*, die über allen anderen Aufsätzen angebracht werden.

Bodenbrett/Standbrett = der Boden, auf dem die Bienen leben.

Braula coeca = eine flügellose Fliege, gemeinhin als Bienenlaus bekannt.

Brushy Mountain = ein Bienenzucht-Ausstatter aus North Carolina. Befürworter von mittleren und 8er-Rahmen. Auch sie haben viele Artikel, die sonst niemand anbietet.

Brut = nicht reife Bienen, die noch nicht aus ihren Zellen geschlüpft sind; mit anderen Worten Eier, Larven oder Puppen.

Brutamme/Ammenbiene = junge Bienen, in der Regel zwischen drei und zehn Tage alt, die sich um die Brut kümmern und diese füttern.

Brutkammer = der Teil des Stocks, in dem die Brut aufgezogen wird; kann einen oder mehrere Teile des Stocks und die darin befindlichen Waben beinhalten; wird manchmal auch benutzt, um sich auf tiefe Kisten zu beziehen, da diese normalerweise für Brut verwendet werden.

Brutnest = der Teil des Stocks, in dem die Brut aufgezogen wird; normalerweise die beiden unteren Kisten.

Bt = Bacillus thuringiensis. Eine natürlich vorkommende Bakterie, die auf leere Waben gesprüht wird, um Wachsmotten zu töten. Wird auch verkauft, um Larven und andere Insekten im Griff zu halten.

Buckfast = ein Bienenstamm, der von Bruder Adam Abbey in England mit besserer Krankheitsresistenz, weniger Schwarmbereitschaft, mehr Widerstandsfähigkeit, besserem Wabenbau und gutem Gemüt gezüchtet wurde.

Das US-Landwirtschaftsministerium züchtete sie in Baton Rouge aus einem Stock, den es von Dr. Kerr aus Brasilien erhalten hatte und brachte diese Königinnen über Jahre hinweg auf das nordamerikanische Festland. Die Brasilianer experimentierten ebenso mit ihnen und die Migration dieser Bienen wurde eine zeitlang von den Nachrichten verfolgt. Diese Bienen sind besonders produktiv und defensiv. Wenn Sie einen Stock haben, der sehr wütend ist, und Sie denken, dass es sich um AHB handelt, dann sollten Sie die Königin austauschen, denn es wäre einfach verantwortungslos, aggressive Bienen an einem Ort zu halten, an dem sie Menschen verletzen können. Deshalb sollten Sie es damit versuchen, die Königin auszuwechseln (sehen Sie hierzu im Kapitel *Das Nachziehen einer Königin in einem wütenden Stock im Band 3* nach), damit niemand (auch Sie nicht) zu Schaden kommt.

C

Carnicabienen= Apis mellifera carnica. Sie sind dunkler (braun bis schwarz). Sie fliegen in etwas kühlerem Klima und passen sich theoretisch besser an nördliches Klima an. Sie haben von manchen den Ruf erhalten, weniger fruchtbar zu sein als Italienische Bienen, aber ich habe diese Erfahrung nicht gemacht. Diejenigen, die ich hatte, waren sehr fruchtbar und für den Winter sehr sparsam. Sie überwintern in kleinen Trauben und brechen die Brutaufzucht ab, wenn es Hungersnot gibt.

Chinesisches Propfwerkzeug = Propfwerkzeug, das aus Plastik, Horn oder Bambus hergestellt wird und eine einziehbare „Zunge" hat, die sich unter die Larve schiebt und diese über die Zungenspitze schiebt; beliebt, weil es einfacher als die meisten anderen Werkzeuge zu bedienen ist und mehr Königinnenfuttersaft mit hochhebt; in verschiedener Qualität erhältlich. Ich empfehle, mehrere verschiedene zu kaufen und auszuprobieren, welches das Beste ist.

Chitin = Material, aus dem das Exoskelett eines Insekts besteht.

Chitinplatte = dasselbe wie die Rückenplatte; eine überlappende Platte an der Seite eines Gliederfüßlers, die es ihm erlaubt, sich zu biegen.

Chronisches Paralyse-Virus (CPV) = Symptome: zitternde Bienen, Unvermögen zu fliegen, K-Flügel und geblähte Abdomen. Eine bestimmte Sorte heißt haarloses schwarzes Syndrom, und lässt sich an haarlosen, schwarzen, glänzenden Bienen erkennen, die am Stockeingang kriechen.

Cloake-Brett (Boden ohne Boden) = eine Vorrichtung, um ein Volk in königinnenlose Zellenbeginner aufzuteilen und mit dem weiselrichtigen Zellenbeender wieder zusammenzubringen, ohne den Stock öffnen zu müssen.

Cloake-Brett

Cordovan-Bienen = eine Unterform der Italienischen Bienen. Theoretisch können in jeder Zucht eine Cordovan-Bienen enthalten sein, weil sie sich nur in der Farbe unterscheiden. Aber diejenigen, die ich in den USA gesehen habe, sind alle Teil der Italienischen Bienen. Sie sind etwas sanfter, rauben etwas mehr und sehen auffällig aus. Sie haben keine schwarze Farbe und sehen im ersten Moment sehr gelb aus. Wenn Sie genau hinschauen, können Sie erkennen, dass die Italienischen Bienen normalerweise schwarze Beine und einen schwarzen Kopf haben; die Cordovan-Bienen hingegen haben lila-braunfarbige Beine und Köpfe.

Cupralarva = eine besondere Marke der Königinnenzucht ohne Umlarvung.

D

Dadant = Ein Bienenzucht-Ausstatter in Illinois. Wurde gegründet von C.P. Dadant, Pionier der modernen Bienenzucht, der unter anderem die Jumbo- und die Dadant-Kiste (50,2cm x 50,2cm x 29,5cm) erfunden hat. Hat für das American Bee Journal geschrieben und veröffentlicht und Hubers Beobachtungen an den Bienen aus dem Französischen ins Englische übersetzt. Veröffentlicher zahlreicher Bücher, darunter die späteren Versionen von „*The Hive and the Honey Bee*".

Dadant-Bienenkasten = ein Kasten, der von C.P. Dadant entworfen wurde. Der Kasten ist 29,5 cm und der Rahmen 28,5 cm tief. Manchmal auch Jumbo- oder Extra-tiefer Kasten genannt.

Demaree-Plan = Methode der Schwarmkontrolle, die die Königin vom Großteil der Brut innerhalb desselben Stocks trennt und sie dazu zwingt, eine neue Königin heranzuziehen, damit es zwei Königinnen im Stock gibt, um die Produktion zu steigern und das Schwärmen zu verringern.

Dextrose = auch als Glukose bekannt; einfacher Zucker (Monosaccharid); einer der beiden Hauptzucker im Honig; bildet in granuliertem Honig eine feste Grundschicht.

Diastase = ein stärkezersetzendes Enzym im Honig, dessen Wirkung durch Hitze beeinträchtigt wird; wird in manchen Ländern benutzt, um die Qualität und Erhitzungsvorfälle von gelagertem Honig zu prüfen.

Diploid = im Besitz von Gen-Paaren, wie im Fall von Arbeiterbienen und Königinnen; gegenteilig zu haploid (im Besitz einfacher Gene), wie im Falle von Drohnen.

Doolittle-Methode = eine Methode der Königinnenzucht, bei der die Transplantation von jungen Larven in Königinnenbecher vorgesehen ist; zuerst entdeckt 1568 von Nichel Jacob, beschrieben 1767 von Schirach, danach 1794 von Huber und schließlich 1846 bekannt geworden durch das Buch *„Scientific Queen Rearing"* von G. M. Doolittle.

Doppelte Breite = ein Kasten, der doppelt so breit ist wie ein 10er-Rahmen (82,5 cm Breite).

Doppelte Tiefe = bezieht sich auf einen Bienenstock, der in Kästen mit doppelter Tiefe überwintert.

Doppelwand = ein hölzerner Rahmen, 1,3 cm bis 1,9 cm dick, mit zwei Schichten Draht, um zwei Völker innerhalb desselben Stocks voneinander zu trennen, eins über dem anderen. Oft wird hierfür für das obere Volk ein Eingang an der Oberseite geöffnet und an das hintere Ende des Stocks gelegt. Manchmal werden noch andere Öffnungen gemacht, wie ein Snelgrove-Brett.

Draht = dünner Draht # 28, der benutzt wird, um Kunstwaben im Brutnest oder in der Honigschleuder zu verstärken.

Drahtkegel-Flucht = ein einseitiger Ausgang in Form eines Kegels, der aus Siebmaschen geformt ist, um die Bienen aus einem Haus oder Baum in einen Übergangsstock umzusiedeln.

Dreifache Breite = ein Kasten, der dreimal so breit ist wie ein Standard-10er-Rahmen-Kasten (124 cm Breite).

Drohne = männliche Honigbiene, die aus einem unbefruchteten Ei stammt (und daher haploid ist), das von einer Königin oder, weniger üblich, von einer Arbeiterbiene gelegt wird.

Drohnenbrut = Brut, die zu Drohnen heranreift, wird in Zellen aufgezogen, die größer als die der Arbeiterbrut sind; daher deutlich größer als Arbeiterbrut und die Verdeckelung hat eine unterschiedliche Form.

Drohnenbrütige Königin = eine Königin, die aufgrund ihres Alters, falscher oder zu später Paarung, Krankheit oder Verletzung nur unbefruchtete Eier legen kann.

Drohnenbrütige Königin = eine Königin, die Drohneneier legt (eine Königin, die kein Sperma mehr zur Befruchtung der Eier übrig hat) oder eine legende Arbeiterbiene.

Drohnenmutterstock = der Stock, der dazu angeregt wird, viele Drohnen zu züchten, um die Drohnen für die Königinnenpaarung zu verbessern; basiert auf dem Mythos, dass man Bienen dazu bringen kann, mehr Drohnen heranzuziehen; ist erfolgreich, wenn man Drohnenwaben von den Drohnen entnimmt, die man vervielfachen will, und sie in andere Stöcke einsetzt, da dadurch der Mutterstock mehr Drohnen aufziehen wird, während die Stöcke, die die extra Waben erhalten, weniger Drohnen heranziehen werden, da sie die neuen Drohnen statt ihrer eigenen aufziehen.

Drohnensammelplatz = ein Platz, an dem sich Drohnen aus der Umgebung versammeln und darauf warten, dass eine Königin kommt. Mit anderen Worten: ein Paarungsplatz. Die Drohnen finden ihn, indem sie den Pheromonspuren und topographischen Merkmalen der Landschaft, wie Baumreihen, folgen.

Drohnenwabe = Wabe, die aus Zellen besteht, die größer als die der Arbeiterbrut sind, normalerweise zwischen 5,9 und 7,0 mm. Hier werden die Drohnen aufgezogen und Pollen gelagert.

Dünne surplus Kunstwaben = Kunstwaben, die für die Produktion von Wabenhonig oder Stückhonig benutzt werden, und die dünner als diejenigen sind, die für die Brutzucht verwendet werden. Dünner als surplus.

Dürre/Hungersnot = (Jahres-)Zeit, in der aufgrund der klimatischen Bedingungen (Regen, Dürre) nicht genügend Futter für die Bienen vorhanden ist.

Dysenterie = Krankheit erwachsener Bienen, die sich durch starken Durchfall zu erkennen gibt (deutlich an braunen oder gelben Schlieren vor dem Stock sichtbar) und oft verursacht durch lange Gefangenschaft (sei es durch Kälte oder durch eine Vorrichtung des Züchters), Hungersnot, Futter von geringer Qualität oder Nosema.

E

Ei = eine unreife weibliche Keimzelle, die sich in Samen entwickelt.

Eier = die erste Phase im Lebenszyklus der Biene; werden für gewöhnlich von der Königin gelegt; zylindrische Eier von 1,6 mm Länge; umhüllt von einer flexibler Schale oder Chorion; ähnelt einem kleinen Reiskorn.

Eierstock = der Eier produzierende Teil einer Pflanze oder eines Tieres.

Eischlauch = einer der mehreren Schläuche, die den Eierstock des Insektes bilden.

Eingangsverkleinerer = ein hölzerner Streifen, der benutzt wird, um die Größe des Eingangs zu reduzieren.

Einknäueln = Arbeiterbienen, die die Königin umringen, entweder weil sie sie ablehnen oder um sie zu schützen.

Einschieb-Käfig = Käfig, der aus #8 Maschendraht hergestellt ist; dient dazu, die Königin in den Stock einzuführen oder sie in einem Bereich des Stocks gefangen zu halten. Normalerweise mit etwas Brut ausgestattet.

Entdeckelungsmesser = ein Messer, das dazu benutzt wird, die Zelldeckel von verdeckeltem Honig vor dem Schleudern abzuschneiden; das Messer kann mit heißem Wasser, Dampf oder Elektrizität erhitzt werden.

Entdeckelungswanne = ein Behälter, über dem Honigrahmen entdeckelt werden; dadurch läuft Honig aus, der hier gesammelt wird.

Erprobte Königin = eine Königin, deren Nachkommenschaft beweist, dass sie sich mit einer Drohne ihrer eigenen Rasse gepaart hat, und die über weitere Eigenschaften verfügt, die sie zu einer guten Mutter ihres Volks werden lassen. Man hat Zeit gehabt, diese Eigenschaften an ihr zu prüfen und festzustellen.

Erstschwarm = der erste Schwarm, der den Elternstock verlässt; für gewöhnlich zusammen mit der alten Königin.

Einspannvorrichtung = Vorrichtung, um Kisten zu vernageln (weitere Bilder finden Sie im Band 3 im gleichnamigen Kapitel).

Elektrischer Erhitzer = ein Gerät, das den Kunstwabendraht erhitzt, indem es ihn durch elektrische Strömung erwärmt, um ihn in die Waben einzubetten.

Endbalken = das Stück am Rahmen, das sich an seinem Ende befindet, d.h. die vertikalen Teile des Rahmens.

Erkaltete Brut = unreife Bienen, die erfroren sind; normalerweise verursacht durch Fehlmanagement oder plötzliche Kälteeinbrüche.

Erneuern der Königin = das Ersetzen der derzeitigen Königin, indem sie aus dem Stock entfernt und eine neue Königin eingeführt wird.

Ersatz-Brett = ein dünnes Brett, das anstelle eines Rahmens benutzt wird, wenn weniger Rahmen als üblich im Stock vorhanden sind; bezieht sich normalerweise auf ein Brett, das mit Wabenabstand umgeben ist; wird benutzt, um das Entfernen der Rahmen zu erleichtern, ohne zu schieben und die Kondensierung an den Wänden einzuschränken; bezieht sich manchmal auch auf ein Brett, das dicht ist und benutzt wird, um einen Kasten in zwei Völker aufzuteilen. Wenn es dazu verwendet wird, sollte es als Trennbrett bezeichnet werden.

Erweiterung = wird vorgenommen, um die Anzahl der Bienenvölker zu steigern, normalerweise indem die vorhandenen Völker geteilt werden.

Europäische Faulbrut = durch eine Bakterie verursacht. Wurde früher Streptococcus pluton genannt, ist aber in Melissococcus pluton umbenannt worden. Die Europäische Faulbrut ist eine Brutkrankheit. Bei EFB färben sich die Larven braun und ihre Luftröhre dunkelbraun. Verwechseln Sie diese Larven nicht mit solchen, die mit dunklem Honig gefüttert werden. Hier ist es nicht nur das Futter, das eine braune Farbe hat. Schauen Sie sich die Luftröhre an. Wenn die Krankheit schlimmer wird, stirbt die Brut und kann sich schwarz färben, die Zelldeckel sinken ein, aber normalerweise stirbt die Brut schon vor dem Deckeln. Die Zelldeckel im Brutnest werden brüchig aussehen, nicht solide, weil die toten Larven entfernt werden. Um die Krankheit von der AFB zu unterscheiden, benutzen Sie ein Stöckchen, spießen Sie eine erkrankte Larve auf und ziehen Sie sie aus dem Stock. Bei AFB werden Sie Schlieren von 5 bis 7 cm sehen.

Europäische Honigbienen = Bienen, die aus Europa stammen; im Gegensatz zu Bienen aus Afrika oder anderen Teilen der Welt oder Bienen, die mit afrikanischen Bienen gekreuzt gezüchtet wurden.

Extraaufsatz = Ein Kasten, der 12 cm oder 12,1 cm tief ist; wird normalerweise für Wabenstücke benutzt; wird manchmal für bestimmte Teilbereiche angepasst.

Ezi Queen = eine bestimmte Marke eines transplantationslosen Königinnenzuchtsystems.

F

Fadenziehend = zieht elastische Fäden, wenn es mit einem Stock herausgezogen wird. Wird bei verdeckelter Brut benutzt, um auf Amerikanische Faulbrut zu testen.

Feinsalbiger Honig = Honig, der eine kontrollierte Kristallisierung durchlaufen hat, um eine feinere kandierte oder kristalline Textur zu bekommen, die sich bei Zimmertemperatur gut streichen lässt. Hierzu gehört normalerweise das Hinzufügen von feinen Impfkristallen und eine Lagerung bei 14° C.

Festooning = Tätigkeit junger Bienen, die mit Honig angefüllt sind, bei der sie aneinander hängen, um Bienenwachs abzusondern, Bärte zu bilden oder zu schwärmen.

Feuchtigkeitsgehalt = Der Wasseranteil sollte bei Honig nicht mehr als 18,6 Prozent betragen; ein höherer Anteil führt dazu, dass der Honig gärt.

Flaschentank = ein Nahrungsmittelbehälter, der 20 oder mehr Liter Honig fassen kann und mit einer Honigtür ausgestattet ist, um Honiggläser füllen zu können.

Flügeldeformationsvirus = ein Virus, das durch Varroamilben verbreitet wird und das zerknitterte Flügel bei fusselig aussehenden schlüpfenden Bienen verursacht.

Flügelstutzen = Beschneiden eines oder beider Flügel der Königin, um das Schwärmen zu verhindern oder zu verzögern, oder um die Königin identifizieren zu können.

Flugroute = bezieht sich auf die Richtung, in die die Bienen fliegen, wenn sie ihren Stock verlassen; wenn plötzlich Hindernisse (z.B. Menschen) auf der Route auftauchen, dann können die Bienen mit dem Hindernis zusammenstoßen und eventuell aggressiv werden.

Freiluftnest = wenn ein Bienenvolk sein Nest in den offenen Ästen eines Baums anstelle im Innern der Baumhöhle oder im Inneren des Stocks baut.

Fruchtbare Königin = eine inseminierte Königin.

Fruktose = Fruchtzucker, auch Lävulose genannt, ein Monosaccharid, das für gewöhnlich in Honig zu finden ist, das langsam kristallisiert.

Fumagillin-B = Bicyclohexyl-Ammonium Fumagillin; ursprünglicher Handelsname war Fumadil-B (Abbot Labs), scheint aber inzwischen Fumagillin-B zu heißen.; ist ein weißliches, lösliches Antibiotikum-Pulver, das 1952 entdeckt wurde. Manche Bienenzüchter mischen es mit Zuckersirup und füttern ihre Bienen damit, um der Nosemaseuche vorzubeugen. Fumagillin ist löslicher als Fumidil. Seine Verwendung in der Bienenzucht ist innerhalb der Europäischen Union verboten, weil es vermutlich teratogen ist (verursacht Geburtsschäden). Fumagillin kann das Wachstum neuer Blutgefäße verhindern, indem es sich an das Methionin-Aminopeptidase-Enzym bindet. Genstörungen der Methionin-Aminopeptidase 2 führen zu embryonalen Gastrulationsdefekten und zu einem Wachstumsstopp der Endothelzellen. Besteht aus dem Pilz, der Steinbrut verursacht, Aspergillus fumigatus. Formel: (2E,4E,6E,8E)–10-{[(3S,4S,5S, 6R)-5–methoxy-4-[2–methyl–3-(3–methylbut–2-enyl) oxiran–2-yl]-1-oxaspiro[2.5]octan-6-yl]oxy}-10-oxo-deca-2,4,6,8-tetraenoic acid

Fumidil-B = alter Handelsname von Fumagillin (siehe oben).

Fütterer = jegliche Vorrichtung, die zum Füttern von Bienen benutzt wird.

Futterkammer = ein Teil des Stocks, der als Wintervorrat mit Honig angefüllt ist; normalerweise wird ein Drittel eines Brutnests dafür verwendet.

Futtersaftdrüse = eine Drüse, die sich am Kopf der Arbeiterbienen befindet und Futtersaft abgibt. Diese nahrhafte Mischung aus Proteinen und Vitaminen wird allen Bienenlarven während der ersten drei Tage ihres Lebens und den Königinnen lebenslänglich gefüttert.

G

Gefolge = Arbeiterbienen, die sich um die Königin kümmern.

Gelb (Königin oder Bienen) = bezieht sich im Zusammenhang mit Honigbienen auf die hellbraune Farbe. Honigbienen sind nicht gelb. Eine gelbe Königin hat normalerweise eine hellbraune Farbe.

Gelöchertes Bodenbrett = Ein Bodenbrett mit einem Drahteinsatz (normalerweise #8 Maschendraht), das Durchlüftung ermöglicht und Varroamilben durchfallen lässt. In Europa auch offener Gitterboden genannt.

Geschüttelter Schwarm = ein künstlicher Schwarm, der entsteht, indem man Bienen aus den Waben in einen gelöcherten Kasten stürzt und dann eine Königin im Käfig dazugibt, bis die Bienen sie annehmen. Eine Methode, um ein Volk aufzuteilen. Auch eine Methode, um Pakete von Bienen abzupacken.

Giftallergie = Zustand, in dem eine Person nach einem Stich eine Reihe von Symptomen erleidet; bis hin zu anaphylaktischen Schocks. Eine Person, die gestochen wurde und systemische Symtpome (der ganze Körper oder Stellen weit weg vom Stachel schwellen) erleidet, sollte einen Arzt aufsuchen, bevor sie wieder mit Bienen arbeitet.

Gifthypersensibilität = Zustand, in dem eine Person, die gestochen wird, unter hoher Wahrscheinlichkeit einen anaphylaktischen Schock erleidet. Eine Person mit diesem Problem sollte bei warmem Wetter immer ein Notfall-Kit für Insektenstiche tragen.

Gitterrost = ein Bodenbrett mit einem Gitterrost (normalerweise #8 Maschendraht) im Boden, um Ventilation zu ermöglichen und damit Varroamilben hindurchfallen; in den USA üblicherweise Sieb-Bodenbrett genannt.

Glukose = auch als Dextrose bekannt; einfacher Zucker (Monosaccharid) und einer der beiden Hauptzucker von Honig; bildet den Großteil der festen unteren Schicht in kristallisiertem Honig.

Große Zelle = Standard-Kunstwabengröße (5.4 mm)

H

Handschuhe = Leder-, Textil- oder Gummihandschuhe, die während der Arbeit mit den Bienen getragen werden.

Haploid = mit nur einem Satz an Genen, wie zum Beispiel Drohnen; im Gegensatz zu Arbeitern und Königinnen, die Genpaare haben.

Hausbienen = Bienen, die in einem von Menschen eingerichteten Stock leben. Da aber alle Biene recht wild sind, ist das ein relativer Begriff.

Hoffman-Rahmen = Rahmen, bei denen die Endbalken breiter sind als die oberen Balken, um genügend Abstand zu garantieren, wenn die Rahmen in den Stock gestellt werden. Mit anderen Worten: Rahmen, die sich selbst Abstand schaffen (Standardrahmen).

Honey Bee Healthy = eine Mischung ätherischer Öle (Zitronengras und Pfefferminze), die verkauft werden, um das Immunsystem der Bienen zu stärken.

Honey Super Cell = voll bezogene Kunstwabe in tiefer Tiefe und in 4,9 mm Zellgröße

Honig = eine süße, dickflüssige Substanz, die von Bienen aus Blumennektar produziert wird; zum Großteil zusammengesetzt aus einer Mischung von Dextrose und Lävulose, in einer 17- bis 19-prozentigen Wasserlösung, enthält geringere Anteile an Sukrose, Mineralstoffen, Vitaminen, Proteinen und Enzymen.

Honiganlage = Gebäude, das für die Honigernte, -verpackung und -lagerung benutzt wird.

Honigaufsätze = bezieht sich auf Rahmen, die für die Honigproduktion benutzt werden; Aufsatz bezeichnet hierbei jeden Kasten oberhalb des Brutnests.

Honigbiene = der gewöhnliche Name für Apis mellifera.

Honiggärung = Honig, der zu viel Wasser enthält (mehr als 20%) und in dem Hefe gewachsen ist, die einen Teil des Honigs in Kohlendioxid, Wasser und Alkohol verwandelt hat.

Honiggebundenes Brutnest = Situation, in der das Brutnest eines Stocks mit Honig aufgefüllt wird; wird normalerweise von Arbeitern benutzt, um die Brutproduktion der Königin zu stoppen; geschieht für gewöhnlich kurz vor dem Schwärmen und im Herbst, um sich auf den Winter vorzubereiten.

Honighahn = ein Hahn, der benutzt wird, um Honig aus Tanks und anderen Lagerbehältern zu entfernen.

Honigmagen = eine Vergrößerung der hinteren Speiseröhre der Bienen, die im vorderen Bereich des Abdomens liegt; in der Lage, sich auszudehnen, wenn er mit Flüssigkeit wie Nektar oder Wasser angefüllt wird; wird für den Transport von Wasser, Nektar und Honig benutzt.

Honigpflanzen = Pflanzen, deren Blüten (oder andere Bestandteile) genügend Nektar hervorbringen, um einen Honigüberschuss zu produzieren; zum Beispiel Astern, Linden, Zitrusgewächse, Eukalyptus oder Goldrute

Honigproduktion = der Honig, der geerntet wurde.

Honigschleuder = eine Maschine, die durch Zentrifugalkraft Honig aus den Wabenzellen herausschleudert. Die beiden Hauptsorten sind tangential, wobei die Rahmen flach liegen und umgedreht werden, um die andere Seite auch auszuschleudern und radial, wobei die Rahmen wie Sprossen in einem Rad angeordnet werden und beide Seiten zur selben Zeit geleert werden.

Honigtau = eine Substanz, die von Insekten der Art Homoptera (Blattläuse), die sich von Pflanzensaft ernähren, ausgeschieden wird; enthält fast 90% Zucker und wird deshalb von Bienen gesammelt und als Honigtau gelagert.

Hopkins-Methode = eine transplantationsfreie Methode der Königinnenzucht, bei der ein Rahmen mit jungen Larven horizontal über dem Brutnest eingesetzt wird.

Hopkins-Scheibe = eine Scheibe, die benutzt wird, um den Rahmen in eine senkrechte Stellung zu bringen, um eine Königin ohne Transplantation zu züchten.

Horizontalstock = ein Stock, der horizontal statt vertikal ausgerichtet ist, um auf Hebekästen zu verzichten.

Hornissen und Kurzkopfwespen = gesellschaftsbildende Insekten, die der Familie der Vespidae angehören. Sie nisten in Papier oder Blattwerk, mit einer einzigen überwinternden Königin; recht aggressiv und fleischfressend, aber nützlich, obwohl sie den Menschen ein Ärgernis sein können. Hornissen und Kurzkopfwespen werden oft mit Honigbienen und Wespen verwechselt. Wespen sind mit den Hornissen und Kurzkopfwespen verwandt. Am häufigsten sind die Papierwespen, die in kleinen freiliegenden Papierwaben nisten und die einen einzigen Halt haben. Hornissen, Kurzkopfwespen und Wespen sind durch ihren glänzenden haarlosen Körper und ihre Aggressivität einfach voneinander zu unterscheiden. Kurzkopfwespen sehen leider aus wie Bienen in Karikaturen und Werbungen, hellgelb und schwarz und glänzend. Honigbienen sind in der Regel fusselige schwarze, braune oder hellbraune und im Prinzip zahme Tiere, aber sie sind niemals hellgelb.

Housels Positionierungstheorie = eine von Michael Housel geprägte Theorie, nach der natürliche Brutnester eine voraussagbare Y-Ausrichtung am Zellboden haben. Wenn man sich eine Seite anschaut, dann wird ein umgekehrtes Y am Boden auftauchen und von der anderen Seite betrachtet ein normales Y. Die Mittelwabe wird immer ein seitlich gelegtes Y haben, das auf beiden Seiten gleich aussieht. Wenn man sich den Unterstrich des Y dazudenkt, dann sieht in einem Stock mit 9er-Rahmen jede Wabenstruktur so aus:

^v   ^v   ^v   ^v   >>   v^   v^   v^   v^

Hydroxymethylfurfural = eine natürlich im Honig auftretende Verbindung, die mit der Zeit von selbst entsteht oder wenn Honig erhitzt wird.

I

Illinois = ein Kasten von 16,7 cm Tiefe und einer Rahmentiefe von 15,9 cm.

Imirie-Scheibe = eine Scheibe, die vom verstorbenen George Imirie gebaut wurde. Eine 1,9cm-Scheibe mit einem eingebauten Eingang; ermöglicht es Ihnen, einen Eingang zwischen zwei Ausrüstungsteile des Stocks zu bauen.

Imker = ein Bienenzüchter.

Imkerei/Bienenzucht = die Wissenschaft und Kunst, Honigbienen zu halten.

Inhibine = antibakterieller Effekt des Honigs, verursacht durch Enzyme und die Ansammlung von Wasserstoffperoxid, als Ergebnis der chemischen Zusammensetzung von Honig.

Innenauskleidung/-futter = eine isolierende Schicht auf dem obersten Aufsatz und unter der Außenverkleidung; typischerweise mit einem länglichen Loch in der Mitte; wurde früher auch als Decke bezeichnet, weil die Auskleidung damals oft aus Stoff hergestellt wurde.

Instrumentelle Besamung = das Einführen von Drohnensperma in die Samentasche einer jungfräulichen Königin mithilfe spezieller Instrumente.

Invertase = ein im Honig enthaltenes Enzym, das Sukrose-Moleküle (Disaccharid) in die zwei Bestandteile Dextrose und Lävulose aufteilt (Monosaccharid); wird von Bienen produziert und in den Nektar gegeben, um ihn im Honigherstellungsprozess einzuarbeiten.

Isomerase = ein bakterielles Enzym, das die Glukose aus Fruchtzuckersirup in Fruktose umwandelt, die süßer ist; wird als Bienenfutter verwendet.

Israelischer Akuter Paralysevirus IAPV = Virus, der für CCD verantwortlich gemacht wird; wurde zuerst in Israel entdeckt, wo er verheerende Folgen für die Bienenvölker hatte.

Italienische Bienen = eine verbreitete Bienensorte, Apis mellifera ligustica, mit braunen und gelben Streifen, aus Italien. Normalerweise sanft und produktiv; haben aber eine Tendenz, andere Stöcke auszurauben und brüten ununterbrochen.

J

Jenter = eine spezielle Marke zur Königinnenzucht ohne Transplantation.

Jungfräuliche Königin = eine Bienenkönigin, die sich noch nicht gepaart hat.

K

Kalkbrut = wird durch den Pilz Ascosphaera apis verursacht und kam 1968 in die USA. Wenn Sie weiße Kügelchen vor dem Stock finden, die wie kleine Maiskörner aussehen, dann hat Ihr Stock vermutlich Kalkbrut. Normalerweise löst sich das Problem, wenn Sie den Stock in die volle Sonne stellen und für bessere Belüftung sorgen. Auch Honig anstelle von Sirup kann helfen, weil Zuckersirup alkalihaltiger ist als Honig (höherer pH-Wert).

Karren = werden benutzt, um Kästen oder Stöcke umherzubewegen.

Kaschmir-Bienen-Virus = eine unter Bienen weit verbreitete Krankheit, die durch Varroa noch weiter verbreitet wird; überall zu finden, wo es Bienen gibt.

Kasten = die drei Sorten der erwachsenen Bevölkerung einer Honigbienenkolonie: Arbeiter, Drohnen und Königin.

Kaukasische Bienen = Apis mellifera caucasica. Sie sind von einer silbergrauen bis dunkelbraunen Farbe; sie propolisieren stark; Propolis ist eher klebrig als fest. Sie umhüllen mit dieser klebrigen Propolis, die wie Fliegenfängerpapier ist, oftmals alles. Im Frühling stabilisieren sie sich etwas langsamer als Italienische Bienen und haben den Ruf, sanfter zu sein als diese. Sie rauben weniger in anderen Stöcken. Der Theorie nach sind sie weniger produktiv als Italienische Bienen. Ich denke, dass sie im

Durchschnitt gleich produktiv sind, aber dadurch, dass sie weniger rauben, werden Sie weniger prallvolle Stöcke vorfinden, wie es bei Räubern der Fall wäre, die alle ihre Nachbarn bestohlen haben.

Kenia-Oberträger-Stock = ein Oberträger-Stock mit geneigten Seiten. Der Theorie nach bauen die Bienen durch die Neigung weniger Befestigungen an den Seiten.

Klärung = Entfernen von sichtbarem Fremdmaterial aus dem Honig oder Wachs, um seine Reinheit zu steigern.

Kleine Zellen = 4,9 mm Zellgröße; werden von manchen Bienenzüchtern verwendet, um Varroamilben vorzubeugen.

Kleiner Bienenstockkäfer = eine vor kurzem nach Nordamerika gekommene Krankheit, deren Larven Waben zerstören und Honig vergären.

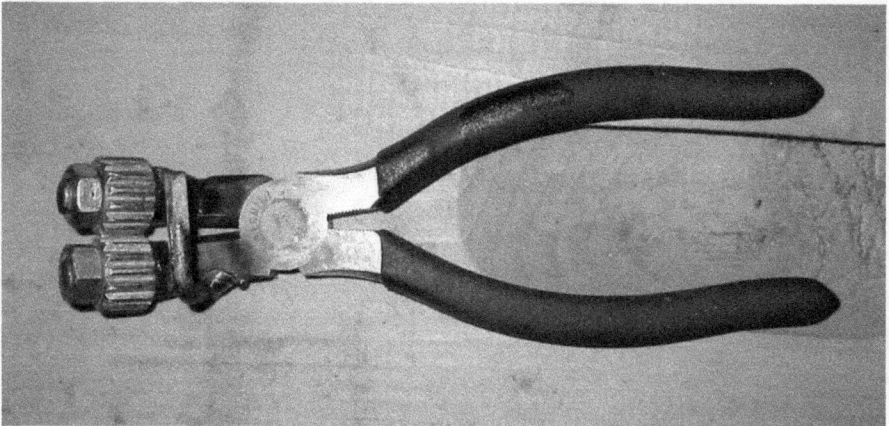

Kneifzange = ein Werkzeug, um eine Welle in den Drahtrahmen zu biegen, um diesen fester zu machen, den Druck besser zu verteilen und mehr Oberfläche zu schaffen, um das Wachs zu befestigen.

Köderstock/Schwarmsiebkasten = ein Stock, der so platziert wird, dass er Schwärme anzieht. Der optimale Köderstock: mindestens 20 Liter Fassungsvermögen; 2,7 m über dem Boden; kleiner Eingang; alte Waben; Zitronengras; Königinnenmaterial.

Kokon = eine seidendünne Bedeckung, die von Honigbienenlarven in ihren Zellen sekretiert wird, um die Verpuppung vorzubereiten.

Königin = eine voll entwickelte weibliche Biene, die für das Eierlegen des ganzen Volks zuständig ist.

Königinnen stutzen = Entfernen eines Teils eines oder beider Flügel, um die Königin am Fliegen zu hindern oder um sie besser identifizieren zu können, für den Fall, dass sie ersetzt werden sollte.

Königinnenbank = es werden mehrere Königinnenkäfige in einen Stock oder einen Ableger gelegt.

Königinnenbecher = eine becherförmige Zelle, die vertikal von der Wabe herunterhängt, aber keine Eier enthält; kann auch künstlich aus Wachs oder Plastik hergestellt werden, um Königinnen zu züchten.

Königinnenentzug = die Königin wird dem Bienenvolk entzogen; wird normalerweise gemacht, bevor eine neue Königin eingesetzt wird, oder als Hilfsmittel bei Brutkrankheiten oder Schädlingen.

Königinnenfänger = ein Werkzeug, mit dem die Königin gefangen werden kann; ähnelt einem Haar Clip; bei den meisten Bienenzucht-Ausstattern erhältlich.

Königinnenfuttersaft = ein sehr nahrhaftes, weißes Sekret aus der Hypopharynzdrüse der Ammenbienen; wird zur Fütterung der Königin und junger Larven benutzt.

Königinnenkäfig = ein besonderer Käfig, in dem Königinnen verschifft und/oder in einen Stock eingeführt werden; normalerweise mit 4 bis 7 jungen Arbeitern als Wachen und mit einem Zuckerpropfen versehen.

Königinnenkäfigsüßigkeit = Süßigkeit, die durch das Kneten von Zucker zusammen mit Zuckersirup hergestellt wird, bis die Form fest genug ist; wird als Futter im Königinnenkäfig verwendet.

Königinnenmuff = Drahtgewebe, das wie ein Muff zum Händewärmen aussieht und das benutzt wird, um die Bienen am Davonfliegen zu hindern, wenn sie markiert werden oder wenn Wächter freigelassen werden; bei Brushy Mountain erhältlich.

Königinnensaft = wenn alte Königinnen zu einem Glas Alkohol dazugegeben werden, dann wird aus dem Alkohol Königinnensaft; enthält QMP und ist als Schwarmköder geeignet.

Königinnensubstanz (im Englischen: Queen Mandibular Pheromone QMP) = ein Pheromon, das von der Königin produziert und an ihre Wächter verfüttert wird, die es mit dem Rest des Volkes teilen, und wodurch dem Stock mitgeteilt wird, dass er weiselrichtig ist. Chemikalisch gesehen ist QMP sehr vielseitig und hat mindestens 17 Hauptbestandteile und mehrere Nebenbestandteile. Fünf dieser Bestandteile sind: 9-ox-2-decen-Säure (9ODA) + cis & trans 9 hydroxydec-2-enoic-Säure (9HDA) + methyl-p-hydroxybenzoat (HOB) und 4-hydroxy-3-methoxyphenylethanol (HVA). Neu geschlüpfte Königinnen produzieren hiervon nur sehr wenig. Etwa ab dem sechsten Tag produzieren sie genug, um Drohnen zur Paarung anzuziehen. Eine eierlegende Königin produziert zweimal so viel. QMP unterdrückt den Trieb, eine neue Königin heranzuziehen; zieht Drohnen zur Paarung an, stabilisiert und organisiert einen Schwarm rings um die Königin; zieht ein Gefolge von Wächtern an, stimuliert die Ernte und Aufzucht der Brut und hebt allgemein die Moral des Stocks. Das Fehlen von QMP scheint Räuber verstärkt anzuziehen.

Königinnenzelle = eine besondere, verlängerte Zelle, die einer Erdnussschale ähnelt und in der die Königin aufgezogen wird; normalerweise über 2,5 cm lang; hängt vertikal von der Wabe herunter.

Korb = ein Bienenstock ohne bewegliche Waben; normalerweise aus verknotetem Stroh in Form eines Korbs gebaut; seine Nutzung ist in allen US-Staaten verboten, weil die Waben nicht inspiziert werden können.

Körbchen = anatomische Struktur an Bienenbeinen, in der Pollen und Propolis transportiert werden.

Konische Bienenflucht = eine kegelförmige Bienenflucht, die es Bienen ermöglicht, sich nur in eine Richtung zu bewegen; wird mit einem besonderen Ausgangsbrett benutzt, um Bienen aus den Honigaufsätzen herauszuführen.

Krankheitsresistenz = die Fähigkeit eines Organismus, bestimmte Krankheiten abzuwehren, zum einen aufgrund von genetischer Immunität oder durch Meidungsverhalten.

Krimpdraht-Kunstwaben = Kunstwaben, in die beim Herstellungsprozess Crimp-Draht mit eingearbeitet wird.

Krimpzange = ein Werkzeug, das dazu benutzt wird, Wellen in einen Draht zu biegen, um den Draht gleichzeitig stärker zu machen, den Druck besser zu verteilen, und mehr Drahtoberfläche zu haben, um ihn in das Wachs einzubinden.

Kristallisieren = der Prozess, in dem sich eine übersättigte Lösung (mehr feste als flüssige Bestandteile), wie z.B. der Honig, verfestigt oder kristallisiert; die Geschwindigkeit des Kristallisationsprozesses hängt von den Zuckerarten im Honig, den Impfkristallen (wie Pollen und Zuckerkristallen) sowie von der Temperatur ab. Die optimale Temperatur für Kristallisierung liegt bei 14º C.

Kunstwabe = kommerziell hergestellte Struktur, die aus dünnen Schichten Bienenwachs besteht, wobei die Zellen eine bestimmte Zellgröße haben; auf beiden Seiten eingestanzt, um die Bienen dazu anzuregen, in dieser Zellgröße zu bauen.

Kunstwaben = dünne Schichten von Bienenwachs, in die die Grundformen einer Arbeiterzelle (oder seltener einer Drohnenzelle) eingestanzt sind. Hierauf werden die Bienen die kompletten Waben bauen (ausgebaute Waben); Kunstwaben sind erhältlich mit oder ohne Drähte, sowie als Plastikversion oder vollständige Rahmensets mit drei verschiedenen Dicken (von dünn bis mittel) und verschiedenen Zellgrößen (Brut = 5,4 mm, kleine Zellen = 4,9 mm, Drohnen = 6,6 mm).

L

Landebrett = eine Außenkonstruktion, die am Eingang eine kleine Landefläche bildet, die den Bienen das Landen ermöglicht, bevor sie in den Stock krabbeln; normalerweise einfach ein etwas verlängertes Unterbrett; wird manchmal etwas geneigt gebaut. Bienen haben kein natürliches Landebrett. Ich nenne es auch „Mäuserampe", da das Brett Mäusen eine bessere Gelegenheit bietet, bequem in den Stock zu kommen.

Landebrettfütterer = ist Bestandteil jedes Anfängersets. Wird am Eingang eingesetzt und beinhaltet ein umgedrehtes Marmeladenglas. Ich halte das Glas verschlossen und werfe den Fütterapparat weg, weil er dafür bekannt ist, Raubüberfälle zu verursachen. Sie sind einfach nachzuprüfen, aber die Bienen müssen abgeschüttelt werden, um das Glas nachfüllen zu können.

Lang = Kurzform für Langstroth-Stock.

Langstroth, Rev. L.L. = in Philadephia geborener Pastor (1810-95); lebte eine Zeitlang in Ohio, wo er seine Studien und Schriften über Bienen fortsetzte; erkannte die Bedeutung des Wabenabstands, die in der Entwicklung des meistgenutzten beweglichen Rahmenstocks mündet.

Langstroth-Stock = das Grunddesign stammt von L. L. Langstroth. Heutzutage jeder Stock, der Rahmen benutzt, die 48,2 cm Oberaufsätze haben und in einen 50,2cm-Kasten passen. Die Breite variiert zwischen 5er-Rahmen-Ablegern über 8er-Rahmen-Kästen hin zu 10er-Rahmen-Kästen, sowie von den Tiefen Dadant, Langstroth, mittel, flach und extra-flach, aber sie alle gehören in die Kategorie Langstroth. Das unterscheidet sie von WBC, Smith, National DE und anderen.

Larve, verdeckelt = drittes Entwicklungsstadium der Bienen; ab dem 10. Tag nachdem das Ei gelegt wurde, sind sie bereit, sich zu verpuppen oder ihren Kokon zu spinnen.

Larven, offen = zweites Entwicklungsstadium der Bienen; beginnt am 4. Tag, nachdem das Ei gelegt wurde und dauert bis zu seiner Deckelung am 9. oder 10. Tag.

Larvenstadium = verschiedene Entwicklungsstufen der Larven. Eine Honigbiene durchläuft fünf verschiedene Stadien. Die besten Königinnen werden vorzugsweise in der ersten oder zweiten Phase transplantiert, aber nicht später.

Lattenrost = ein Holzrost, der zwischen das Bodenbrett und die Stockbestandteile passt. Bienen nutzen hierdurch die untere Brutkammer besser und verbessern die Brutaufzucht, sie nagen weniger an den Waben und es gibt weniger Verstopfung am Vordereingang; wurde durch C.C. Miller und Carl Kilion bekannt gemacht.

Laufspuren = die dunklere Erscheinung auf der Oberfläche von Honigwaben, die durch die Laufspuren der Bienen verursacht wird.

Lävulose = auch Fruktose (Fruchtzucker) genannt; ein in langsam kristallisierendem Honig enthaltenes Monosaccharid.

Legende Arbeiterbienen = Arbeiterbienen, die in ihrer Kolonie Eier legen; dies wird verursacht durch den Mangel an Pheromonen während mehrerer Wochen durch offene Brut; diese Eier sind unfruchtbar, weil die Arbeiterbienen sich nicht paaren können; aus den Eiern entwickeln sich Drohnen.

M

Malpighisches Gefäß = dünne faserartige Gebilde an der Verbindung von Mittel- und Hinterteil der Bienen; sie reinigen das Blut von stickstoffhaltigem Zellabfall und geben ihn als nicht-giftige Harnsäurekristalle in die nichtverwertbaren Futterreste zur Ausscheidung ab. Sie erfüllen bei Bienen denselben Zweck wie Nieren bei anderen Tieren.

Markieren = das Bemalen der Königin mit einem kleinen Lackfleck am Ende des Brustkorbs, um sie leichter erkennbar zu machen und ihr Alter bestimmen zu können sowie um zu wissen, ob sie still umgeweiselt wurde.

Markierstift = ein Lackstift, der verwendet wird, um Königinnen zu markieren. In lokalen Baumärkten und Bienenzucht-Ausstattern als Königinnen-Markierstift erhältlich.

Markiertube = eine Plastiktube, die normalerweise beim Bienenzucht-Ausstatter erhältlich ist, um eine Königin sicher gefangen zu halten, während sie markiert wird.

Mäusewache = eine Vorrichtung, die den Stockeingang reduziert, sodass keine Mäuse hindurchpassen. Normalerweise #4 Maschendraht.

Maxant = Ein Hersteller von Bienenzucht-Ausrüstung, der Entdeckeler, Schleudern, Stockwerkzeuge und ähnliches herstellt.

Medium = ein Kasten, der 16,7 cm tief ist. Auch Illinois-, Western-Kasten oder ¾-Tiefe genannt.

Melissococcus pluton = neuer von Taxonomen gegebener Name für die Bakterien, die die Europäische Faulbrut verursachen; der alte Name war Streptococcus pluton.

Midnite = eine F1-hybride Kreuzung zweier besonderer Linien der Kaukasischen und der Carnica-Biene. Von Dadant und Söhnen geschaffen und über Jahre in New York verkauft worden. Ursprünglich handelte es sich um zwei Linien Kaukasischer Bienen, aber dann kam die Kreuzung zwischen Kaukasischen und CarnicaBienen hinzu.

Miller Bee Supply = ein Bienenzucht-Ausstatter aus North Carolina; haben unter anderem Ausrüstung für 8er-Rahmen-Kasten.

Miller-Fütterer = Oberfütterer, bekannt geworden durch C.C. Miller.

Miller-Methode = eine transplantationslose Methode der Königinnenzucht, für die ein ausgefranster Rand eines Brutwabenstücks benötigt wird, damit die Bienen hierauf ihre Zellen bauen können.

Mittelbrut (Kunstwaben) = bezieht sich im Zusammenhang mit Kunstwaben auf die Dicke des Wachses, nicht auf die Tiefe des Rahmens. In diesem Fall ist es mitteldick und die Zellen sind für Arbeiterbienen gemacht.

N

Nadiring = Einfügen zusätzlicher Kästen unterhalb des Brutnests. Verbreitet bei kunstwabenlosen Stöcken, wie zum Beispiel Warre-Stöcken.

Nasonov = ein Pheromon, das von einer Drüse abgesondert wird, die sich unter der Spitze des Abdomens der Arbeiterbiene befindet; dient hauptsächlich als Orientierungspheromon; bedeutend für das Verhalten des Schwarms; entsteht durch Unruhe im Bienenvolk; besteht aus einer Mischung von sieben Terpenoiden, hauptsächlich Geranial und Neral, einem Isomer-Paar, das normalerweise gemischt ist und Citral genannt wird. Zitronengras (Cymbopogon) hat als ätherisches Öl diesen Geruch und wird in Köderstöcken und zum Anlocken von neuen Bienenschwärmen benutzt.

Nasonov-Pheromon verströmen = Bienen weiten ihren Abdomen aus und fächeln das Nasonov-Pheromon in die Luft; Zitronengeruch.

Natürliche Wabe = Wabe, die Bienen selbst ohne Kunstwaben bauen.

Natürliche Zelle = Zellgröße, die Bienen selbst ohne Kunstwaben bauen.

Nektar = eine zuckerreiche Flüssigkeit, die von Pflanzen produziert und von den Nektardrüsen in oder nahe an den Blüten abgegeben wird; Rohstoff für Honig.

Nektarmanagement (Schachbrett-Methode) = eine Methode der Schwarmkontrolle, die von Walt Wright erfunden wurde; beinhaltet das abwechselnde Setzen von Rahmen mit verdeckeltem Honig und leeren Waben über dem Brutnest im späten Winter. Berichte von Züchtern, die die Methode anwenden, sprechen von umfangreichen Ernten und keinen Schwärmen.

Nektartracht= Jahreszeit, in der Nektar zur Verfügung steht.

Neuorientierung = wenn Bienen ihr Umfeld und bestimmte Merkmale der Landschaft erkunden, um sicherzustellen, dass sie sich an den Weg in den Stock erinnern werden. Dieser Flug wird von verschiedenen Faktoren ausgelöst. Junge Bienen werden sich orientieren (nicht neu-orientieren, aber das Verhalten ist dasselbe), wenn sie zum ersten Mal den Stock verlassen. Eine jungfräuliche Königin wird sich ein oder zwei Tage lang orientieren, bevor sie zur Paarung ausfliegt. Gefangenschaft scheint die Neuorientierung auszulösen, selbst wenn diese Gefangenschaft nur von kurzer Dauer ist. Wenn Bienen 72 Stunden lang eingeschlossen sind, dann werden sie tatsächlich alle zum Neuorientieren ausfliegen. Wenn es draußen zum ersten Mal wärmer wird und die Temperatur das Fliegen wieder erlaubt, werden die Bienen um den Stock schweben, um sich neu zu orientieren. Die Neuorientierung wird auch bei Gefangenschaft von kürzerer Dauer ausgelöst, aber 72 Stunden scheint das Maß zu sein, damit alle Bienen ausfliegen. Wenn diese Zeit überschritten wird, merkt man keinen Unterschied mehr. Hindernisse wie ein Blatt am Ausgang oder ein Zweig, sowie Klopfen auf den Stock, lösen die Flüge auch aus. Wenn an einem warmen Tag ein oder zwei Rahmen zurück in den Stock geschüttet werden, um den Ausstoß des Nasonov-Pheromons anzuregen, dann werden damit auch Neuorientierungsflüge ausgelöst.

New World Carniolans (Carnica-Bienen aus der Neuen Welt) = ein Zuchtprogramm von Sue Cobey, um Bienen aus den USA mit den Eigenschaften der Carnica-Biene und anderen für die Kommerzialisierung nützlichen Eigenschaften zu züchten.

Nicot = eine Marke zur transplantationslosen Königinnenzucht.

Nieren = Bienen haben keine Nieren. Sie haben Harngefäße, die dünne faserartige Gebilde an der Verbindung von Mittel- und Hinterteil sind; sie reinigen das Blut von stickstoffhaltigem Zellabfall und geben dies als nicht-giftige Harnsäurekristalle in die nichtverwertbaren Futterreste zur Ausscheidung. Diese Gefäße erfüllen bei Bienen denselben Zweck wie Nieren bei anderen Tieren.

Nosema = Krankheit, die durch einen Pilz (vorher als Protozot eingestuft) verursacht wird; Nosema apis genannt. Symptome sind weiße, aufgeblähte Därme, Durchfall; insbesondere zu erkennen unter dem Mikroskop an den Därmen einer zerlegten

Biene. Die verbreitete chemische Lösung dagegen, die ich abernicht benutze, war Fumidil, das kürzlich in Fumagillin-B umbenannt wurde. Das Füttern von Honig oder Sirup ist ebenfalls ein effektives Gegenmittel.

Nut = In der Holzverarbeitung ein Einschnitt ins Holz. Die Rahmen in einem Langstroth-Stock haben Nuten, auch die Ecken sind manchmal mit Nuten versehen, manchmal auch als Keilverzinkung oder als durchgestecktes Gelenk.

O

Oberaufsatz = der obere Teil eines Rahmens oder, in einem Oberträger-Bienenkasten, das Stück Holz, an dem die Waben hängen.

Oberkiefer = die Kiefer eines Insekts; werden von den Bienen benutzt, um Honigwaben zu formen und Pollen zu schaben, außerdem zum Kämpfen und Aufheben von Ablagerungen im Stock.

Oberträger-Bienenkasten = ein Stock mit Oberträgeraufsätzen und ohne Rahmen; ermöglicht bewegliche Waben ohne viel Tischlerarbeit oder Kostenaufwand.

Oberträgerfütterer = Miller-Fütterer; ein Kasten, der sich über dem Stock befindet und der Sirup enthält; siehe auch Miller-Fütterer.

Ohne Kunstwaben = ein Rahmen mit einer bestimmten Form von Vororientierung für den Wabenbau, aber ohne Kunstwaben.

Ösen = kleine Metallteile, die in die Drahtlöcher des Endbalkens vom Rahmen passen; werden benutzt, um zu verhindern, dass die Drähte ins Holz schneiden. Viele Personen benutzen Heftklammern an der Stelle, an der das Holz spalten könnte.

Oxytetracyclin = ein Antibiotikum, das unter dem Handelsnamen Terramycin verkauft wird; wird zur Kontrolle der Amerikanischen und Europäischen Faulbrut benutzt.

P

Paarungsflug = der Flug, den die jungfräuliche Königin unternimmt, während sie sich in der Luft mit mehreren Drohnen paart.

Paketbienen = eine Anzahl erwachsener Bienen (1 bis 3 Kilogramm) mit oder ohne Königin; enthalten in einem Versandkäfig mit Atemlöchern.

Para-Dichlor-Benzol (PDB oder Paramoth) = Behandlung gegen Wachsmotten bei gelagerten Waben; bekannter Krebserreger.

Paralyse (APV oder Akutes Paralysevirus) = Eine Viruserkrankung erwachsener Bienen, die ihre Fähigkeit beeinflusst, Beine oder Flügel normal zu benutzen.

Parasitäres Milbensyndrom = eine Reihe von Syptomen, die durch einen starken Befall von Varroamilben ausgelöst werden. Die Symptome umfassen Varroamilben, verschiedene Brutkrankheiten mit Syptomen ähnlich der Faulbrut und Sackbrut aber ohne bedeutende Erreger, Symptome von AFB, fleckiges Brutmuster, gestiegene stille Unweiselung, Bienen, die auf dem Boden umherkriechen, und ein geringer Anteil an erwachsener Bevölkerung.

Parasitische Milben = Varroa und Tracheenmilben sind diejenigen, die sich auf die Einnahmen aus der Bienenzucht auswirken. Es gibt verschiedene andere, die aber keine größeren Probleme verursachen.

Parasitisches   Milbensyndrom/Parasitisches Bienenmilbensydrom = eine Reihe von Symptomen, die durch einen schweren Befall von Varroamilben verursacht werden. Die Symptome umfassen Varroamilben, verschiedene Brutkrankheiten und Sackbrut, aber keine dominierenden Krankheitserreger, AFB-ähnliche Symptome, fleckige Brutmuster, erhöhtes Ersetzen der Königinnen, Bienen, die auf dem Boden kriechen und eine geringe Erwachsenenbevölkerung.

Parthenogenese = die Entwicklung von Jungen aus unbefruchteten Eiern, die von jungfräulichen Weibchen (Königin oder Arbeiter) gelegt werden; bei Bienen diejenigen Eier, die sich in Drohnen entwickeln.

PermaComb = voll bezogene halbtiefe Plastikwabe von etwa 0,5 mm, die einer Zellgröße mit Zellwand und Auskleidung entspricht.

PF-100 (tief) und PF-120 (mittel) = ein kleines Stück Plastikrahmen, erhältlich bei Mann Lake. Zellgröße 4,9 mm. Benutzer berichten von sehr guter Akzeptanz und perfekt gezogenen Waben.

Phoretisch = bezieht sich im Zusammenhang mit Varroamilben auf den Zustand, wenn sich die Milben an erwachsenen Bienen befinden, anstelle sich in Zellen zu entwickeln oder zu vermehren.

Pollen = staubähnliche männliche Fortpflanzungszellen (Gametophyten) auf Blumen; werden im Staubbeutel gebildet und sind eine wichtige Proteinquelle für Bienen; vergärter Pollen

(Bienenbrot) ist für Bienen wesentlicher Bestandteil, um Brut aufziehen zu können.

Pollen gebunden = wenn das Brutnest des Stocks mit Pollen gefüllt wird, damit die Königin keinen Platz mehr zum Eierlegen hat.

Pollenergänzung = eine Mischung aus Pollen und Pollenersatz, die benutzt wird, um die Brutzucht in Zeiten des Pollenmangels zu stimulieren.

Pollenersatz = ein Nahrungsmittel, das benutzt wird, um den Pollen in der Ernährung der Bienen zu ersetzen; enthält nur oder hauptsächlich Soyamehl, Bierhefe, Weizen, Puderzucker und anderes. Untersuchungen haben gezeigt, dass Bienen, die mit Pollenersatz aufgezogen werden, kürzer leben als Bienen, die mit richtigem Pollen aufgezogen werden.

Pollenfalle = eine Vorrichtung, um den Pollen von den Hinterbeinen der Arbeiterbienen abzusammeln; normalerweise wird die Biene hier gezwungen, sich durch eine enge Masche zu quetschen, #5 Maschendraht, wobei die Pollenhöschen durch das Gitter hindurch auf ein weiteres Gitter mit Löchern fallen, damit der Pollen nicht schimmelt.

Pollenhöschen = der Pollen, der in den Körbchen der Bienen in den Stock transportiert wird, dort gerollt und abgebürstet und dann mit Nektar vermischt eingepackt wird.

Pollen-Kasten = ein Kasten mit Brut, der während der Honigtracht an den Boden des Stocks gestellt wird, um die Bienen anzuregen, dort den Honig zu lagern; oder ein Kasten mit Pollenrahmen, der vorsätzlich auf den Boden gestellt wurde; damit werden Pollenvorräte für Herbst und Winter zur Verfügung gestellt. Der Ausdruck wurde von Walt Wright geprägt.

Porter-Bienenflucht = eingeführt 1891; die Flucht ist eine Vorrichtung, die es Bienen erlaubt, nur in eine Richtung zwischen zwei dünnen Metallscheiben hinauszukommen, die auf den Druck der Biene nachgeben; wird benutzt, um die Honigaufsätze von Bienen zu säubern; kann verstopfen, weil Drohnen öfter stecken bleiben.

Propolis = Pflanzenharz, das gesammelt und mit Enzymen aus der Bienenspucke gemischt und benutzt wird, um die kleinen Räume innerhalb des Stocks auszufüllen und alles im Stock zu verkleiden und zu sterilisieren; verfügt über antimikrobielle Eigenschaften; normalerweise wird es aus den Knospen der Bäume der Pappelfamilie hergestellt, kann aber in der Not alles von Baumharz bis zum Straßenteer sein.

Propolis = Substanz aus einem hohlen Baum, die für den Stock verwendet wird.

Propolisieren = mit Propolis anfüllen.

Puderzuckermethode = Test, um auf Varroamilben zu prüfen; hierbei wird eine Tasse voller Bienen in Puderzucker gerollt und die Anzahl der Milben gezählt, die dadurch entfernt werden; wurde als nicht-tödliche Alternative zur Alkoholwäsche oder zur Äthermethode erfunden.

Puppe = drittes Stadium in der Entwicklung der Bienen; während diesem ist sie nicht aktiv und in ihrem Kokon eingesponnen.

Q
     Quaken = eine Reihe von Geräuschen, die die Königin ausstößt, häufig, bevor sie aus ihrer Zelle kommt. Wenn sie sich in der Zelle befindet, klingt es wie ein „quack, quack, quack", sobald sie aus der Zelle herausgekommen ist, klingt es eher wie „zuut zuut zuut".

R

Radiale Honigschleuder = eine Zentrifugal-Maschine, um den Honig auszuschleudern, aber dabei die Waben intakt zu lassen; die Rahmen werden wie Speichen auf ein Rad aufgestellt, die Oberaufsätze der Decke zu, um die Steigung der Zellen zu nutzen.

Rahmen = eine viereckige Holzstruktur, die dafür verwendet wird, Honigwaben zu halten; besteht aus einer Oberleiste, zwei Endleisten und einer Bodenleiste. Innerhalb der Aufsätze werden sie normalerweise mit einem Bienenabstand voneinander angebracht.

Rahmenfütterer = manchmal auch Trennbrettfütterer genannt; nimmt den Platz von einem oder mehreren Rahmen ein. Sie können vermeiden, dass die Bienen hier ertrinken, wenn Sie kleine Schwimmkörper einsetzen.

Rahmenfütterer oder Trennbrettfütterer = eine Holz- oder Plastikvorrichtung, die in einen Stock wie einem Rahmen gehängt wird und Zuckersirup als Futter für die Bienen enthält. Die ursprüngliche Bezeichnung (Trennung) rührt daher, dass das Brett als Trennung zwischen zwei Hälften eines Kastens benutzt wurde, um Ableger zu trennen, um eine neue Königin zu züchten oder ein neues Ablegervolk vorzubereiten. Die meisten haben einen Wabenabstand ringsherum und können nicht als Trennwand benutzt werden.

Räuberfalle = ein Sieb, das vor Räubern schützen soll, aber die Anwohnerbienen in den Stock gelangen lässt.

Räubern = Stehlen von Honig oder Nektar aus anderen Bienenvölkern; wird auch benutzt im Bezug auf Bienen, die feuchte Aufsätze oder offene Verdeckelungen leeren, die vom Züchter offen gelassen werden; wird manchmal auch benutzt im Bezug auf Bienenzüchter, die den Honig aus dem Stock holen.

Rauchapparat = ein Metallbehälter mit Faltenbalg, der verschiedene Brennstoffe verbrennt, um Rauch zu erzeugen; wird benutzt, um den Bienen die Möglichkeit zu nehmen, das Alarmpheromon zu riechen und dadurch aggressiv zu reagieren, während die Stöcke besichtigt werden.

Rauchboy = eine besondere Rauchpfeifenmarke, mit einer Innenkammer, um der Flamme dauerhafter Sauerstoff zuliefern zu können.

Rauchbrett = eine Vorrichtung, die dazu benutzt wird, verschiedene flüchtige Chemikalien zu halten (ein Bienenabwehrmittel wie zum Beispiel Bee Go, Honey Robber oder Bee Quick), um die Bienen von den Aufsätzen fernzuhalten.

Regression = in Bezug auf die Zellgröße: große Bienen, die aus großen Zellen stammen, können keine Zellen natürlicher Größe bauen. Sie bauen in einer Zwischengröße. Die meisten werden wohl 5,1 mm Arbeiterbrutzellen bauen. Bei der Regression wird der Stock von großen auf kleinere Bienen umgestellt, damit diese kleinere Zellen bauen können.

Reversing / Switching = das Austauschen verschiedener Teile eines Stocks innerhalb desselben Volkes; normalerweise, um das Nest zu erweitern; hierbei wird der Aufsatz mit Brut und die Königin unter einen leeren Aufsatz geschoben, damit die Königin zusätzlichen Platz zum Legen hat.

Rillenrad = eine Vorrichtung, die dazu benutzt wird, mechanisch per Handdruck Drähte in die Kunstwaben einzubringen; im Gegensatz zu elektrischen Methoden, bei denen die Drähte in das Wachs eingeschmolzen werden.

Roher Honig = Honig, der noch nicht feingefiltert oder erhitzt wurde.

Rollen = Beschreibung davon, was passiert, wenn ein Rahmen zu eng ist oder zu schnell herausgezogen wird, sodass die Bienen gegen die Waben gequetscht und mit der Bewegung „gerollt" werden. Das macht die Bienen sehr wütend und manchmal kann hierbei die Königin getötet werden.

Runde Sektionen = Sektionen mit Wabenhonig innerhalb von runden Plastikringen anstelle von viereckigen Holzkästen; normalerweise Marke Ross Rounds.

Rüssel = die Mundpartie der Bienen, die den Saugrüssel oder die Zunge bilden.

Russische Bienen = Apis mellifera acervorum, carpatica, caucasica oder carnica. Manche behaupten sogar, dass sie mit Apis ceranae gekreuzt sind (sehr zweifelhaft). Sie stammen aus der russischen Primorsky-Region und wurden benutzt, um Widerstand gegen Milben zu bilden, weil sie schon mit Milben lebten. Sie sind auf eine eigenartige Weise defensiv. Sie stoßen sich mit ihren Köpfen, stechen aber nicht unbedingt mehr als andere Bienen. Die erste Kreuzung egal welcher Rasse kann bösartig sein, und diese Bienen sind keine Ausnahme. Sie sind wachsame Wächter, aber normalerweise nicht wuselig (sie rennen nicht wild im Stock umher, sodass Sie die Königin nicht sehen könnten oder nicht mit den Bienen arbeiten könnten). Schwarmanfälligkeit und Fortpflanzungsverhalten sind etwas schwer vorherzusehen. Im Bezug auf die Genügsamkeit ähneln sie den Carnica-Bienen. Sie wurden von der USDA 1997 in die USA eingeführt, auf einer Insel in Louisiana erforscht und dann in anderen US-Staaten getestet. Sie wurden 2000 für den allgemeinen Verkauf freigegeben.

S

Sackbrutvirus= Symptome sind fleckige Brutmuster, ähnlich wie bei anderen Brutkrankheiten, aber bei dieser befinden sich die Larven mit erhobenem Kopf im Sack.

Samentasche = ein kleiner Sack, der mit dem Eileiter der Königin verbunden ist; hier wird das Sperma gespeichert, das die Königin bei der Paarung mit einer Drohne aufnimmt.

Samenzellen = die männlichen Reproduktionszellen (Gameten), die Eier befruchten; auch Spermien genannt.

Sammelbiene = Arbeiterbiene, die für gewöhnlich 21 Tage oder älter ist und draußen arbeitet, um Nektar, Pollen, Wasser und Propolis zu sammeln; auch Tracht- oder Feldbiene genannt.

Schachbrettmethode (Nektarmanagement) = eine Methode der Schwarmkontrolle und des Stockmanagements, die von Walt Wright erfunden wurde. Beinhaltet das abwechselnde Setzen von Rahmen mit verdeckeltem Honig und leeren Waben über dem Brutnest im späten Winter.

Schleier = ein Schutznetz oder Schirm, der Gesicht und Hals bedeckt; ermöglicht Belüftung, Bewegungsfreiheit und guten Blick und schützt gleichzeitig vor Bienenstichen.

Schleuderhonig = Honig, der durch Zentrifugalkraft aus den Waben geschleudert wird (mit einer Hongischleuder), damit die Waben intakt bleiben. Hobbyzüchter brechen die Waben oft auf und lassen den Honig aussieben.

Schornstein/Kamin = wenn die Bienen nur die mittleren Rahmen der Honigaufsätze füllen.

Schwarm = eine vorübergehende Ansammlung von Bienen, die mindestens eine Königin enthält, und die sich von dem Muttervolk abtrennt, um ein neues Volk zu gründen; eine natürliche Methode der Verbreitung von Honigbienenvölkern.

Schwarmbindung = der Moment nach der Schwarmentscheidung, in der sich das Volk zum Schwärmen verpflichtet.

Schwärmen = die natürliche Methode der Verbreitung eines Honigbienenvolkes.

Schwarmentscheidung = der Augenblick, in dem sich das Volk entscheidet, auszuschwärmen oder nicht. Nach diesem Augenblick verpflichtet sich das Volk entweder, zu schwärmen oder nur nach neuen Vorräten für den kommenden Winter zu suchen.

Schwarmkasten = ein Kasten abgeschüttelter Bienen, der benutzt wird, um den Bau von Königinnenzellen anzuregen und zu fördern.

Schwarmsaison = die Jahreszeit, für gewöhnlich im späteren Frühling oder frühen Sommer, wenn die Schwärme ausziehen.

Schwarmsiebkasten = ein Stock, der so platziert ist, dass er Schwärme anzieht.

Schwarmvorbereitung = der Ablauf der Aktivitäten der Bienen, die auf das Schwärmen hinzielen; sie können Backfilling (Bau eines honiggebundenen Brutnests) beobachten, damit die Königin keinen Platz mehr findet, um Eier zu legen.

Schwarmzelle = Königinnenzellen, die vor dem Ausschwärmen am Boden des Stocks zu finden sind.

Schwarze Schuppen = bezieht sich auf getrocknete Puppen, die an Amerikanischer Faulbrut gestorben sind.

Schwindsucht = ein schneller Schwund der Stockbevölkerung. Das schnelle Sterben von alten Bienen im Frühling; manchmal auch Frühjahrsschwindsucht oder Schwundkrankheit genannt.

Scutum = Schild, das einen Teil des Thorax einiger Insekten, einschließlich der Apis mellifera (Honigbienen) bedeckt. Normalerweise in drei Bereiche eingeteilt: vorderes Schild, Scutum oder Hauptschild und das kleinere Scutellum.

Seitenstock = ein Stock, der horizontal statt vertikal angelegt ist.

Sektionen = kleine Holz- (oder Plastik-) Kästen, um Wabenhonig zu produzieren.

Selbst-Abstand-schaffende-Rahmen/Hoffman-Rahmen = Rahmen, die so gebaut sind, dass alles (außer der Endleiste, die den Extraraum schafft) einen Bienenabstand voneinander entfernt ist, wenn es in den Stock eingefügt wird.

Smith-Methode = eine Methode der Königinnenzucht, die durch Jay Smith bekannt gemacht wurde und bei der Schwarmkästen als Zellenanlasser benutzt werden und Larven in Königinnenbecher versetzt werden.

Sonnenwachsschmelzer = ein glasbedeckter Kasten, um das Wachs aus den Waben und Zelldeckeln herauszuschmelzen, indem Sonnenwärme benutzt wird.

Stachel = ein Organ ausschließlich bei weiblichen Insekten, das sich aus dem Eierlege-Mechanismus heraus entwickelt; wird benutzt, um das Volk zu verteidigen; durch ihn wird Gift injiziert. Bei Arbeitern hat der Stachel einen Widerhaken, der sich verfängt und den Stachel herauszieht.

Starline = eine Italienische Bienenmischform, die für ihre Stärke und gute Honigproduktion bekannt ist. Ist eine F1-Kreuzung zweier bestimmter Linien der Italienischen Biene. Von Dadant und Söhnen geschaffen und über viele Jahre lang von York verkauft worden.

Stille Unweiselung = das Heranziehen einer neuen Königin, um die Mutterkönigin im selben Stock zu ersetzen; die Mutterkönigin verschwindet häufig kurz nachdem die Tochterkönigin beginnt, Eier zu legen.

Stock = das Zuhause für ein Bienenvolk.

Stockkasten = ein hölzerner Kasten, der Rahmen enthält. Bezieht sich normalerweise auf die Größe des Kastens, der für die Brut benutzt wird.

Stockklammern = lange, C-förmige Metallnägel, die in den Holzstock genagelt werden, um die Böden und die einzelnen Aufsätze voneinander abzusichern, bevor ein Bienenvolk einzieht.

Stockvereinigung = das Zusammenlegen zweier oder mehrerer Bienenvölker, um ein großes Volk zu schaffen; wird normalerweise mit Zeitungspapier gemacht.

Stockwerkzeug = ein flaches Metallwerkzeug, mit dem Kästen aufgehebelt und Rahmen auseinandergebrochen werden können; kommt normalerweise mit einer gebogenen Kratzoberfläche oder einem Brechhaken auf der einen Seite und einer flachen Klinge auf der anderen Seite.

Streptococcus pluton = Veralteter Name für die Bakterie, die die Europäische Faulbrut verursacht; der neue Name ist Melissococcus pluton.

Stückhonig = geschnittener Wabenhonig, der mit flüssigem Honig zusammen in Gläser abgefüllt wird.

Stückwabenhonig = Wabenhonig, der in Stücke verschiedener Größe geschnitten wird, die Ecken werden entleert und die Stücke werden zusammen oder einzeln abgepackt.

Stützbau = ein Wabenstück, das zwischen zwei Wabenstrukturen gebaut wird, um diese zusammenzuhalten, oder zwischen Waben und benachbartem Holz, oder zwischen zwei Holzteilen wie zum Beispiel bei Oberaufsätzen.

Suchbiene = Arbeiterbienen, die nach neuen Quellen für Pollen, Nektar, Propolis, Wasser oder nach einem neuen Zuhause für einen Schwarm suchen.

Sukrose = Ein Polysaccharid; Hauptzucker in Nektar; Honigbienen spalten sie mit Enzymen in Dextrose und Fruktose auf.

Surplus (Kunstwaben) = bezieht sich auf die dünnen Kunstwaben, die benutzt werden, um Wabenhonig zu schneiden. Der Name bezieht sich auf die zusätzlichen Kunstwabenblätter, die aus einem Pfund Wachs hergestellt werden.

T

Tansanischer Oberträger-Bienenkasten = ein Oberträgerbienenkasten mit vertikalen Seiten.

Tauchwachsstock = eine Methode, bei der Holz geschützt und gegen AFB sterilisiert wird; hierbei wird die Ausrüstung in einer Mischung aus Wachs und Harz „gebraten"; wird normalerweise mit Parrafin gemacht, aber manchmal auch mit Bienenwachs.

Teilung = Teilung eines Bienenvolks, um die Anzahl der Stöcke zu erhöhen.

Tergal = Teil des Tergum (Rückenschuppe).

Tergum (Rückenschuppe) = eine harte, überlappende Schuppe im Dorsalbereich der Gliederfüßler, die es ihm ermöglicht, sich zu biegen; auch als Chitinplatte bekannt.

Terramycin = in Kanada und anderswo auch Ozytet genannt. Antibiotikum, das häufig zur Vorbeugung von Amerikanischer und als Medizin bei Europäischer Faulbrut verwendet wird.

Thelytoky = Form der parthenogenetischen Fortpflanzung, bei der sich die unbefruchteten Eier in Weibchen ausbilden. Bei Bienen bezieht sich dies meist auf ein Volk, das eine Königin aus dem Ei einer eierlegenden Arbeiterin heranzieht. Dies kommt zwar selten vor, ist aber bei Europäischen Honigbienen beobachtet worden. Bei Kap-Bienen ist dies geläufig.

Thorax = der mittlere Bereich eines Insekt, an dem sich die Beine und Flügel anschließen.

Tiefe = Mit Langstroths Worten ein Kasten mit 24,4 cm Tiefe und einer Rahmentiefe von 23,4 cm; wird manchmal auch Langstroth-Tiefe genannt.

Tiefe = vertikale Maßeinheit eines Kastens oder Rahmens.

Tigerartig gestreift (Königin) = Kennzeichen eines besonderen Königinnentyps; nicht so gestreift wie Arbeiter (die sehr regelmäßige Streifen haben), sondern eher wie Flammenzungen.

Tracheenmilben = eine Milbe, die die Luftröhre von Honigbienen befällt. Es ist einfach, Widerstandskräfte gegen Tracheenmilben zu züchten.

Tracht = natürliche Nahrungsquelle der Bienen (Nektar und Pollen) von wilden und gezüchteten Blumen.

Tracht = Zeit, wenn genügend nektartragende Pflanzen blühen, damit Bienen einen Honigüberschuss lagern können.

Trachtbienen = Arbeiterbienen, die normalerweise 21 Tage oder älter sind und draußen arbeiten, um Nektar, Pollen, Wasser und Propolis zu sammeln; werden auch Sammel- oder Feldbienen genannt.

Transplantationswerkzeug = eine Nadel oder Sonde, die dazu benutzt wird, Larven in Königinnenzellen einzusetzen.

Transplantieren = das Entfernen einer Arbeiterlarve aus ihrer Zelle und das Einsetzen derselben in einem künstlichen Königinnenbecher, damit die Larve zur Königin herangezogen wird.

Transportverkleidung = eine Außenschutzverkleidung, ohne Innenfutter, das sich nicht über die Seiten des Stocks zusammenschiebt; wird von kommerziellen Bienenzüchtern verwendet, die ihre Stöcke häufig transportieren; ermöglicht es, die Stöcke eng aneinander zu stellen, weil die Verkleidung nicht an den Seiten übersteht.

Traube = der Hauptteil der Bienen an einem warmen Tag, normalerweise das Kernstück des Brutnests. An einem Tag unter 10°C der einzige Ort, an dem sich Bienen aufhalten; bezieht sich sowohl auf die Bienen als auch auf den Ort, an dem sich die Bienen dazu versammeln.

Trennbrett = ein Stück Holz oder Plastik, ähnlich einem Rahmen, aber an allen Seiten verschlossen, um einen Kasten in mehrere Schubladen für Ableger zu unterteilen.

Trennbrettfütterer oder Rahmenfütterer = eine Holz- oder Plastikvorrichtung, die in einen Stock wie ein Rahmen gehängt wird und Zuckersirup als Futter für die Bienen enthält. Die ursprüngliche Bezeichnung (Trennung) rührt daher, dass das Brett als Trennung zwischen zwei Hälften eines Kastens benutzt wurde, um Ableger zu trennen, um eine neue Königin zu züchten oder ein neues Ablegervolk vorzubereiten. Die meisten haben einen Wabenabstand ringsherum und können nicht als Trennwand benutzt werden.

Trockner = ein Gerät, das benutzt wird, um Honig sehr schnell zu erwärmen, um ihn davor zu schützen, durch lange Hitzephasen beschädigt zu werden.

Trommeln = es wird an die Seiten des Stocks geklopft, damit die Bienen in einen anderen Stock, der sich weiter oben befindet, hinaufsteigen oder um sie aus einem Baum oder einem Haus zu entfernen. Hierdurch werden sie sich zwar nicht alle, aber großteils, entfernen lassen.

Trophallaxis = die Weitergabe von Nahrungsmitteln oder Pheromonen unter den Mitgliedern eines Volks durch Mund-zu-Mund-Fütterung; wird benutzt, um eine Bienentraube am Leben zu halten; dabei sammeln die Bienen am äußeren Rand der Traube das Futter und geben es nach innen weiter; wird auch zur Kommunikation benutzt, da auch Pheromone weitergegeben werden, darunter auch die Königinnensubstanz (QMP), die durch Trophallaxis innerhalb des Stocks weitergegeben werden.

U

Überschusshonig = überschüssiger Honig, der vom Bienenzüchter über den Eigenbedarf der Bienen, wie z. B. Wintervorräte, hinaus entnommen wird.

Umlogieren = der Vorgang, bei dem Bienen und Waben aus Bäumen, Häusern oder Propolis in Stöcke mit beweglichen Rahmen versetzt werden.

Unbefruchtet = ein Ei, das noch nicht mit dem Spermium vereint ist.

Unbegrenztes Brutnest / Futterkammer = Bienen in einer Struktur, in der das Brutnest nicht durch ein Absperrgitter begrenzt ist; wird normalerweise in mehreren Kästen überwintert, damit im Frühjahr mehr Futter und mehr Platz zum Wachsen vorhanden sind.

Unbehandelter Stock (im englischen survivor stock) = Bienen, die von Bienen aufgezogen werden, die keinerlei Behandlung erhalten haben; oftmals wilde Stöcke.

Unfruchtbar = nicht in der Lage, ein befruchtetes Ei zu erzeugen, sowohl bei legenden Arbeitern als auch bei Drohnen legenden Königinnen; unbefruchtete Eier entwickeln sich in Drohnen.

Ungezähmte (Königin oder Biene) = unter der Berücksichtigung, dass alle nordamerikanischen Bienen vermutlich aus einem Hausstock abstammen, ist das, was die meisten Leute als „wild" bezeichnen, eigentlich eher „ungezähmt". Manche benutzen den Begriff für Bienen, die in der Wildnis überlebt haben und gefangen worden sind, und die üblicherweise ihre Königinnen selbst herangezogen haben, d.h. diese Bienen *waren* vorher ungezähmt, sind es aber nicht mehr.

Unterdrückte Milbenfortpflanzung = Königinnen aus einem Zuchtprogramm von Dr. John Harbo, die weniger Probleme mit Varroamilben haben, wahrscheinlich aufgrund ihres erhöhten Reinigungsverhaltens; wurde später umbenannt in varroasensible Hygiene.

Untersatz = horizontaler Teil des Rahmens, der sich auf dem Boden befindet.

Untersatz/Zwischenring = der Begriff bezog sich ursprünglich auf eine Vergrößerung, die einem heutigen Aufsatz entspricht. Bezieht sich auf eine Unterlegscheibe, die entweder oben aufgesetzt wird, um Pollenpasteten zu füttern, oder die unter eine Untiefe gelegt wird, um sie eben zu machen. Der Begriff (im englischen „eke") wird hauptsächlich in Großbritannien verwendet.

Untersatzfütterer = z.B. Untersatzfütterer, den Jay Smith gebaut hat. Es ist ein einfacher Damm mit Holzplatten von 1,9 cm mal 1,9 cm Dicke, der etwa 2,5 cm vom vorderen Beginn des Stocks entfernt ist (45 cm von dem hinteren Ende entfernt). Die Kiste wird soweit nach vorn geschoben, bis am hinteren Ende eine Lücke entsteht. Der Sirup wird am hinteren Ende hineingeschüttet. Man kann ein kleines Brett verwenden, um die Öffnung am hinteren Ende zu verschließen. Die Bienen können trotzdem weiter durch den vorderen Eingang hinaus. Diese Version eines Untersatzes taugt nicht für einen schwachen Stock, weil der Sirup zu nah am Eingang gelagert wird. Hierbei ertrinken genauso viele Bienen wie bei einem Rahmenfütterer.

V

Varroa destructor, vorher Varroa Jacobsoni genannt = parasitäre Milbe der Honigbiene.

Verdeckelte Brut = unreife Bienen, deren Zellen mit Papierdeckeln verdeckelt worden sind.

Verfliegen = die Bewegung von Bienen, die ihren Standort nicht bestimmen können und in andere als ihre Heimatstöcke einfliegen. Dies passiert häufig, wenn Stöcke in langen geraden Linien aufgestellt werden. Wenn die Sammelbienen aus den mittleren Stöcken vom Feld zurückkommen, tendieren sie dazu, in die Stöcke am Ende der Reihe zu fliegen. Passiert auch, wenn

Völker getrennt werden und die Feldbienen zu ihrem ursprünglichen Stock zurückkehren.

> *"Der Anteil an sich verfliegenden Bienen aus anderen Völkern in einem Bienenstand liegt zwischen 32 bis 63 Prozent", aus einem Dokument, das 1991 von Walter Boylan-Pett und Roger Hoopingarner in Acta Horticulturae 288, 6th Pollination Symposium veröffentlicht wurde (siehe auch Januar-Ausgabe 2010 von Bee Culture, 36)*

Vibrationstanz (Rücken-Bauch-Unterleib) = ein Tanz, der benutzt wird, um Sammelbienen anzuwerben; wird auch an Königinnenzellen aufgeführt, die kurz davor sind zu schlüpfen und evtl. noch bei anderen Gelegenheiten.

Völkerkollaps/Bienensterben (Colony Collapse Disorder) = neu auftretendes Problem, bei dem die meisten Bienen in den meisten Stöcken eines Bienenstands verschwinden und die Königin sowie gesunde Brut und nur wenige Bienen in einem Stock mit ausreichenden Vorräten zurücklassen.

Vorspiel/Orientierungsflug = kurze Flüge junger Bienen vor und in der Nähe des Stocks, um sich selbst mit der Umgebung des Stocks vertraut zu machen; wird manchmal mit Räubern oder Schwarmvorbereitungen verwechselt.

W

Wabe = die Wachsstrukturen in einem Volk, in die die Eier gelegt und in denen Honig und Pollen gelagert werden. Hexagonale Form.

Wabenabstand = ein Abstand zwischen 0,6 cm und 1 cm, der es den Bienen erlaubt, sich ungehindert bewegen zu können, der aber zu klein ist, um sie zum Wabenbau anzuregen und zu groß ist, um ihn zu verkitten.

Wabenhonig = Honig in den Wachswaben, entweder aus einem größeren Wabenstück geschnitten oder als einzelne Einheit produziert und verkauft, wie zum Beispiel ein Holzrahmenbereich von 11,4 cm oder ein runder Plastikring.

Wabenrester = die Rester aus geschmolzenen Waben und Zelldeckeln, nachdem das Wachs geschmolzen oder entfernt wurde; enthält normalerweise Kokons, Pollen, Bienenkörper und Dreck.

Wachs schmelzen = der Vorgang, bei dem Waben und Deckel geschmolzen und Rückstände aus dem Wachs entfernt werden.

Wachsblättchen = ein Tropfen flüssigen Bienenwachses, der sich beim Kontakt mit Luft in eine Schuppe verwandelt; in dieser Form wird es in Waben umgeformt.

Wachsdrüsen = acht Drüsen, die sich auf den letzten vier sichtbaren ventralen Bauchsegmenten junger Arbeiterbienen befinden; sekretieren Bienenwachsblättchen.

Wachsmotten = sehen Sie hierzu das Kapitel *Feinde der Bienen*. Wachsmotten sind Opportunisten. Sie nutzen einen schwachen Stock aus und leben von Pollen und Honig und graben sich durch das Wachs.

Wachsschlauchhalter = ein metallener Schlauch, mit dem ein feiner Strahl geschmolzenen Wachses abgegeben wird, um ein Blatt Kunstwaben in einer Kerbe in einem Rahmen zu befestigen.

Wächterbienen = Arbeiterbienen, die etwa drei Wochen alt sind und den höchsten Anteil an Alarmpheromonen und Gift in sich haben. Sie fordern alle in den Stock einfliegenden Bienen und andere Eindringlinge heraus.

Walter T. Kelley = ein Bienenzucht-Ausstatter in Clarkson; bietet viele Dinge an, die kein anderer Ausstatter anbietet.

Wanderbienenzucht = das Transportieren von Bienenstöcken von einem Ort zum anderen innerhalb derselben Saison, um mehrere Trachten zu nutzen oder die Bestäubung zu verbessern.

Wärmeschrank = isolierter beheizter Kasten oder Raum, um Honig zu verflüssigen oder Honig zu erwärmen, um das Schleudern zu beschleunigen.

Warré-Stock = eine Form des vertikalen Oberträger-Bienenkastens; wurde erfunden von Abbé Émile Warré.

Waschbrett-Tanz = wenn Bienen auf dem Landesteg oder vor dem Stock im Gleichklang einen Reihentanz aufführen.

Weiselbecher = künstliche Königinnenzelle aus Bienenwachs oder Plastik; wird benutzt, um Königinnen zu züchten oder ist eine leer gebliebene Königinnenzelle, die die Bienen oft ohne Grund bauen.

Weiselrichtig = ein Volk, in dem es eine Königin gibt, die in der Lage ist, Eier zu legen und die notwendigen Pheromone herzustellen, die den Arbeitern des Stocks signalisieren, dass alles in Ordnung ist.

Western = ich habe den Terminus in zwei Formen benutzt; ein Kasten, der 16,7 cm tief ist, und ein Rahmen, der 15,9 cm tief ist; dasselbe wie Illinois oder mitteltiefer Rahmen mit ¾-Tiefe oder einer mit 19,3 cm Tiefe.

Western Bee Supply = ein Bienenzucht-Ausstatter in Montana. Das Unternehmen stellt alle Dadant—

Ausrüstungsbestandteile her; verkauft auch 8er-Rahmen-Ausrüstung.

Wild (Temperament) = wenn Bienen übertrieben defensiv oder aggressiv sind.

Windschutz = speziell gebaute oder natürlich entstehende Barriere, die die Kraft des Windes (im Winter) auf den Stock reduziert.

Winterhärte = die Fähigkeit einiger Honigbienenstämme, lange Winter durch sparsamen Verbrauch der Honigvorräte zu überstehen.

Wintertraube = eine dichte Bienenkugel innerhalb des Stocks, um Wärme zu generieren; bildet sich, wenn die Außentemperaturen unter 10° C fallen.

Wirrbau = kleine Stücke von Wabenbau außerhalb des normalen Raums innerhalb des Rahmens, wo die Waben normalerweise gebaut werden; Stützbau fällt auch in diese Kategorie.

Z

Zehner-Rahmen = ein Kasten, der zehn Rahmenfassen kann; Breite 41,3 cm.

Zeitungsmethode = eine Technik, um zwei Stöcke zu vereinen, indem eine zeitweise Barriere durch Zeitungspapier hergestellt wird; normalerweise ein Blatt mit einem schmalen Schlitz, sodass beide Völker genügend Belüftung haben und fliegen können.

Zellbeender = ein Stock mit fertiggestellten Königinnenzellen, die ausgereift sind, bevor Mangel besteht, manchmal weisellos und manchmal weiselrichtig.

Zellbeginner = ein Stock, der üblicherweise beginnt Königinnenzellen zu bauen, von der Verpfropfung bis zur Verdeckelung; manchmal eine Schwarmkiste oder einfach ein Stock ohne Königin.

Zelldeckel = dünne Wachsschicht, die den Honig bedeckt; wird abgeschnitten, wenn die Rahmen entfernt werden.

Zelldeckelkratzer = gabelähnliches Werkzeug, mit dem das Wachs entfernt wird, das den Honig bedeckt, damit der Honig entnommen werden kann; wird normalerweise auf kleinen Wabenstücken benutzt, die vom Messer nicht erreicht worden sind.

Zelldeckelschmelzer = Schmelzer, der benutzt wird, um das Wachs des Deckels zu verflüssigen, wenn die Deckel von den Honigwaben entfernt werden.

Zelle = hexagonaler Teil einer Honigwabe.

Zellleiste = hölzerner Streifen, auf dem Weiselbecher für die Königinnenzucht aufgestellt sind.

Zitronengras, ätherisches Öl = ätherisches Öl, das als Schwarmköder verwendet wird; enthält viele der Bestandteile des Nasonov-Pheromons.

Zuchtstock = der Stock, aus dem Eier oder Larven genommen werden, um Königinnen zu züchten. Mit anderen Worten ein Spenderstock.

Zuckerpfropfen = fondant-ähnlicher Zucker, der an das eine Ende des Königinnenkäfigs gesteckt wird, um die Freilassung der Königin zu verzögern.

Zuckersirup = Bienennahrung, die Sukrose (Saccharose) oder Haushaltszucker (aus Zuckerrohr oder Zuckerrüben) und heißes Wasser in verschiedenen Verhältnissen enthält; normalerweise 1:1 im Frühling und 2:1 im Herbst.

Zwei-Königinnen-Stock = eine Methode, durch die mehr als eine Königin im selben Stock existieren können; Ziel ist es, mehr Bienen zu züchten und durch die zwei Königinnen höhere Honigerträge zu bekommen.

Zwölferrahmen = ein Kasten aus zwölf Rahmen mit den Maßen 50,2 bis 50,5 cm.

Anhang zu Band I: Akronyme

ABJ = American Bee Journal. Eine der beiden Hauptbienenzeitschriften in den USA.

AFB = Amerikanische Faulbrut

AHB = Afrikanisierte Honigbiene

AM = Apis mellifera (Euroäische Honigbiene)

AMM = Apis mellifera mellifera

APV = Akuter Paralysevirus. Dieser Virus tötet sowohl erwachsene Bienen als auch Brut.

BC = Bee Culture oder Gleanings in Bee Culture. Eine der beiden Hauptbienenzeitschriften in den USA.

BLUF = Bottom Line Up Front. Ein Schreibstil, bei dem die Schlussfolgerung bereits am Anfang präsentiert wird; üblich in wissenschaftlichen Studien und Militärkommunikation.

BPMS = Bee Parasitic Mite Syndrome (Syndrom parasitärer Bienenmilben)

Carni = Carnica-Bienen = Apis mellifera carnica

Cauc = Kaukasische Bienen = Apis mellifera Caucasia

CB = Schachbrettmethode

CCD = Colony Collapse Disorder (Völkerkollaps/Völkersterben)

CPV = Chronischer Paralysevirus

CW = Conventional Wisdom (Mehrheitsmeinung)

DCA = Drone Congregation Area (Drohnensammelplatz)

DVAV = Dorsal-Ventral Abdominal Vibrations dance (Vibrationstanz Rücken-Bauch-Unterleib)

DWV = Deformed Wing Virus (Flügeldeformationsvirus)

EAS = Eastern Apiculture Society

EFB = Europäische Faulbrut

EHB = Europäische Honigbienen

FGMO = Food Grade Mineral Oil (Mineralöl in Lebensmittelqualität)

FWOF = Floor With Out a Floor (Boden ohne Boden)

Akronyme

HAS = Heartland Apiculture Society

HBH = Honey Bee Healthy

HBTM = Honey Bee Tracheal Mite (Tracheenmilbe)

HSC = Honey Super Cell (voll bezogene Plastik-Kunstwabe in tiefer Tiefe und mit einer Zellgröße von 5.4 mm)

IAPV = Israelischer akuter Paralysevirus; wird für CCD verantwortlich gemacht.

PDB = Para-Dichlor-Benzol (auch Paramoth Wachsmottenbehandlung)

PMS = Parasitic Mite Syndrome (Syndrom parasitärer Milben)

QMP = Queen Mandibular Pheromone (Königinnensubstanz)

SBV = Sackbrutvirus

SHB = Small Hive Beetle (Kleiner Bienenstockkäfer)

SMR = Suppressed Mite Reproduction (Unterdrückte Milbenfortpflanzung; bezieht sich normalerweise auf die Königin)

VD = Varroa destructor

VJ = Varroa jacobsoni

VSH = Varroa Sensitive Hygiene (varroa-sensible Hygiene). Ähnelt SMR und scheint ein spezifischerer Name für die SMR-Eigenschaft zu sein. Hierbei spüren die Arbeiter varroa-infizierte Zellen auf und entfernen sie.

Teil II Fortgeschrittene

Ein Bienenzuchtsystem

„...begehen Sie nicht den Fehler, mehrere Systeme oder Züchter nachahmen zu wollen. Sie können sich viel Ärger und Verwirrung ersparen, wenn Sie die Kenntnisse und Methoden eines einzigen erfolgreichen Bienenzüchters annehmen. Vielleicht suchen Sie nicht das perfekte System aus, aber es ist trotzdem besser, als verschiedene Formen mischen zu wollen."—W.Z. Hutchinson, Advanced Bee Culture

„Im Allgemeinen gilt: je einfacher das System, desto effizienter und ergiebiger können Sie innerhalb eines bestimmten Zeitrahmens arbeiten."—Frank Pellet, Practical Queen Rearing

In diesem Teil möchte ich versuchen, mein eigenes Bienenzuchtsystem zu vermitteln. Damit will ich nicht sagen, dass dies das einzige System wäre, aber, wie es Hutchinson gesagt hat, Mischformen verschiedener Systeme hängen davon ab, wie gut Sie verstehen, wie sich die einzelnen Bestandteile gegenseitig bedingen und beeinflussen. Lassen Sie uns zunächst aber erst einmal etwas mehr über Systeme im Allgemeinen sprechen.

Kontext

Ratschläge zur Bienenzucht zu geben, bringt das Problem mit sich, dass wir Bienenzüchter dazu neigen, die Ratschläge auf Grundlage unserer eigenen Systeme zu geben. Das heißt, dass dieser Ratschlag unserer Erfahrung nach in unserem eigenen System funktioniert. Schwierig wird es, wenn man davon ausgeht, dass der Rat deshalb auch genauso gut in einem anderen Kontext, also im Bienenzuchtsystem einer anderen Person, funktionieren wird. Manchmal tut er das, aber oft tut er es eben nicht.

Beispiele

Nehmen wir an, mein System hat sowohl Ober- als auch Untereingänge sowie ein Absperrgitter. Ich rate Ihnen, dass Sie warten sollen, bis sich ein paar Bienen auf den Aufsätzen befinden, um ein Absperrgitter anzubringen. Ihr System hat aber nur einen Untereingang. Wenn Sie meinem Rat folgen, dann werden Sie viele Drohnen in den Aufsätzen einsperren und einige davon töten, wenn Sie versuchen, das Absperrgitter anzubringen.

Ein anderes gutes Beispiel wäre folgendes: ich verwende für alles dieselbe Rahmengröße. Sie benutzen aber tiefe Rahmen für die Brut und flache Rahmen für die Aufsätze. Ich rate Ihnen, dass Sie Ihre Bienen mit einem Rahmen Brut ködern können, damit Sie in den Aufsätzen arbeiten. Aber Ihre Brutrahmen passen in diesem Fall nicht. Oder ich rate Ihnen, Ihre Vorräte zu vergrößern, indem Sie ein paar Honigrahmen in die Brutkästen geben, aber Ihre Honigrahmen sind alle flach und Ihre Brutrahmen tief.

Standort

Der Standort beeinflusst ebenfalls Ihr System. Sehen Sie dazu im Kapitel *Standort* nach. Am offensichtlichsten wird der Einfluss beim Thema Klima, warmer und kalter Umgebung, aber der Einfluss des Standorts geht weit darüber hinaus.

Zusammenfassung

Ich habe hier einige einfache und sehr offensichtliche Beispiele angeführt, aber es gibt viele komplexere Fälle. Fakt ist, dass eine Mischung von Bienenzuchtmethoden schwierig werden kann. Es ist nichts Schlimmes dabei, wenn Sie irgendwann Ihr eigenes System entwickeln, aber zunächst sollten Sie sicherstellen, dass Sie das System genau kennen und verstehen; dass Sie wissen, warum Sie tun was Sie tun, und erst dann das System Schritt für Schritt an Ihre Bedürfnisse und Ihre Philosophie anpassen.

Warum ein System?

Wozu brauchen wir ein System? Warum kann man sich nicht einfach die Teile aussuchen, die man mag? Sie können das natürlich tun, aber dann müssen Sie wirklich über alle Konsequenzen nachdenken. Wenn Sie zum Beispiel beschließen, dass Sie mit einer Pollenfalle arbeiten wollen, dann müssen Sie sich eine Lösung dafür einfallen lassen, wie die Drohnen aus dem Stock gelangen können. Die besten mit dem saubersten Pollen kommen zuerst und das bedeutet eine Umstellung, wenn die Bienen an einen Untereingang gewöhnt sind. Wenn Sie beschließen, ein Absperrgitter anzubringen, dann müssen Sie sich überlegen, wie die Drohnen auf beiden Seiten des Gitters aus dem Stock gelangen können. Alles, was Sie tun, hat Auswirkungen auf andere Dinge. Deshalb brauchen Sie ein System und nicht nur einzeln zusammengesuchte Bestandteile.

Integration und was damit zusammenhängt
Warum dieses System?

Ich habe ein System entworfen, dass für mich, an meinem Standort und für meine Probleme funktioniert. Hoffentlich können Sie es für Ihre Situation und Ihre Probleme nutzen. Es ist nicht schlimm, wenn Sie Anpassungen vornehmen, damit es für Sie funktioniert, wenn Sie die Auswirkungen mitbedenken. Hier die Gründe, warum mein System so ist, wie es ist:

Nachhaltig

Ich wollte ein System, das nicht viel Zulieferung benötigt, also Bienen in einer Umgebung, in der sie auch ohne meine Hilfe überleben können.

Leicht zu bearbeiten

Ich brauchte ein System, das die Bienen am Leben erhält (selbstverständlich), das ihnen hilft, Honig zu produzieren und das ich vom Arbeitsaufwand her bewältigen kann.

Effizient

Im Bezug auf den Arbeitsaufwand: ich brauchte ein System, das den Arbeitsaufwand so weit wie möglich reduziert, insbesondere gefährliche oder schwere Tätigkeiten, wie das Anheben schwerer Kästen, oder zeitaufwändige Tätigkeiten, wie Rahmen verdrahten.

Entscheidungen, Entscheidungen...

Arten der Bienenzucht

Viele Entscheidungen werden davon abhängen, welche Art von Bienenzucht Sie betreiben.

Kommerziell

Kommerziell bezieht sich im Allgemeinen auf einen Züchter, der die Zucht als Vollzeitarbeit betreibt. Dazu gibt es verschiedene Methoden. Normalerweise umfasst diese Art der Zucht zwischen 500 und 1.000 Stöcke.

Wanderzucht

Ein Wanderzüchter bewegt seine Stöcke an verschiedene Standorte. Die Züchter beziehen für gewöhnlich Bestäubungshonorare, aber manchmal ändern Sie den Standort auch nur der Jahreszeiten wegen, damit sich die Stöcke früh vom Winter erholen können oder damit man der Nektartracht folgen kann, um so viel Honig wie möglich zu ernten. Für Bestäubungsdienste wird üblicherweise bezahlt.

Feste Zucht

Damit meine ich ganz einfach Stöcke, die meist an einem Standort stehen bleiben. Die Bienenzüchter finden einen geeigneten Standort, oft nicht auf ihrem eigenen Grundstück, an dem die Stöcke das ganze Jahr über stehen bleiben können. Dafür geben die Züchter dem Grundstückseigentümer etwas von ihrer Honigernte ab, in welchem Umfang, hängt dabei von verschiedenen Dingen ab, zum Beispiel wie viele Stöcke es gibt, wie gut die Futtergrundlage für die Bienen auf dem Grundstück ist und wie sehr der Eigentümer Honig mag. Manche wollen einfach nur die Bienen haben, andere erwarten ihren Honiganteil.

Nebeneinkommen

Hierbei handelt es sich um Züchter mit einem anderweitigen Vollzeitjob, die sich aus der Bienenzucht einen Nebenerwerb schaffen. Sie haben normalerweise zwischen 50 und 200 Stöcke. Es ist sehr schwer, eine größere Anzahl von Stöcken nebenbei zu bearbeiten, wenn Sie nicht jemanden zur Hilfe anstellen. Manchmal ist es sogar schon schwer genug, mit 1.000 Stöcken genug Einkommen zu erzeugen, um davon leben zu können, deshalb ist der Übergang vom Nebenerwerb zum Hauptverdienst ohne zusätzliche Hilfe nicht immer einfach.

Hobbyzüchter

Ein Hobbyzüchter zeichnet sich dadurch aus, dass er mit der Bienenzucht kein Geld verdient. Die meisten Hobbyzüchter haben etwa 4 Stöcke, zwei ist das Minimum. Schon 10 Stöcke sind für einen Hobbyzüchter zu viel Arbeit, die meisten haben daher weniger Stöcke.

Persönliche Bienenzuchtphilosophie

Viele Entscheidungen bezüglich Ausrüstung und Methoden hängen von Ihrer persönlichen Bienenzuchtphilosophie ab. Manche Menschen vertrauen auf die Natur, den Schöpfer oder die Evolution, um die Dinge zu regeln. Andere sind besonders daran interessiert, ihre Bienen ohne Chemikalien und Behandlungen gesund zu erhalten. Sie müssen selbst entscheiden, wie Sie zu diesen Themen stehen.

Organisch

Wenn Sie eher von der Sorte Mensch sind, die ein Kräuterrezept ausprobieren, bevor sie zum Arzt gehen, dann gehören Sie wahrscheinlich in diese Kategorie. Wirklich organisch würde bedeuten: überhaupt keine Behandlungen. Manche werden jetzt sagen, dass das unmöglich ist, aber es gibt viele Menschen, mich eingeschlossen, denen genau das gelingt. Viele sind im Internet aktiv und helfen sich gegenseitig. Dann gibt es einige „weiche" Behandlungen mit ätherischen Ölen und FGMO, dann die etwas „härteren" Behandlungen wie Ameisensäure oder Oxalsäure bei Varroa.

Chemisch

Wenn Sie eher zu der Sorte Mensch gehören, die beim ersten Niesen zum Arzt rennen, um Antibiotika zu besorgen, dann gehören Sie wahrscheinlich eher zu dieser Gruppe. Manche behandeln hier auch präventiv. Meiner Meinung nach behandeln die Klügeren nur dann, wenn es wirklich notwendig ist. Die meisten der neuesten Forschungen zeigen, dass präventive Behandlungen mehr Widerstandskraft der Schädlinge gegen die Chemikalien hervorgerufen und wenig dazu beigetragen haben, dem Stock zu helfen; das Gegenteil ist der Fall. Die Ansammlung von Chemikalien im Wachs, wie zum Beispiel von Coumaphos (Check Mite) oder Fluvalinat (Apistan), die gegen Varroamilben eingesetzt werden, ist vermutlich der Grund für hohe Raten an stiller Unweiselung sowie oft die Ursache von Unfruchtbarkeit bei Drohnen und Königinnen.

Wissenschaft vs. Kunst

"Wer daran gewöhnt ist, nach dem Gefühl zu urteilen, versteht den Denkprozess nicht, weil er keine Erfahrungen darin hat, Prinzipien zu folgen. Andere wiederum, die üblicherweise anhand von Argumenten nachdenken, verstehen Gefühlsangelegenheiten nicht, sondern suchen in ihnen nach Logik und sehen sie auf den ersten Blick nicht."—Blaise Pascal

Die Frage, ob Sie die Bienenzucht als eine Kunst oder eher als Wissenschaft ansehen, wird Ihre gesamte Perspektive beeinflussen. Ich persönlich denke, dass die Zucht etwas von beidem hat. Aber da die Bienen auch allein recht gut dazu in der Lage sind, zu überleben, und wir sie eigentlich nicht zwingen können, etwas Bestimmtes zu tun, denke ich, dass es sich mehr um eine Kunst handelt, bei der Sie in der Arbeit mit den Bienen deren natürliche Veranlagungen unterstützen – sowohl zum Vorteil der Bienen als auch zu Ihrem eigenen.

Projektumfang

Dies ist ein weiteres Element, dass Ihre Sicht auf die Dinge beeinflusst. Wenn Sie Zeit mit Ihren Stöcken verbringen können und sich die Stöcke in Ihrem Garten befinden, dann ist es kein Problem, Methoden anzuwenden, bei denen Sie jede Woche etwas

Bestimmtes an den Stöcken arbeiten müssen. Wenn ich zum Beispiel in meinem eigenen Garten die Königin ersetzen möchte, dann stört es mich nicht, wenn ich dreimal in den Stock schauen muss, um sicherzustellen, dass die neue Königin gut angenommen wird. Wenn meine Stöcke aber in 100 km Entfernung stehen, dann möchte ich etwas nur einmal erledigen und damit wirklich das Problem gelöst haben. Wenn Sie ein Problem nur in zwei Stöcken angehen müssen, dann machen Sie sich sicher keine Sorgen darüber, wie kompliziert das sein mag. Wenn Sie aber Hunderte von Stöcken bearbeiten müssen, dann brauchen Sie ein straff organisiertes System.

Gründe für die Bienenzucht

Viele Entscheidungen hängen hiervon ab. Wenn Sie Bienen als „Haustiere" halten, dann haben Sie einen anderen Arbeitsplan, als wenn Sie sie nur deshalb haben, um ein Einkommen zu schaffen.

Standort

Bienenzucht ist immer standortabhängig

"In meinen Anfängerjahren als Bienenzüchter war ich oft sehr verwirrt darüber, dass in Bienenzuchtzeitschriften so absolut gegensätzliche Standpunkte vertreten wurden. Ich muss dazu sagen, dass ich mir zu diesem Zeitpunkt noch nicht vorstellen konnte, welche unglaublichen Unterschiede der jeweilige Standort in der Bienenzucht hervorbringt. Ich habe beobachtet, gemessen, gewogen, verglichen und alle Dinge aus der Perspektive meines eigenen Standortes beurteilt—Genesee County, Michigan. Erst als ich die Wiesen voller Buchweizen in New York gesehen habe und die Fülle der Steinkleefelder in den Vorstädten von Chicago kennengelernt habe und nachdem ich kilometerweite Wassergräben in Colorado entlanggefahren bin, die den Alfalfapflanzen zu ihrem lila verhelfen, und nachdem ich die Berge in Kalifornien bestiegen habe, und mich dabei an Salbeisträuchern entlanggezogen habe, ist mir klargeworden, wie viel Bedeutung für die Bienenzucht in dem kleinen Wort Standort steckt." —W.Z. Hutchinson, Advanced Bee Culture

Es scheint auf der Hand zu liegen, dass die Bienenzucht sich in Florida anders gestaltet als in Vermont, aber was viele Menschen nicht zu begreifen scheinen, ist, dass selbst in ähnlichen Klimaumgebungen die Bienenzucht trotzdem noch von anderen lokalen Faktoren abhängt. Die Trachten in Vermont sind nicht dieselben wie in Nebraska. Niederschlag hängt sehr vom Standort ab. Als ich zum Beispiel in einem bestimmten Landstrich von Nebraska gezüchtet habe, hatte ich nie Probleme mit Niederschlag, aber im Südosten von Nebraska wurde es mir dann plötzlich zum

Problem. Es ist hier wärmer als dort, wo ich vorher war, und trotzdem hatte ich durch die unterschiedliche Luftfeuchtigkeit vorher keine Probleme. Das scheint alles recht offensichtlich zu sein, aber viele fragen mich trotzdem noch nach Rat, oder geben Rat und widersprechen anderen, immer auf der Grundlage ihrer eigenen standortabhängigen Erfahrung, ohne zu bedenken, dass die Warnungen mancher Bienenzüchter in eigenen Gegenden zutreffen können und in anderen nicht. Das betrifft auch Fragen wie: wie viele Kästen und wie viel Futter brauche ich, um den Winter zu überstehen, wann muss ich mich auf einen Schwarm vorbereiten, wann sollte ich die Königin ersetzen, Teilungen vornehmen und so weiter.

Bequeme Bienenzucht

"Alles funktioniert, wenn man es arbeiten lässt"—
Rick Nielsen aus Cheap Trick

"Der Meister erreicht mehr und mehr, indem er
weniger tut, bis er schließlich alles erreicht, ohne
irgendetwas zu tun." —Laozi, Tao Te Ching

Mein Großvater hat immer gesagt, dass jeder große Erfinder eigentlich ein fauler Mann ist. Einer meiner Lieblingsautoren drückte es ähnlich aus:

"Der Fortschritt wird nicht von Frühaufstehern
gemacht, sondern von faulen Menschen, die eine
einfachere Art suchen, etwas zu erledigen." —
Robert Heinlein

"Es geht nicht um den täglichen Wachstum,
sondern um die tägliche Reduzierung. Eliminieren
Sie alles Überflüssige."—Bruce Lee

In den letzten paar Jahren habe ich fast alles daran verändert, wie ich meine Bienen halte. Die meisten Veränderungen dienten dazu, mir weniger Arbeit zu machen. Seit 2007 habe ich etwa 200 Stöcke, die mir dieselbe Menge Arbeit verursachen, die ich früher in nur vier Stöcke gesteckt habe. Hier sind ein paar der Dingen, die ich verändert habe:

Obereingänge

Ich bin ausschließlich auf Obereingänge umgestiegen und habe Untereingänge abgeschafft. Ich weiß, dass es Menschen gibt, die entweder Obereingänge hassen, oder sie aber für ein Wunderheilmittel halten, das Krebs heilt oder die Ernte verdoppelt.

Ich glaube keines von beidem, aber ich mag sie aus folgenden Gründen:

1. Ich brauche nicht zu befürchten, dass die Bienen keinen Zugang zum Stock finden, weil das Gras zu hoch ist. Ich brauche also auch nicht den Rasen zu mähen. Weniger Arbeit für mich.

2. Ich brauche auch nicht zu befürchten, dass die Bienen wegen zu viel Schnee nicht in den Stock kommen können (es sei denn, der Schnee verdeckt die Obereingänge). Ich brauche also nach einem Schneesturm nicht Schnee schippen, um die Eingänge freizulegen.

3. Ich brauche keine Mäusefallen aufzustellen und mir keine Sorgen darüber zu machen, ob Mäuse in den Stock gelangen können.

4. Auch davor, dass Stinktiere oder Opossums die Bienen fressen, brauche ich keine Angst zu haben. In Kombination mit einem gelöcherten Bodenbrett habe ich im Sommer sehr gute Belüftung im Stock.

5. Ich spare Geld, indem ich ganz einfache Transportverkleidungen kaufe oder selbst mache. Die meisten meiner Verkleidungen bestehen aus Sperrholz mit Zwischenlage-Lösungen, um Platzhalter zu schaffen. Einige sind größere Kerben in den Innenverkleidungen, die ich schon vorher hatte.

6. Im Winter verstopfen mir tote Bienen nicht den Untereingang.

7. Ich kann den Stock 20 cm niedriger hängen (weil ich mir keine Sorgen um Mäuse und Stinktiere machen brauche). Dadurch kann ich einfacher die Oberaufsätze anbringen und sie abnehmen, wenn sie voll sind.

8. Stöcke, die niedriger angebracht sind, werden nicht so leicht vom Wind umgestoßen.

9. Der Obereingang hilft mir bei langen Oberladerkästen, weil die Bienen durch die Oberaufsätze hindurchmüssen, um in den Stock zu gelangen.

10. Wenn Sie etwas Styropor an der Oberseite anbringen, haben Sie im Winter keine Probleme mit Kondenswasser.

Vergessen Sie aber nicht, dass Sie eine Art von Drohnenflucht brauchen, wenn Sie keinen Untereingang haben und ein Absperrgitter benutzen - ich tue das nicht-, damit die Drohnen nach draußen gelangen können. Ein Loch von 1 cm reicht aus. Einzelheiten im Kapitel *Obereingänge*.

Einheitliche Rahmengröße.

"Unabhängig davon, welche Art von Stock Sie verwenden, sollte es in jedem Fall einer mit beweglichen Rahmen sein, die alle eine einheitliche Größe haben."—A.B. Mason, Mysteries of Beekeeping explained

Rahmen sind das Basiselement eines modernen Bienenstocks. Selbst wenn Sie unterschiedlich große Kästen verwenden (Anzahl der Rahmen, die sie fassen können), sollten die Rahmen alle die selbe Tiefe haben, damit Sie sie in allen ihren Kästen verwenden können.

Die einheitliche Rahmengröße hat mir das Leben leichter gemacht und wird Ihnen eine Menge Vorteile bringen, weil Sie alles, was sich gerade in Ihrem Stock befindet, einfach innerhalb des Stocks austauschen können.

Zum Beispiel:

1. Sie können Brut oben in den Kasten setzen, um die Bienen zu „ködern". Das hilft Ihnen auch dann, wenn Sie kein Absperrgitter verwenden - ich benutze keines -, aber es ist besonders hilfreich, wenn Sie vorhaben, ein Absperrgitter zu verwenden. Ein paar Brutrahmen oberhalb des Gitters motivieren die Bienen, das Absperrgitter zu überwinden und im nächsten Kasten weiter unten zu arbeiten, wenn Sie die Königin und den Rest der Brut unter dem Gitter belassen.

2.   Sie können Honigwaben als Futterreserve in den Stock geben, wann immer Sie wollen. So kann ich sicherstellen, dass meine Ableger nicht verhungern, ohne zu riskieren, dass sie ausgeraubt werden, was oft durch das Füttern provoziert wird und ich kann einen zu leichten Stock im Herbst aufpäppeln.

3.   Sie können ein Brutnest reinigen, indem Sie Pollen oder Honig nach oben verlegen oder ein paar Brutrahmen weiter nach oben setzen, um im Brutnest selbst Platz zu schaffen, und damit einen Schwarm zu verhindern. Wenn Ihre Rahmen aber nicht alle dieselbe Größe haben, dann können Sie diese Rahmen nicht so einfach austauschen.

4.   Sie können ein offenes Brutnest ohne Absperrgitter haben, und wenn irgendwo Brut entsteht, dann können Sie sie umlagern.

5. Sie haben nicht einen Haufen Brut in einem Rahmen, den sie nicht in Ihre Brutkammer verlagern können. Der Vorteil eines offenen Brutnests ist, dass die Königin nicht auf ein oder zwei Brutkästen begrenzt ist, sondern dass sie in drei oder vier Rahmen legen kann, vielleicht nicht unbedingt in tiefen, aber in mittleren Rahmen.

Ich habe alle meine Rahmen von tief auf mittel umgebaut.

Die klassische Frage, die ich hierzu gestellt bekomme, ist: „Überwintern mitteltiefe Rahmen genau so gut?". Meiner Erfahrung nach überwintern sie sogar besser, weil zwischen den einzelnen Rahmen ein besserer Austausch besteht, der durch den Abstand zwischen den Kästen ermöglicht wird. Steve von Brushy Mt. erwähnte, dass es Forschungsergebnisse gibt, die diese Aussage unterstützen, aber ich weiß nicht, wo ich sie finden kann.

Leichtere Kästen

"Freunde lassen ihre Freunde nicht tiefe Rahmen anheben" —Jim Fischer von Fischer's BeeQuick

Das Komplizierteste an der Bienenzucht für mich ist das viele Heben. Kästen, die mit Honig angefüllt sind, sind schwer. Und Kästen mit tiefen Rahmen voller Honig sind noch schwerer.

Es mag unterschiedliche Angaben dazu geben, wie viel ein Kasten voller Honig wiegt, weil das von mehreren Faktoren abhängt, aber meiner Erfahrung nach ist die folgende Tabelle eine recht gute Zusammenfassung von Kastengrößen und ihren typischen Verwendungen:

10er-Rahmen-Kasten			
Bezeichnung	Tiefe in cm	KG (voll)	Verwendung
Jumbo, Dadant tief	30	45-50	Brut
tief Langstroth	24,4	36-41	Brut, Ext
Medium, mittel, Illinois, $^3/_4$, Western	16,8	27-31	Brut, Ext, Waben
Flach	14,6 bzw. 14,7	23-27	Ext, Waben
Extra flach, $^1/_2$	12 bzw.12,2	18-23	Waben

8er-Rahmen-Kasten			
Dadant tief	29,5	36-40	Brut
Tief	24,4	29-33	Brut, Ext
Medium, mittel	16,7	22-25	Brut, Ext, Waben
Flach	19,7 bzw. 14,7	18-22	Ext, Waben
Extra flach	12 bzw. 12,2	14-18	Waben

Ext (extracted Honey) .... Schleuderhonig

Wenn Sie eine Vorstellung von den verschiedenen Rahmen bekommen wollen, aber selbst noch keinen Stock haben, dann gehen Sie einfach in ein Baugeschäft und stellen Sie zwei Kästen voller Nägel von je 45 kg aufeinander oder zwei Kästen voller Lebensmittel. Das ist in etwa das Gewicht eines vollen Kastens mit tiefen Rahmen. Nehmen Sie nun die obere Kiste und heben Sie sie an. So viel wiegt etwa ein 8er-Rahmen-Kasten mit mittleren Rahmen.

Ich kann etwa 45 kg ganz gut anheben, aber bei mehr Gewicht habe ich normalerweise danach tagelang Rückenschmerzen. Die vielseitigste Rahmengröße ist mittel; ein Kasten voll von acht mittleren Rahmen wiegt etwa 45 kg.

Ich habe also zunächst alle meine tiefen Rahmen in mittlere umgewandelt. Das war eine deutliche Verbesserung, wenn ich an die tiefen honiggefüllten Rahmen zurückdenke, die ich hin und wieder anheben musste. Ich fand es immer noch anstrengend, 25kg-Kästen hochzuheben, deshalb habe ich meine 10er-Rahmen-Kästen auf Kästen mit 8 mittleren Rahmen verkleinert und bin davon begeistert. Sie haben ein Gewicht, das sich leicht auch öfter anheben lässt, ohne dass einem danach eine Woche lang der Rücken schmerzt. Wenn sie noch leichter wären, könnte ich fast zwei Kästen gleichzeitig hochheben. Wenn sie etwas schwerer wären, dann würde ich doch wünschen, dass sie ein bisschen leichter wären. Ich frage mich, wie viele in die Jahre gekommene Bienenzüchter ihre Bienen aufgeben mussten, weil sie vom

Anheben zu große Schmerzen bekommen haben und nicht auf die Idee kamen, dass es Alternativen dazu gibt.

Richard Taylor schreibt in *The Joys of Beekeeping*:

"...niemand hat einen unzerbrechlichen Rücken und jeder Bienenzüchter wird irgendwann älter. Wenn er richtig voll ist, dann wiegt auch ein flacher Rahmen schwer, 18 kg oder mehr. Tiefe Rahmen sind, wenn sie voll sind, praktisch vom Gewicht her nicht mehr handhabbar."

Ich werde oft gefragt, was der Nachteil von acht mittleren Rahmen ist. Ich kenne eigentlich nur einen:

8 mittlere Rahmen gegenüber 10 tiefen Rahmen = 1,78 mal so viel Startinvestition in Kästen (man bezahlt USD 64 für vier Kästen mit je acht mittleren Rahmen gegenüber USD 36 für zwei tiefe Kästen incl. Rahmen.)

USD 512 gegenüber USD 288 für acht /vier Kästen.

Zusätzlich Abdeckungen und Böden (in beiden Fällen   USD 20)

USD 532 gegenüber USD 308 = 1,73 mal mehr oder USD 224

100 Stöcke zu je USD 224 = USD 22 400, die dann zu Ihre erste Rücken-OP dienen könnten.

Oft höre ich dann die Frage: „Überwintern sie denn genauso gut?" und ich kann nur sagen, dass sie meiner Erfahrung nach sogar besser überwintern, weil die Cluster besser in die Kästen passen und Sie nicht ganze Rahmen voller Honig draußen lassen, wie das bei Stöcken mit 10er-Rahmen-Kästen üblich ist.

Ein weiterer großer Vorteil ist, dass Sie bei einer Teilung einen Kasten anstelle eines Rahmens als eine Einheit behandeln können.

Sie können im Band III *Leichtere Kästen* mehr dazu lesen, wie man Kästen verkleinert.

Horizontalstock

Wie wäre es, wenn alle Stöcke sich auf ein und derselben Höhe befänden, um noch weniger anheben zu müssen?

Ich habe derzeit 9 Horizontalstöcke, die sehr gut funktionieren. Es braucht nur ein paar kleinere Anpassungen, um sie zu bearbeiten, aber die Grundprinzipien funktionieren genauso. Sie können eben einfach nur nicht die Kästen untereinander versetzen, sondern nur die Rahmen. Aber Sie können auf einen langen Stock Oberaufsätze setzen.

Ich habe ein paar tiefe Rahmen geerbt und hatte selbst schon Dadant tiefe Rahmen und so bin ich zu meinen drei tiefen Horizontalstöcken (25 cm), gekommen, einem horizontalen Dadant tiefen Stock (30 cm), vier mittlere Horizontalstöcke und einen Kenia-Oberladerstock.

Ich frage mich, wie viele ältere Bienenzüchter, die ihre Stöcke aufgeben mussten, ein paar davon hätten behalten können, ohne sich zu verletzen oder zu überarbeiten.

Wie viele kommerzielle Züchter könnten durch derartige Vorrichtungen ihre Arbeit reduzieren.

Und wie viele Hobbyzüchter könnten sich das Leben einfacher machen, indem sie viel weniger heben müssen. Mehr Details dazu in Band III im Kapitel *Leichtere Ausrüstung*.

Oberladerstock

Dies ist eine weitere Methode, um Arbeit zu sparen. Wie wäre es, wenn Sie nicht einmal Rahmen bauen bräuchten oder keine Kunstwaben einfügen müssten, sondern einfach nur Tragleisten. Ein einziger langer Kasten anstelle von drei separaten? All dies sind Vorteile eines Horizontalstocks. Außerdem haben Sie es mit ruhigeren Bienen zu tun, weil Sie immer nur mit einem oder zwei Rahmen gleichzeitig arbeiten, anstatt zehn. Lesen Sie im Band III Oberladerstöcke mehr Einzelheiten nach.

Rahmen ohne Kunstwaben
Rahmen ohne Kunstwaben herstellen

Sie können ganz einfach den Keil einer Tragleiste herausbrechen, ihn seitlich drehen und dann ankleben und annageln. Oder Sie verwenden Eisstiele oder Malerstöckchen für die Kerben. Oder Sie schneiden ganz einfach die alten Waben aus einer bezogenen Wachswabe und ziehen eine Leiste am oberen Ende oder ringsherum.

Sie können ein Dreieck aus einer Ecke eines 2 cm Brettes schneiden und erhalten ein Dreieck, das an seiner lange Seite 2,7 cm misst. Oder Sie kaufen Vorlagen für Schrägkanten, die Sie dann zuschneiden können. Sie können diese dann an der Unterseite einer Tragleiste festkleben oder –nageln und damit einen Zipfel schaffen, an dem sich die Bienen anhängen können. Sobald Sie die

Rahmen so ausgestattet haben, brauchen Sie kein Leitwachs oder künstliche Waben mehr. Sie können auch einfach einen 45-Grad-Winkel auf jeder Seite der Tragleiste schneiden, bevor Sie den Rahmen zusammensetzen.

Außerdem können Sie leere Rahmen zwischen schon bezogene Rahmen stellen oder Sie stellen Rahmen mit einer obersten Reihe an Restzellen an der Tragleiste überall dorthin, wo Sie sonst Kunstwaben einsetzen würden.

Wie viel Zeit verbringen Sie damit, Kunstwaben einzubauen, sie zu verdrahten, sie auseinanderzunehmen, weil sie durchgehangen oder zerdrückt sind oder sich aus dem Rahmen gelöst haben?

Ich verbringe damit kaum Zeit, weil ich fast nur Rahmen ohne Kunstwaben verwende.

Bislang haben wir noch nicht einmal über die Kosten gesprochen, die Kunstwaben bedeuten, insbesondere bei kleinzelligen Kunstwaben.

Mir erspart es einfach eine Menge Arbeit.

Ich kann trotzdem meine Rahmen schleudern oder Stückhonig daraus produzieren.

Ich verdrahte meine Rahmen nicht, aber Sie können das gern tun.

Sie finden weitere Einzelheiten im Kapitel *Ohne Kunstwaben.*

Keine Chemikalien/kein künstliches Futter

Keine Chemikalien mehr zu benutzen erspart eine Menge Arbeit und Probleme. Alle Rahmen sind „sauber", deshalb brauchen Sie sich keine Sorgen um Rückstände zu machen. Wenn Sie nur Honig füttern, dann werden Sie auch nur Honig finden, und Sie brauchen sich nicht zu fragen, ob vielleicht irgendwo Sirup im Stock ist, sondern können den Honig einfach abernten, egal in welchem Teil des Stocks Sie ihn finden.

Außerdem brauchen Sie keinen Fumidil-Sirup anrühren und die Bienen mit Terramycin einstäuben, sie mit Menthol behandeln oder Fettplätzchen einzulegen, mit FGMO zu nebeln, Schnüre zu drehen und Ameisensäure verdampfen. Stellen Sie sich vor, wie viel Zeit Sie sparen und wie viel sauberer die Bienen sein werden!

Ich denke, dass eine natürliche Zellgröße zumindest dafür eine Voraussetzung ist, keine Behandlungen mehr für Varroamilben einsetzen zu müssen.

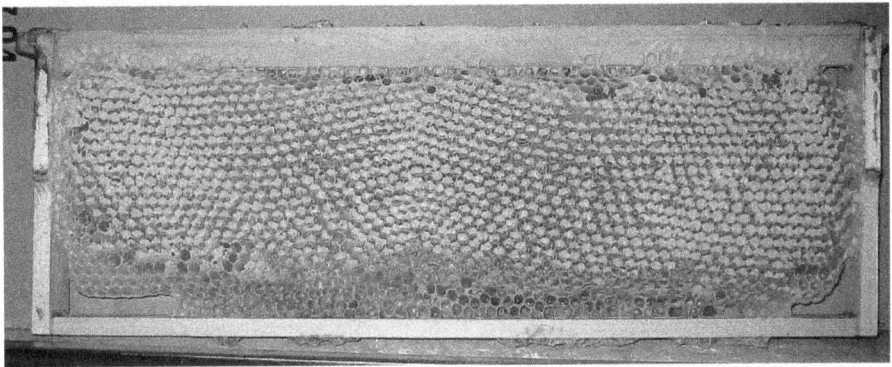

Lassen Sie Honig als Wintervorrat übrig

Statt die Bienen zu füttern, sollten Sie ihnen einfach genug Honig als Vorrat im Stock lassen. Sie sparen sich das Honigschleudern. Sie brauchen keinen Sirup anrühren und Sie brauchen die Bienen im Winter nicht zu füttern.

Aber es gibt auch noch andere Vorteile:

"Es ist bekannt, dass eine unausgewogene Ernährung für Krankheiten anfällig macht. Scheint es da nicht logisch, dass ein exzessives Füttern von Zucker die Bienen anfälliger für die Amerikanische Faulbrut und andere Bienenkrankheiten macht? Es ist bekannt, dass die Amerikanische Faulbrut stärker im Norden auftritt als im Süden. Warum? Liegt es nicht etwa daran, dass den Bienen im Norden mehr Zucker gefüttert wird, während die Bienen hier im Süden die Gelegenheit haben, fast das ganze Jahr über Nektar zu sammeln, wodurch es nicht mehr nötig

ist, ihnen Sirup zu geben?"—Better Queens, Jay Smith

Natürliche Zellgröße

Sie können das mit kunstwabenlosen Rahmen oder mit Oberladerstöcken erreichen, aber der „Nebeneffekt" , oder das, was Sie eigentlich suchen, ist nicht nur, sich Arbeit zu ersparen, weil Sie kein Wachs mehr verdrahten müssen oder in Kunstwaben investieren müssen, sondern auch die Varroamilben unter Kontrolle zu bekommen. Wenn Ihre Varroazählungen über Jahre stabile niedrige Ergebnisse erzielen, dann können Sie das Thema Varroa sogar ganz abhaken. Ich habe das geschafft.

Es ist wirklich angenehm, sich einfach nur um die Bienen zu kümmern statt um Milben.

Im Kapitel *Natürliche Zellgröße* finden Sie weitere Infos.

Schubkarren

Meinem Rücken haben die Karren sehr geholfen. Mein Hauptstandort befindet sich hinter der Wiese an meinem Haus. Kästen umherzuschleppen, egal ob leer oder voll, ist viel Arbeit und es lohnt sich kaum, die Kästen ins Auto zu laden, um von den Stöcken zu meinem Haus zu kommen oder andersherum. Aber zum Tragen ist die Entfernung zu groß. Ich habe deshalb drei Karren gekauft, die sehr nützlich sind. Hauptsächlich nutze ich zur Zeit die von Mann Lake und Walter T. Kelley.

Ich habe die Karren sowohl von Mann Lake als auch von Brushy Mt. etwas umgebaut, weil die Kästen durch das Rütteln aus den Karren fallen würden; außerdem war die von Mann Lake etwas zu hoch, sodass ich sie etwas tiefer gesetzt habe, um die Arme nicht zu sehr anheben zu müssen. Die von Brushy Mt brauchte außerdem einen Rahmen (damit die Kästen nicht herausfallen) und einen Stopp-Bolzen, damit ich den Karren auch leer umherschieben kann. Mehr Infos im Kapitel Schubkarren.

Lassen Sie Wirrbau zwischen den Kästen stehen

"Manche Bienenzüchter nehmen jeden Stock auseinander und kratzen alle Rahmen ab, was sinnlos ist, weil die Bienen sowieso bald wieder alles so zusammenkleben, wie es vorher war" — The How-To-Do-It book of Beekeeping, Richard Taylor

Dieser Rat hilft den Bienen, gibt Ihnen die Gelegenheit, Varroamilben auf Drohnenpuppen zu kontrollieren, und erspart Ihnen Arbeit. Lassen Sie den Wirrbau, der vom Boden eines Rahmens bis zum oberen Ende des darunterliegenden Rahmens geht, einfach stehen. Natürlich wird er auseinanderbrechen, wenn

Sie die Rahmen auseinandernehmen, aber er bildet auch eine schöne Leiter für die Königin, wenn sie von einem Rahmen zum anderen klettern will. Außerdem bauen die Bienen oft Drohnenwaben zwischen die Rahmen, und wenn Sie sie öffnen, dann können Sie die Drohnenpuppen beobachten und feststellen, ob sie vielleicht von Vorroamilben befallen sind (Sie sollten gezielt danach suchen).

Hören Sie auf, Schwarmzellen wegzuschneiden

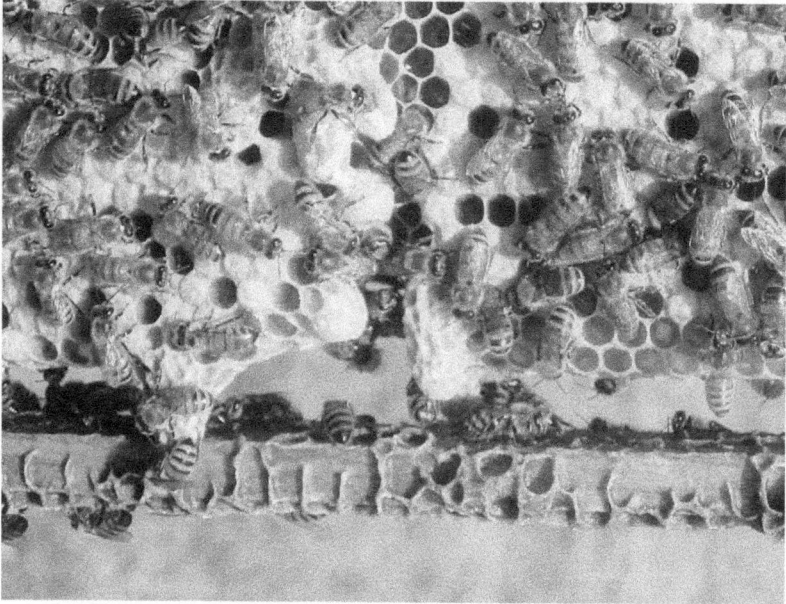

Ich habe verschiedene Bücher gelesen und mich an diesen Satz gehalten, als ich jung, unerfahren und dumm war. Aber die Bienen haben mir bald gezeigt, dass es eine absolute Zeitverschwendung ist. Wenn die Bienen beschlossen haben, zu schwärmen, dann können Sie sie entweder aufteilen oder jeden Rahmen, der Schwarmzellen enthält, in einen Ablegerkasten mit einem Honigrahmen geben, damit Sie ein paar Königinnen züchten können. Wenn die Bienen einmal Schwarmzellen bauen, dann habe ich es noch nie erlebt, dass sie ihre Meinung noch einmal ändern würden. Die Lösung läge daran, es gar nicht erst so weit kommen zu lassen. Die beste Kontrollmöglichkeit, die ich herausgefunden habe, ist, das Brutnest offen zu lassen und für genügend Platz in den Aufsätzen zu sorgen. Wenn das Brutnest mit Honig gefüllt ist, dann geben Sie einfach ein paar leere Rahmen dazu. Ja, leer - ohne Kunstwaben, ohne alles. Probieren Sie es. Die Bienen werden wahrscheinlich ein paar Drohnenwaben bauen - wahrscheinlich im ersten Rahmen - aber dann werden sie fleißig Arbeiterbrut vorbereiten und die Königin wird die Waben belegen, bevor überhaupt überall Waben gebaut sind. Sie werden erstaunt sein, wie schnell die Bienen das schaffen können und wie es sie vom Schwärmen ablenkt.

Hören Sie auf, Ihre Bienen zu bekämpfen

"Es gibt ein paar Regeln, die nützliche Orientierung bieten. Eine davon ist: wenn Sie ein Problem mit Ihrem Bienenstand haben, aber nicht wissen, was Sie tun sollen, dann tun Sie erst einmal gar nichts. Es wird nur selten davon schlimmer, dass man nichts tut, wohl aber durch inkompetentes Einschreiten."—The How-To-Do-It book of Beekeeping, Richard Taylor

Ich weiß nicht, wie oft ich in Bienenforen die Frage lese: „Wie schaffe ich es, dass meine Bienen dies oder jenes tun?" Sie können die Bienen überhaupt nicht dazu bewegen, irgendetwas zu tun. Letztlich tun sie das, was Bienen eben tun, egal wie sehr Sie etwas anderes versuchen. Sie können die Bienen unterstützen, indem Sie sicherstellen, dass sie alles haben, was sie brauchen, um das zu tun, was Sie möchten und indem Sie den Stock so bearbeiten, dass Sie das Schwärmen verhindern. Sie können die Bienen ablenken und sie dazu bringen, Königinnen zu produzieren und ähnliches. Aber Sie werden mehr Spaß und weniger Arbeit haben, wenn Sie aufhören zu versuchen, die Bienen zu irgendetwas zu zwingen.

Hören Sie auf, Ihren Stock einzuwickeln

"Obwohl wir es hin und wieder sogar hier im Südwesten mit außergewöhnlich harten Wintern zu tun haben, geben wir unseren Stöcken deshalb keinen besonderen Winterschutz. Wir wissen, dass Kälte, sogar extreme Temperaturen, den

Bienenvölkern nicht schaden, wenn sie gesund sind. Es scheint sogar so, dass die Kälte sich vorteilhaft auf die Bienen auswirkt."—Beekeeping at Buckfast Abbey, Brother Adam

"Ich habe nichts zum Thema Wärmezufuhr für die Bienen durch Einwickeln oder Verpacken der Stöcke geschrieben, und das mit gutem Grund. Wenn es nicht richtig gemacht wird, kann das Verpacken oder Einwickeln katastrophale Folgen haben und ein wahres Dampfgrab für die Bienen darstellen." —The How-To-Do-It book of Beekeeping, Richard Taylor

Es geht um die Angst vor dem Winter und die Bemühungen, die Bienen zu wärmen. Bienen haben Millionen von Jahren ohne Heizung und ohne Hilfe überlebt. Wenn Sie dafür sorgen, dass sie kräftig sind, genug Futter und ausreichend Belüftung haben, damit sie nicht im Wasser einfrieren, dann können Sie beruhigt sein. Sehen Sie im Frühjahr wieder nach Ihren Bienen, oder am Winterende, und nutzen Sie die Zeit um ihre Ausrüstung zu reparieren oder auszubessern.

Hören Sie auf, überall Propolis abzukratzen

"Propolis ist für Bienenzüchter nur selten ein Problem. Jede Bemühung, Ihren Stock frei von Propolis zu halten, indem Sie systematisch alles abkratzen, ist reine Zeitverschwendung." —The How-To-Do-It book of Beekeeping, Richard Taylor

Haben Sie nicht sowieso das Gefühl, dass Sie ständig eine Schlacht verlieren? Die Bienen werden Propolis einfach ersetzen. Wenn es Sie also nicht wirklich in der Arbeit behindert, dann sollten Sie sich auch nicht weiter darum kümmern.

Hören Sie auf, Ihre Ausrüstung zu bemalen

"Stöcke brauchen keine Farbe, obwohl es ihnen nicht schadet, wenn Bienenzüchter sie für das eigene Auge streichen wollen. Bienen finden leichter zu ihrem eigenen Stock zurück, wenn nicht alle Stöcke ringsherum genauso aussehen. Ich streiche meine Stöcke kaum, aber es gibt kaum zwei, die sich gleichen. Vielen sieht man an, dass sie seit Jahren in Gebrauch sind und dass sie über viele Jahreszeiten hinweg den Naturelementen ausgesetzt waren." —Richard Taylor, The Joys of Beekeeping

"Ich dachte, dass die Stöcke länger halten würden, wenn ich sie streiche, aber die längere Haltbarkeit übertrifft kaum die Kosten für die Farbe.—C.C. Miller, Fifty Years Among the Bees

Sie haben wahrscheinlich schon an den Fotos gemerkt, dass viele meiner Stöcke nicht gestrichen sind. Vielleicht gefällt das den Nachbarn oder meiner Frau nicht, aber den Bienen ist das egal. Vielleicht halten die Stöcke dadurch nicht so lang, das kann ich nicht einschätzen, weil ich vor etwa vier Jahren aufgehört habe, sie zu streichen. Sie sollten einfach an die Zeit denken, die Sie sparen.

Neulich habe ich verschiedene Ausrüstungsgegenstände gekauft, die ich so lange wie möglich in gutem Zustand erhalten möchte. Dafür habe ich sie in Bienenwachs und Harz getaucht.

Hören Sie auf, Stöcke auszutauschen

"Manche Bienenzüchter, die den Bienen weniger vertrauen als ich, tauschen regelmäßig Stöcke aus, das heißt, sie tauschen zwei Etagen in jedem Stock aus und denken, dass sie damit die Königin dazu anregen, weiter verstreut im Stock Eier zu legen. Ich bezweifele allerdings, dass das etwas bringt und ich habe seit langem beobachtet, dass man diese Planung besser den Bienen selbst überlässt. " –Richard Taylor, The Joys of Beekeeping

Meiner Meinung nach ist das Austauschen von verschiedenen Etagen sogar kontraproduktiv. Es bedeutet viel Arbeit für den Bienenzüchter und auch für die Bienen. Nach dem Tausch müssen die Bienen das Brutnest neu organisieren. Es stimmt zwar, dass Sie dadurch das Schwärmen verhindern, aber dafür gibt es auch andere Methoden. Lesen Sie hierzu im Kapitel *Schwarmkontrolle* nach.

Suchen Sie die Königin nicht

Suchen Sie die Königin nicht, wenn es nicht nötig ist. Das ist eine der Aktivitäten, die am meisten Zeit in Anspruch nehmen. Suchen Sie stattdessen nach Eiern oder offener Brut. Es kann nicht schaden, die Augen nach der Königin offenzuhalten, aber der Versuch sie zu finden, beansprucht zu viel Zeit. Dasselbe gilt bei Begattungsvölkchen. Wenn Sie einen Stock für ein Begattungsvölkchen aufteilen, und nicht nach der Königin suchen, dann können Sie zwar eventuell eine Königin verlieren, aber Sie sparen viel Zeit. Die Königin wird in diesem Fall einfach ersetzt werden. Der einzige wirkliche Vorteil darin, die Königin zu finden, liegt darin, dass Sie sich darin üben können. Aber das können Sie besser mit einem Beobachtungsstock tun.

Wenn Sie sich um die Königin Sorgen machen, dann geben Sie einen Rahmen mit Eiern und offener Brut aus einem anderen Stock dazu und lassen Sie es gut sein. Wenn die Bienen wirklich ihre Königin verloren haben, dann werden sie sich eine neue heranziehen. Sehen Sie dazu im Band I *Die Abkürzung* unter dem Punkt Wundermittel nach.

Warten Sie nicht

Es gibt viele Vorgänge, für die es ratsam ist, die Königin aus dem Stock zu entfernen und bis zum nächsten Tag zu warten, zum Beispiel wenn Sie Königinnenzellen in Ableger geben oder eine neue Königin in einen Stock einführen. Durch das Warten erhöhen Sie die Chancen auf Akzeptanz, aber in Wirklichkeit hilft es nur wenig. Wenn Sie also Zeit sparen wollen, dann warten Sie nicht bis zum nächsten Tag, wenn es nicht sein muss, sondern geben Sie die Königin gleich mit in den Stock, wenn er sowieso schon offen ist.

Füttern Sie trockenen Zucker

Nein, die Bienen werden ihn nicht so toll aufnehmen, aber wenn Sie schon füttern müssen, um die Bienen vor dem Verhungern zu retten, dann machen Sie keinen Sirup. So brauchen Sie keine Füttervorrichungen zu kaufen und sich nicht um Bienen zu sorgen, die ertrinken. Sehen Sie hierzu *Bienen füttern* für weitere Einzelheiten.

Teilen Sie die Kästen auf

Wenn Sie einen Kasten haben, der sich sehr gut entwickelt, dann sollten Sie ihn im Frühjahr teilen. Suchen Sie nicht nach der Königin und auch nicht nach Brut, sondern teilen Sie ihn einfach auf. Die unteren beiden Aufsätze sind wahrscheinlich am vollsten von Bienen und haben deshalb wahrscheinlich auch Brut. Der Erfolg hängt natürlich sehr davon ab, ob Sie einschätzen können, ob Sie Brut und genügend Vorrat in den Aufsätzen haben. Wenn Sie falsch liegen, dann wird nach einem Tag, oder etwas länger, einer der Aufsätze leer sein. Aber wenn Sie Recht haben, dann haben Sie sich eine Menge Arbeit gespart. Mit acht mittleren Rahmen (die die Hälfte von dem tragen, was in zehn tiefe Rahmen passt) ist die Wahrscheinlichkeit, dass es bei vier Kästen (entspricht zwei Kästen mit zehn tiefen Rahmen) funktioniert, zweimal so hoch. Behandeln Sie die Kästen einfach wie Karten. Stellen Sie ein Bodenbrett an jede Seite und spielen Sie „eins für dich und eins für mich", bis alles aufgeteilt ist. Schauen Sie nach einem Monat nach, ob es funktioniert hat.

Hören Sie auf, die Königin zu ersetzen

Wenn Sie den Bienen ermöglichen, selbst ihre Königin zu ersetzen, dann werden Sie Bienen züchten, die sich selbst um eine neue Königin kümmern können, und dies auch tun. Bienen in der freien Natur haben diesen Selektionsdruck sowieso. Aber Bienen, deren Königin ständig vom Züchter ausgetauscht wird, haben diesen Druck nicht mehr. Ich würde die Königin nur dann ersetzen, wenn der Stock zu kollabieren scheint und ich würde das mithilfe eines Stocks tun, der es geschafft hat, seine Königin selbst zu ersetzen.

Das bedeutet natürlich auch: Hören Sie auf, Königinnen zu kaufen. Teilen Sie Stöcke und lassen Sie die Bienen ihre eigene Königin heranziehen. Auf diese Weise züchten Sie Bienen, die gut an Ihr lokales Klima, die örtlichen Krankheiten und Schädlinge angepasst sind, und Sie tragen dazu bei, dass Krankheiten und Schädlinge, die gut angepasst sind mit Ihren Bienen koexistieren können, statt sie zu töten.

Bienen füttern

Man sollte nicht meinen, dass etwas so Simples so kontrovers diskutiert wird – und doch ist dies der Fall.

Zunächst: wann füttern Sie?

"Frage: Wann ist der beste Zeitpunkt, um Bienen zu füttern?

"Antwort: Das Beste ist, sie gar nicht zu füttern, sondern sie ihre eigenen Vorräte sammeln zu lassen. Aber wenn die Jahreszeit es nicht zulässt, und das passiert nun mal gelegentlich an vielen Orten, dann müssen Sie füttern. Der beste Zeitpunkt ist, sobald Sie merken, dass die Bienen Futter für den Winter brauchen, also im August oder September. Oktober funktioniert auch noch. Sie können auch im Dezember noch füttern, wenn ansonsten Ihre Bienen verhungern würden." —
C.C. Miller, A Thousand Answers to Beekeeping Questions, 1917

Es gibt viele Gründe, das Füttern möglichst zu vermeiden. Es zieht Räuber an, genauso wie Schädlinge (Ameisen, Wespen, Hornissen und andere). Es verstopft das Brutnest und löst Schwärme aus. Viele Bienen ertrinken. Und von der vielen zusätzlichen Arbeit wollen wir erst gar nicht reden. Wenn Sie mit Sirup füttern, dann wirkt sich das auf den pH-Wert der mikrobiellen Kulturen im Stock aus und verändert den Nährwert im Vergleich zu dem, was die Bienen selbst an Futter gesammelt hätten.

Manche Leute füttern das erste Jahr über durchgehend. Meiner Erfahrung nach löst das oft Schwärme aus, obwohl die Bienen noch nicht stark genug sind. Manche füttern im Frühjahr, Herbst und in Hungerphasen, ganz unabhängig davon, wie es um die Vorräte bestellt ist. Andere wiederum glauben gar nicht ans Füttern. Manche stehlen den kompletten Honig im Herbst und versuchen dann, den Bienen im Winter wieder genug zurück zu füttern.

Solange es Nektartracht gibt und die Bienen verdeckelte Vorräte haben, füttere ich nicht. Nektarsammeln ist das, was Bienen natürlicherweise machen, deshalb sollten sie dazu auch ermuntert werden. Wenn der Stock sehr leicht ist, füttere ich im

Frühjahr, weil die Bienen keine Brut aufziehen werden, wenn sie nicht genügend Vorräte haben. Ich füttere auch im Herbst, wenn der Stock leicht ist, aber ich versuche dabei immer, ihnen nicht zu viel Honig wegzunehmen. In manchen Jahren gibt es keine gute Herbstblüte und die Bienen sind kurz vorm Verhungern, wenn ich sie nicht füttere. Während einer Hungersnot oder wenn ich Königinnen heranziehen will, füttere ich manchmal, um die Bienen dazu zu bewegen, Zellen zu bauen und um die Königin dazu zu bringen, auszufliegen und sich zu paaren. Obwohl ich also versuche, das Füttern zu vermeiden, tue ich es doch häufig. Ich denke, dass nichts Schlimmes am Füttern ist, wenn Sie einen guten Grund haben, aber mein Plan ist trotzdem, es zu vermeiden und die Bienen natürlich vor sich hin leben zu lassen. Ich denke, dass Honig die beste Nahrung für die Bienen ist, aber es wäre zu viel Arbeit, ihn erst zu ernten und dann doch wieder zu verfüttern. Wenn ich füttere, dann entweder trockenen Zucker oder Zuckersirup, es sei denn ich habe Honig übrig, der sich nicht verkaufen lässt.

Falls Pollen gefüttert wird, geschieht das normalerweise im Frühjahr. Hier (Greenwood, Nebraska) wäre das etwa Mitte Februar. Ich hatte bisher noch nicht das Glück, dass die Bienen den Pollen angenommen hätten, außer während einer Hungersnot im Herbst.

Stimulierendes Füttern

In vielen Büchern wird behauptet, dass stimulierendes Füttern absolut notwendig ist, um überhaupt Honig zu produzieren. Aber viele wichtige Bienenzüchter sprechen sich dagegen aus:

"Der Leser wird inzwischen die Schlussfolgerung gezogen haben, dass stimulierendes Füttern, abgesehen davon, dass die Kunstwaben aus dem Brutnest gezogen werden, keine Bedeutung in unserem Bienenzuchtsystem hat. Das ist tatsächlich so." —Beekeeping at Buckfast Abbey, Brother Adam

"Viele schienen heutzutage zu denken, dass Brutaufzucht beschleunigt werden kann, indem man den Bienen jeden Tag eine Tasse voll verdünntem Zucker gibt; aber viele Experimente in den letzten dreißig Jahren lassen mich zu dem Schluss kommen, dass das eine falsche

Vorstellung ist, die mehr auf der Theorie als auf der praktischen Lösung des Problems basiert, indem man eine bestimmte Anzahl von Völkern innerhalb des Bienenstands aussucht und die Hälfte von ihnen füttert, während die andere Hälfte mit größerem eigenen Vorrat belassen wird. Wenn dann Ergebnisse verglichen werden, um herauszufinden, welche Gruppe die besten Voraussetzungen für die Honigernte hat, dann zeigen die Resultate, dass der Plan von „Honigmillionen im Haus" alle bekannten Stimulierungsmethoden zur Erntezeit bei Weitem übertreffen wird." —A Year's work in an Out Apiary, G.M. Doolittle.

"Wahrscheinlich ist der wichtigste Schritt, um ein Volk zu stärken – und gleichzeitig auch der von Züchtern am meisten vernachlässigte – der, sicherzustellen, dass die Stöcke im Herbst schwer sind, weil sie genügend Vorräte haben, damit sie nach dem Überwintern schon stark genug für den Frühling sind" —The How-To-Do-It book of Beekeeping, Richard Taylor

"Viele sehen das Füttern von Bienen im Frühjahr, um die Brutzucht anzuregen, inzwischen als zweifelhafte Praxis an. Das trifft besonders in den nördlicheren Staaten zu, in denen nach Wochen mit warmen Temperaturen plötzlich Kältewellen folgen. Der durchschnittliche Bienenzüchter an einem durchschnittlichen Standort wird mehr Erfolg haben, wenn er im Herbst großzügig füttert – damit es genügend Vorräte bis zur Ernte gibt. Wenn die Stöcke gut geschützt sind und die Bienen gut mit verdeckelten Vorräten versorgt sind, dann wird der Prozess der Brutzucht im Frühjahr schon auf natürlichem Weg ohne künstliche Stimulierung schnell genug vorangehen. Der einzige Umstand, der ein Füttern ratsam macht, ist Nektarmangel im Frühjahr und kurz vor der Haupternte." —W.Z. Hutchinson, Advanced Bee Culture

Meine Erfahrungen mit stimulierendem Füttern

Ich habe über die Jahre wohl jede erdenkliche Kombination ausprobiert und bin zu dem Schluss gekommen, dass das Wetter das Element ist, dass den Erfolg oder Misserfolg von stimulierendem Füttern bestimmt. In manchen Jahren scheint es mir zu helfen, in anderen Jahren hingegen regt es die Bienen an, zu früh zu viel Brut heranzuziehen, was bei einem plötzlichen Kälteeinbruch katastrophal ist, oder es entsteht zu viel Feuchtigkeit im Stock in dieser komplizierten Zeit zum Winterende, wenn ein Frost noch sehr wahrscheinlich ist. Wirklich beeindruckende Ergebnisse erzielen Sie mit dem Füttern, wenn Sie einen Stock haben, dessen Vorräte kaum wiegen. Aber es scheint immer noch die bessere Methode zu sein, etwas mehr von den Vorräten übrig zu lassen, damit ich in meinem Klima möglichst früh Brut habe. Hier im Norden ist nicht nur das Füttern an sich schwierig, sondern es ist auch problematisch, die Folgen vorauszusagen, die von katastrophal bis hin zu erstaunlich reichen können. Die Bienenzucht wird durch so viele Variablen beeinflusst, dass ich nicht noch weitere Komplexitäten schaffen möchte.

Ich werde mich also auf meine Erfahrung mit stimulierendem Füttern beziehen und im Moment die Diskussion Honig oder Zucker außen vor lassen.

Ich habe sowohl sehr dünnen (1:2), dünnen (1:1), mitteldicken (3:2) als auch dickflüssigen (2:1) Sirup zu jeder Jahreszeit gefüttert, aber um es etwas zu vereinfachen, werde ich mich im Folgenden auf das Frühjahr beziehen.

Ich sehe im Bezug auf das Mischverhältnis keinen Unterschied in den Ergebnissen. Die Bienen werden alles aufsaugen, wenn es warm genug draußen ist - und das ist es hier selten zu Frühlingsbeginn oder zum Herbstende - und es wird sie manchmal dazu anregen, Brut heranzuziehen, wenn es ihrem Verstand nach der richtige Zeitpunkt ist, es so früh zu tun.

Um es noch weiter zu vereinfachen, lassen Sie uns nur darüber reden, ob man Sirup füttern soll oder nicht.

Im nördlichen Klima ist es schwierig, die Bienen dazu zu bringen, Sirup am Frühlingsanfang anzunehmen:

Wenn Sie in meinem Klima versuchen, egal welche Art von Sirup am Winterende oder am Frühlingsanfang an die Bienen zu verfüttern, dann werden die Bienen normalerweise das Futter nicht annehmen, weil der Sirup nicht über 10° C warm ist. Nachts liegen die Temperaturen um den Gefrierpunkt oder noch darunter. Auch tagsüber kommen die Temperaturen nicht über den Gefrierpunkt, und selbst wenn sie etwas ansteigen, dann ist der Sirup immer noch von der Kälte der Nacht auf 0º C. Zunächst einmal funktioniert es also generell kaum, Sirup am Winterende oder am Frühlingsanfang zu verfüttern, weil die Bienen ihn nicht annehmen werden.

Die Nachteile, wenn es doch klappt:

Wenn Sie doch Glück haben und es einmal lange genug warm bleibt, dass der Sirup sich genügend erwärmt und die Bienen ihn fressen, dann bringen Sie sie dazu, eine Menge neue Brut heranzuziehen, etwa Ende Februar oder Anfang März. Dann kommt eine unerwartete Kältefront mit Minustemperaturen, die mehrere Wochen anhält, und alle Ihre Stöcke, die Sie zur Brutzucht angeregt haben, rackern sich zu Tode, um die Brut zu retten. Sie sterben, weil sie die Brut nicht aufgeben werden und weil sie sie nicht warm halten können, aber die Bienen werden es trotzdem versuchen. So eine Kältefront mit Minustemperaturen kann bei uns noch jederzeit bis Ende April auftauchen, so hatten wir zum Beispiel im vergangenen Jahr, wie fast der ganze Rest des Landes, eine Kältefront noch Mitte April. Die niedrigsten Temperaturen, die wir hier, im wärmsten Teil von Nebraska, Mitte Februar erleben, liegen bei -31º C, im März bei -28º C. Im April liegen sie bei -8º C und im Mai bei -4º C. Frost ist auch im Mai noch häufig. Ich habe schon Schneestürme am ersten Mai erlebt. Deshalb bezweifle ich nicht nur die Effektivität von Sirup, sondern auch, wenn Sie es erreichen, dass Ihre Bienen den Sirup fressen, den Sinn darin, Brut vor der normalen Zeit heranzuziehen. Selbst wenn es Ihnen gelingt, bringen Sie die Bienen aus dem Gleichgewicht ihres natürlichen Umfeldes.

Das Ergebnis ist offen

Sie können in einem Jahr völlig andere Ergebnisse beobachten als im darauffolgenden. Wenn sich Ihr Einsatz auszahlt, und Sie die Bienen dazu bewegen können, im März schon Brut heranzuziehen, und Sie es auch schaffen, sie davon abzuhalten, im April oder Mai auszuschwärmen (was ich bezweifle), dann müssen Sie nur noch hoffen, dass keine Kältefront mehr vorbeikommt, um Ihre Stöcke zu töten, oder dass sie es bis dahin geschafft haben, stark genug zu sein, um den Frost zu überstehen. Wenn Sie es dann schaffen, die Bevölkerung bis zur Tracht Mitte Juni genauso groß zu halten, dann haben Sie vielleicht eine tolle

Ernte. Aber wenn Ihre Bienen im März Brut heranziehen, und die meisten von ihnen durch einer wochenlangen Kältefront sterben, dann sieht Ihre Ernte natürlich anders aus.

Bei anderen Klimaverhältnissen kann die Situation völlig anders sein. Wenn Sie an einem Standort leben, an dem Minusgrade gar nicht auftreten, und die Trauben nicht wegen der Kälte an der Brut hängen bleiben und nicht zu den Vorräten gelangen können, dann mögen die Ergebnisse von stimulierendem Füttern berechenbarer und möglicherweise auch sehr viel positiver sein. Aber es kann genauso passieren, dass die zu frühe Brutzucht die Bienen dazu anregt, schon vor der Tracht auszuschwärmen.

Trockener Zucker:

Trockener Zucker ist kein gutes Futter für den Frühling, es sei denn, er ist noch vom Winter übrig. Meiner Erfahrung nach ist es ein großer Unterschied, ob man Zucker im Winter oder im Frühling füttert. Die meisten Stöcke fressen den Zucker im Winter auf, einige fressen zumindest den Hauptteil.

Sie konnten brüten, wenn sie mit Zucker gefüttert wurden und sie konnten ihn fressen, obwohl es kalt war. Sie stürzen sich nicht gleich über den Zucker her und sie brüten auch nicht in Massen, aber ich finde das vorteilhaft. Ein langsames Wachsen durch Vorräte, die sie auch bei Kälte nutzen können, ist für das Überleben der Bienen hilfreicher als ein großer Wachstumsschub, der ihnen bei einer langen Frostperiode zum Verhängnis werden kann, weil sie sich bei Frost nicht von Sirup ernähren können.

Art der Füttervorrichtung:

Ich gebe zu, dass auch die Art der Füttervorrichtung eine Rolle spielt. Ein Oberladerfütterer nutzt Ihnen zu Frühlingsbeginn nichts. Der Sirup ist selten warm genug, als dass die Bienen ihn fressen könnten. Beutelfütterer über der Traube scheinen besser zu sein, weil die Bienen besser an das Futter gelangen können, genauso wie im Fall von trockenem Zucker. Ein Rahmenfütterer, obwohl ich sie nicht so mag, ist deutlich besser als ein Oberladerfütterer, aber nicht so gut wie ein Beutelfütterer.

Für mein Klima ist jeder Fütterer zu weit entfernt von den Trauben und wird erst dann etwas bringen, wenn das Wetter beständig über 10° C liegt. Aber zu dem Zeitpunkt blühen auch schon Obstbäume und Löwenzahn, sodass das Füttern unwichtig wird.

Eventuell ist es möglich, den Bienen Ende März oder Anfang April etwas Sirup durch den Beutelfütterer oder mit einem Glas oder Eimer zu verabreichen, wenn Sie den Sirup regelmäßig erwärmen, falls alles andere nicht funktionieren sollte.

Zweitens: was sollten Sie füttern?

Ich ziehe es vor, den Bienen Honig übrig zu lassen. Manche Züchter denken, man sollte den Bienen sogar ausschließlich Honig füttern. Aus der Perspektive eines Perfektionisten halte ich das für eine gute Idee. Aber aus praktischen Gründen gestaltet es sich als schwierig. Zum einen zieht Honig Räuber noch viel mehr an als Sirup. Zum anderen verdirbt Honig viel schneller, wenn ich ihn mit Wasser mische und ich verschwende nicht gern Honig. Außerdem ist Honig sehr teuer - egal ob Sie ihn extra kaufen oder einen Teil von Ihrem eigenen Honig eben nicht verkaufen - und es ist arbeitsaufwändig, ihn aus den Stöcken zu holen. Es scheint mir nicht richtig, sich erst die Mühe zu machen, den Honig aus den Stöcken zu holen, um ihn dann einfach wieder zurück zu füttern. Da ziehe ich es vor, etwas mehr Honig im Stock zu lassen und mir im Gegenzug von einem stärkeren Stock etwas mehr abzuzweigen, anstatt die Bienen zu füttern. Aber wenn unbedingt gefüttert werden muss, dann gebe ich meinen Bienen alten oder kristallisierten Honig, wenn ich welchen habe, und ansonsten Zuckersirup.

Pollen

Dann gibt es natürlich noch Pollen und Pollenersatz. Für die Bienen ist richtiger Pollen gesünder, aber der Ersatz ist billiger. Ich versuche, nur richtigen Pollen zu füttern, aber manchmal kann ich es mir nicht leisten und steige dann auf eine Mischung aus 50:50 zwischen richtigem Pollen und Pollenersatz um. Wenn Sie nur Pollenersatz füttern, dann werden Sie sehr kurzlebige Bienen bekommen. Bei einer Mischung von 50:50 merke ich keinen Unterschied, aber trotzdem ist natürlich 100% reiner Pollen das Beste.

Drittens: wie viel füttern Sie?

Am besten erkundigen Sie sich bei anderen Bienenzüchtern in Ihrer Gegend, wie viel Vorrat die Bienen brauchen, um durch den Winter zu kommen. Hier brauche ich bei einer großen Traube Italienischer Bienen einen Stock, der etwa 45 bis 68 kg wiegt. Bei Carnica-Bienen sollte der Stock bei 34 bis 45 kg liegen. Bei eher wilden und sparsamen Bienen kann der Stock auch zwischen 23 und 35 kg wiegen. Aber es ist immer besser, etwas zu viel als etwas zu wenig zu haben.

Viertens: wie füttern Sie?

Zum Thema, wie man Bienen füttert, gibt es mehr Optionen und Methoden als in jedem anderen Bereich der Bienenzucht. Ich habe eine Hassliebe zu dem Thema Füttern an sich, deshalb sollte es Sie nicht überraschen, dass ich eine ähnliche Einstellung zu den meisten Füttermethoden habe.

Was bei der Auswahl des Fütterers zu beachten ist:

Wie viel Arbeitsaufwand bedeutet der Fütterer? Muss ich mir zum Beispiel die Schutzkleidung anziehen? Muss ich den Stock öffnen? Die Deckel abheben? Die Kästen bewegen? Wie viel Sirup passt in den Fütterer? Wie oft muss ich zu meinem Stand fahren, um die Fütterer für den Winter vorzubereiten? Mit anderen Worten: einen Fütterer, der 20 Liter Sirup fassen kann, muss ich einmal auffüllen. Wenn er aber nur 5 oder 10 Liter fassen kann, dann muss ich ihn entsprechend häufiger füllen.

Funktioniert der Fütterer für die Bienen auch dann, wenn es draußen kalt ist? Bei warmen Temperaturen funktionieren die meisten Fütterer. Aber nur wenige funktionieren bei kalten Temperaturen ab 10º C und bei dauerhafter richtiger Kälte funktioniert letztlich keiner mehr.

Was kostet der Fütterer? Manche sind ziemlich teuer (ein guter Oberladerfütterer kostet zwischen 20 und 40 USD pro Stock und andere sind recht günstig (der Umbau eines soliden Bodenbretts in einen Fütterer kostet etwa 25 Cent pro Stock).

Zieht der Fütterer Räuber an? Bordman-Fütterer zum Beispiel sind genau dafür bekannt.

Können die Bienen im Fütterer ertrinken? Kann das irgendwie vermieden werden? Bei Rahmenfütterern passiert es häufig, weshalb die meisten Bienenzüchter Schwimmkörper oder eine Leiter einbauen, um den Bienen zu helfen. Bei Bodenbrettfütterern haben Sie dasselbe Problem.

Ist es schwer, am Stock zu arbeiten, wenn der Fütterer angebracht ist; ist er beim Arbeiten im Weg? Ein Oberladerfütterer muss zum Beispiel abgenommen werden, um an den Stock ranzukommen, wobei er viel spritzt und schwappt.

Ist es schwer, den Fütterer zu reinigen? Das Futter wird irgendwann schlecht und die Fütterer fangen an zu schimmeln. Auch wenn die Bienen in den Fütterern ertrinken, müssen sie regelmäßig sauber gemacht werden.

Verschiedene Modelle von Fütterern
Rahmenfütterer

Es gibt viele verschiedene Rahmenfütterer. Früher wurden sie aus Holz hergestellt, später aus Plastik. Viele Bienen ertranken in diesen Modellen. Die neueren sind meistens aus schwarzem Plastik, das an den Seiten aufgeraut ist, um als Leiter zu funktionieren. Wenn Sie Schwimmkörper oder Maschendraht einsetzen, ist das noch besser, denn weniger Bienen werden ertrinken. Die Fütterer nehmen mehr Platz ein als ein Rahmen, etwa die Breite von anderthalb Rahmen, weshalb sie nicht gut in die Kästen passen. Sie sind in der Mitte breiter als an den Rändern. Bei Brushy Mt. gab es eine zeitlang einen Fütterer, der aus Masonit gemacht war, und der kleinere Zugänge sowie eine eingebaute Maschendrahtleiter hatte. Außerdem war dieses Modell nur so breit wie ein Rahmen und war in der Mitte nicht ausgedellt. Bei Betterbee gibt es eine ähnliche Version aus Plastik. Ich habe solche Fütterer noch nie benutzt, aber die Probleme, von denen ich öfter höre, sind, dass die Henkel zum Einhängen zu kurz sind und sie deshalb oft aus der Halterung fallen. Wenn die Fütterer richtig gemacht werden würden, dann könnten sie auch als Trennbrettfütterer funktionieren, aber dafür müssten sie den Stock in zwei Teile trennen können und für beide Seiten einen getrennten Eingang haben. Manche Züchter bauen solche Trennbrettfütterer auch selbstvund nutzen sie, um aus einem 10er-Rahmen-Kasten zwei 4er-Rahmen-Ableger mit einem gemeinsamen Fütterer zu machen.

Boardman-Fütterer

Sie werden in allen Anfängersets mitgeliefert. Sie werden am Eingang befestigt und enthalten ein umgedrehtes Marmeladenglas. Ich würde das Glas behalten und den Fütterer an sich wegwerfen. Diese Art von Fütterern ist bekannt dafür, dass sie Räuber anziehen. Sie sind zwar einfach zu überprüfen, aber sie müssen die Bienen abschütteln und das Glas öffnen, um es auffüllen zu können.

Glas-Fütterer

Ein umgestülptes Gefäß. Sie funktionieren nach demselben Prinzip wie ein Wasserkühler oder umgedrehte Behälter, in denen die Flüssigkeit durch das Vakuum gehalten wird (oder für die technisch Versierteren: durch den Luftdruck von außen, der nach innen drückt). Beim Bienenfüttern können Sie ein normales Liter-Glas nehmen, einen Farbeimer mit Löchern, einen Plastikeimer mit Deckel oder eine Literflasche etc.

Das Behältnis muss nur eine Möglichkeit haben, es über den Bienen zu befestigen und ein paar kleine Löcher beinhalten, damit der Sirup herausfließen kann. Die Vorteile hängen davon ab, wie das Gefäß befestigt ist und wie groß es ist. Wenn 4 oder mehr Liter hineinpassen, dann brauchen Sie es nicht so oft auffüllen. Wenn das Gefäß nur einen Liter fasst, dann müssen Sie häufiger nachfüllen. Wenn sich die Temperatur stark verändert, dann laufen diese Gefäße oft aus und ertränken oder gefrieren die Bienen. Diese Fütterer sind normalerweise günstig und es ertrinken hierin weniger Bienen als in den Rahmenfütterern, außer wenn das Glas ausläuft. Wenn Sie die Löcher mit Maschendraht abdecken, können Sie vermeiden, dass Bienen in das Behältnis krabbeln können.

Miller-Fütterer

Nach C.C. Miller benannt; es gibt verschiedene Varianten. Alle werden an der Oberseite des Stocks angebracht und müssen sehr dicht verschlossen werden, damit keine Räuber auf sie krabbeln und im Sirup ertrinken können. Manche diese Fütterer sind komplett für Bienen zugänglich, andere haben einen eingeschränkten Zugangsbereich, der so abgegrenzt ist, dass die Bienen nur so viel Platz haben, dass sie an den Sirup gelangen können. Der Eingang ist bei manchen an einem Ende, bei manchen an beiden und manchmal über die Rahmen verteilt. Das hat verschiedene Vorteile: man braucht nur einen Bereich aufzufüllen (bei einem Eingang), oder die Bienen haben besseren Zugang (wenn der Eingang in der Mitte ist oder wenn er über die Rahmen verteilt ist). Je größer diese Fütterer sind, desto mehr Sirup können sie speichern, aber desto weniger werden sie auch genutzt, wenn es kalt wird. Manche können bis zu 20 Liter Sirup aufnehmen (das ist bei warmem Wetter toll, wenn Sie einen Außenbienenstand haben, aber nicht so praktisch, wenn es nachts kalt wird). In andere Fütterer passen nur ein paar Liter. Bei kaltem Wetter werden die Bienen besser mit einem Fütterer klarkommen, der flach ist und den Eingang in der Mitte hat als mit einem, der tief ist und bei dem der Eingang an einem der Enden liegt. Der Schnellfütterer funktioniert nach einem ähnlichen Konzept, aber er ist rund und bedeckt die Innenverkleidung. Der größte Nachteil ist vermutlich, dass man ihn abbauen muss, um am Stock arbeiten zu können. Das ist besonders unpraktisch, wenn der Fütterer voll ist. Der größte Vorteil ist, dass diese Fütterer sehr viel Sirup speichern können und (wenn die Löcher mit Maschen bedeckt sind) sie wieder aufgefüllt werden können, ohne dass man sich Schutzkleidung anziehen muss oder die Bienen unterbrechen muss.

Bodenbrettfütterer
Jay-Smith-Bodenbrettfütterer

Hierbei wird einfach ein Damm aus einem Holzstück von 2 cm mal 2 cm gebaut, der an der Hinterseite des Stock angebracht wird und damit die Rahmen auf Abstand hält. Dadurch entsteht hinten eine Lücke. Mit einem kleinen Brett an der Rückseite können Sie verhindern, dass eine Öffnung des Stocks entsteht. Die Bienen können immer noch durch den Vordereingang raus und rein. Das Bild wurde aus der Position aufgenommen, in der man hinter dem Stock steht und in Richtung Vorderteil des

Stocks schaut. Es ist alles leergeräumt, damit Sie sehen können, wo sich der Damm befindet. Die Ecken des Damms sind schwarz hervorgehoben und Beschriftungen sind eingefügt worden, damit Sie alles besser erkennen können. Diese Version funktioniert allerdings nicht bei einem schwachen Stock, weil sich der Sirup zu nah am Eingang befindet. Bei dieser Option ertrinken genau so viele Bienen wie bei einem Rahmenfütterer.

Jay Smith Bodenbrettfütterer

Meine Version

Unterseite des Fütterers. Der Damm schafft einen reduzierten Eingang für den Stock darunter.

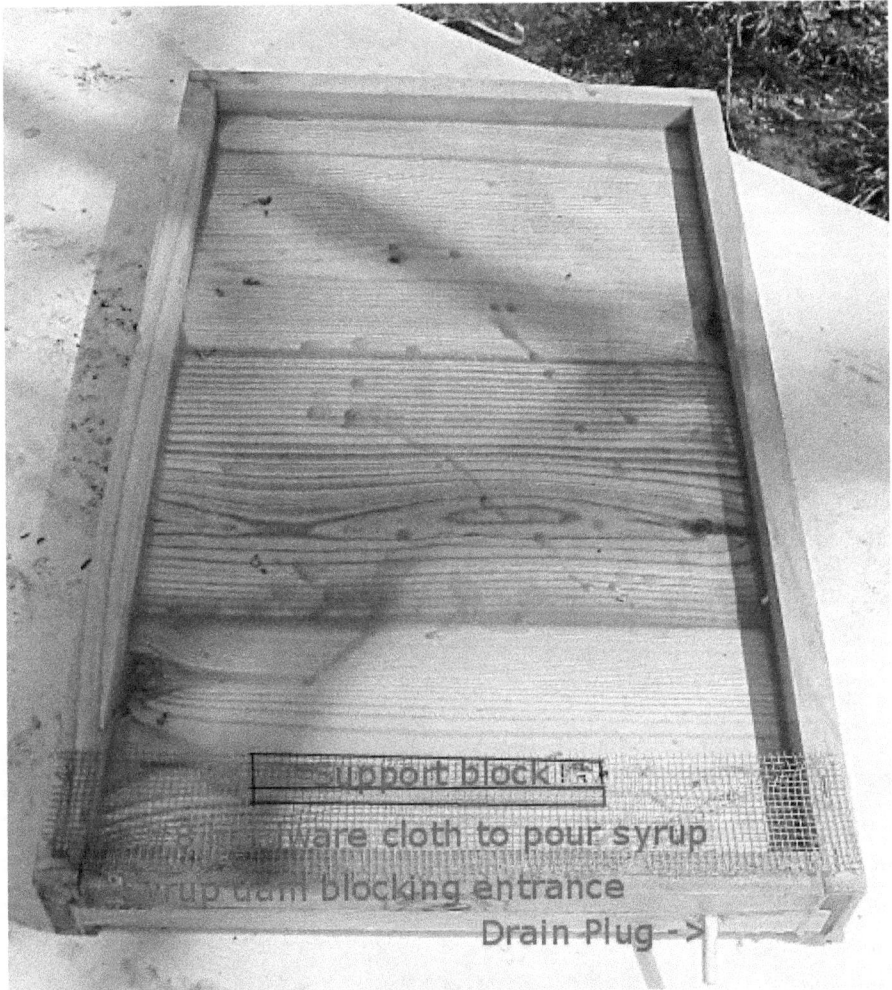

Oberseite des Fütterers. Der Damm an der Vorderseite verhindert, dass der Sirup auslaufen kann. Der Stützblock gibt dem Schweißgitter Halt, damit es nicht durchhängen kann. Das Gitter ermöglicht es, den Fütterer aufzufüllen, ohne dass Bienen herausfliegen können. Der Abflussstöpsel lässt Feuchtigkeit oder Regenwasser abfließen. Der Stöpsel ist in Wachs getränkt und die Spalten sind mit Schlauchverschlüssen gefüllt. Sie können einfach etwas Bienenwachs schmelzen und es im Fütterer verteilen, um ihn abzudichten.

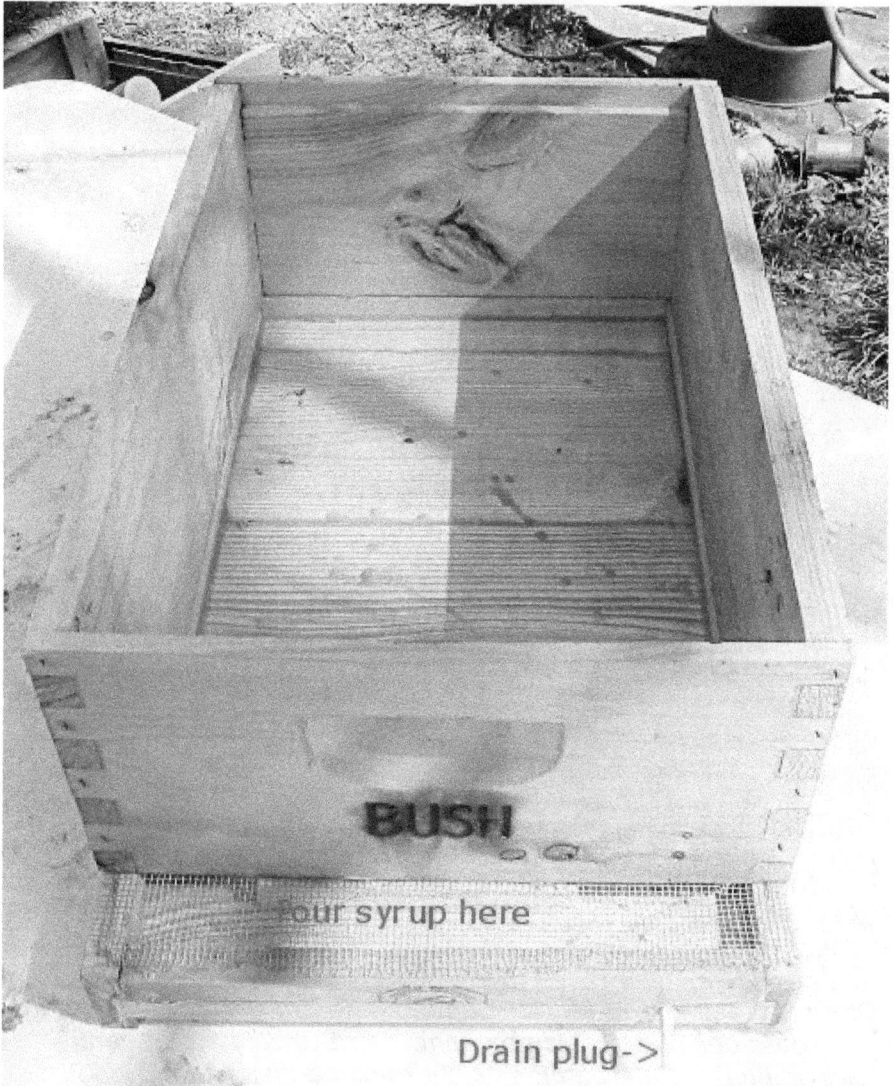

Mit einem Kasten auf dem Fütterer, damit Sie sehen können, wo der Fütterer zu füllen ist. Wenn Sie die Kästen nicht stapeln, dann ist es egal, ob Sie vorn oder hinten auffüllen. Wenn Sie aber mehrere Etagen von Kästen haben, dann füllen Sie nur vorn auf.

Etagen-Stil; Sie sehen den Eingang zum Ableger am Boden.

Etagen-Stil; mit Abdeckungen über den Fütterern, um den Hauptteil an Regenwasser abzufangen. Die Abdeckungen sind Reststreifen aus 1,5 cm dickem Sperrholz, aber anderes Material ist genauso gut. Bis jetzt sind sie noch nicht vom Wind weggeblasen worden.

Meine Variante eines Jay-Smith-Bodenbrettfütterers habe ich etwas angepasst, um einen Bodenfütterer mit einem Obereingang zu kombinieren. Sie sind aus Standardbodenbrettern von Miller Bee Supply hergestellt. Oben ist etwas Platz, etwa 1,9 cm und unten 1,4 cm. Gerade für das Überwintern ist das praktisch, weil ich etwas Zeitungspapier reinschieben kann, das mit Zucker bedeckt ist oder ich kann Pollenpasteten in den Stock schieben, ohne die Bienen zu zerquetschen. Ich hatte anfangs Sorgen, dass das Wasser kondensieren könnte, deshalb habe ich einen Ablaufpfropfen mit eingebaut, der auch dazu genutzt werden kann, schlechten Sirup ablaufen zu lassen. Durch den Bau können Sie Ableger aufsetzen und alle ernähren, ohne den Stock öffnen oder einzelne Teile umbauen zu müssen. Ich habe bislang etwa genauso viele ertrunkene Bienen gezählt wie bei herkömmlichen Rahmenfütterern. Sie müssen darauf achten, den Sirup langsam hineinzugießen und wenn die Bienen sich so tummeln, dass der ganze Boden mit ihnen bedeckt ist, sollten Sie überlegen, einen extra Kasten einzusetzen, damit der Stock nicht überfüllt wird.

Beutelfütterer

Hierbei handelt es sich einfach um wieder verschließbare Beutel, die etwa 3 Liter Sirup enthalten. Sie werden auf die Oberaufsätze gelegt und mit einer Rasierklinge an zwei oder drei Stellen aufgeschnitten (kleine Ritzen). Die Bienen saugen den Sirup aus dem Beutel, bis dieser leer ist. Sie brauchen einen Kasten, um Platz für den Beutel zu schaffen. Ein umgedrehter Miller-Fütterer oder ein leerer Aufsatz funktionieren auch. Die Vorteile liegen in niedrigen Kosten (nur für die Beutel) und darin, dass die Bienen auch bei kühlem Wetter Sirup fressen können, weil die Trauben ihn warmhalten. Nachteilig ist, dass Sie die Bienen stören müssen, um die Beutel auszutauschen und dass die alten Beutel nicht noch einmal verwendet werden können. Außerdem schaffen Sie viel zusätzlichen Platz im Stock, in den die Bienen Wirrbau setzen können.

Offener Fütterer

Das sind einfach nur große Behältnisse mit Schwimmkörpern wie Stroh, Samen oder ähnlichem, die mit Sirup gefüllt sind. Sie werden normalerweise in einiger Entfernung vom Stock aufgestellt (etwa 90 Meter oder mehr). Der Vorteil ist, dass Sie schnell füttern können, weil Sie nicht zu jedem einzelnen Stock gehen müssen. Der Nachteil ist, dass Sie auch die Bienen vom Nachbarn miternähren und manchmal Räuber anziehen. Manchmal ertrinken auch sehr viele Bienen in diesen Behältern.

Zuckerbrett

Dies ist ein Kasten, in den Süßes geleert wird. Er wird im Winter auf dem Stock angebracht. Die Bienen werden ihn benutzen, wenn sie im Stock bis nach oben steigen und Nahrung brauchen. Sie sind hier in der Gegend sehr beliebt und scheinen gut zu funktionieren.

Fondant

Dieser kann auf die Oberaufsätze gelegt werden. Diese Variante scheint als Notfallfutter sinnvoll zu sein. Die Bienen werden den Fondant fressen, wenn sonst keine Nahrung zur Verfügung steht. Das Ergebnis ist dabei ähnlich wie bei Zuckerbrettern.

Trockener Zucker

Dieser kann auf verschiedene Weise gefüttert werden. Manche Leute kippen ihn einfach in das hintere Ende des Stocks (bei gelöcherten Bodenbrettern nicht zu empfehlen, weil der Zucker dann durchrieselt). Manche geben den Zucker auf die Innenverkleidung, andere legen Zeitungspapier auf einen der Oberaufsätze und streuen den Zucker darauf (wie auf den Fotos zu sehen). Andere füllen den Zucker in einen Rahmenfütterer (die aus schwarzem Plastik). Ich habe auch schon zwei Rahmen aus einem 8er-Kasten gezogen, die leer waren und den Zucker in die Lücken gefüllt (geht natürlich nur mit einem geschlossenen Bodenbrett). Bei gelöcherten Bodenbrettern oder bei einem kleinen Stock, der nur ein bisschen Hilfe braucht, ziehe ich ein paar leere Rahmen raus, stecke etwas Zeitungspapier in die Lücken und streue dann Zucker darauf. Dann besprühe ich den Zucker mit Wasser, damit der Zucker verklumpt und nicht rausrieselt, dann streue ich etwas mehr Zucker aus, bis die Lücken gefüllt sind. Manchmal halten Hausbienen den Zucker für Müll, wenn Sie ihn nicht mit Wasser verklumpen und tragen ihn einfach aus dem Stock raus. Sobald Sie den Zucker mit Wasser bespritzen, wird er aber für die Bienen interessant. Je kleinkörniger der Zucker ist, desto besser nehmen ihn die Bienen an.

Spezieller Backzucker wird von den Bienen besser angenommen als normaler Zucker, aber er ist schwerer zu finden und auch teurer.

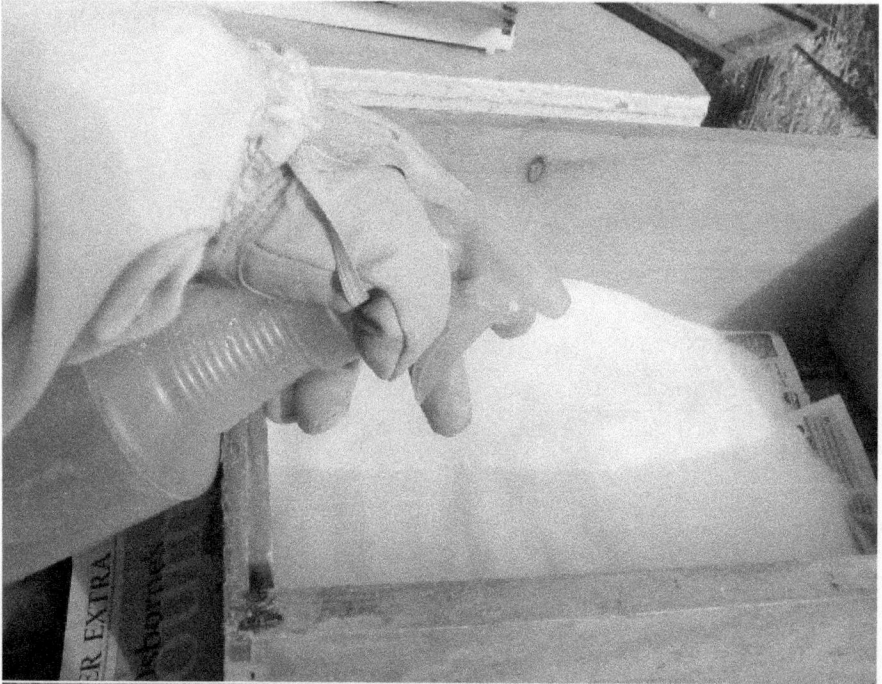

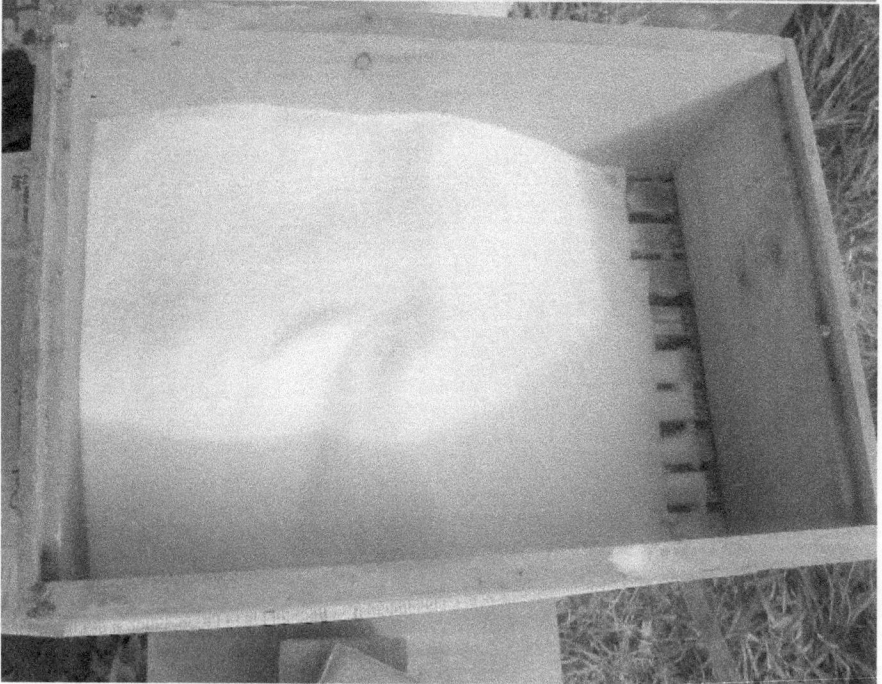

Welche Zuckerart?

Es macht keinen Unterschied, ob Sie Rübenzucker oder Rohrzucker verwenden.

Aber es macht einen großen Unterschied, ob es weißer Kristallzucker oder etwas anderes ist. Puderzucker, brauner Zucker, Melasse und andere Rohzucker sind nicht gut für Bienen. Sie können die Feststoffe nicht gut vertragen.

Pollen

Pollen wird den Bienen entweder in offenen Fütterern gegeben (trocken), damit die Bienen ihn selbst einsammeln können, oder in Pasteten (gemischt mit Sirup oder Honig in

Wachspapier eingepresst). Die Pasteten werden auf die Oberaufsätze gelegt. Eine Scheibe hilft, um Platz für die Pasteten zu schaffen. Ich nutze normalerweise offene Fütterer mit trockenem Pollen in einem leeren Stock auf Stacheldraht, der auf festem Grund steht, damit er sich nicht verformt.

Mischverhältnisse für Sirup

Das Standard-Mischverhältnis liegt bei 1:1 im Frühling und 2:1 im Herbst (Zucker zu Wasser). Viele benutzen aus irgendwelchen Gründen andere Mischverhältnisse. Manche benutzen 2:1 im Frühling, weil es einfacher zu transportieren ist und besser hält. Andere benutzen 1:1 im Herbst, weil sie glauben, dass es die Brutzucht stimuliert und sie junge Bienen den Winter über züchten wollen. Aber die Bienen werden sich schon zurecht finden. Ich benutze eher 5:3 (Zucker zu Wasser). Es hält sich besser als 1:1 und ist einfacher aufzulösen als 2:1.

Gewicht oder Volumen?

In diesem Kapitel geht es um Gewicht oder Volumen. Wenn Sie eine gute Waage haben, können Sie das auch selber herausfinden, oder Sie nehmen einen Halbliter-Behälter, wiegen ihn ungefüllt, füllen ihn dann mit Wasser und wiegen ihn nochmal. Das Wasser wird etwa ein Pfund wiegen. Nehmen Sie dann einen anderen trockenen Halbliter-Behälter, wiegen Sie ihn ungefüllt und füllen Sie ihn mit weißem Zucker. Der Zucker wird auch etwa ein Pfund wiegen. Ich mache es mir also so leicht wie möglich und für das Mischen von Sirup macht es letztlich keinen Unterschied. Sie können mischen und fertig. Es gilt "A pint´s a pound the world around" (ein halber Liter wiegt überall auf der Welt ein Pfund), zumindest was Wasser und weißen Zucker angeht. Wenn Sie 5 Liter Wasser nehmen, es kochen und 10 Pfund Zucker dazugeben, dann haben Sie am Ende dasselbe Ergebnis wie wenn Sie 10 Pfund Wasser mit 10 Halbliter-Behältern voller Zucker mischen.

Wie viel braucht man nun an Zutaten, um wie viel Sirup als Endergebnis zu bekommen? 5 Liter Wasser und 5 kg Zucker ergeben etwa 7,5 Liter Sirup, nicht etwa 10, denn der Zucker und das Wasser vereinen und reduzieren sich.

Wie man messen sollte

Mischen Sie die verschiedenen Messungen nicht, sondern messen Sie die Zutaten vorher einzeln ab. Anders gesagt: Sie können nicht einen Halbliter-Becher zu einem Drittel mit Wasser füllen und dann solange Zucker dazu kippen, bis der Becher zwei Drittel voll ist. Dann erhalten Sie eine Mischung von etwa 2:1 (Zucker zu Wasser). Genauso wenig können Sie den Becher zuerst zu einem Drittel mit Zucker füllen und dann ein weiteres Drittel Wasser hinzugeben. Dann erhalten Sie Sirup in einem 1:2 Verhältnis (Zucker zu Wasser). Sie müssen also beide Zutaten separat abmessen, um eine genaue Mengenangabe bestimmen zu können. Ich finde es am leichtesten, das Wasser in Halbliter-Bechern abzumessen und den Zucker in Pfund, weil auf der Verpackung das Fassungsvermögen in Pfund angegeben ist. Wenn Sie also 10 Pfund Zucker haben, die Sie vermischen wollen, um einen 1:1-Sirup zu erhalten, dann brauchen Sie 5 Liter Wasser, die Sie dann mit den 10 Pfund Zucker mischen.

Wie Sirup gemacht wird

Ich bringe das Wasser zum Kochen und gebe den Zucker dann dazu. Wenn er sich vollständig aufgelöst hat, schalte ich den Herd aus. Bei 2:1-Sirup kann das Mischen allerdings eine Weile dauern. In jedem Fall hilft das Abkochen, wodurch Mikroorganismen abgetötet werden, die sowohl im Wasser als auch im Zucker enthalten sein können, damit der Sirup länger hält,.

Schimmeliger Sirup

Mich selbst stört ein bisschen Schimmel nicht, aber wenn es zu stark riecht oder der Schimmel sich zu sehr ausbreitet, dann werfe ich den Sirup weg. Wenn Sie ätherische Öle verwenden (tue ich nicht), dann kann das helfen, Schimmel zu vermeiden. Es gibt verschiedene Dinge, die man dem Sirup beifügen kann, um Schimmel zu verhindern: Clorox, Branntweinessig, Vitamin C, Zitronensaft und anderes. Sie alle - außer Clorox - machen den Sirup saurer (senken den pH-Wert) und bringen ihn dem pH-Wert von Honig näher.

Obereingänge

Gründe für Obereingänge

Sie können Bienen auch ohne Obereingänge halten, aber sie helfen Ihnen bei folgenden Problemen: Mäuse, Stinktiere, Opossums, tote Biene, die im Winter den Ausgang blockieren, Kondenswasser an der Decke im Winter, Schnee, der den Eingang verschließt, oder Gras, das den Eingang zudeckt. Mit Obereingängen können Sie außerdem günstige und praktische Sundance II Pollenfallen verwenden.

"Ich hatte einen Nachbarn, der einen ganz normalen Stock mit Kästen hatte; er hatte im Deckel ein Loch von 5 cm, das den ganzen Winter offen blieb. Der Stock stand auf einem Tannenbaumstumpf, ohne besonderen Schutz weder im Sommer noch im Winter, außer einer Vorrichtung, die den Regen und Schnee draußen hielt und die Decke vor ihnen schützte. Er hat den Boden des Stocks im Winter ordentlich zugewickelt und seine Bienen haben gut überwintert und sind in jedem Frühjahr zwei oder drei Wochen früher ausgeschwärmt als meine, die sich nicht nach draußen trauten, bis das Wetter auch warm genug war, um wieder in den Stock zurückzukommen."

"Ich habe dann Schwärme im Wald beobachtet, bei denen der Eingang zum Stock immer oben lag und die Waben waren hell und sauber und die Bienen waren in sehr gutem Zustand, es gab keine toten Bienen am Boden unter dem Baum. Wenn ich Stöcke gefunden habe, die ihren Eingang unten hatten, habe ich immer schimmelige Waben, tote Bienen und ähnliches vorgefunden.

"Bei einem Stock, der eine Öffnung hat, die groß genug ist, dass Sie Ihren Finger hineinstecken können und die entlang des Stocks von oben bis nach unten reicht, dann können Sie zu 90% davon ausgehen, dass die Bienen in gutem Zustand sind. Meine Schlussfolgerung lautet, dass eine

Aufwärtsbelüftung ohne einen Luftstrom vom Boden aus ausreichend ist und die Bienen gut überwintern lässt ..."—Elishia Gallup, The American Bee Journal 1867, Band 3, Nummer 8, Seite 153

Normale Transportverkleidungen, mit abgeschrägten Platten, um Obereingänge an der Längsseite zu schaffen

Wie Obereingänge geschaffen werden

Dies sind meine aktuellen Obereingänge. Sie bestehen aus 1,9 cm breitem Sperrholz, das auf die Größe des Kastens zugeschnitten ist (es steht nicht über und darf auch nicht zu kurz sein), mit Leisten an drei Seiten, um den Obereingang zu schaffen.

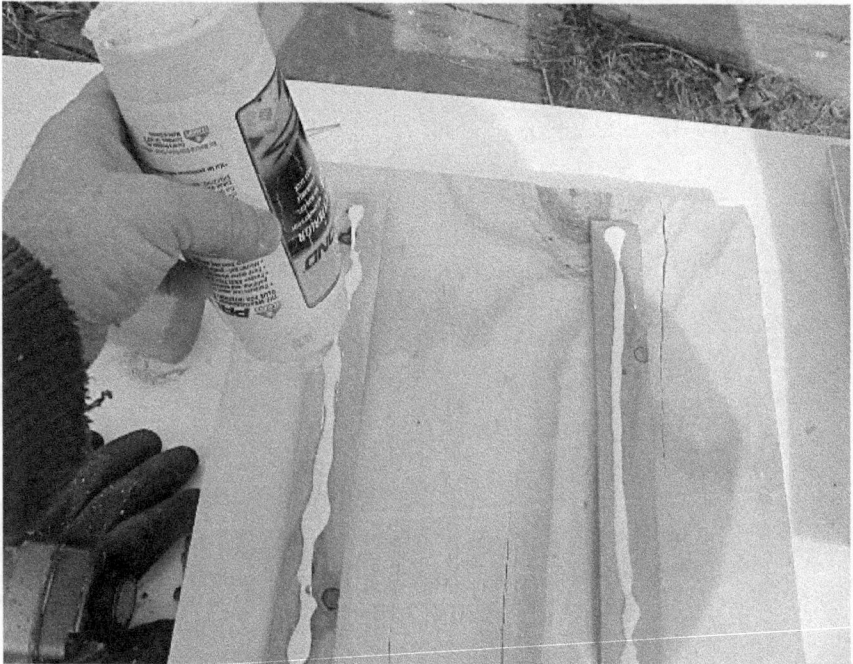

Beim Bauen von Obereingängen

Seit kurzem baue ich sie auch mit Sperrholzplatten von 1,2 cm Dicke. Auf die Idee mit den Seitenleisten hat mich Lloyd Spears gebracht, der es von jemandem namens Ludewig gelernt hat.

Die häufigsten Fragen zum Thema Obereingänge:

Frage: Haben die Bienen ohne Untereingang keine Probleme, die toten Bienen und den Müll aus dem Stock zu schaffen und ihn sauber zu halten?

Antwort: Meiner Erfahrung nach nicht mehr oder weniger als mit einem Obereingang. In beiden Fällen sammeln sich im Winter, und auch im Herbst, ein paar tote Bienen im Stock. Um die Jahresmitte halten die Bienen den Stock in beiden Fällen ziemlich sauber. Ich habe einer Putzbiene in meinem Beobachtungsstock (mit einem Untereingang) zugeschaut, wie sie tote Bienen quer durch den ganzen Stock von oben nach unten geschleift hat, bis sie endlich den Eingang gefunden hatte. Deshalb denke ich, dass es keinen Unterschied macht. Laut Elisha Gallup (voriges Zitat) ist es andersherum. Er sagt, dass Obereingänge frei von Müll sind, während Untereingänge voll davon sind.

F: Werden die Sammelbienen wütend zum Stock zurückkehren, wenn man gerade am Stock arbeitet?

A: Ich habe das selbst noch nicht erlebt. Egal ob mit Ober- oder Untereingang unterbrechen Sie immer die normalen Abläufe, sobald Sie am Stock arbeiten oder wenn Sie einfach nur dastehen. Sie werden in beiden Fällen verwirrte Bienen beobachten können, die umherkreisen und genauso haben Sie auch sowohl bei Ober- als auch bei Untereingängen Bienen, die einfach wieder in den Stock zurückfliegen, während Sie arbeiten. Bei Obereingängen fliegen sie in diesem Fall einfach von oben in den Stock hinein.

F: Verwirrt man die Bienen nicht, wenn man die Oberaufsätze abnimmt?

A: Die größte Verwirrung stiften Sie, wenn Sie nur einen Rahmen abnehmen, der sich nah an einem ähnlich hohen Stock befindet. Dann wissen die Bienen nicht mehr, welcher Stock ihrer ist. Aber ich denke, dasselbe passiert auch bei Untereingängen, nur dass man es da nicht so bemerkt. Die Bienen nutzen die Höhe des Stocks als Referenz in ihrer Ortungskarte, deshalb fliegen sie in den hohen weißen Stock, an den sie sich erinnern, anstatt in den gerade etwas niedereren, der daneben steht. Aber in etwa einem Tag löst sich das Problem von allein.

F: Warum raten manche Leute, in städtischen Gegenden keinen Obereingang am Stock zu haben, weil die Bienen dann verwirrt werden, wenn man am Stock arbeitet?

A: Das ist so ähnlich wie oben beschrieben. Meiner Erfahrung nach verursacht ein offener Stock immer Verwirrung, weil die Höhe dabei geändert wird, es werden Kästen herausgenommen und die Anwesenheit des Bienenzüchters verändert die Ansicht zsätzlich. Ich denke nicht, dass es einen Unterschied macht, ob der Stock dabei einen Ober- oder einen Untereingang hat. Meiner Meinung nach ist der Rat, dass Obereingänge in städtischen Gebieten nicht angebracht werden sollten, unpassend, aber er wird anscheinend häufig von Leuten weitergegeben, die selber keine Erfahrung mit Obereingängen haben. Das Überwintern ist viel einfacher bei Obereingängen, außerdem beugen sie Kalkbrut und Überhitzung im Stock vor. Sie sollten auf diese Vorteile nicht verzichten, bloß weil dieser verbreitete Fehlglaube so oft wiederholt wird.

F: Benutzen Sie einen Eingangsverkleinerer?

A: An manchen Stöcken ja, an anderen nicht. Ich benutze ein 0,6 cm dickes Holzbrett und schneide ein Loch, das 5 cm kleiner ist als der Eingang, mit einem Nagel in der Mitte, um es drehbar zu machen und es so öffnen und schließen zu können.

Karren

Auf meiner Suche nach Methoden der einfachen Bienenzucht habe ich diese Karren gekauft und umgebaut.

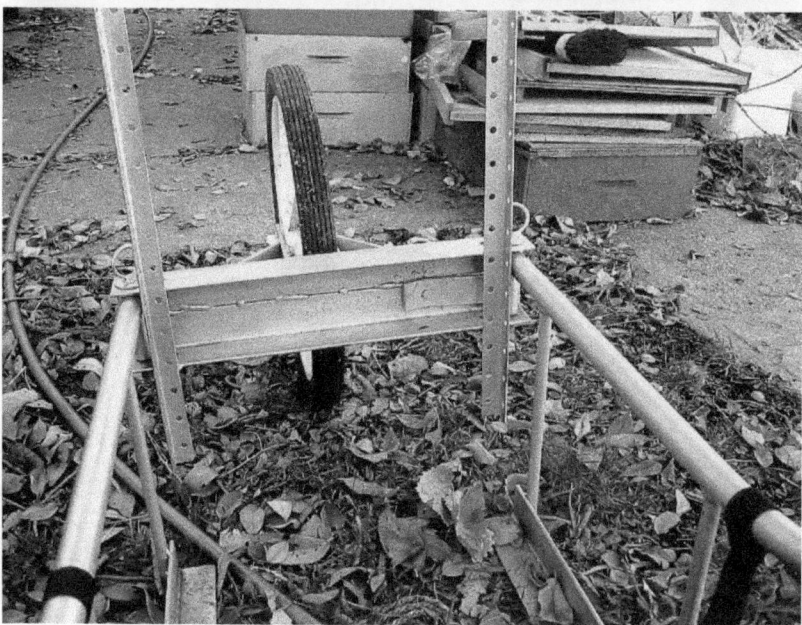

Ich habe zwei der Karren, die ich habe, umgebaut. Eine ist von Brushy Mt. Ich habe die Eisenleisten mit den Löchern angebracht, damit ich sechs leere Kästen befördern kann, ohne dass sie mir runterrutschen. Ich habe auch den Bolzen an die Bremse angebaut, damit ich den Karren auch bewegen kann, wenn er leer ist. Leider muss ich noch weitere Löcher in die Leiste bohren, wenn ich acht Kästen transportieren will.

Hier sehen Sie die Leiste an dem Karren von Mann Lake. Auch hier wieder umgebaut, damit ich sechs Kästen transportieren kann, ohne dass sie mir runterfallen. Es wird ein Stöpsel in die Löcher gesteckt, damit die Kästen nicht nach vorn kippen können, wenn Sie sie anheben. Ich musste die Achse durch ein Winkeleisen absenken, damit mir nichts nach vorn kippt, wenn ich den Karren anhebe. Von dem Winkeleisen unten musste ich etwas abschneiden, damit es sich nicht im Gras verfängt. Ich benutze diesen Karren am meisten, weil ich einfach einen Stapel mit Kästen aufladen und anheben kann.

Dieser Karren wurde übrigens von dem Bienenzüchter Jerry Hosterman aus Arizona erfunden. Ich habe schon einige seiner Konstruktionen gesehen, die es schon viel länger gibt als Mann Lake's.

Hier sehen Sie die klassische Walter T. Kelley „Nose Truck", die für die Bienenzucht entworfen wurde. Sie brauchen hierfür eine Art Bodenbrett, am besten mit Haken an den Enden, um als Palette zu funktionieren. Es hält schwere Last aus und trägt bis zu sechs volle Aufsätze. Diesen Karren habe ich nicht umgebaut.

Schwarmkontrolle

Foto von Judy Lillie

Beim Schwärmen verlassen die alte Königin und ein Teil der Bienen den Stock, um eine neue Bienenkolonie zu gründen. Nachschwärme passieren, nachdem die alte Königin ausgeschwärmt ist und dann trotzdem noch zu viele Bienen im Stock sind. Dann verlassen einige Schwarmköniginnen (d.h. noch unbefruchtete Königinnen) mit einer Gruppe von Bienen den Stock. Manchmal gibt es mehrere Nachschwärme.

Im Allgemeinen wird das Schwärmen als etwas Negatives angesehen, weil dabei viele Bienen verloren gehen, aber wenn es Ihnen gelingt, einen Schwarm anzuziehen, dann haben Sie einen großen Gewinn gemacht, weil Schwärme bekannt dafür sind, dass sie sehr schnell einen Stock aufbauen. Die Bienen sind von vornherein darauf konditioniert und es ist der natürliche Ablauf der Dinge. Früher zu Zeiten der Kastenstöcke wurde das Schwärmen immer für etwas Positives gehalten, weil es eine Möglichkeit zum Wachsen war.

Gründe für das Schwärmen

Es ist wichtig zu verstehen, dass das Schwärmen eine normale Antwort eines Stocks ist, um erfolgreich zu sein. Es ist ein Zeichen dafür, dass es den Bienen gut genug geht, dass sie sich fortpflanzen können. Es ist einfach die natürliche Abfolge der

Dinge. Aber wie dem auch sei; für den Bienenzüchter ist es ungünstig, wenn Bienen schwärmen. Lassen Sie uns deshalb zunächst nach den Gründen suchen, warum Bienen schwärmen wollen.

Es gibt zwei Arten von Schwärmen: es gibt die Fortpflanzungsschwärme und die Überfüllungsschwärme. Dabei gibt es eine Reihe von Faktoren, die die Bienen zum Schwärmen bewegen.

Überfüllungsschwarm

Dies ist die einfachste Schwarmart und sie kann jederzeit stattfinden, hier also nun ein kleiner Einblick. Die Faktoren, die diesen Schwarm auslösen, sind:

Es gibt nicht genügend Platz, um den Nektar zu lagern, deshalb wird er im Brutnest gelagert. Vorbeugende Maßnahme: Aufsätze hinzufügen.

Honig oder Pollen verstopfen das Brutnest, sodass die Königin keinen Platz mehr zum Legen findet. Vorbeugende Maßnahme: entfernen Sie Honigwaben und geben Sie leere Rahmen in den Stock, damit die Bienen damit beschäftigt sind, Waben zu bauen, die Königin Platz zum Legen hat und die Bienen im Brutnest Trauben bilden können.

In der Nähe des Brutnests ist kein Platz zur Traubenbildung. Die Bienen mögen es, sich rings um die Königin zu versammeln (und die Königin befindet sich im Brutnest). Das Brutnest ist verstopft und überfüllt. Vorbeugende Maßnahme: Lamellenstangen schaffen Platz zur Traubenbildung unter dem Brutnest. Auch Bretter an den Außenseiten geben den Bienen die Möglichkeit, sich an den Seiten des Brutnests zu versammeln. Sie sind aus 1,9 cm breiten Oberladern mit einer Sperrholzbeschichtung, Masonit oder ähnlichem Material in der Größe eines Rahmens. Einer an jedem Ende ersetzt einen Rahmen im Brutnest.

Zu viel Bewegung verstopft das Brutnest. Vorbeugende Maßnahme: ein Obereingang schafft für die Sammelbienen einen Weg in den Stock, ohne dass sie durch das Brutnest müssen.

Kurz gefasst: wenn Sie die Oberaufsätze behalten und für genug Belüftung und Bewegung sorgen, dann können Sie einen Überfüllungsschwarm verhindern.

Fortpflanzungsschwarm

Die Bienen haben seit dem vorhergehenden Herbst hierauf hingearbeitet, indem sie versucht haben, genug Vorräte zu sammeln, um sich auf den kommenden Frühling vorzubereiten und einen Schwarm zu bilden, damit sie optimale Voraussetzungen haben, um auch den nächsten Winter gut überleben zu können.

Der erste Fehler, den Züchter machen, um Schwärmen vorzubeugen, ist zu denken, dass man einfach ein paar Aufsätze aus dem Stock zu nehmen braucht, damit die Bienen nicht schwärmen. Aber sie werden es trotzdem tun. Natürlich ist es gut, wenn sie zusätzlichen Raum haben, um Honig zu lagern und dafür sind neue Aufsätze hilfreich, aber wenn die Bienen versuchen auszuschwärmen, dann werden die Aufsätze sie nicht davon abhalten, wenn es sich um einen Fortpflanzungsschwarm handelt.

Die Bienen ziehen im Winter nur kleine Schübe von Brut heran. Die Königin legt nur wenige Eier und die Bienen beginnen, diese Gruppe großzuziehen, aber sie haben keine weitere Brut, bis dieser erste Schub geschlüpft ist und die Bienen eine Pause eingelegt haben. Danach ziehen sie eine weitere kleine Gruppe heran. Sobald Pollen in den Stock geliefert werden, beginnen sie, etwas mehr Brut heranzuziehen. Sie verbrauchen dann auch den Honig, den sie noch gelagert hatten; er wird benutzt, um die Brut zu füttern und Platz für weitere Brut zu schaffen.

Wenn die Bienen denken, dass sie genug Bienen herangezogen haben, füllen sie den Stock wieder mit Honig, zum einen, um die Königin daran zu hindern, weitere Eier zu legen, zum anderen, um die entsprechenden Vorräte zu haben, falls die Haupttracht nicht wie erwartet ausfällt. Je ausgefüllter das Brutnest ist, desto mehr arbeitslose Ammenbienen gibt es. Diese Ammenbienen beginnen, einen schneidenden Summton von sich zu geben, ganz anders als das harmonische Summen, was Sie normalerweise hören können, sondern mehr wie ein Trällern. Sobald das Brutnest zum Großteil mit Honig gefüllt ist, beginnen die Bienen, Schwarmzellen zu bauen. Etwa zu dem Zeitpunkt, zu dem diese Zellen verdeckelt werden, verlässt die alte Königin mit einer großen Gruppe von Bienen den Stock. Selbst wenn Sie den Schwarm einfangen, haben Sie immer noch einen Stock, der die Brutproduktion gestoppt hat und der durch den Schwarm viele Bienen verloren hat. Dieser Stock wird wahrscheinlich keinen Honig produzieren. Wenn es noch genug Bienen im Stock gibt, dann werden dem Hauptschwarm wahrscheinlich Nachschwärme, angeführt von jungfräulichen Königinnen, folgen.

Wenn ich die Bienen nicht rechtzeitig aufhalten kann, dann teile ich den Stock auf, denn wenn die Bienen einmal eine Entscheidung getroffen haben, dann gibt es nicht viel, das sie aufhalten kann. Die Königinnenzellen zu zerstören schiebt das Unaufhaltsame nur auf, und lässt die Bienen höchstens ohne Königin. Ich schätze, dass die meisten Züchter die Königinnenzellen zerstören, wenn der Schwarm schon ausgeflogen ist, ohne dass sie es bemerkt haben.

Wenn Sie die Bienen dabei ertappen, dass sie zwei Wochen oder direkt vor der Haupttracht schwärmen wollen, dann ist eine gute Methode, sie aufzuhalten, eine Teilung, in der die alte Königin und alle offene Brut (bis auf einen Rahmen) an einen neuen Ort umgesetzt werden. In dem alten Stock sollten Sie die gesamte verdeckelte Brut lassen sowie einen Rahmen mit Eiern/offener Brut, ohne Königin und mit leeren Aufsätzen. Der alte Stock wird dann normalerweise nicht ausschwärmen, weil er keine Königin und kaum offene Brut hat. Der neue Stock wird deshalb nicht schwärmen, weil er keine Sammelbienen hat. Diese Methode wenden Sie am besten direkt vor der Haupthonigtracht an.

Ich gebe auch oft einfach jeden Rahmen, der Königinnenzellen enthält, zusammen mit einem Honigrahmen in einen Zwei-Rahmen-Ableger, um gute Königinnen zu züchten.

Aber das eigentlich Ziel ist es natürlich, Schwärme und Teilungen zu vermeiden (es sei denn, Sie haben sowieso vor, den Stock zu teilen), damit Sie starke Stöcke behalten, die viel Honig produzieren.

Schwarmvorbeugung

Ich liebe es, Schwärme einzufangen, aber wer hat schon die Zeit, alle Stöcke zu beobachten um das zu schaffen? Und falls Sie so viel Zeit haben sollten, dann haben Sie auf jeden Fall auch genügend Zeit, um Schwärmen vorzubeugen.

Das Brutnest öffnen

Das Brutnest zu öffnen hilft uns, den programmierten Ablauf der Ereignisse zu unterbrechen. Am einfachsten ist es, wenn Sie das Brutnest offen halten. Wenn sie es schaffen, das Brutnest nicht füllen zu lassen (backfilling), dann halten Sie die sonst arbeitslosen Ammenbienen beschäftigt und können sie so von ihrem Plan abbringen. Wenn Sie die Pläne aufdecken, bevor die Bienen beginnen, Königinnenzellen zu bauen, dann können Sie ein paar leere Rahmen in das Brutnest geben. Ja, leer. Ohne Kunstwaben. Einfach nur leere Rahmen. Und an beiden Seiten geben Sie zwei Rahmen mit Brut in der Mitte. Sie können das so strukturieren: BBLBBLBBLB (B=Brut und L=leer). Wie viele Rahmen Sie einfügen, hängt davon ab, wie stark die Traube ist, denn sie muss all diese Lücken mit Bienen füllen. Zunächst kommen die bisher arbeitslosen Ammenbienen und beginnen, zu schmücken und Waben zu bauen. Die Königin wird die neuen Waben entdecken und sobald sie 0,6 cm tief sind, wird die Königin hier Eier legen. Damit haben Sie das Brutnest „geöffnet". In einem einzigen Zug haben Sie die Bienen, die damit beschäftigt waren, den Schwarm vorzubereiten, mit Wachsproduktion und Aufzucht abgelenkt, außerdem haben Sie das Brutnest erweitert und der Königin mehr Platz gegeben, um Eier zu legen. Wenn Sie keinen Platz haben, um leere Rahmen ins Brutnest zu geben, dann stellen Sie einen neuen Brutkasten dazu. Nehmen Sie einige Rahmen aus dem bisherigen Brutnest heraus und geben sie in den neuen Kasten, um im Brutnest Platz für leere Rahmen zu haben.

Ihr oberster Kasten wird dann in etwa so aussehen: LLLBBBLLLL und der untere vielleicht so: BBLBBLBBLB. Ein weiterer Vorteil ist, dass Sie so gute Brutwaben in natürlicher Zellgröße erhalten. Ein Stock, der nicht schwärmt, wird *viel* mehr Honig produzieren als andere Stöcke, die schwärmen.

Checkerboarding (Nektarmanagement)

Checkerboarding ist eine von Walt Wright erfundene Technik, bei der verdeckelter Honig über dem Brutnest eingestreut wird. Das Brutnest selbst wird hierbei nicht verändert. Wenn Sie mehr über diese Technik und über Schwarmvorbeugung wissen wollen, oder darüber, was zur Zeit des Stockaufbaus passiert, dann sollten Sie Walt Wright kontaktieren. Bei dieser Methode werden die Bienen davon überzeugt, dass es noch nicht der richtige Zeitpunkt zum Schwärmen ist. Die Methode funktioniert, ohne das Brutnest durcheinander zu bringen. Einfach gesagt besteht sie darin, abwechselnd Rahmen mit gezogenen Waben und mit verdeckeltem Honig direkt über dem Brutnest einzusetzen. Sie können ein Exemplar von Walt Wright's Aufsatz kaufen, er ist etwa 60 Seiten lang und nach meiner letzten Info kostet ein pdf-Exemplar per Mail USD 8 und per Post USD 10. Sie können Walt Wright unter folgender Anschrift erreichen: Walt Wright; Box 10; Elkton, TN 38455-0010; oder WaltWright@hotmail.com

Teilungen

Wozu werden Stöcke aufgeteilt?

Ich würde meine Methode zum Stöcke teilen danach auswählen, welches Ergebnis ich damit erzielen möchte. Hier sind die Gründe, warum man Stöcke aufteilt:

- Um mehr Stöcke zu bekommen.
- Um die Königin zu ersetzen.
- Um die Honigproduktion anzuregen.
- Um die Produktion zu drosseln (für diejenigen, die zu viele Stöcke oder zu viele Bienen haben).
- Um Königinnen zu züchten.
- Um Schwärmen vorzubeugen.

Der Zeitpunkt für eine Teilung:

Sobald Sie Königinnen kaufen können oder sobald die Drohnen fliegen können, können Sie im Prinzip den Stock aufteilen. Auch hier kommt es wieder darauf an, warum Sie den Stock teilen wollen.

Es gibt unzählige Methoden, um einen Stock zu teilen, die sich jeweils danach richten, zu welchem Zweck Sie den Stock teilen wollen (Schwarmvorbeugung, Erntesteigerung, Bienenvermehrung, etc.). Die Auswahl der Methode hängt auch davon ab, ob Sie eine Königin kaufen oder ob Sie die Bienen ihre eigene Königin heranziehen lassen wollen.

Die einfachste Variante besteht darin, sicherzustellen, dass sie in jedem Kasten ein paar Eier haben, die Sie mit Blick auf den alten Standort einrichten. Das heißt: stellen Sie ein Bodenbrett an die linke Seite des Stocks und ein weiteres auf die rechte Seite des Stocks. Stellen Sie einen Brutraum auf jedes Brett und gegebenenfalls einen leeren Kasten darauf. Bedecken Sie beide Seiten. Es gibt unzählige weitere Variationen dieser Methode.

Die Grundsätze, die Sie beim Teilen beachten sollten:

- Stellen Sie sicher, dass beiden Kolonien eine Königin oder die notwendigen Ressourcen haben, um eine Königin heranzuziehen (d.h. Eier oder Larven, die gerade geschlüpft sind, fliegende Drohnen, Pollen, Honig und zahlreiche Ammenbienen).

- Beide Kolonien sollten ausreichend mit Honig und Pollen versorgt sein, um für sich selbst und für die Brut ausreichend Futter zu haben.

- Sie sollten mit einrechnen, dass einige Bienen wieder an ihren ursprünglichen Standort zurückkehren. Stellen Sie deshalb sicher, dass beide Kolonien genügend Bevölkerung haben, um sich ausreichend um den Stock und die Brut kümmern zu können.

- Sie müssen den natürlichen Aufbau des Brutnests respektieren, d.h. die Brutwaben gehören zusammen. Drohnenbrut wird rings um die andere Brut gelegt und Pollen und Honig befinden sich noch einmal außenherum.

- Sie sollten den Bienen am Saisonende genug Zeit geben, um Vorräte für den Winter zu sammeln.

- Sie können gemäß dem alten Motto mehr Bienen heranziehen, um mehr Honig zu bekommen. Wenn Sie beides wollen, dann sollten Sie versuchen, das Honiglager im alten Stock zu erweitern, während Sie sich im neuen Stock auf die Bienenvermehrung konzentrieren. Sonst sind beide Stöcke entweder nur kleine Ableger, die gerade einmal genug haben, um sich aufzubauen, oder es handelt sich um gleich gewichtete Stöcke.

- Die Größe beeinflusst die Entwicklung der Teilungen. Sie können eine Teilung schon in einem Stock mit einem Rahmen mit Brut und einem Rahmen mit Honig vornehmen. Aber Sie können dabei nicht erwarten, dass daraus eine gut ernährte Königin herangezogen wird. Sie können auch nicht darauf hoffen, dass sich Ihr Ableger bis zum Winter zu einem vollen Stock entwickelt. Aber er kann sich gut als Begattungsvölkchen eignen oder als Ort, an dem man eine Königin eine Zeitlang halten kann.

- Sie können genauso gut einen Stock teilen, in dem es 10 tiefe Rahmen voller Brut, Honig und Bienen gibt oder 16 mittlere Rahmen. Diese Teilungen werden sich schnell entwickeln, weil sie genug „Kapital" und Arbeiter haben, um guten „Gewinn" zu machen. Diese Stöcke haben ausreichend Ressourcen zur Verfügung, um schnell zu wachsen, anstatt sich einfach nur durchzuschlagen. Sie sind produktiver und werden schneller für eine weitere Teilung bereit sein. Warten Sie, bis beide ihre Größe verdoppelt haben und teilen Sie die Stöcke erneut. Das ist besser, als in einem Schritt gleich den Stock in vier schwache Stöcke aufzuteilen und Sie geben den Stöcken Zeit, sich zu erholen.

Teilungsarten
Eine gleichgewichtige Teilung

Sie nehmen einfach die Hälfte von allem und teilen sie auf. Ich würde in diesem Fall die beiden neuen Stöcke zum alten Stock hin ausrichten, damit die Bienen, die zurückkommen, unentschlossen sind, in welchen Stock sie fliegen sollen. Nach etwa einer Woche können Sie die Plätze der beiden Stöcke tauschen, damit sich der Wechsel ausgleicht.

Eine unbegleitete Teilung

Hierbei wird keine Königin dazugegeben, sondern die Teilung wird einfach, egal nach welcher Methode, vorgenommen und die Bienen werden sich selbst überlassen. Schauen Sie vier Wochen später nach, ob es eine Königin im Stock gibt und ob Sie Eier legt. (Wenn Sie die Stöcke gleichwertig aufteilen, dann handelt es sich auch um eine gleichgewichtige Teilung).

Teilung zur Schwarmvorbeugung

Im Idealfall können Sie einem Schwarm vorbeugen, ohne den Stock teilen zu müssen. Aber wenn Sie Schwarmzellen entdecken, dann würde ich jeden Rahmen, der Königinnenzellen enthält, in einen eigenen Ableger mit einem Honigrahmen geben und darauf warten, dass die Bienen eine Königin heranziehen. Das nimmt normalerweise den Druck zum Schwärmen weg und ich habe gleichzeitig ein paar schöne Königinnen. Noch besser wäre es, wenn Sie die alte Königin in einen Ableger mit Brutrahmen und Honigrahmen geben und in dem alten Stock einen Rahmen mit Königinnenzellen lassen, um einen Schwarm zu simulieren. Viele Bienen sind nicht mehr da; auch die alte Königin nicht mehr. Manche Züchter ziehen unbegleitete Teilungen vor, um Schwärmen vorzubeugen. Aber ich denke, es ist besser, einfach das Brutnest offen zu halten.

Eine Reduktionsteilung
Prinzipien einer Reduktionsteilung:

Bei einer Reduktionsteilung entlassen Sie Ammenbienen aus dem Stock zum Sammeln nach draußen, weil es keine Brut gibt, um die sich die Bienen kümmern könnten. Sie konzentrieren die Bienen in den Oberaufsätzen, um den Wabenbau und das Sammeln anzukurbeln. Das hilft besonders bei der Wabenhonigproduktion und der Honigproduktion in Kassettenwaben, aber egal, welchen Honig Sie produzieren wollen, es wird auf jeden Fall die Produktion steigern.

Die Wahl des Zeitpunkts ist dabei entscheidend. Die Teilung sollte kurz vor der Haupttracht erfolgen; zwei Wochen vorher wäre ideal. Ziel ist es, die Zahl der Sammelbienen zu erhöhen, um das Schwärmen zu reduzieren und die Bienen in den Aufsätzen zu bündeln. Dabei gibt es zahlreiche Variationen, aber das Grundprinzip ist, den Großteil der offenen Brut, des Honigs, Pollens und die Königin in einen neuen Stock zu bringen, während die verdeckelte Brut, etwas Honig und ein Rahmen mit Eiern mit wenigen Brutkästen und mehr Oberaufsätzen im alten Stock belassen werden. Der neue Stock wird nicht ausschwärmen, weil er nicht genug Arbeiter zur Verfügung hat (weil diese zum alten Stock zurückkehren). Der alte Stock wird nicht schwärmen, weil er keine Königin oder offene Brut hat. Es wird mindestens sechs Wochen oder mehr dauern, bis die Bienen eine Königin herangezogen und das Brutnest zum Laufen gebracht haben. Währenddessen haben Sie trotzdem noch eine gute Produktion im alten Stock, wahrscheinlich mehr als vorher, weil die Bienen nicht mehr damit abgelenkt sind, sich um die Brut zu kümmern. Sie bekommen eine neue Königin im alten Stock und Sie erhalten einen neuen Stock. In einer anderen Variante können Sie die Königin beim alten Stock belassen und die gesamte offene Brut herausnehmen. Dann werden die Bienen nicht sofort ausschwärmen, weil sie keine offene

Brut haben. Aber ich denke, dass es riskanter ist, dass doch ein Schwarm entsteht, weil der Stock mit der Königin zusammen ist.

Die Königin einsperren

Eine andere Option ist, dass Sie die Königin zwei Wochen lang vor der Tracht einsperren, damit es weniger Brut gibt, um die sich die Bienen kümmern müssen und damit so mehr Sammelbienen zur Verfügung stehen. Das hilft Ihnen auch, Varroa vorzubeugen, weil ein oder zwei Brutzyklen übersprungen werden. Diese Variante ist dann nützlich, wenn Sie keine weiteren Stöcke haben wollen und die Königin behalten möchten. Sie können sie einfach in einen normalen Käfig sperren oder in einen Käfig aus Maschendraht, um den Raum einzuschränken, in dem die Königin Eier legen kann. Die Bienen werden irgendwann den Käfig aufbekommen, aber Sie können den Prozess verzögern.

Reduktionsteilung und Mischung

Auf diese Weise bekommen Sie dieselbe Anzahl von Stöcken, neue Königinnen und eine gute Ernte. Sie stellen zu Frühlingsanfang zwei Stöcke direkt nebeneinander (im Idealfall berühren sich die beiden Stöcke). Zwei Wochen vor der Haupttracht entfernen Sie die gesamte offene Brut und die meisten Vorräte aus beiden Stöcken. Sie entnehmen einem Stock auch die Königin und setzen sie in einen anderen Stock an einem anderen Standort (es kann innerhalb desselben Bienenstands sein, muss aber etwas entfernt vom vorherigen Stock liegen). Dann mischen Sie die verdeckelte Brut, die andere Königin oder eine neue Königin (im Käfig), oder gar keine Königin sowie einen Rahmen mit ein paar Eiern und offener Brut (damit eine neue Königin herangezogen werden kann) und geben alles in einen Stock, der in der Mitte zwischen den beiden alten Standorten steht, damit die vom Sammeln zurückkommenden Bienen in diesen Stock einfliegen.

Häufig gestellte Fragen
Ab wann kann ich einen Stock teilen?

Für einen geteilten Stock ist es schwer, sich zu erholen, wenn er nicht genügend Bienen hat, die die Brut warmhalten können und wenn er nicht über ausreichend Arbeiter verfügt, um

den Betrieb im Stock am Laufen zu halten. Bei tiefen Kästen sollten
von den zehn tiefen Rahmen etwa sechs von ihnen Brut enthalten
und vier Honig oder Pollen in beiden Teilen der neuen Stöcke. Bei
mittleren Kästen hieße das sechzehn mittlere Kästen, von denen
zehn Brut und sechs Honig/Pollen enthalten. Sie können ab dem
Zeitpunkt teilen, ab dem Sie Ableger haben, die stark genug sind.
Je stärker die Ableger sind, desto besser werden sie sich erholen
können. Sobald es nachts nicht mehr gefriert, können die Ableger
auch etwas kleiner sein als zu Frühlingsbeginn, aber mit starken
Ablegern werden Sie trotzdem größere Erfolgsaussichten haben.

Wie oft kann ich meine Stöcke teilen?

Sie sollten Stöcke nicht teilen, wenn sie sowieso schon ums
Überleben kämpfen, denn so werden sie sich nicht erholen. Manche
Stöcke entwickeln sich so gut, dass Sie sie fünf Mal im Jahr teilen
können, obwohl Sie dann wahrscheinlich keine Honigernte
einfahren können.

Ihr Ziel sollte nicht sein, so viele Teilungen wie möglich zu
machen, sondern alle Ihre Teilungen dann vorzunehmen, wenn der
Stock die nötigen Voraussetzungen dafür hat. Das heißt, dass er
nicht nur von der Hand in den Mund lebt, sondern dass er
genügend Vorräte, Arbeiter und Ammenbienen sowie genug Brut
hat. Stellen Sie sich Ihren Stock wie eine Kasse vor. Wenn Sie
nicht einmal genug Geld darin haben, um Ihre Rechnungen zu
zahlen (oder Schulden haben), dann haben Sie ein Problem. Sobald
Sie an dem Punkt angelangt sind, an dem Sie Ihre Rechnungen
begleichen können, können Sie an die Zukunft denken. Wenn Sie
Ersparnisse auf der Bank haben und zusätzlich Bargeld haben,
dann wird Ihr Leben leichter. Reichtum führt oft zu mehr Reichtum,
weil Sie viele Dinge unternehmen können, anstatt einfach nur
darauf zu warten, dass der Tag vorüber geht.

Anders betrachtet: wenn Sie ein Geschäft betreiben, dann
geht es Ihnen erst dann halbwegs gut, wenn Sie alle anfallenden
Kosten decken können. Ein Stock braucht eine bestimmte Anzahl
von Bienen, um die Brut füttern zu können (bei einer sehr
produktiven Königin sind dazu sehr viele Ammenbienen nötig),
aber auch um Wasser, Pollen und Nektar für die Brut
heranzuschaffen, um Waben zu bauen, den Stock vor Ameisen und

Stockkäfern zu beschützen, den Eingang vor Stinktieren, Mäusen und Hornissen zu bewachen etc.

Sobald Sie die „Kosten" gedeckt haben, können Sie anfangen, für den Gewinn zu arbeiten. Wenn Ihre Stockteilungen stark genug sind, um die Kosten tragen zu können, dann werden Sie auch bald Gewinn erwirtschaften. Wenn Sie aber kaum genug Vorräte und Arbeiter haben, um zu überleben, dann werden Sie lange brauchen, um sich aufzurappeln und wirklich loslegen zu können.

Bei starken Teilungen, die die Stöcke nicht allzu sehr schwächen, haben Sie die Chance, mehrere Teilungen vorzunehmen, weil Ihre neuen Stöcke schneller wachsen und effizienter sind. Wenn Sie Ihre Hauptstöcke nicht schwächen, haben Sie außerdem bessere Aussichten auf eine gute Ernte.

Wenn Sie jede Woche einen Brutrahmen aus Ihren starken Stöcken entnehmen, dann werden die Stöcke diesen Verlust schnell ausgleichen und kaum darunter leiden. Wenn Sie einen Brutrahmen und einen Honigrahmen aus jedem Stock zusammen in einen Zehner-Kasten geben, dann stehen die Chancen gut, dass dieser Stock bald gut arbeitet, im Gegensatz zu einem Stock, der nur aus ein paar Rahmen mit Bienen besteht.

Bis wann kann ich Teilungen vornehmen?

Sie sollten sich eher fragen, wann der beste Zeitpunkt für das Teilen ist. Für die Bienen ist dies kurz vor der Haupttracht, weil sie dann schon einen Vorrat haben, auf den sie sich stützen können. Dies beeinträchtigt natürlich Ihre Ernte, weshalb Sie die Teilung auch direkt nach der Haupttracht vornehmen könnten und wahrscheinlich immer noch genug Zeit haben, damit die Bienen sich bis zum Herbst erholen, wenn Sie sie ausreichend unterstützen und ihnen eine schon befruchtete Königin dazugeben. Natürlich hängt der Erfolg davon ab, wann die Haupttracht an Ihrem Standort einsetzt. Falls Sie normalerweise nach der Tracht eine Hungersnot haben, dann sollten Sie zusätzlich füttern, falls Sie planen, Stöcke zu teilen. Ich wohne in Greenwood, Nebraska. In einem Jahr mit guter Tracht kann ich am ersten August einen Stock teilen, der sich noch genug erholen kann, um in einem oder zwei Achterkästen überwintern zu können. Wenn allerdings die Herbsttracht ausfällt, dann wird der Stock vor dem Winter nicht stark genug.

In welcher Entfernung?

Häufig wird die Frage gestellt, wie weit entfernt man einen geteilten Stock aufstellen sollte. Meine berühren sich normalerweise. Sie sollten damit rechnen, dass sich die Bienen verfliegen, wenn die Stöcke weniger als 3 km voneinander entfernt liegen. Ich züchte seit 1974 Bienen und habe noch nie einen geteilten Stock auf mehr als 3 km Entfernung gebracht, es sei denn, ich hatte sowieso einen entfernteren Standort für diese Bienen vorgesehen. Ich teile den Stock einfach und gebe ein paar extra Bienen dazu. Oder ich teile den Stock und richte beide Stöcke zum alten Standort hin aus, sodass da wo der alte Stock stand, die Eingänge der beiden neuen Stöcke hinzeigen. Die Bienen, die vom Feld zurückkommen, müssen sich dann entscheiden. Manchmal tausche ich die Stöcke auch nach ein paar Tagen aus, falls einer deutlich stärker ist als der andere; für gewöhnlich ist der Stock, der schon eine Königin hat, stärker. Ich rate Ihnen das, aber ich möchte Ihnen auch ehrlich sagen, dass ich selbst überhaupt nichts mehr gegen das Verfliegen unternehme, seit ich auf mittlere Achterkästen umgestiegen bin und über 200 Stöcke habe. Ich teile die Stöcke einfach auf und kümmere mich nicht um das Verfliegen. Ich lege zwei Bodenbretter hin und verteile die Kästen abwechselnd wie bei einem Kartenspiel, einen für dich, einen für mich. Dann lasse ich genau so viel freien Raum, wie ich schon besetzten Raum habe, (ich verdopple also den Platz für die Bienen). Wenn ich also drei volle Kästen mit Bienen auf jedem Stapel habe, dann gebe ich nochmal drei leere Aufsätze mit Rahmen dazu. Ich beziehe mich hierbei auf starke Stöcke mit mindestens zwei mittleren Achter-Rahmen-Kästen voller Bienen in jedem der beiden neuen Stöcke.

Natürliche Zellgröße

Und ihre Auswirkungen auf die Bienenzucht und die Varroamilben

„Alles funktioniert, wenn Sie es zulassen"—Rick Nielsen, Cheap Trick

Es wird neuerdings viel über kleine und natürliche Zellgröße und ihre Auswirkung auf Varroa gesagt und geschrieben. Lassen Sie uns zunächst ein paar Dinge im Bezug auf die natürliche Zellgröße klarstellen.

Kleine Zelle = natürliche Zelle?

Es wird behauptet, dass kleine Zellen hilfreich sind, um Varroamilben zu kontrollieren. Kleine Zelle entspricht einer Größe von 4,9 mm. Standardkunstwaben sind 5,4 mm groß. Was ist nun die natürliche Zellgröße?

Baudoux 1893

Züchtete größere Bienen, indem er größere Zellen benutzte. Pinchot, Gontarski und andere vergrößerten Zellen bis auf 5,74 mm. Die ersten Kunstwaben von AI Root bestanden aus 5 Zellen pro 2,5 cm, d.h. 1 Zelle pro 5,08 mm. Später stellte er 4,83 Zellen pro 2,5 cm her, das entspricht einer Zellgröße von 5,26 mm (ABC XYZ of beekeeping, Auflage 1945, Seite 125-126.)

Sevareid's Gesetz

"Die Hauptursachen von Problemen sind ihre Lösungen."

Heutige Kunstwaben

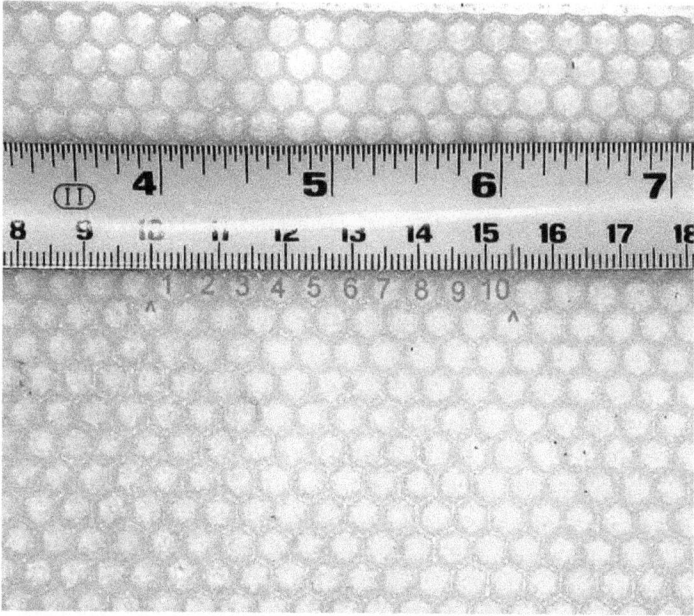

Rite Cell® 5,4 mm

Dadant, normale Brutzellen, 5,4 mm

Pierco mittlere Blätter 5,2 mm

Pierco tiefer Rahmen 5,25 mm

Mann Lake PF120 mittlerer Rahmen

Mann Lake PF120 mittlerer Rahmen

Anmerkung: Mann Lake PF100 und PF120 haben nicht di selbe Zellgröße wie Mann Lake PF500 und PF520, die 5,4 mm groß sind.

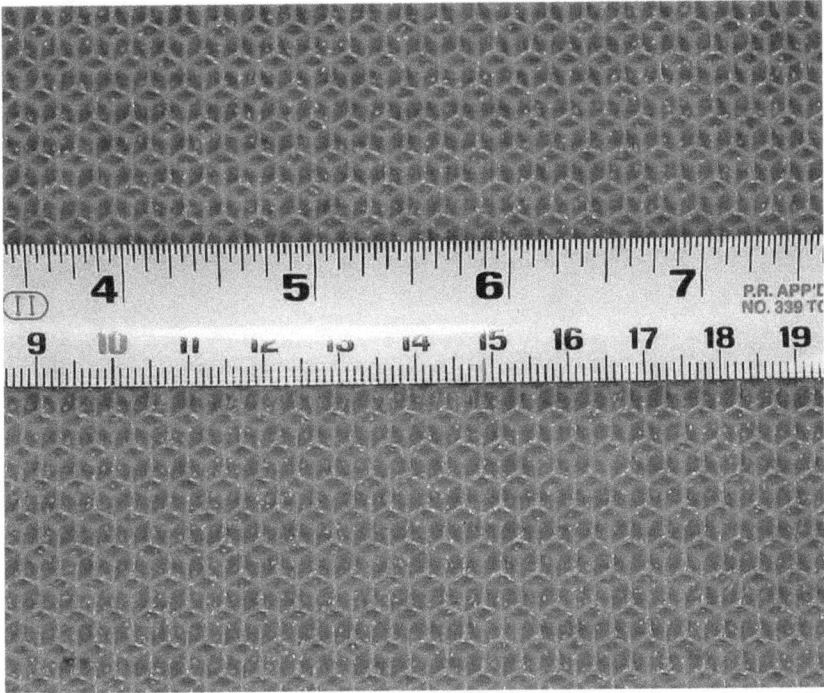

Dadant 4,9 mm

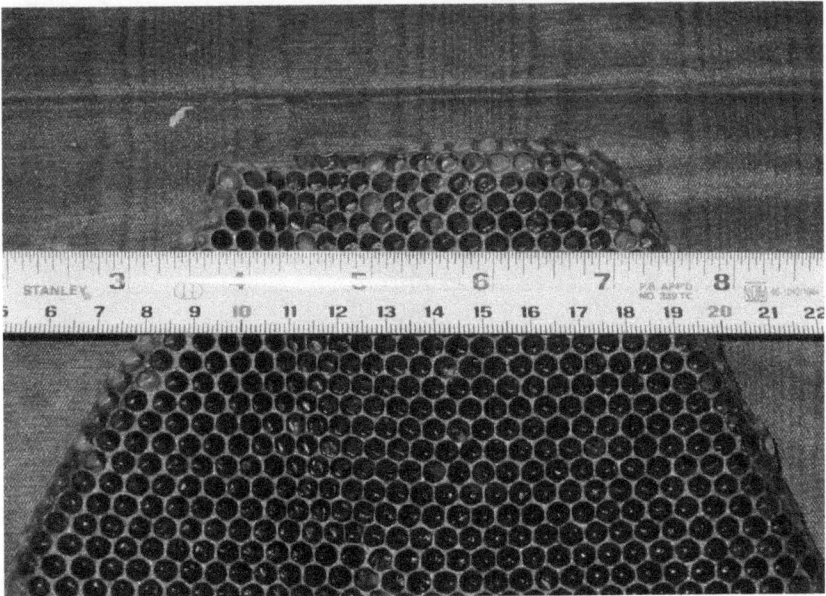

Natürliche Waben 4,7 mm

Wabenmaß 4,7 mm

Zellgrößentabelle

Natürliche Arbeiterwabe	4,6 mm bis 5,1 mm
Lusby	4,83 mm Durchschnitt
Dadant 4,9 mm, kleine Zelle	4,9 mm
Honey Super Cell	4,9 mm
Wachsüberzogene PermaComb	4,9 mm
Mann Lake PF100 & PF120	4,95 mm
19th century foundation	5,05 mm
PermaComb	5,05 mm
Dadant 5,1 mm, kleine Zelle	5,1 mm
Pierco Kunstwaben	5,2 mm
Pierco tiefe Rahmen	5,25 mm
Pierco mittlere Rahmen	5,35 mm
RiteCell	5,4 mm

Standardarbeiterzelle	5,4 bis 5,5mm
7/11	5,6 mm
HSC mittlere Rahmen	6,0 mm
Drohne	6,4 bis 6,6 mm

Anmerkung: voll bezogene Plastikzellen (PermaComb und Honey Super Cell) sind am Eingang immer 0,1 mm größer als am Boden. Sie müssen auch die dickeren Zellwände mitbedenken. Die Maße sind aus dem inneren Durchmesser des Eingangs abgeleitet.

Um natürliche Zellgrößen zu bekommen, habe ich Folgendes getan:

- Oberladerstöcke
- Rahmen ohne Kunstwaben
- Leeres Leitwachs
- Freie Wabenform
- Leere Rahmen zwischen gebauten Waben

Wie groß ist der Unterschied zwischen natürlicher Zellgröße und „normaler" Zellgröße? „Normale" Kunstwaben haben eine Zellgröße von 5,4 mm und natürliche Zellen eine von 4,6 bis 5,0 mm.

Zellvolumen Laut Baudoux:

Zellbreite	Zellvolumen
5,555 mm	301 mm³
5,375 mm	277 mm³
5,210 mm	256 mm³
5,060 mm	237 mm³
4,925 mm	222 mm³
4,805 mm	206 mm³
4,700 mm	192 mm³
(Aus: ABC XYZ of Bee Culture, Auflage 1945, Seite 126)	

Dinge, die die Zellgröße beeinflussen

- Die Intention des Arbeiters beim Zellenbau:

    - Zelle für Drohnenbrut

    - Zelle für Arbeiterbrut

    - Zelle für Honigvorrat

- Die Größe der Biene, die die Zelle baut

- Der Platz in den Oberaufsätzen

Was ist Regression?

Große Bienen, die aus großen Zellen stammen, können keine natürlich großen Zellen bauen. Sie bauen etwas in einer Zwischengröße. Die meisten werden eine Arbeiterbrutzelle etwa 5,1 mm groß bauen.

Der nächste Brutzyklus wird dann Zellen mit einer Größe von 4,9 mm bauen.

Das Einzige, was Sie für diese Regression brauchen, ist, dass die Bienen die Notwendigkeit spüren, diese Rückentwicklung zu durchlaufen.

Wie erreiche ich die Regression?

Kratzen Sie leere Brutwaben heraus und lassen sie die Bienen bauen, was sie wollen (oder geben Sie ihnen 4,9 mm große Kunstwaben).

Nachdem die Bienen in diesen Zellen Brut herangezogen haben, wiederholen Sie den Vorgang. Kratzen Sie größere Waben immer aus.

Wie entfernen Sie größere Waben? Bedenken Sie, dass es normal ist, den Bienen Honig zu stehlen. Aber in diesem Fall geht es um Brutrahmen. Die Bienen versuchen, das Brutnest in Ordnung zu halten und denken dabei an einen möglichst großen Bau. Wenn Sie leere Rahmen in der Mitte des Brutnests dazugeben, dann sollten Sie sie zwischen gerade gebauten Waben aufstellen, damit auch in den neuen Rahmen ordentliche Waben entstehen, und die Bienen diese mit Eiern füllen. Während sie diese Rahmen befüllen, können Sie schon einen weiteren Rahmen dazugeben. Dadurch wächst das Brutnest, weil Sie die Bienen dazu anregen, die neuen Rahmen zu füllen. Wenn sich Rahmen mit großer Zellgröße zu weit von der Mitte des Brutnests entfernt befinden (zum Beispiel direkt an der Außenwand), oder wenn Sie die Rahmen im Herbst einsetzen, dann werden die Bienen die Rahmen mit Honig füllen, nachdem die Brut geschlüpft ist und Sie können die Rahmen abernten. Sie können den Rahmen mit verdeckelten großen Brutzellen auch über eine Schleuder stellen, darauf warten, dass die Bienen schlüpfen und den Rahmen dann abernten.

Bitte verwechseln Sie dieses Vorgehen nicht mit Regression. Ich werde häufig gefragt, ob man ein Paket Bienen zuerst auf Kunstwaben von 5,4 mm aussetzen sollte, weil sie nicht gut auf 4,9 mm Waben bauen können. Wenn Sie aber auf natürliche Zellgröße umsteigen möchten, dann ist es für Sie **nie** von Vorteil, die zu großen Kunstwaben weiter zu nutzen, die die Bienen schon gewöhnt sind. Damit kommen Sie einfach nicht weiter. Mit jedem Paket Bienen, mit dem Sie so vorgehen, verpassen Sie einen kompletten Schritt im Regressionsprozess. Dee Lusby wendet folgende Methode an: zunächst werden die Bienen von allen Waben auf Kunstwaben mit 4,9 mm Größe abgeschüttelt und danach werden sie noch einmal auf 4,9 mm große Waben abgeschüttelt. Damit wäre der Hauptschritt zur Regression geschafft. Danach werden die zu großen Waben so lange entfernt, bis Sie nur noch 4,9 mm große Waben im gesamten Brutnest haben. Das Abschütteln ist die schnellste Methode, aber auch sehr stressig. Wenn Sie ein neues Paket kaufen, dann brauchen Sie diese Bienen schon mal nicht mehr abschütteln und diesen Vorteil sollten Sie nutzen. Wenn Sie auf natürlich große Zellen umsteigen wollen, dann sollten Sie komplett auf Kunstwaben verzichten. Die Hauptherausforderung ist dabei, alle zu großen Waben aus dem Stock zu entfernen. Deshalb sollten Sie es sich nicht selbst erschweren, indem Sie neue zu große Waben hinzugeben.

Eine weitere falsche Vorstellung ist, dass man bei der Regression große Verluste hinnehmen muss. Dee Lusby hat die Regression in einem einzigen Schritt durchgezogen, ohne Behandlungen und einfach nur durch Abschütteln. Dabei hat sie eine Menge Bienen verloren und viele, die die Regression so durchgeführt haben, hatten dasselbe Problem, das sich aber vermeiden lässt.

Zunächst einmal können Sie die Bienen weiterhin Waben bauen lassen, das ist schließlich das, was sie immer getan haben.

Es ist auch nicht nötig, die Bienen abzuschütteln, es ist einfach nur schneller. Drittens müssen Sie diesen Prozess auch nicht in einem einzigen Schritt durchziehen. Sie können (und sollten) auf Milben aufpassen und sie kontrollieren, bis sich die Dinge stabilisiert haben. Währenddessen können Sie auch eine nicht belastende Behandlung einsetzen, falls die Milbenzahlen zu sehr ansteigen. Ich habe es noch nicht erlebt, dass es durch Varroamilben bei der Regression zu großen Verlusten gekommen wäre und dass Behandlungen nötig gewesen wären.

Anmerkungen zur natürlichen Zellgröße

Zunächst gibt es nicht *die* eine Zellgröße oder *die* eine Größe von Arbeiterbrutzellen in einem Stock. Hubers Beobachtungen von größeren Drohnen aus größeren Zellen veranlassten ihn zu seinen Experimenten mit Zellgrößen. Da Huber leider keinen Zugang zu Kunstwaben oder verschiedenen Zellgrößen hatte, beinhalteten seine Experimente nur, Arbeitereier in Drohnenzellen umzupflanzen. Allerdings ohne Erfolg. Die Bienen bauten in verschiedenen Zellgrößen, die verschieden große Bienen hervorbrachten. Diese verschiedenen Untergrößen von Bienen sind vielleicht für den Stock insofern von Vorteil, dass sie über unterschiedliche Fähigkeiten verfügen, die im Stock von Nutzen sind.

Der erste „Umsatz" von Bienen aus einem typischen Stock (künstlich vergrößerte Bienen) entspringt normalerweise aus Arbeiterbrutzellen von 5,1 mm Größe. Die Größe variiert, aber diese Maße werden üblicherweise im Zentrum des Brutnests gemessen. Manche Bienen werden sich auch schneller verkleinern.

Die nächste Bienengeneration baut Arbeiterbrutzellen zwischen 4,9 mm und 5,1 mm, einige davon etwas größer, andere kleiner. Der Zwischenraum, wenn er diesen Bienen selbst überlassen wird, ist im Zentrum des Brutnests etwa 32 mm groß. Die nächsten Generationen können auch noch etwas kleiner werden.

Anmerkungen zum Zwischenraum bei natürlichen Zellgrößen

32 mm Platz stimmt mit Hubers Beobachtungen überein

"Der Blatt- oder Buchstock besteht aus zwölf vertikalen Rahmen... und ihre Breite von fünfzehn Zeilen (eine Zeile = 2,74 cm und 15 Linien = 32 mm). Es ist wichtig, dass diese Maße eingehalten werden." François Huber 1789

Wabendicke je nach Zellgröße
Laut Baudoux (es geht hier um die Dicke der Waben selbst, nicht um den Freiraum innerhalb der Waben)

Zellgröße	Wabendicke
5,555 mm	22,60 mm
5,375 mm	22,20 mm
5,210 mm	21,80 mm
5,060 mm	21,40 mm
4,925 mm	21,00 mm
4,805 mm	20,60 mm
4,700 mm	20,20 mm
(ABC XYZ of Bee Culture, Auflage 1945, S. 126)	

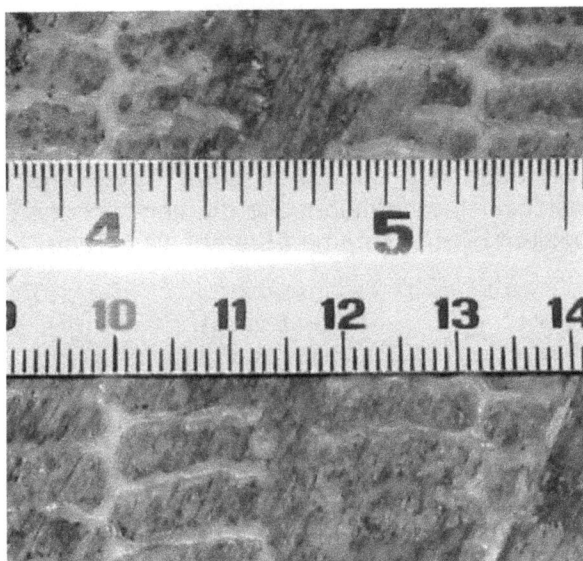

Wilde Waben in einem Oberladerfütterer, Wabenabstand 30 mm

Hier sehen Sie ein Brutnest, das in einen Oberladerfütterer mit ausreichend Platz in den Kästen gebracht wurde. Sie sehen die Innenverkleidung, nachdem die Waben entfernt wurden. Der Platz bei natürlichen Brutwaben ist manchmal nur 30 mm breit, aber normalerweise liegt er bei 32 mm.

Vor und nach der Verdeckelung und Varroa

Eine um 8 Stunden kürzere Verdeckelungszeit halbiert die Zahl vorroa-infizierter Brutzellen sowie Varroaableger in den Brutzellen.

Tage der Verdeckelung und nach der Verdeckelung (basiert auf der Beobachtung von Bienen in 5,4 mm Waben)

Verdeckelt 9 Tage nachdem das Ei gelegt wurde

Geschlüpft 21 Tage nachdem das Ei gelegt wurde

Hubers Beobachtungen

Hubers Beobachtungen zur Verdeckelung und zum Schlüpfen in natürlichen Waben.

Bitte beachten Sie, dass am ersten Tag noch keine Zeit verstrichen ist und dass am 20. Tag 19 Tage verstrichen sind. Wenn Sie unsicher sind, addieren Sie die verstrichene Zeit, auf die sich Huber bezieht. Dabei kommen Sie auf 19,5 Tage.

> *Drei Tage Ei, fünf Tage Made; nach Verlauf dieser Zeit verschließen die Bienen ihre Zelle mit einem Wachsdeckel. Jetzt beginnt die Made ihr Seidenhemdchen zu spinnen und verwendet auf diese Arbeit 36 Stunden. Drei Tage später verwandelt sie sich in eine Nymphe und bringt sieben und einen halben Tag in diesem Zustande zu, gelangt also zu dem Stande einer ausgebildeten Biene erst mit dem 20. Tage, von dem Augenblicke an gerechnet, wo das Ei gelegt ist."—François Huber 4. September 1791.*

Meine Beobachtungen

Meine Beobachtungen zum Verdeckeln und zum Schlüpfen in einer 4,95 mm Zelle.

Ich habe bei kommerziellen Carnica-Bienen und kommerziellen Italienischen Bienen in einem Beobachtungsstock mit 4,95 mm großen Zellen beobachtet, dass die Phase vor der Verdeckelung 24 Stunden kürzer ist und die Phase nach der Verdeckelung ebenso 24 Stunden kürzer ist.

Meine Beobachtungen bei 4,95 mm Zellgröße

Verdeckelt 8 Tage nachdem das Ei gelegt wurde

Geschlüpft 19 Tage nachdem das Ei gelegt wurde

Warum sollte ich natürlich große Zellen wollen?
Weniger Varroa weil:

- Eine um 24 Stunden kürzere Verdeckelungszeit zu weniger Varroa in der verdeckelten Zelle führt

- Die Zeit nach der Verdeckelung wird um 24 Stunden reduziert, was ebenso dazu beiträgt, dass weniger Varroamilben ausreifen können und sich beim Schlüpfen der Biene paaren
- Besseres Herauskratzen von Varroamilben

Wie Sie natürlich große Zellen bekommen
Oberladerstöcke

Benutzen Sie 32 mm breite Leisten für den Brutbereich

Benutzen Sie 38 mm breite Leisten für den Honigbereich

Rahmen ohne Kunstwaben

Bauen Sie einen Wabenanleiter, wie Langstroth es gemacht hat (sehen Sie hierzu unter Langstroth-Stock und die Honigbiene nach)

Es hilft auch, die Endbalken aus 32 mm zu schneiden oder

Benutzen Sie Leitwachs

Benutzen Sie ein in Lake getränktes Brett und tauchen Sie es in Wachs, um Rohtafeln zu erhalten. Schneiden Sie diese in 1,9 cm breite Streifen und geben Sie sie in die Rahmen.

Wie Sie kleine Zellen erhalten
Benutzen Sie 4,9 mm große Kunstwaben oder

Benutzen Sie 4,9 mm große Leitwachsstreifen

Was sind natürlich große Zellen?
Ich habe viele natürlich große Zellen ausgemessen, dabei habe ich Arbeiterbrutzellen zwischen 4,6 mm und 5,1 mm gesehen, aber die meisten lagen bei 4,7 mm bis 4,8 mm. Ich habe keine größeren Bereiche gefunden, in denen die Zellen größer als 5,4 mm waren. Daher sind dies meine

Schlussfolgerungen:

Basierend auf meinen Messungen von natürlichen Arbeiterbrutzellen:

- Arbeiterzellen von 4,9 mm sind nicht *un*natürlich.

- 5,4 mm große Arbeiterzellen sind keine durchschnittliche Größe im Brutnest.

- Kleine Zellen und natürliche Zellen sind für mich die richtige Größe, um Stöcke zu haben, die nicht für Varroa anfällig sind und die ich nicht behandeln muss.

Häufig gestellte Fragen:

F: Brauchen die Bienen nicht länger, wenn sie ihre eigenen Waben bauen müssen?

A: Ich glaube nicht, dass das stimmt. Meinen Beobachtungen zufolge scheinen die Bienen Plastikwaben nur zögerlich anzunehmen, bei Wachswaben ist es etwas besser und ihre eigenen Waben bauen sie mit der größten Begeisterung. Ich und andere, wie Jay Smith, haben beobachtet, dass auch die Königin es vorzieht, ihre Eier in selbst gebaute Waben zu legen.

F: Wenn natürliche/kleine Zellen dazu beitragen, Varroa zu kontrollieren, warum sind dann die wilden Bienen ausgestorben?

A: Das Problem bei dieser Frage ist, dass sie mit verschiedenen Annahmen gestellt wird.

Zunächst wird angenommen, dass wilde Bienen ausgestorben sind. Das ist nicht wahr; ich habe schon viele wilde Bienen gesehen und es werden von Jahr zu Jahr mehr.

Die zweite Annahme besteht darin zu glauben, dass der Tod von Wildbienen immer aufgrund von Varroamilben geschieht. Aber die Bienen in diesem Land haben mit vielen Problemen zu kämpfen gehabt, darunter Tracheenmilben und Viren. Ich bin sicher, dass das Überleben einiger Bienen eine Frage der natürlichen Auslese ist. Diejenigen Bienen, die nicht stark genug waren, sind gestorben.

Die dritte Annahme lautet: eine große Anzahl von Milben, die sich zusammen mit Räubern in den Stock schummeln, können einen Stock nicht besiegen, egal wie gut sie mit Varroa klarkommen. Viele zusammenbrechende Hausstöcke widersprechen dieser Annahme. Selbst wenn Sie in Ihrem Stock nur eine kleine und stabile Varroabevölkerung haben, kann ein starkes Einschwärmen von Varroamilben in den Stock diesen überrumpeln.

Die vierte Annahme liegt darin, dass ein kürzlich entkommener Schwarm gleich kleine Zellen bauen wird. Sie werden in einer Zwischengröße bauen. Während vieler Jahre waren die meisten wilden Bienen gerade geflüchtete. Die Bevölkerung wilder Bienen wurde durch die vielen kürzlich geflüchteten Bienen groß gehalten, und in der Vergangenheit haben diese geflüchteten Bienen auch oft überlebt. Erst seit kurzem habe ich beobachtet, dass die Bevölkerung mehr aus dunklen Bienen besteht als aus Italienischen Bienen. Große Bienen (aus 5,4 mm Waben) bauen eine Zwischengröße, normalerweise um die 5,1mm. Diese kürzlich ausgeschwärmten Hausbienen sind also noch nicht vollständig zurückentwickelt und sterben häufig im ersten oder zweiten Jahr.

Die fünfte Annahme lautet: Bienenzüchter mit kleinen Zellgrößen glauben nicht, dass das Überleben von Bienen bei Varroa-befall auch mit genetischen Vorteilen zu tun hat. Natürlich gibt es Bienen, die weniger reinlich sind und die deshalb schlechter mit Krankheiten und Schädlingen fertig werden. Jede neue Krankheit oder jede neuen Schädlinge treffen auf Wildbienen, die mit ihnen ohne jede Unterstützung klarkommen müssen.

Die sechste Annahme besteht darin zu glauben, dass die Wildbienen plötzlich ausgestorben sind. Die Bienenbevölkerung ist in den letzten 50 Jahren durch den Einsatz von Pestiziden, den Verlust von Lebensraum und Futter und in jüngster Zeit aufgrund der Angst vor Bienen konstant zurückgegangen.

Die Leute hören von der Afrikanisierten Honigbiene und töten einfach jeden Bienenschwarm, den sie sehen. Mehrere Bundesstaaten haben das Töten von Wildbienen als offizielle Politik aufgenommen.

F: Wenn Bienen wirklich normalerweise kleiner sind, wieso hat das vorher keiner bemerkt? Und warum sagen Wissenschaftler, dass Bienen groß sind?

A: Ich weiß auch nicht warum behauptet wird, dass Bienen normalerweise so groß sind, vielleicht hat das auch mit dem Thema Regression zu tun. Wenn Sie Bienen aus großen Zellen nehmen und sie das bauen lassen, was sie wollen, was glauben Sie, was die Bienen tun werden? Manchmal beobachten wir verschiedene Dinge, weil die Ergebnisse von bestimmten Faktoren abhängen.

Meiner Meinung nach ist es nicht schwer zu akzeptieren, dass die Zellen normalerweise kleiner sind, weil seit Jahrhunderten zahlreiche Messungen zum Thema durchgeführt worden sind. Die Aufzeichnungen von Dee Lusby (erhältlich auf www.beesource.com) beziehen sich auf viele Artikel und Diskussionen über die Größe von Bienen und Waben sowie auf die Vergrößerung von Bienen und Zellen.

Wir haben also genug Quellen um aufzuzeigen, dass Bienen früher kleiner waren.

Suchen Sie in „ABC & XYZ of Bee Culture" und suchen Sie unter „Cell Size".

Hier einige Zitate:

ABC & XYZ of Bee Culture, Auflage 38 von 1980, S. 134.

"Wenn man einen durchschnittlichen Bienenzüchter fragt, wie viele Zellen, Arbeiter und Drohnenwaben er pro 2,54 cm hat, dann würde er wohl vier bis fünf antworten. Auch einige Bienenbücher benennen diese Zahl, die auch annähernd korrekt ist, zumindest in Bezug auf die Bienen und insbesondere die Königin. Allerdings sollten die Maße genauer sein. 1876, als A.I. Root, der ursprüngliche Autor des Buchs, seine erste Kunstwabenwalze baute, schnitt er den Heißabschlag für fünf Arbeiterzellen bis auf 2,54 cm. Während die Bienen aus diesen Kunstwaben schöne Waben bauten und die Königin auch in diese Waben legte, bevorzugten sie trotzdem ihre eigenen natürlichen Waben gegenüber den Kunstwaben, wenn sie vor die Wahl gestellt wurden. Root vermutete die Ursache und begann, viele Stücke natürlicher Waben auszumessen. Dabei entdeckte er, dass die ursprünglichen

Zellen, fünf pro 2,54 cm, aus seiner ersten
Maschine etwas zu klein waren. Seine Messungen
von natürlichen Arbeiterzellen ergaben etwas
über 19 Arbeiterzellen auf vier 10,16 cm, oder
4,83 pro 2,54 cm."

Etwa dieselbe Angabe findet sich in der Ausgabe von 1974 von ABC and XYZ of Bee Culture auf Seite 136; in der Version von 1945 auf Seite 125; in der Auflage von 1877 auf Seite 147:

"Die besten wirklichen Arbeiterwaben enthalten 5
Zellen auf 2,54 cm und deshalb ist dies das Maß,
das für Kunstwaben als Maßstab genommen
wird."

Alle folgenden Referenzen beziehen sich auf das selbe Maß, 5 Zellen pro 2,54 cm und können in Cornell's „Hive and the Honey Bee Collection" im Internet nachgelesen werden:

* Beekeeping von Evertt Franklin Phillips, S. 46

* Rational Bee-keeping, Dzierzon, S. 8 und S. 27

* British Bee-keeper's Guide Book, T.W. Cowan, S. 11

* The Hive and the Honey Bee, L.L. Langstroth, S. 74, 4. Auflage (aber es ist auch in allen anderen Auflagen enthalten)

Dieses "5 Zellen pro 2,54 cm" in ABC XYZ wird in allen Auflagen außer in der von 1877 mit einem Kapitel darüber, wie „größere Zellen auch größere Bienen hervorbringen" und Informationen zu Baudoux's Forschungen beschrieben.

Lassen Sie uns rechnen:

Fünf Zellen pro 2,54 cm ist die Standardgröße für Kunstwaben im Jahr 1800. Das allgemein akzeptierte Maß in dieser Zeit sind fünf Zellen auf 25,4 mm, d.h. zehn Zellen auf 50,8 mm, woraus sich schließt: 5,08 mm pro Zelle. Das ist 3,2 mm kleiner als die heutige Standardgröße für Kunstwaben.

Die Messung von A.I. Root von 4,83 Zellen pro 2,54 cm bedeutet eine Größe von 5,25 mm, d.h. 1,5 mm kleiner als Standardkunstwaben. Wenn Sie Waben messen, dann werden Sie auf viele unterschiedliche Wabengrößen stoßen, was es schwierig macht zu sagen, welche nun die Größe einer natürlichen Wabe ist. Ich habe 4,7 mm Zellen bei kommerziellen Carnica-Bienen gemessen und fotografiert, genauso wie Waben von Bienen mit natürlicher Zellgröße in Pennsylvania mit 4,4 mm. Normalerweise gibt es große Unterschiede zwischen dem Zentrum des Brutnests und den Rändern. Sie finden Waben zwischen 4,8 mm und 5,2 mm, wobei im Zentrum die meisten Zellen 4,8 mm oder 4,9 mm groß sind, danach sehen Sie wahrscheinlich eher Zellen von 5,0 mm oder   5,1 mm und näher an den Rändern meistens Zellen von 5,2 mm Größe.

> *"Bis in die späten 1800er Jahre wurden die Honigbienen in Großbritannien und Irland in Brutzellen von etwa 5,0 mm Breite aufgezogen. Aber schon 1920 war diese Größe auf 5,5 mm angewachsen."— John B. McMullan und Mark J.F. Brown, The influence of small-cell brood combs on the morphometry of honeybees (Apis mellifera)— John B. McMullan und Mark J.F. Brown*

Huber schrieb im zweiten Teil von Hubers Beobachtungen an den Bienen, dass Arbeiterzellen 2,5 Zeilen messen, was 5,08 mm entspricht, dem Maß, das in „ABC XYZ of Bee Culture" erwähnt wird.

In der 41. Auflage von „ABC XYZ of Bee Culture" heißt es auf Seite 160 (Kapitel Cell Size)

> *„Die Größe natürlich gebauter Zellen ist Gegenstand der Neugier sowohl von Bienenzüchtern als auch von Wissenschaftlern, seit sie Swammerdam in den 1600ern gemessen hat. Zahlreiche folgende Berichte rund um die Welt zeigen an, dass der Durchmesser natürlich gebauter Zellen zwischen 4,8 und 5,4 mm liegt. Der Zellendurchmesser variiert je nach Ort, an dem die Messungen vorgenommen wurden, aber allgemein hat sich das Maß seit 1600 bis in die heutige Zeit nicht verändert."*

Und weiter unten heißt es:

> *„die gemessene Zellgröße für Afrikanisierte Honigbienen liegt im Schnitt bei 4,5 bis 5,1 mm."*

Marla Spivak und Eric Erickson schreiben in „Do measurements of worker cell size reliably distinguish Africanized from

European honey bees (Apis mellifera L.)?" — American Bee Journal
v. April 1992, S. 252-255 says:

> *"...zwischen Kolonien, die "hauptsächlich
> europäisch" und „hauptsächlich afrikanisiert"
> sind, konnte ein anhaltender Unterschied bzgl.
> der Verhaltensweisen und Zellgrößen festgestellt
> werden."*
>
> *„Aufgrund der hohen Diversität innerhalb und
> unter wilden und häuslichen Afrikanisierten
> Bienen liegt die Lösung für das „afrikanisierte"
> Problem in Gebieten, in denen sich Afrikanisierte
> Bienen als dauerhafte Bevölkerung etabliert
> haben, darin, konsequent die friedlichsten und
> produktivsten Völker auszusuchen" —
> Identification and relative success of Africanized
> and European honey bees in Costa Rica. Spivak,
> M, Do measurements of worker cell size reliably
> distinguish Africanized from European honey bees
> (Apis mellifera L.)?. Spivak, M; Erickson, E.H., Jr.*

Meinen Beobachtungen zufolge entstehen Unterschiede auch dadurch, wie die Rahmen aufgestellt werden oder dadurch, wie die Bienen ihre Waben im Raum verteilen. 38 mm führen zu größeren Zellen als 35 mm, die wiederum größer sind als 32 mm. In natürlichen Waben werden die Bienen die Waben manchmal bis auf 30 mm zusammendrücken, selbst wenn sie 32 mm zur Verfügung haben. Dies passiert häufiger bei Waben im Brutnest und bei 35 mm häufiger bei Drohnenwaben.

Was ist also ein natürlicher Wabenabstand? Wir stoßen hier auf dasselbe Problem wie wenn wir über natürliche Zellgrößen reden, denn die Antwort hängt von verschiedenen Dingen ab.

Was ich beobachtet habe: wenn Sie die Bienen tun lassen, was sie wollen, dann können Sie herausfinden, was das Maß und die Reichweite des Abstands in Ihrem Stock ist. Das normale Maß für die Wabengröße ist *nicht* 5,4 mm und das normale Maß für den Abstand liegt *nicht* bei 35 mm.

Überlegungen zum Erfolg kleiner Zellen

Diese Kapitel hat *nicht* zum Ziel, über meine oder andere Theorien zu reden, warum kleine Zellen funktionieren, sondern über die Theorien derjenigen, die den Erfolg von Bienenzüchtern mit kleinen Zellen wegargumentieren wollen und an ihre Stelle andere Theorien setzen, die besser in ihre Vorstellung passen. Es scheint ganz viele Theorien von Leuten zu geben, die selbst nicht mit kleinen Zellen arbeiten, und dennoch den Erfolg von Bienenzüchtern mit kleinen Zellen in einen anderen Kontext stecken wollen, der für sie mehr Sinn macht. Im folgenden werde ich ein paar ansprechen:

AHB

Eine Erklärung, die angeführt wird, ist, dass kleine Zellgrößen nur mit Afrikanisierten Honigbienen funktionieren. Die Vertreter dieser Theorie glauben, dass nur Afrikanisierte Honigbienen kleine Zellen bauen, während es europäische Bienen nicht tun. Dies erklärt sowohl die Zellgröße als auch den Erfolg mit Varroa, sowie das frühe Schlüpfen und andere Themen, die mit Varroakontrolle in Zusammenhang stehen. Das Problem bei dieser Theorie ist, dass viele von uns Bienenzüchtern in nördlichen Klimaregionen leben, wo Afrikanisierte Honigbienen angeblich nicht überleben können. Wir verkaufen unsere Bienen an andere, die bemerken, wie friedlich unsere Bienen sind. Wir lassen sie regelmäßig kontrollieren, ohne dass die Inspektoren sich über aggressive Bienen beschweren würden. Viele von uns sammeln wilde Stöcke ein, wenn wir die Gelegenheit haben, und diese Stöcke könnten angeblich nicht im Norden überleben, wenn es sich um Afrikanisierte Honigbienen handeln würde. Ich wurde um Proben für eine Bienengenetik-Studie gebeten, die ergab, dass es sich nicht um AHB handelt.

Tatsache ist, dass diejenigen von uns, die nicht in AHB-Gebieten leben, keine AHB züchten und dies auch nicht vorhaben. Es ist ein anderes Thema, dass Dee Lusby oder andere Züchter in

AHB-Gebieten doch ein paar AHB-Gene in ihren Stöcken finden; dies ist aber unbedeutend, weil die meisten Züchter nicht in AHB-Gebieten leben, keine AHB züchten und auch nicht daran interessiert sind, dies zu tun, da ihre derzeitigen Bienen gut überleben.

Wilde Stöcke

Viele Züchter mit kleinen oder natürlich großen Zellen versuchen, ihre Zucht mit Wildbienen zu betreiben, weil es einfach logisch ist. Sie wollen schließlich Bienen züchten, die an ihrem Standort überleben können. Sogar Züchter mit großen Zellen gehen so vor und zwar nicht einmal, um Varroa zu bekämpfen, sondern um das Überwintern zu erleichtern. Die Leute führen die Verluste der Lusbys während der Regression an, um zu beweisen, dass diese einfach nur Bienen gezüchtet hatten, die widerstandsfähig gegen Varroa waren. Diese Erklärung würde gelten, wenn die Lusbys das einzige Beispiel wären, aber ich selbst zum Beispiel hatte keine großen Verluste während der Regression und auch nicht, als ich mit einem kommerziellen Stock angefangen habe. Als ich dasselbe mit Stöcken mit großen Zellen probiert habe, habe ich alle meine Bienen wiederholte Male durch Varroa verloren. Als ich mit einem kommerziellen Stock mit kleinen Zellen begonnen habe, habe ich überhaupt keine Verluste durch Varroa gehabt. Wenn ich bedenke, wie viele Leute fleißig daran arbeiten, einen widerstandsfähigen Stock zu züchten, scheint es mir noch unglaublicher, dass viele von uns Züchtern von kleinen Zellen einfach durch Glück zu varroa-resistenten Stöcken gekommen sind. Wenn diese Leute wirklich daran glauben, dass die Genetik der Schlüssel zu unserem Erfolg ist, dann müssten sie uns darum anbetteln, ihnen Zuchtköniginnen zu verkaufen. Aber da sie das nicht tun, denke ich nicht, dass sie wirklich an die Genetik glauben. Ich jedenfalls glaube nicht an dieses Argument, obwohl ich es gern tun würde, denn dadurch würde der Wert meiner Königinnen deutlich steigen. Seit ich die Regression durchgemacht habe und meine Varroaprobleme verschwunden sind, habe ich begonnen, wilde Bienen aus meiner Umgebung zur Zucht zu verwenden, weil ich Bienen züchten wollte, die schon an mein Klima gewöhnt sind. In diesen Fällen funktioniert das Überwintern viel besser. Im Bezug auf Varroa habe ich keine Veränderungen beobachtet, weil ich schon vorher keine Varroaprobleme mehr hatte.

Blindes Vertrauen

Angesichts der Tatsache, dass es funktioniert, brauchen Sie kein blindes Vertrauen. Viele sprechen jedoch der Methode ab, dass sie wirklich funktioniert und suchen nach einem Grund, warum es trotzdem Leute gibt, die an sie *glauben*. Scheinbar denken viele Kritiker der kleinen Zellen, dass alle Züchter von kleinen Zellen eine religiös fanatische Gefolgschaft von Dee Lusby sind, die in einer Massenhysterie gefangen sind. Dies würde bedeuten, dass wir an etwas glauben, was in Wirklichkeit nicht funktioniert. Aber jeder, der zu einem der vielen organischen Treffen kommt, auf denen Dee Lusby, Dean Stiglitz, Ramona Herboldsheimer, Sam Comfort, Erik Osterlund, ich und andere sprechen, würde sehen, wie absurd das ist. Genauso sieht es jeder, der sich an der organischen Bienenzüchter-Gruppe bei Yahoo beteiligt. Wir machen oft unterschiedliche Beobachtungen und haben Meinungsverschiedenheiten, wie sie alle ehrlichen Bienenzüchter haben. Wenn wir alle denselben Standardspruch aufsagen würden, dann bestünde Grund zur Sorge. Ganz im Gegenteil sind wir uns in den grundlegenden Konzepten sehr einig, haben aber oft unterschiedliche Ansichten in Detailfragen, die durch unterschiedliche Standorte und Klimabedingungen sowie durch Zufall erklärt werden können. Während ich großen Respekt vor all den oben angeführten Rednern und insbesondere vor Dee und ihren verstorbenen Mann Ed, habe, die in diesem Bereich Pionierarbeit geleistet haben, bin ich doch nie in allen Einzelheiten mit ihr oder mit den anderen einverstanden gewesen.

Die vier Dinge, über die wir uns alle einig sind: keine Behandlungen; kleine oder natürlich große Zellen; lokal angepasste Stöcke und das Vermeiden von künstlichem Futter. Aber während Sam und ich ziemlich glücklich ohne Kunstwaben sind, konzentriert sich Dee eher auf eine bestimmte Zellgröße. Während Dee ihren Bienen fässerweise Honig füttert, habe ich dazu weder die Zeit noch den Honig, und füttere meinen Bienen, falls sie nicht genug Wintervorräte haben, mit Zucker. Obwohl Dean und Ramona natürliche Waben bevorzugen, haben Sie die Erfahrung gemacht, dass sie ihre Bienen mithilfe von Honey Super Cell in die Regression zwingen mussten, während ich oft das Glück hatte, dass meine Bienen auch ohne Kunstwaben die Regression schnell durchlaufen haben. Das mag mit Genetik zu tun haben oder mit der Zellgröße in den Stöcken, aus denen meine Paketbienen kommen. Es ist schwer zu sagen; aber wichtig ist: wir haben keinen Standardspruch.

Widerstand

Ich persönlich habe den Widerstand gegen kleine oder natürlich große Zellen noch nie verstanden. Während Züchter mit großen Zellen ständig gegen Varroa ankämpfen müssen, kann ich mich einfach auf die Zucht konzentrieren. Während die Züchter mit großen Zellen noch nach einer Lösung für Varroa suchen, kann ich mich der Königinnenzucht widmen und Wege finden, mir die Arbeit zu erleichtern. Da es einfacher ist, die Bienen ihre Waben selbst bauen zu lassen, als Kunstwaben zu verwenden, und da wir ohne Kunstwaben keine Varroaprobleme haben, sollte man doch annehmen können, dass das Interesse an dieser Form der Zucht größer wäre. Der Schlachtruf der Kritiker lautet entweder: es gibt keine Studien, die diese Theorie belegen, oder dass es Studien gibt, die die Theorie sogar widerlegen. Mir ist das alles ehrlich gesagt recht egal, weil ich sowieso keine Probleme mit Varroa mehr habe. Mein ganzes Leben habe ich gehört, dass etwas nicht wissenschaftlich erwiesen ist und später habe ich dann gesehen, wie es doch wissenschaftlich bewiesen wurde. Letztlich geht es auch nicht darum, was wissenschaftlich bewiesen ist, sondern darum, was funktioniert. Es geht auch nicht darum, Milben zu zählen (auch wenn die Milben in meinen Stöcken praktisch verschwunden sind), sondern es geht um das Überleben. Niemand scheint lebende Stöcke statt Milben zählen zu wollen, obwohl das viel einfacher und sinnvoller wäre. Wenn Sie einen Bienenstand auf kleine Zellen umstellen und einen anderen mit großen Zellen belassen, dann sollten Sie Ihre Entscheidung danach treffen, welcher Stock am längsten überlebt. Wenn einer abstirbt und der andere wächst, dann ist es leicht, die Entscheidung zugunsten dieser Methode zu treffen, anstatt Milben zu zählen.

Studien zu kleinen Zellen

Es gibt ein paar positive Studien zu kleinen Zellen, aber auch verschiedene Studien, die von höheren Milbenraten in Stöcken mit kleinen Zellen sprechen. Viele fragen warum. Ich bin mir nicht sicher, weil diese Beobachtung nicht mit meinen eigenen Erfahrungen übereinstimmt, aber lassen Sie uns das Ganze etwas näher betrachten. Wir gehen davon aus, dass es sich um eine Kurzzeitstudie handelt (wie sie es alle sind), die in der Jahreszeit der Drohnenzucht durchgeführt wurde (was auch auf alle zutrifft) und lassen Sie uns für einen Moment davon ausgehen, dass die Theorie der Pseudodrohnen von Dee Lusby wahr ist, nach der bei einem Stock mit großen Zellen die Varroamilben große Arbeiterzellen oft mit Drohnenzellen verwechseln und diese deshalb verstärkt befallen. Dadurch sind Varroamilben in Stöcken mit großen Zellen in der Fortpflanzung weniger erfolgreich, aber sie richten mehr Schaden an, weil sie die falschen Zellen befallen, nämlich die Arbeiterzellen. In einem Stock mit kleinen Zellen wären die Varroa zwar in der Fortpflanzung erfolgreicher, weil sie die Drohnenzellen befallen, aber das Ergebnis sieht später im Jahr ganz anders aus, weil die Arbeiterzellen in den Stöcken mit kleinen Zellen nicht geschädigt wurden und weil die Drohnenzucht endet und die Varroa auf der Suche nach Drohnenzellen (oder Pseudodrohnenzellen) dann keine Zellen mehr finden, die sie befallen könnten.

Letztlich ist es so, wie Dann Purvis gesagt hat: „es geht nicht darum, Milben zu zählen. Es geht ums Überleben". Aber niemand scheint daran interessiert, es zu messen. Ich kann nur sagen, dass meine Milbenzahlen in Stöcken mit kleinen Zellen nach ein paar Jahren auf praktisch Null gesunken sind, aber diese Entwicklung ist natürlich auch nicht innerhalb von drei Monaten eingetreten.

Ohne Kunstwaben

Warum Sie Rahmen ohne Kunstwaben bevorzugen sollten

Stellen Sie sich vor, Sie hätten keine chemische Belastung in den Waben und könnten Varroa durch die natürliche Zellgröße kontrollieren. Einige meiner Königinnen sind drei Jahre alt und legen immer noch sehr gut. Ich glaube kaum, dass Sie jemanden finden werden, der mit Chemikalien in seinem Stock so langlebige und gesunde Königinnen hat. Sie erhalten in einem Oberladerstock mit natürlichen Zellen saubere Wachswaben.

Waben an Leitwachs, die Zellen sind 4,5 mm groß. Die Rahmen haben einen Abstand von 3,18 cm

Wie steigen Sie auf Rahmen ohne Kunstwaben um?

Bienen brauchen eine gewisse Orientierung, um gerade Waben zu bauen. Jeder Bienenzüchter hat es schon mal erlebt, dass die Bienen die Kunstwaben einfach nicht beachten und ihre Waben außerhalb bauen; sie ignorieren also manchmal einfach die

Orientierung, die ihnen gegeben wird. Aber eine einfache Hilfestellung wie abgeschrägte Kanten am Oberlader, Leitwachs oder ein Streifen schon gebauter Waben entlang der Ränder des Rahmens wird meistens funktionieren. Sie können einfach den Rahmen an einer Oberleiste herausbrechen, ihn seitlich drehen und wieder ankleben, um den Bienen eine Orientierung zu geben. Sie können auch mit einfachen Holzstäben oder Malerstöcken arbeiten. Oder Sie schneiden ein Stück gebaute Waben aus einem Stock heraus und befestigen eine Reihe rings um den Rahmen.

Rahmen ohne Kunstwaben

Ich habe diesen Rahmen ohne Kerben in den Ober- und Unterleisten bei Walter T. Kelley bestellt. Dann habe ich die Oberleisten in einem 45-Grad-Winkel auf beiden Seiten zugeschnitten. Kelley bietet die Rahmen inzwischen schon mit dieser Abschrägung fertig an. Die Bienen tendieren dazu, sich an den abgeschrägten Oberleisten zu orientieren.

Rahmen ohne Kunstwaben

Mit Waben ausgebauter Rahmen (ohne Kunstwaben)

Schauen Sie sich das Bild *Mit Waben ausgebauter Rahmen (ohne Kunstwaben)* an. Sie sehen, dass die Ecken oft freigelassen werden, der Boden scheint zuletzt bebaut zu werden. Aber in diesem Rahmen reichen die Waben schon an alle vier Leisten und können bereits aufgeschnitten und geschleudert werden.

Dadant tiefer Rahmen ohne Kunstwaben (28,6 cm)

Hier sehen Sie einen tiefen Dadant-Rahmen ohne Kunstwaben mit einer Wabenanleitung ringsherum und einer Stahlstange 1,7 mm in der Mitte, um dem Rahmen im Zentrum Halt zu geben. Dadurch können die Waben in sechs Stücke von jeweils 10,2cm x 10,2cm Wabenhonig geschnitten werden, ohne mit lästigem Draht zu kämpfen. Langstroth hat in seinen Stöcken auch ähnliche Wabenanleiter benutzt.

L.L. Langstroth zeigt Bilder seines Designs im Original von „Langstroth's Hive and the Honey Bee", was immer noch als Nachdruck erhältlich ist.

Abgeschrägte Tragleisten

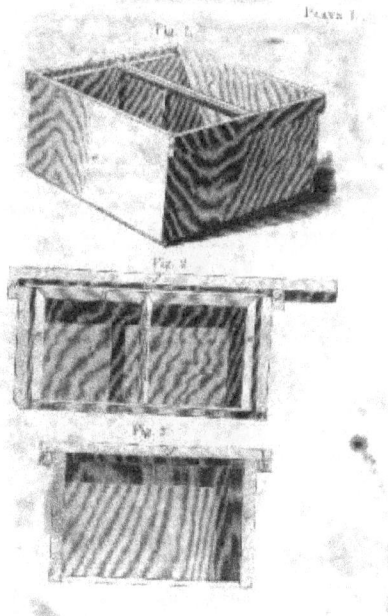

Langstroth's Rahmen ohne Kunstwaben

Rahmen ohne Kunstwaben

Meiner Erfahrung zufolge bauen die Bienen ihre eigenen Waben schneller, als sie Kunstwaben bebauen. Mit dieser Beobachtung bin ich nicht der einzige.

> *„Kunstwaben, selbst wenn sie aus reinem Bienenwachs bestehen, ziehen die Bienen nicht an. Ein Bienenschwarm, der sich zwischen einem Zweig und Kunstwaben entscheiden kann, zeigt keine Vorliebe für die Kunstwaben." —The How-To-Do-It book of Beekeeping, Richard Taylor*

Historische Referenzen

Die meisten der folgenden Referenzen können online auf Cornell's Hive und in der Honey Bee collection gefunden werden.

> *„WIE SIE FÜR GERADE WABEN SORGEN - Sie nutzen den Vorteil beweglicher Waben nur dann richtig aus, wenn alle Waben ordentlich innerhalb der Rahmen gebaut sind. Die meisten Züchter scheitern, wenn sie zum ersten Mal bewegliche Rahmen einführen, obwohl sie sehr sorgfältig arbeiten. Herr Langstroth benutzte eine Zeit lang Leitwachs, das an der Unterseite der Tragleisten befestigt war. Dies ist eine sehr gute Option, weil es die Konstruktion sichert und den Bienen den Anreiz gibt, zuerst Arbeiterzellen zu bauen. Später folgte der dreieckige Wabenanleiter, der aus einem dreieckigen Stück Holz besteht, das unter der oberen Tragleiste befestigt wird, wobei die spitze Ecke nach unten zeigt. Dieses Dreieck ist eine gute Unterstützung für die Bienen und wird inzwischen überall angewandt." —FACTS IN BEE KEEPING von N.H. und H.A. King 1864, S. 97*

> *"Sobald die Bienen stark genug sind, benötigen Sie keine Leitwaben mehr, wenn Sie volle Rahmen mit neuen leeren austauschen; die Bienen werden trotzdem weiterhin schön regelmäßig weiterbauen." —The Hive and the Honeybee von Rev. L.L. Langstroth 1853, S. 227*

"Verbesserte Wabenleisten. - Herr Woodbury sagt, dass seine kleine Erfindung sich als sehr effektiv erwiesen hat, um gerade Waben ohne Leitwaben zu produzieren. Die unteren Winkel werden abgerundet, während ein Mittelspant von etwa 0,3 cm in Breite und Tiefe hinzugefügt wird. Dieser Mittelspant reicht bis etwa 1,27 cm vor dem Ende beider Seiten. Dort hört der Spant auf, damit der Balken in die normale Kerbe passt. Dies ist nötig, um die gleichmäßige Form der Waben zu gewährleisten und um die untere Oberfläche des Mittelspants mit geschmolzenem Wachs zu umhüllen. Herr Woodbury schreibt außerdem, „ich benutze flache Leisten, wenn ich Orientierungswaben benutze, weil diese einfacher an flachen Leisten als an genuteten Leisten befestigt werden können. Wenn ich aber Leisten ohne Orientierungswaben benutze, dann nutze ich diese verbesserten Leisten. Dadurch kommen mir krumme und unregelmäßige Waben in meinen Bienenständen nicht mehr unter."

„Die meisten unserer Leisten werden mit Furchen hergestellt, aber wir haben auch flache Leisten vorrätig, für den Fall, dass ein Kunde diese bevorzugt."—Alfred Neighbour, The apiary, or, Bees, bee hives, and bee culture S. 39

"Tragleisten werden von manchen Stockbauern aus 1,27 cm bis 1 cm breiten Streifen hergestellt, die etwas durch eine dünne Leiste verstärkt werden, die an der Unterseite als Wabenorientierung angebracht ist, aber diese Leisten sind zu leicht und hängen schnell durch, wenn sie mit Honig oder mit Brut und Honig behängt sind..."—Frank Benton, The honey bee: a manual of instruction in apiculture, S. 42

"Wabenorientierung. - Normalerweise aus Holz oder einem Streifen gebauter Waben oder ähnlichem; an der oberen Seite eines Rahmens oder einer Tragleiste, an dem die Waben gebaut werden sollen... Der Wabenanleiter ist 20 bis 40 cm lang, und der Einschnitt an der Endleiste 1,9 cm. Dadurch bleibt 7 – 40 cm für das Holz der

Tragleiste übrig, so wie bei A, und dieses Holz sollte unbeschnitten bleiben.

Selbst wenn in den Rahmen mit geschmolzenem Wachs gearbeitet wird, wie viele Züchter es tun, würde ich einen Wabenanleiter benutzen, weil er dem Rahmen mehr Stärke gibt. Dabei wird auch deutlich, wie wichtig eine schwere und stabile Oberleiste ist. Die Bienen werden mit der Zeit ihre Waben direkt auf diesen Wabenanleiter bauen und die Zellen für Brut und Honig nutzen."— A.I. Root, ABC of Bee Culture, Auflage 1879, S. 251

"Ein guter Wabenanleiter kann entweder eine scharfe Kante oder eine Ecke des Rahmens sein, von der die Waben herunterhängen werden. Die Bienen folgen für gewöhnlich dieser Form, statt eine andere Form zu schaffen. Oft werden auch Stücke von schon gebauten Waben zu diesem Zweck verwendet."—J.S. Harbison, The beekeeper's directory, Fußnote auf Seite 280 und 281

Häufig gestellte Fragen
Kasten mit leeren Rahmen?

F: Heißt das, ich kann einfach einen Kasten mit leeren Rahmen in den Stock stellen?

A: Nein. Die Bienen brauchen eine Form der Orientierung.

Was heißt Orientierung?

F: Was ist eine Wabenorientierung oder ein Wabenanleiter?

A: Das können verschiedene Dinge sein. Sie können einen völlig leeren Rahmen benutzen, wenn Sie schon auf beiden Seiten bebaute Brutwaben haben, die Sie als Orientierung benutzen können. Sie können Holzstäbchen benutzen, um einen Leiter aus Holz herzustellen, oder ein Stück Holz entsprechend zurechtschneiden. Sie können auch den Keil am Ende umdrehen und ihn wieder ankleben. Oder Sie kleben ein dreieckiges Holzstück an die Unterseite der oberen Leiste. Sie können schräge Leisten kaufen und Sie entsprechend anpassen. Sie können die Tragleisten abschrägen oder Sie basteln mit Hilfe eines leeren Wachsblattes Leitfäden und wachsen diese an der oberen Tragleiste an. Genauso gut können Sie normale Kunstwaben in Streifen schneiden und Sie an die Tragleisten kleben oder nageln. Wenn der Rahmen schon

Waben enthält, dann lassen Sie einfach die oberste Reihe an Waben stehen. Alle diese Methoden funktionieren genauso gut.

Der beste Wabenanleiter?

F: Welchen Wabenanleiter mögen Sie am meisten?

A: Eigentlich mag ich die meisten ganz gern, aber was mir an der abgeschrägten Leiste besonders gefällt, ist die Haltbarkeit und ich habe den Eindruck, dass die Waben etwas besser am Rahmen befestigt sind. Als nächste Alternative würde ich wahrscheinlich einen Holzstreifen wählen. Am wenigsten würde ich Leitwachs empfehlen, weil es sich erwärmt und manchmal herunterfällt, wenn die Bienen es noch nicht richtig eingearbeitet haben. Aber ich stelle auch oft leere Rahmen ins Brutnest, weil ich schon viele alte Rahmen habe. Fazit: wählen Sie die Variante, die Ihnen in Ihrer Situation am einfachsten erscheint. Der schlechteste Wabenleiter ist wohl ein Wachstropfen in der Nut der Leiste, weil er einfach zu wenig Orientierung bietet. Sie brauchen etwas, das sich deutlich von der Leiste abhebt.

Schleudern?

F: Kann ich die Rahmen schleudern?

A: Ja, Sie können sie schleudern. Sie sollten vorher nur sicherstellen, dass die Waben an allen vier Seiten befestigt sind und dass das Wachs nicht mehr so frisch ist, dass es noch weich ist. Sobald das Wachs gefestigt ist und die Waben an allen vier Seiten angebaut sind, können Sie schleudern. Allerdings sollten Sie bei Wachswaben immer etwas vorsichtig beim Schleudern sein, egal ob sie verdrahtet sind oder nicht.

Draht?

F: Muss ich die Waben verdrahten?

A: Ich selbst benutze keinen Draht, aber ich benutze auch keine tiefen Rahmen.

F: Kann ich sie verdrahten?

A: Ja. Die Bienen werden den Draht mit in die Waben einbauen. Die Bienen werden die Höhe so und so erreichen, aber mit dem Draht wird es einfacher, deshalb macht Draht vor allem in tiefen Rahmen Sinn; meine Rahmen sind alle nur mitteltief.

Wachsen?

F: Muss ich sie wachsen?

A: Ich finde Wachs kontraproduktiv. Es bedeutet mehr Arbeit, es fällt oft ab und es ist nie so gut an den Leisten befestigt, wie die Bienen selbst ihre Waben befestigen können. Ich empfehle Ihnen sehr, die Rahmen nicht zu wachsen.

Ein ganzer Kasten?

F: Kann ich einen ganzen Kasten mit leeren Rahmen in einen Stock stellen?

A: Wenn wir von leeren Rahmen mit Wabenanleiter sprechen, dann ja. Das funktioniert normalerweise ganz gut. Manchmal fangen die Bienen an, Waben über der oberen Tragleiste zu bauen, weil ihnen eine „Leiter" zu den Oberladern fehlt. Deshalb ziehe ich es vor, einen Rahmen mit ausgebauten Waben oder einen Rahmen mit Kunstwaben obendrauf zu setzen. Das ist einfach, wenn Sie ein Paket neuer Bienen darauf setzen. Außerdem sichern Sie sich so ab, dass die Waben gerade gebaut werden. Sie können die Bienen auch daran hindern, nach oben zu bauen, indem Sie einen leeren Kasten unter den aktuellen Kasten stellen, damit sich die Bienen in ihrer Arbeit nach unten orientieren können.

Verursachen sie kein Chaos?

F: Werden Bienen ohne Kunstwaben nicht ein komplettes Chaos veranstalten?

A: Manchmal. Sie tun es manchmal aber auch trotz Wachskunstwaben und bei Plastikwaben sogar noch öfter. Ich habe nicht mehr verunstaltete Waben in freien Rahmen gesehen als bei Plastikkunstwaben. Die Ursache liegt zum Teil in der Genetik, weil manche Stöcke sogar dann gerade schöne Waben bauen, wenn Sie als Züchter alles falsch machen. Und andere Stöcke bauen unregelmäßige Waben, obwohl Sie alles richtig gemacht haben und sie wiederholen diesen „Fehler" einfach, auch wenn Sie sie umsiedeln.

Auch wenn ich das schon vorher beschrieben habe, lohnt es sich, es nochmal zu wiederholen: Das Wichtigste in einem Stock mit natürlichen Waben ist, dass die Bienen die Waben parallel zur vorhergehenden bauen, denn eine ordentlich gebaute Wabe führt zur nächsten genauso wie eine falsch gebaute zu weiteren falsch gebauten führt. Deshalb können Sie es sich nicht erlauben, die Bienen am Beginn unkontrolliert zu lassen. Die Hauptursache für schiefe Waben liegt darin, den Königinnenkäfig im Stock zu lassen, weil die Bienen dann ihre Waben auf jeden Fall am Käfig anbauen; so fängt das Chaos an. Ich kann nicht fassen, wie viele Leute „auf Nummer sicher" gehen wollen, und deshalb einfach den Käfig im Stock hängen lassen. Sie wissen offensichtlich nicht, dass dies fast eine Garantie für schiefe Waben ist, die, wenn sie nicht eingreifen, zu schiefen Waben im ganzen Stock führen. Sobald Sie an diesem Punkt angekommen sind, können Sie nur eins tun: sicherstellen, dass die letzte gebaute Wabe richtig ist, weil sie als Orientierung für die folgende dient. Sie können nur darauf hoffen, dass Ihre Bienen wieder auf den richtigen Weg zurückfinden. Aber von allein wird das nicht funktionieren – Sie müssen ihnen helfen.

Dabei geht es allerdings nicht um Verdrahten oder Nicht-Verdrahten. Es geht auch nicht um die richtigen Rahmen, sondern es hängt ganz einfach nur davon ab, dass die letzte Wabe gerade gebaut ist.

Langsamer?

F: Kommen die Bienen nicht langsamer voran, wenn sie ihre eigenen Waben bauen müssen?

A: Meiner Erfahrung und der vieler anderer Züchter nach, die es ausprobiert haben, bauen die Bienen ihre eigenen Waben viel schneller als sie Kunstwaben bebauen. Kunstwaben machen sie in vielerlei Hinsicht langsamer: erstens bebauen sie die Kunstwaben langsamer; zweitens sind die Kunstwaben mit Fluvalinat und Coumaphos belastet und drittens geben Sie den Bienen Zellen, die größer sind als die natürlichen Zellen (es sei denn, Sie geben ihnen Kunstwaben in kleiner Größe) und erhöhen damit das Risiko auf Varroabefall.

Anfänger

F: Sind Rahmen ohne Kunstwaben auch für Anfänger geeignet?

A: Meiner Meinung nach ist es für Anfänger ohne Vorerfahrung einfacher, sich von Beginn an an Rahmen ohne Kunstwaben zu gewöhnen. Für einen langjährigen Züchter ist es schwieriger, sich daran zu gewöhnen, seine Stöcke im Gleichgewicht zu halten, die Waben nicht umzudrehen, die Bienen nicht zu hart abzuschütteln usw. Anfänger werden am Anfang vielleicht ein paar Waben zerbrechen, aber dann lernen sie es, mit den Rahmen umzugehen. Erfahrene Züchter werden in ihre alten Gewohnheiten zurückfallen und die Waben eine Zeitlang zerbrechen, bis sie sich an die neue Arbeitsweise gewöhnt haben.

Was tue ich bei Chaos?

F: Was tue ich, wenn die Bienen ein totales Chaos angerichtet haben?

A: Das ist zwar eher unwahrscheinlich, aber nicht unmöglich. Ich habe das vor allem dann beobachtet, wenn ein Kasten voller Rahmen mit Wachs-Kunstwaben durch zu große Hitze zusammengebrochen ist. Für jemanden, der noch nie seinen ganzen Stock hat ausschneiden müssen, ist das wohl noch schlimmer. Wenn Sie schon einmal Waben aus einem wilden Stock geschnitten und dann in Rahmen gebunden haben, haben Sie in etwa eine Vorstellung davon, was zu tun ist. Sie schneiden die wilden Waben heraus, geben sie in einen leeren Rahmen und benutzen Gummiband oder Faden, um die Waben im Rahmen zu befestigen. Die Bienen kümmern sich dann schon um den Rest. Genauso machen sie es auch mit Plastikwaben, nur ist es da schwieriger, die Dinge wieder in Ordnung zu bringen.

Maße

F: Welche Maße sind zu empfehlen, wenn ich meine Rahmen selber mache?

A: Sie können Standardrahmen verwenden, obwohl ich selbst Rahmen mit kleineren Endleisten und etwas kleineren Tragleisten bevorzuge. Sehen Sie hierzu im Kapitel *Enge Rahmen* nach.

Enge Rahmen

Anmerkungen zu natürlichem Rahmenabstand
3,17 cm Rahmenabstand stimmt mit Hubers Beobachtungen überein

> *"Der Blatt- oder Buchstock besteht aus zwölf vertikalen Rahmen...und ihre Breite beträgt fünfzehn Zeilen (eine Zeile = 0,08cm. 15 Zeilen = 3,17cm). Es ist wichtig, dass diese Maße eingehalten werden." François Huber 1806*

Brutnest, das sich in den Oberfütterer gezogen hat. Innenauskleidung, nachdem die Waben entfernt wurden. Der Platz zwischen natürlichen Brutwaben beträgt manchmal nur 30 mm, normalerweise aber 32 mm.

Wabendicke je nach Zellgröße

Laut Baudoux (es geht hier um die Dicke der Waben selbst, nicht um den Freiraum innerhalb der Waben)

Zellgröße	Wabendicke
5,555 mm	22,60 mm
5,375 mm	22,20 mm
5,210 mm	21,80 mm
5,060 mm	21,40 mm
4,925 mm	21,00 mm
4,805 mm	20,60 mm
4,700 mm	20,20 mm
(ABC XYZ of Bee Culture, Auflage 1945, S. 126)	

Historische Referenzen, die sich auf einen engen Rahmenabstand beziehen

"...sie sind in normalem Abstand angeordnet, sodass die Rahmen 3,68 cm von Seite zu Seite entfernt sind; wenn aber die Produktion von Drohnenbrut vermieden werden soll, dann werden die Enden jedes zweiten Rahmens nach hinten gekippt, wie in B gezeigt wird, und der Abstand von 3,17 cm zu beiden Seiten wird eingehalten."—T.W. Cowan, British beekeeper's Guide Book, S. 44

"Als ich Waben in einem Stock ausgemessen habe, die regelmäßig gebaut waren, habe ich Folgendes feststellen können: fünf Arbeiterwaben benötigen einen Raum von 14 cm, der Raum zwischen ihnen beträgt 0,95 cm, sodass, wenn man auch den Raum an den Außenseiten berücksichtigt man auf 15,88 cm als das korrekte Maß für fünf Arbeiterwaben kommt...Der

Durchmesser einer Arbeiterwabe beträgt im Durchschnitt 2,03 cm und der einer Drohnenwabe 2,86 cm".—T.B. Miner, The American bee keeper's manual, S. 325

Wenn Sie hiervon die zusätzlichen 0,95 cm abziehen, dann kommen Sie auf 14,92 cm für fünf Arbeiterwaben. Dividieren Sie dies durch fünf, dann erhalten Sie 2,98 cm pro Wabe.

"Rahmen. - Wie schon erwähnt, hat jeder Stock zehn Rahmen, von denen jeder 33,02 cm lang und 18,41 cm hoch ist und eine Ausbuchtung von 1,59 cm nach vorn oder nach hinten hat. Die Breite des Rahmens oder der Leisten beträgt 2,22 cm. Dies ist 0,64 cm weniger als von älteren Bienenzüchtern für die Leisten empfohlen wird. Herr Woodburry, der eine anerkannte Autorität im Bereich moderne Bienenzucht ist, findet 2,22 cm Leisten besser, weil hier die Waben dichter aneinander gebaut werden und man weniger Bienen braucht, die sich um die Brut kümmern. Außerdem passen in denselben Raum, in den vorher acht Rahmen passten, nun neun, sodass man zusätzlichen Raum für Brut und Honigvorräte gewinnt."— Alfred Neighbour, The Apiary, oder, Bees, Bee Hives, and Bee Culture...

"Ich habe folgende Theorie in meinen praktischen Erfahrungen bestätigt gesehen: bei Rahmen, die 2,22 cm breit sind, werden die Bienen die Waben von oben bis unten mit Brut füllen; sobald sie mehr Platz zur Verfügung haben, entweder durch tiefere Waben oder mehr Abstand, werden sie den Platz als Vorratslager nutzen. Diese Beobachtung ist keine Theorie oder nur eine vage Aussage, sondern sie ist durch jahrelange Beobachtungen abgesichert. Dabei habe ich jedes Mal ohne Ausnahme dieselben Ergebnisse erhalten. Was bedeutet das nun? Die Brut wird ausnahmslos im Brutnest aufgezogen und die Honigernte wird dort gelagert, wo sie hingehört; es wird kein Stützbau errichtet und die Drohnenproduktion findet kontrolliert statt; auch ein übermäßiges Schwärmen wird unter Kontrolle gehalten und

überhaupt wird die ganze Bienenzucht auf ein Minimum an Aufwand reduziert. Alles, was dazu nötig ist, sind Wabenblätter, die nur 2,22 cm dick sind und die so aufgestellt werden, dass die Bienen nicht mehr tiefer bauen können. Ich bin sicher, dass ich das verständlich erklärt habe und ich weiß, dass die Bienenzucht nicht nur einfacher wird, sondern auch viel schnellere Fortschritte machen wird, wenn mein Rat befolgt wird."—
"Which are Better, the Wide or Narrow Frames?" by J.E. Pond, American Bee Journal: Jahrgang 26, Nummer 9, 1. März, 1890 Nr. 9, S. 141

Anmerkung: 2,22cm   plus   0,95cm   (minimaler Wabenabstand) ergibt 3,17 cm;   2,22 cm plus dem maximalen Wabenabstand ergibt 3,49 cm.

"Diejenigen, die sich intensiv mit diesem Problem beschäftigt und beide Abstände ausprobiert haben, sind sich fast alle einig, dass der richtige Abstand 3,49 cm ist, oder etwas ganz knapp daran; manche haben auch viel Erfolg mit 3,17 cm Platz." — ABC and XYZ of Bee Culture von Ernest Rob Root Copyright 1917, S. 669

"Für die vielen Anfänger, die mehr über 11 tiefe Rahmen in einem Langstroth-Brutnest für 10 tiefe Rahmen wissen wollen, werden wir uns die Details näher anschauen. Aber zunächst komme ich zu diesem Brief aus Anchorage, Alaska. Sogar dort kann man noch Bienen züchten. Hier wird geschrieben: ich bin ein neuer Bienenzüchter mit einem Jahr Erfahrung mit zwei Stöcken. Ein guter Freund ist auf demselben Stand und hat einen Ihrer Artikel über das „Quetschen" von Bienen gelesen. Er hat es dann mit einem Stock probiert und dabei einen Stock voller Bienen und Honig als Ergebnis bekommen. Dieses Jahr werden wir acht Stöcke mit elf Rahmen im Brutnest haben."

"So können Sie auch elf Rahmen in Ihrem Brutnest einführen: befestigen Sie Ihre Rahmen nicht mit Nägeln, sondern mit Kleber, denn die Umstellung ist sowieso dauerhaft. Stellen Sie sicher, dass Sie Rahmen mit genuteter Oberfläche

und Unterleisten verwenden. Wenn Sie die Rahmen zusammengesetzt haben, sollten Sie die Enden auf beiden Seiten abflachen, damit sie dieselbe Breite wie die Tragleiste haben. Jetzt können Sie den Rahmen festheften. Wie ich schon letzten Monat beschrieben habe, können Sie hierzu einfach Papierclips auseinanderschneiden. Sie sind billig und spalten das Holz nicht auf. Lassen Sie die Clips 0,64 cm aus dem Holz hervorstehen. Die Clips sollten sich alle auf derselben Seite befinden. So drehen Sie den Rahmen nicht im Brutnest um, denn das würde die ganze Ordnung dort durcheinander bringen. Es wird zwar manchmal gemacht, aber es führt dazu, dass die Brut abgeschreckt wird und es stört den Legezyklus der Königin. Ich habe mich zwar hier an die Anfänger gewendet, aber auch erfahrene Züchter sollten die Rahmen nicht umdrehen. Was Kunstwaben angeht: wenn Sie vorgefertigte Plastikwaben benutzen, dann spannen Sie sie einfach in den Rahmen ein und schon sind Sie fertig."— Charles Koover, Bee Culture, April 1979, From the West Column.

Die Standardbreite bei einem Hoffman-Rahmen beträgt 35 mm. Das bedeutet, dass sich die Waben, vom Mittelpunkt zum Mittelpunkt 35 mm auseinander befinden. Dadurch sind die Waben etwa 2,54 cm dick und der Wabenabstand beträgt etwa 0,9 cm. Dieser Abstand funktioniert ganz gut, obwohl viele Züchter ihre Rahmen in den Aufsätzen weiter auseinander stellen, etwa 38 mm oder noch weiter. Das Maß von 3,5 cm ist ein Kompromiss zwischen Honigvorrat, Drohnenbrutwaben und Arbeiterbrutwaben. Natürliche Arbeiterbrutwaben haben etwa 32 mm Abstand, während natürliche Drohnenwaben eher 35 mm auseinander gebaut sind und Honigvorratswaben normalerweise etwa 38 mm oder mehr.

Ein Rahmenabstand von 32 mm hat Vorteile

Zum Beispiel:

- Weniger Drohnenwaben.

- Mehr Brutrahmen im Kasten.

- Die Bienen können mehr Brutrahmen betreuen und warmhalten, weil die Schichten nur eine Biene tief sind statt zwei.

- Laut einiger russischer Forschungen in den 70er Jahren gibt es weniger Probleme mit der Nosemaseuche.

- Es gibt mehr natürlichen Platz für kleinere Zellen.

- Die Bienen werden angeregt, kleinere Zellen zu bauen. Der geringere Abstand hilft, dass die Bienen den Platz mehr für Arbeiterwaben nutzen.

Häufig auftauchende falsche Vorstellungen:

- 32 mm ist nur für Afrikanisierte Honigbienen geeignet. Ich habe Europäische Honigbienen ihre eigenen Waben bauen lassen und sie haben bei Arbeiterbrutwaben einen Abstand von etwa 30 mm gelassen, normalerweise aber eher 32 mm in der Mitte des Brutnests. Nach außen wurde der Abstand größer, wenn sie Drohnenzellen bauen wollten und noch weiter, wenn sie Honig lagern wollten.

- Dass Ihre Rahmen nicht mit 35mm-Rahmen austauschbar sind. Ich tausche sie ständig aus. Viele historische Referenzen weiter oben beschreiben, dass Züchter die Rahmen im Zentrum enger zusammengestellt haben und weiter außen mit größerem Abstand. Es hält Sie nichts davon ab, einen 35mm-Rahmen inmitten von 32mm-Rahmen aufzustellen oder andersherum.

- Dass es völlig unwichtig ist. Vielleicht ist es nicht das Allerwichtigste, aber Sie haben ja oben schon von den Vorteilen gelesen.

Wie Sie schmalere Rahmen bekommen

- Wenn die Endleisten frei von Nägeln sind, können Sie sie einfach abflachen, bis sie nur noch 32 mm messen. Wenn Sie das Holz abschleifen, bevor Sie die Rahmen zusammensetzen, können Sie auch die Tragleisten auf 2,54 cm runterschneiden.

- Sie können Rahmen selber bauen oder maßgefertigte Rahmen kaufen. Sie können die Maße anpassen und Hoffman-Rahmen oder Killion-Rahmen bauen und einfach den Abstand ändern (lesen Sie dazu „Honey in the Comb" von Carl Killion oder spätere Ausgaben von Eugene Killion).

- Sie können PermComb (ohne Platzhalter) mit normalen Hoffman-Waben abwechseln und sie dann mit der Hand besser verteilen.

- Sie können auch Koover-Rahmen bauen (suchen Sie hierzu in 70er-Jahre-Artikeln in Gleanings in Bee Culture oder suchen Sie den Bauplan auf nordykebeefarm.com)

Häufig gestellte Fragen

F: Sind die Tragleisten nicht zu dicht, wenn ich die Endleisten abflache?

A: Ein bisschen, aber das ist kein Problem. Es bleiben etwa 0,48 cm zwischen den Tragleisten, aber Bienen passen sogar noch durch ein Loch von 0,38 cm. Ich bevorzuge etwas mehr Platz, aber bei normalen Rahmen schleife ich die Leisten nicht ab. Wenn ich aber die Möglichkeit habe, meine Rahmen selber zu machen, dann baue ich sie gleich etwas kleiner oder ich bestelle sie kleiner, wenn ich die Größe auswählen kann.

F: Warum sollte man nicht 9 Rahmen in einen 10er-Kasten stellen? Macht das denn überhaupt einen Unterschied (ich will auch nur 9 Rahmen in meinen Aufsätzen)? Ist es nicht gut, den Bienen mehr Platz zu geben, damit sie nicht ausschwärmen und ich keine Bienen zerquetsche, wenn ich die Rahmen aus dem Kasten nehme?

A: Meiner Erfahrung nach zerquetschen Sie mit dieser Lösung (9 Rahmen in einem 10er-Kasten) sogar mehr Bienen, weil die Oberfläche der Waben sehr unregelmäßig sein wird, weil der Umfang der Brut gleichbleibend ist, während der Umfang des Honigvorrats variiert. Dadurch werden die Rahmen in diesem Kasten eine sehr unregelmäßige Oberfläche haben. Und dabei passiert es eher, dass Bienen zwischen zwei hervorstehenden Teilen gefangen werden und dann häufiger zerquetscht werden, als wenn die Rahmen eine glatte Oberfläche hätten. Außerdem benötigen Sie auf diese Weise mehr Bienen, die sich um dieselbe

Menge Brut kümmern, als Sie bei 10 oder 11 Rahmen benötigen
würden.

> *"...wenn der Platz nicht ausreichend ist, dann*
> *verkürzen die Bienen die Zellen auf einer Seite*
> *der Wabe, wodurch diese Seite nutzlos wird, und*
> *wenn sie mehr als die normale Breite zur*
> *Verfügung haben, dann werden mehr Bienen*
> *benötigt, um sich um die Brut zu kümmern und*
> *um die Temperatur auf die nötige Wärme zu*
> *steigern, damit Waben gebaut werden können.*
> *Wenn die Waben zu weit von einander entfernt*
> *sind, werden die Bienen den Platz mit Vorräten*
> *auffüllen, die Zellen verlängern und dadurch die*
> *Waben dick und unregelmäßig bauen – dann*
> *bleibt Ihnen als einziges Mittel, das Messer*
> *anzusetzen, um die Waben auf die richtige Dicke*
> *zurückzuschneiden."—J.S. Harbison, The bee-*
> *keeper's directory, S. 32*

Jährliche Zyklen

Die Bienenzucht, ähnlich wie die Landwirtschaft, folgt den Jahreszeiten. Sie ist zyklisch, wobei der größte Zyklus ein Jahr darstellt. Kleinere Zyklen sind 21 Tage für Arbeiterbrut, usw. aber der bestimmende Zyklus in der Zucht ist ein Jahr.

Meiner Meinung nach beginnt das Bienenzuchtjahr damit, das Volk für den Winter vorzubereiten. Ein Bienenvolk, das über eine gute Grundlage für den Winter verfügt und das zu Frühlingsbeginn gut startet, hat beste Voraussetzungen für den Rest des Jahres.

Meine Meinung ist natürlich durch meine Erfahrungen in einem nördlichen, kalten Klima geprägt. Sie müssen eventuell einiges auf Ihr jeweiliges Klima anpassen.

Winter

Aus der Sicht eines Bienenzüchters beginnt der Winter mit dem ersten Frost. Ab diesem Moment holen die Bienen keine neuen Nahrungsmittel von außen mehr herein, keinen Nektar und keinen Pollen. Bevor der Frost kommt, müssen sie deshalb gut vorbereitet sein. Manchmal kommt der Wintereinbruch unerwartet und die Bienen haben dann keine Gelegenheit mehr, Vorräte anzulegen.

Bienen

Für den Winter ist es wichtig, dass Ihr Stock genügend Bienen hat. Falls Ihnen Bienen fehlen, sollten Sie entweder für Nachwuchs sorgen (manchmal schwierig) oder diesen Stock mit einem anderen schwachen Stock zusammenlegen, damit die Bienen gemeinsam stark genug für den Winter werden. Die Stärke ist abhängig von der Bienenrasse und vom Klima. In meinem Klima und mit Italienischen Bienen brauche ich wenigstens eine Traube von der Größe eines Basketballs. Bei Carnica-Bienen reicht eine Traube in Fußballgröße und bei Wildbienen eine Traube in der Größe von einem Softball bis zu einem Fußball aus.

Vorräte

Sie sollten genug Futter haben, um den Winter zu überstehen. Ich versuche, ihnen immer genug übrig zu lassen, aber manchmal können die Bienen trotzdem durch eine unerwartete Hungersnot oder eine geringe Herbsternte nicht genügend Vorräte zusammenbringen. Hier in Greenwood,

Nebraska, brauchen Sie bei Italienischen Bienen einen Stock mit einem Gewicht von etwa 70 kg. Bei wilden Bienen reicht auch ein Stock mit etwa 40 kg. Einen zu leichten Stock können Sie mit Sirup füttern oder aufpäppeln, indem Sie Zucker auf Zeitungspapier auf die Tragleisten legen. Manche Züchter füttern auch Pollen oder Pollenersatz im Spät-herbst. Das Mischverhältnis von Herbstsirup beträgt normalerweise 2:1 (Zucker:Wasser).

Wintervorbereitungen

Der Stock sollte kein Königinnengitter haben und falls Sie einen Untereingang haben, sollten Sie ihn mit einer Mäusefalle schützen. Ein verkleinerter Eingang ist in jedem Fall sinnvoll, um die Bienen vor Räubern zu schützen. Außerdem brauchen die Bienen einen Obereingang.

Frühling

Der Frühling beginnt für die Bienenzüchter mit der Ahornblüte. Wo ich lebe, setzt diese im späten Februar oder frühen März ein. Ab diesem Moment fangen die Bienen ernsthaft an, Brut aufzuziehen. Von nun an ist es besonders wichtig, dass die Zufuhr von Pollen und Vorräten nicht unterbrochen wird, weil dies die Brutaufzucht stoppen kann. Pollenpasteten sind in solchen Fällen eine gute Lösung. Mischen Sie hierzu Pollen mit Honig zu einem Teig und rollen Sie ihn zwischen Wachspapier, um die Pasteten zu formen. Oder füttern Sie den Teig in einen leeren Stock. Verwenden Sie hierzu ein Verhältnis von 1:1 oder 2:1, wenn die Bienen zuwenig Vorräte haben. An einem warmen Tag sollten Sie eine komplette Kontrolle durchführen und den Stock dabei auf Eier und Brut prüfen. Markieren Sie die Stöcke, die keine Königin haben, um sie mit anderen zu mischen oder um eine Königin einzusetzen. Säubern Sie die Bodenbretter und suchen Sie dabei gezielt nach Varroamilben. Wenn Sie nach Walt Wright´s Nektar-Management-Methode arbeiten, dann wird es Zeit für das „Schachbrett". Arbeiten Sie nicht nach dieser Methode, dann sollten Sie Ihren Stock im Auge behalten, um frühe Schwärme zu verhindern. Sobald das Wetter warm genug bleibt, können Sie das Brutnest öffnen, indem Sie in dessen Mitte ein paar leere Rahmen einsetzen. Handelt es sich um einen erfolgreichen Stock mit vielen Bienen, nehmen Sie zwei oder drei Rahmen. Funktioniert der Stock halbwegs normal, dann nehmen Sie nur einen Rahmen und bei einem schwachen Stock geben Sie keinen Rahmen dazu. Geben Sie nicht zu viel Freiraum, weil das Wetter immer noch kühl sein kann und zu viel Platz die Bienen unnötig stresst. Der Stock ist immer noch dabei, so viel zu wachsen, dass er einen Schwarm ausschicken kann, bevor die Haupternte kommt. Die Brutzucht ist in vollem Gang und die Drohnenzucht wird bald einsetzen.

Sommer

Aus der Perspektive der Bienenzüchter ist der Sommer die Jahreszeit der Schwärme, oder ein paar Wochen vor der Haupttracht. Die Tracht hat eingesetzt, sobald Sie weißes Wachs und neue Waben sehen. Sie sollten Ausschau nach Schwarmvorbereitungen halten (Auffüllen des Brutnests) und das Brutnest offen halten. Wenn die Schwarmvorbereitungen schon bis zu Schwarmzellen fortgeschritten sind, dann sollten Sie den Stock teilen, um Ersatzköniginnen zu produzieren. Geben Sie Aufsätze für die Honigvorräte zum Stock dazu. In dieser Phase ist viel extra Raum kein Problem mehr, stapeln Sie also ruhig leere Aufsätze auf starke Stöcke. In meinem Fall wäre Mitte Mai der richtige Moment. Wenn Sie die Stöcke durch Teilungen verkleinern wollen oder eine Königin eingrenzen wollen, um eine bessere Ernte zu erzielen oder Varroa vorzubeugen, dann wäre jetzt der richtige Zeitpunkt: etwa zwei Wochen vor der Haupttracht.

Herbst

Der Herbst beginnt aus Sicht der Bienenzüchter in dem Moment, wenn die Sommerhaupttracht beendet ist und der Honig geerntet werden kann. Die Blumen mit dunklem, stärker schmeckendem Nektar beginnen bald zu blühen – Goldrute, Knöterich, Astern, Sonnenblumen, Erbsen und Chicoree. Der Zeitpunkt ist günstig, um die Königin auszutauschen, weil sie sich einfacher paaren und leichter zur Verfügung stehen. Diese Zeit eignet sich auch, um Königinnen zu züchten, es sei denn, es gibt eine schlimme Hungersnot. Gegen Herbstende sollten Sie die Bienen auf den Winter vorbereiten. Stellen Sie Mäusefallen auf. Entfernen Sie Königinnengitter. Verkleinern Sie die Eingänge. Füllen Sie die Vorräte auf oder füttern Sie. Mit anderen Worten: wir bereiten uns wieder auf einen neuen Winter vor.

Bienen überwintern

Ich habe gezögert, darüber zu schreiben, wie Bienen überwintert werden und habe der Versuchung bis jetzt widerstanden, weil das Überwintern ein sehr ortsabhängiges Thema ist. Aber es ist ein wichtiges Thema und ich erhalte regelmäßig Fragen darüber, deshalb möchte ich gern berichten, wie ich zu diesen Fragen stehe. Aber ich möchte Sie bitten, beim Lesen zu berücksichtigen, dass dies alles *lokale* Erfahrungen sind. Ich werde versuchen, im Detail zu beschreiben, was ich in meiner Umgebung (Süd-Nebraska) tue und warum, aber das bedeutet nicht zwangsläufig, dass dies auch das Beste für Ihre Umgebung ist, oder dass es nicht andere Methoden gibt, die in Ihrer oder vielleicht sogar in meiner Umgebung auch funktionieren.

Ich werde das Kapitel in häufige Probleme oder Vorrichtungen aufteilen, die normalerweise beim Überwintern besprochen werden, unabhängig davon, ob ich selber sie habe oder nicht.

Ein anderer entscheidender Faktor ist die Rasse der Bienen. Meine Bienen sind alle Mischlinge, zwischen braun und schwarz, sie sind alle aus nördlichen wilden Stöcken herangezogen worden.

Im Folgenden also die wichtigsten Themen:

Mäusefallen

Eine typische Frage ist, welche benutzt werden sollen und wann sie eingesetzt werden sollen. Ich habe nur Obereingänge, dadurch brauche ich keine Mäusefallen. Als ich aber noch Untereingänge hatte, habe ich Maschendraht von 0,64 cm als Mäusefallen benutzt, aber ich würde heute, wenn ich noch Untereingänge hätte, vielleicht auch eine andere Vorrichtung benutzen, die hier in Südwest-Nebraska sehr gebräuchlich ist. Sie besteht aus einem 7,6 mal 10,1 cm großen Stück aus Sperrholz, das in den Eingang passt und drei Leisten von je 1 cm, die auf dem Sperrholz stehen. Diese werden in den Eingang geschoben, sodass sie ihn auf 1 cm reduzieren und bilden eine Abprallfläche, durch die der Wind nicht in den Stock blasen kann. Züchter, die ihre Eingänge so ausstatten, berichten, dass sie keine Probleme haben, weil die Öffnung von   1 cm die Mäuse abzuhalten scheint. Ich würde diese Methode beim oder kurz nach dem ersten Frost anbringen. Hier gibt es manchmal noch warmes Wetter nach dem ersten Frost, sodass die Mäuse sich normalerweise nicht gleich in die Stöcke verkriechen, sondern erst dann, wenn sie ein paar kalte Tage nacheinander erleben. Deshalb sollten Sie in jedem Fall vorher Ihre Eingänge vorbereiten, sonst sind die Mäuse schon im Stock, wenn Sie anfangen zu arbeiten. Der andere Vorteil an dieser Abprallwand-Mäusefalle ist, dass Sie sie das ganze Jahr über im Eingang lassen können, sodass Sie im Herbst nicht vergessen können, Ihre Eingänge zu schützen.

Königinnengitter

Ich benutze keine Gitter mehr, aber ich würde empfehlen, sie vor dem Winter zu entfernen, weil sonst die Königin darunter stecken bleiben könnte, wenn die Bienen weiter nach oben bauen. Das Gitter wird die Bienen nicht an ihrer Baurichtung hindern, aber die Königin kann ihnen nicht nachfolgen. Sie können das Gitter auf der Innenauskleidung oder auf dem Stock ablegen wenn Sie wollen, aber lassen Sie es nicht zwischen Kästen stehen.

Gelöcherte Bodenbretter

Ich habe in der Hälfte meiner Stöcke diese Bretter eingesetzt. Wenn der Stand niedrig genug ist und das Gras den Wind genügend abfängt, dann lasse ich den Einsatz draußen, normalerweise setze ich ihn aber ein.

Manche Züchter halten es für eine gute Idee, die Bretter das ganze Jahr über im Stock zu lassen, aber in einem kalten, windigen Klima, wie dem meinen, funktioniert das nicht. Ich glaube auch nicht, dass gelöcherte Bodenbretter besonders gegen Varroa helfen, sondern sie tragen eher dazu bei, den Stock im Sommer gut zu durchlüften und den Boden im Winter trocken zu halten. Auf der anderen Seite kann ein durchgehendes Bodenbrett sowohl als Fütterer als auch als Bedeckung dienen.

Einwickeln

Ich tue es nicht. Ich habe es einmal versucht, aber die ganze Feuchtigkeit scheint dadurch im Stock gefangen zu sein und die Kästen saugen sich den Winter über damit voll. Deshalb habe ich es aufgegeben. Wenn ich es doch noch einmal versuchen sollte, würde ich etwas Holz in die Ecken legen, um Platz zwischen den Kästen und der Verkleidung zu schaffen.

Stöcke zusammenlegen

Ich stelle meine Stöcke auf Bienenstände, die zwei Rahmen von jeweils sieben Stöcken (mit je acht Rahmen) enthalten. Sie sind 2,4m lang, mal 0,6m mal 1,2m, mit Enden von 1,2 m, sodass der Stand insgesamt 2,4 m lang ist. Die Stangen (2,4 m lang) liegen so, dass die äußeren 50 cm vom Zentrum entfernt sind, und die inneren 50 cm von den äußeren. So können die Stöcke (20 cm) einfacher gehandhabt werden. Im Winter werden sie zusammengestellt, um die Fläche zu reduzieren, die der Kälte ausgesetzt ist. Die 10 Stöcke berühren sich im Winter an drei Seiten und die vier an den Außenseiten berühren sich an zwei Seiten. Dadurch werden die der Kälte ausgesetzten Wände minimiert, und die Stöcke „kuscheln" sich zusammen, um warm zu bleiben.

Bienen füttern

Im Gegensatz zur verbreiteten Meinung funktioniert es in nördlichen Klimagebieten nicht, Bienen Honig oder Zucker zu füttern. Sobald der Sirup am Tag nicht mehr 10°C warm ist (und es dauert eine Weile, bis er sich nach einer kalten Nacht aufwärmt), werden die Bienen ihn nicht mehr essen. September ist der Zeitpunkt, die Bienen zu füttern, wenn es nötig ist. Wenn Sie Glück haben, können Sie in manchen Jahren auch im Oktober noch ein paar Tage lang füttern. Wichtig ist auch immer, wie viel und in welchem Mischverhältnis Sie füttern.

Wenn ich Honig füttere, dann verdünne ich ihn nicht, weil er sonst schneller verdirbt und ich nicht gern Honig verschwende. Wenn ich Sirup füttere (entweder weil ich keinen Honig habe oder nicht mit Honig füttern will, weil ich schon begonnen habe, zu ernten), dann sollte das Verhältnis nicht unter 5:3 und nicht über 2:1 liegen. Je dicker er ist, desto weniger wird er verdunsten, aber ich habe schon Probleme, 2:1 aufzulösen.

„Wie viel" ist eigentlich nicht die richtige Frage. Stattdessen sollten Sie eher fragen, was das „richtige Zielgewicht" für Ihren Stock ist.

Bei einer großen Traube in vier Kästen mit acht mittleren Rahmen (oder zwei Kästen mit 10 tiefen Rahmen) sollte der Stock zwischen 45 kg und 68 kg wiegen. Wenn Ihr Stock 45 kg wiegt, können Sie überlegen, ob Sie füttern oder nicht, aber wenn er schon 68 kg wiegt, dann brauchen Sie nicht mehr füttern.

Wenn der Stock 34 kg wiegt, dann würde ich versuchen, den Bienen 34 kg Honig oder Sirup zu füttern. Sie sollten aufhören, sobald Sie das Zielgewicht erreicht haben.

Meine Strategie ist eher, den Bienen genug Honig zu überlassen und verdeckelten Honig aus anderen Stöcken zu stehlen, falls mein Stock zu leicht ist. Aber in manchen Jahren, wenn die Herbsternte ausfällt, muss ich auch füttern. Ich warte gern mit der Ernte, bis es etwas abkühlt, weil ich dadurch verschiedene Probleme lösen kann: 1) keine Probleme mit Wachsmotten; 2) die Bienen haben eine Traube gebaut, sodass ich keine Bienen aus den Aufsätzen entfernen muss; 3) ich kann besser einschätzen, wie viel ich ernten kann und wie viele Vorräte ich im Stock lassen muss, weil ich schon weiß, wie die Herbsternte ausgefallen ist. Eine weitere Option bei einem zu leichten Stock, wenn es nicht zu dramatisch ist, ist, trockenen Zucker zu füttern. Der Nachteil ist, dass Zucker nicht wie Sirup gelagert werden kann, sodass Zucker eher eine Notfallfütterung ist. Der Vorteil ist, dass Sie keinen Sirup machen brauchen, keine Fütterer kaufen brauchen usw. Dass der Zucker nicht in Vorrat umgewandelt werden kann, hat auch seine Vorteile: wenn die Bienen den Zucker nicht brauchen, haben Sie keinen Sirup in Ihren Waben eingelagert. Stellen Sie einfach einen leeren Kasten mit etwas Zeitungspapier auf den Tragleisten auf Ihren Stock und geben Sie den Zucker auf das Zeitungspapier. Ich befeuchte den Zucker ein bisschen, damit er klumpt und damit die Bienen merken, dass er essbar ist. Wenn der Stock nur ein bisschen zu leicht ist, dann ist Zucker eine gute Variante. Wenn er aber deutlich zu leicht ist, dann brauchen Sie verdeckelte Vorräte und müssen Honig oder Sirup füttern.

Ein durchgehendes Bodenbrett können Sie gleichzeitig auch als Fütterer verwenden. Für mich ist das praktisch, weil ich normalerweise nicht füttere, sondern eher genug Honig im Stock zurücklasse. Warum sollte ich also Fütterer für alle meine Stöcke kaufen, wenn ich normalerweise nicht füttere. Das ist zwar nicht die beste Lösung zum Füttern, aber die kostengünstigste (praktisch gratis). Wenn ich also doch einmal füttern muss, dann brauche ich nicht extra für jeden Stock einen Fütterer zu besorgen. Das Bodenbrett hat etwa genauso viel Platz für Futter wie ein Rahmenfütterer.

Hier sind Süßigkeitenbretter sehr beliebt, aber trockener Zucker auf dem Stock ist einfacher zu handhaben, weil Sie keine Bretter bauen brauchen und keine Süßwaren herstellen müssen. Sie können einfach Ihre Standardkästen und normalen Zucker benutzen. Sie können auch Sirup in ausgebaute Waben sprühen, um einen leichten Stock durch den Winter zu bekommen.

Isolierung

Manchmal isoliere ich die Stockoberfläche und manchmal nicht. Alles andere isoliere ich nicht mehr. Die obere Seite des Stocks zu isolieren erscheint mir sinnvoll, aber manchmal schaffe ich es einfach nicht. Seit ich mit Obereingängen arbeite, isoliere ich einfach nur mit einem Stück Styropor und lege einen Backstein darauf. Dadurch reduzieren ich Kondenswasser an der Decke. Die Dicke des Styropors ist dabei egal, das Hauptthema ist das Kondenswasser an der Decke. Ich habe versucht, meine Stöcke komplett zu isolieren, aber die Feuchtigkeit zwischen der Isolierschicht und dem Stock war ein großes Problem.

Obereingänge

In einem Klima wie meinem sind Obereingänge sehr wichtig, um Kondenswasser zu vermeiden. Als ich noch in West-Nebraska gelebt habe, wo das Klima trockener ist, brauchte ich keinen großen Obereingang, sondern bin mit einem kleinen gut zurechtgekommen. Die Auskerbung, die normalerweise die Innenverkleidung hat, reichte völlig aus. Dadurch können die Bienen auch für Reinigungsflüge an warmen Wintertagen nach draußen gelangen, selbst wenn der Untereingang durch Schnee verstopft sein sollte. Dieses Problem habe ich nicht, weil meine Stöcke nur Obereingänge haben.

Wo ist die Traube

Hier befindet sie sich normalerweise im obersten Kasten, der im Winter den Ein- und Ausgang bildet, egal ob er einen Oberausgang hat oder nicht. Manchmal befindet sich die Traube auch nicht dort, aber im Allgemeinen scheint dies der bevorzugte Ort zu sein, auch wenn in manchen Büchern etwas anderes steht. Ich lasse die Trauben dort, wo sie sich ansammeln und versuche nicht, sie umzusiedeln. Für gewöhnlich bleiben die Trauben den ganzen Winter über am selben Ort. In einem horizontalen Stock würde ich die Traube umsiedeln, damit sie sich nicht an einem Ende festsetzt und dort verhungert, während es noch genügend Vorräte am andere Ende des Stocks gibt.

Wie stark?

Diese Frage wird häufig gestellt. Ich lege schwache Stöcke im Winter zusammen und habe selten einen Stock im Winter verloren. Seit ich angefangen habe, Ablegerkästen zu überwintern, habe ich beobachten können, wie gut auch ein kleiner Stock durchstartet, wenn er den Winter gut übersteht. Ich habe es geschafft, viele kleine Trauben durch den Winter zu bringen. Wenn Sie mit lokalen Königinnen statt mit südlichen Königinnen arbeiten, dann wird das Überwintern einfacher, genauso wie es mit dunklen Bienen in kleinen Trauben einfacher ist als mit helleren Bienen. Obwohl ich noch nie eine Traube Italienischer Bienen aus einem Paket aus dem Süden von der Größe eines Softballs gesehen habe, die den Winter überlebt hätte, habe ich es schon erlebt, dass dieselbe Traubengröße aus wilden Bienen, Carnica-Bienen oder im Norden aufgezogenen Italienischen Bienen überlebt hat.

Die Stöcke erleiden im Herbst schon gewisse Verluste, und wenn sie im September eine bestimmte Größe haben und die Herbsternte ausfällt und die Bienen keine Brut aufziehen, dann werden sie es wahrscheinlich nicht durch den Winter schaffen. Ein starker Stock Italienischer Bienen sollte zu Winteranfang mindestens die Größe eines Basketballs haben, während Carnica-Bienen- oder Buckfast-Trauben eher die Größe eines Fußballs oder etwas kleiner haben sollten; Trauben aus wilden Bienen können sogar noch kleiner sein.

Eingangsverkleinerer

Ich benutze sie gern in allen Stöcken. Bei starken Stöcken sorgen sie dafür, dass im Falle eines Überfalls auf den Stock die Räuber nur langsam vorankommen und in einem schwachen Stock helfen sie, dass die Bienen den Eingang besser bewachen können. Außerdem helfen sie, dass weniger Zugluft in den Eingängen entsteht. Wenn ich im Frühjahr mal vergessen habe, den Eingang eines starken Stocks wieder zu erweitern, scheint es sogar den starken Stöcken mit viel Verkehr rings um den Eingang besser zu gehen als den starken Stöcken, bei denen ich den Eingang schon erweitert hatte. Aber ich versuche natürlich, alle Eingänge der Stöcke spätestens vor der Haupternte zu öffnen.

Pollen

In den letzten Jahren habe ich begonnen, bei Hungersnöten im Herbst Pollen zu füttern, damit die Bienen einen guten Pollenvorrat für den Winter haben. Dies macht natürlich keinen

Sinn, solange die Bienen noch selbst richtigen Pollen in den Stock einfliegen. Ich füttere richtigen Pollen, solange ich genug habe, aber manchmal mische ich ihn auch zur Hälfte mit Pollenersatz oder mit Sojamehl, wenn mein richtiger Pollen nicht mehr ausreicht. Trotzdem gebe ich nie weniger als die Hälfte richtigen Pollen in die Mischung. Sie können diesen Pollen entweder selber sammeln oder ihn zum Beispiel bei Brushy Mt. Kaufen. Ich gebe den Pollen auf ein durchgehendes Bodenbrett in einen leeren Stock. Normalerweise nicht vor September.

Windschutz

Manche Züchter benutzen Strohballen als Windschutz. Da ich aber Mäuse nicht ausstehen kann und die Ballen leicht zu Mäusenestern werden, mag ich keine Strohballen. Aber wenn Sie sie in ausreichender Entfernung aufbauen, könnte es wohl funktionieren. Man könnte wahrscheinlich genauso gut Maiskolben, Schneezäune oder andere Zäune verwenden. Mel Disselkoen benutzt einen Ring aus Feinblech rund um vier Stöcke und schafft so einen Windfang. Die Idee scheint mir ganz gut zu sein, allerdings muss man das Blech kaufen, es den Rest des Jahres lagern und dann im Herbst wieder aufbauen.

Kästen mit Achter-Rahmen

Meiner Erfahrung nach überwintern Achter-Rahmen-Kästen besser als Zehner-Rahmen-Kästen. Die Breite entspricht mehr der Breite eines Baumes und der Größe eines normalen Clusters, dadurch bleibt weniger Platz für Vorrat. Damit will ich nicht sagen, dass Sie Bienen nicht in einem Zehner-Rahmen-Kasten überwintern können, aber es ist sicher etwas leichter in Achter-Rahmen-Kästen.

Mitteltiefe Kästen

Ich habe beobachtet, dass mitteltiefe Kästen besser überwintern als tiefe, weil es durch die Lücken einen besseren Austausch zwischen den Kästen gibt. Stellen Sie sich vor, wie ein Stock im Winter aussieht: die Bienen sammeln sich in einer Traube zusammen und die Waben bilden Wände, die Teile der Traube durchziehen. Ein plötzlicher Kälteeinbruch kann dazu führen, dass ein Teil der Bienen auf der anderen Seite eines tiefen Rahmens gefangen werden kann, weil sich die Traube durch die Kälte noch mehr zusammenzieht und die Bienen nicht nach oben gelangen können, um die Trennung zu überwinden. Bei mitteltiefen Kästen gibt es normalerweise eine Lücke zwischen den Kästen, sodass die Kommunikation zwischen den verschiedenen Rahmen innerhalb des Stocks immer noch gewährleistet ist. Auch dies soll nicht bedeuten, dass Sie Bienen nicht in tiefen Kästen überwintern können, aber ich würde doch sagen, dass es einfacher ist, sie in mitteltiefen Kästen zu überwintern.

Enge Rahmen

Meiner Meinung nach überwintern Bienen besser in engen Rahmen (32 mm in der Mitte anstatt der Standardbreite von 35 mm, bei einem Aufbau von 9 Rahmen in einem Zehner-Kasten, der in der Mitte 3,8 cm misst), weil man gegen Winterende weniger Bienen braucht, um die Brut zu bedecken und warm zu halten als wenn die Freiräume größer sind. Auch das soll nicht bedeuten, dass die Bienen nicht in einem 35mm-Rahmen überwintern können, sondern dass es ihnen in einem engen Rahmen besser ergehen wird, sie im Frühjahr schneller wachsen werden, weniger verkühlte Brut haben und weniger Kalkbrut auftaucht.

Ableger überwintern

Seit 2004 versuche ich mich daran, auch Ableger zu überwintern. Ich kann nicht behaupten, dass ich besonders gut darin wäre, aber wenn ich es doch schaffe, Ableger durch den Winter zu bringen, dann entwickeln sich daraus im nächsten Jahr meine besten Stöcke. Ich habe vieles probiert: Umwickeln, Zusammendrängen, Beheizen, den ganzen Winter über Sirup füttern usw. Dabei habe ich Folgendes beobachtet: den Boden und die Oberfläche zu isolieren, hilft, genauso wie das Zusammendrängen. Auch ein Heizer, wenn er nicht zu heiß eingestellt wird, hat geholfen, aber leider hat jedes Jahr jemand genau in der kältesten Zeit die Heizung abgeschaltet, sodass es doch nicht wirklich etwas gebracht hat. Meine Ableger liegen ein wenig hinter den meisten zurück, weil sie nicht aus Teilungen von starken oder schwachen Stöcken oder aus Königinnenzuchtprojekten stammen, sondern aus Begattungsvölkchen. Ein Fehler, den ich begangen habe, ist, sie nicht früh genug zusammenzumischen, dadurch hatten sie nicht genug Zeit, sich als eigene Kolonie zu organisieren, bevor das kalte Wetter einsetzte. Gut wäre Juli oder auch Anfang August gewesen; dadurch hätten sie noch genug Vorräte sammeln und sich so organisieren können, wie sie wollen. Aber wenn wir davon ausgehen, dass Sie einen schwachen Stock aufteilen oder Ihren Stock mit einer neuen Königin versehen wollen, dann trifft diese

Beobachtung genauso zu. Sie sollten dafür sorgen, dass sich Ihre Bienen gut als eigene Kolonie organisieren können. Ich ziehe es vor, den Bienen Zucker auf den Stock zu legen, als sie mit Sirup zu füttern, weil ich so kein Problem mit Feuchtigkeit bekomme. Aber wenn Sie schon früh mit dem Füttern beginnen, sollte Ihnen die Feuchtigkeit noch nicht allzu viel ausmachen. Ehe Sie viel Zeit darauf verwenden, besondere Ausrüstung für das Überwintern der Ableger zu bauen, sollten Sie sich lieber überlegen, wie Sie die Ableger in Ihrer Standardausrüstung überwintern können. Das ist sogar noch sinnvoller, wenn Ihre normalen Kästen die Größe von einem tiefen Ablegerkasten mit fünf Rahmen haben (das trifft zum Beispiel auf meine mittleren Achter-Rahmen-Kästen voll zu). Weil ich mag es nicht, Ausrüstung zu haben, die nur für einen speziellen Zweck funktioniert, wo es doch viel einfacher ist, Ausrüstung zu haben, die für viele Dinge verwendet werden kann. Meine Bodenbrettfütterer sind sehr geeignet, um Ableger zu überwintern, weil man die Ableger einfach aufstecken und nachsehen kann, ob Futter benötigt wird oder nicht, ohne dass man alles auseinanderbauen muss.

Königinnenbank

Ich habe auch schon probiert, eine Königinnenbank zu überwintern. Zwar war ich bislang noch nicht sehr erfolgreich damit, aber folgende Dinge scheinen mir etwas geholfen zu haben: Sie müssen die Bank warm genug halten, um sie von der Traubenbildung abzuhalten, oder die Bienen werden sich so sehr zusammenziehen, dass die Königinnen sterben werden. Die beste Art, das zu verhindern, scheint mir ein Terrarium-Heizer zu sein, der unter die Bank gestellt wird. Sie müssen außerdem die Bevölkerung des Stocks den Winter über auffüllen. Das heißt, dass Sie entweder einen Ableger dafür opfern müssen, oder dass Sie Bienen aus einem wirklich starken Stock stehlen müssen. Wenn Sie einen Rahmen entnehmen, der sehr gut mit Bienen bedeckt ist, dann sollten Sie nicht den mittleren auswählen, damit Sie möglichst nicht die Königin erwischen. Diesen Rahmen können Sie dann in die Königinnenbank einsetzen. Wenn Sie es schaffen, die Hälfte der Königinnen über den Winter zu bringen, ist das schon ein großer Erfolg. Wenn Sie noch mehr überwintern können, dann haben Sie im Frühjahr eine Menge Königinnen, um königinnenlose Stöcke aufzufüllen, starke Stöcke zu teilen oder die Königinnen zu verkaufen, wenn die Nachfrage groß ist.

Drinnen überwintern

Ich habe das bislang nur mit einem Beobachtungsstock versucht, den ich normalerweise überwintere. Ich habe mich mit vielen Züchtern, die es auch probiert haben, ausgetauscht und es scheint weitaus schwieriger zu sein, als man denken könnte. Die Bienen brauchen hin und wieder einen Reinigungsflug, und dazu müssen sie nach draußen gelangen können. Die Temperaturen müssen auf 4,4 bis -1 °C absinken, damit die Bienen nicht aktiv werden und dann all ihre Vorräte zu schnell verbrauchen und dadurch schneller sterben (inaktive Bienen leben länger als aktive Bienen). In diesem Fall brauchen Sie sich keine Sorge zu machen, wie Sie Ihre Bienen warm halten, sondern Sie werden eher damit zu kämpfen haben, Ihren Bienen genug Belüftung zu verschaffen und sie abzukühlen.

Beobachtungsstöcke überwintern

Ich habe schon oft Beobachtungsstöcke überwintert. Die Herausforderung liegt darin, sie so zu stärken, dass sie den Winter überstehen. Deshalb sollten Sie den Bienen Sirup und Pollen füttern, Sie sollten sie aber nicht mit Pollen überfüttern. Stellen Sie sicher, dass die Bienen Flugzugang zum Stock haben (prüfe Sie den Schlauch um sicher zu sein, dass der Ausgang nicht mit toten Bienen und Pollen verstopft ist). Keine Sorge, die Bienen werden nicht alle ausfliegen, weil sie durch das Wetter draußen verwirrt sind. Ein paar Bienen werden ausfliegen, aber das ist ganz normal. Den Bienen ist klar, dass das Wetter draußen zu kalt ist. Wenn Ihr Stock im Frühjahr zu schwach wird, dann sollten Sie ein paar Bienen dazugeben. Geben Sie ein oder zwei Handvoll Bienen in eine Schachtel, die Sie mit dem Schlauch verbinden. Die Bienen werden dann in den Stock krabbeln, ohne dass Sie diesen nach draußen bewegen und öffnen müssen.

Im Frühling

Kliamabhängig

Nach dem Überwintern scheint die Zucht im Frühjahr ein weiteres Thema zu sein, das heftig diskutiert wird. Und, genauso wie das Überwintern, sind auch hier die Antworten klimaabhängig. Ich kann nur das mit Sicherheit weitergeben, was ich in meinem Klima ausprobiert habe. Die meisten Standorte, an denen ich Erfahrungen mit Bienenzucht habe, sind recht ähnlich (kalte Winter u.Ä.), aber einige Orte waren etwas kälter (Laramie), andere etwas trockener (Laramie, Brighton und Mitchell), aber alle meine Erfahrungen beziehen sich auf den Landzipfel Nebraska und Südnebraska; vergessen Sie das also beim Lesen der folgenden Seiten nicht.

Bienen füttern

Der Frühling hier ist sehr wechselhaft und unvorhersehbar. Wir können warmes Flugwetter und Baumpollen im späten Februar haben, aber manchmal bleibt es auch bis April kalt. Der erste wirkliche Nektar stammt von frühblühenden Obstbäumen irgendwann im April, am wahrscheinlichsten ab Mitte April. Was das Wachstum im Frühling am meisten anregt, ist Pollen. Sirup zu füttern, steht dahinter weit zurück. Wenn Sie Sirup im Februar oder März füttern (wenn es warm genug dafür sein sollte) und die Bienen dann beginnen, ganz viel Brut aufzuziehen und plötzlich von einem harten Frost überrascht werden (hier wäre es ungewöhnlich, dass die Temperaturen unter Null fallen), dann könnten die Bienen bei dem Versuch sterben, die Brut warm zu halten. Andererseits werden die Bienen nicht stark genug sein, um eine gute Ernte einzufahren, wenn sie nicht vor der ersten Nektartracht Mitte April richtig loslegen. Ich stelle deshalb sicher, dass die Bienen genug Pollen und Vorräte zu Verfügung haben. Trockener Zucker kann sie vor dem Verhungern bewahren. Wenn das Wetter warm genug bleibt und die Bienen zu leicht sind, dann würde ich es mit Sirup versuchen. Als Mischverhältnis empfehle ich 2:1 oder 5:3, aber nicht 1:1. 1:1 bedeutet einfach zu viel Feuchtigkeit für den Stock und hält sich nicht lange. Deshalb bestehen meine Empfehlungen vor der ersten Blüte vor allem darin, sicherzustellen, dass die Bienen Pollen haben und nicht wegen Honigmangels sterben. Sobald die ersten Blüten zu sehen sind, ist es nicht mehr nötig, zu füttern, aber falls es über längere Zeit regnerisch bleibt, dann kann es doch noch sinnvoll sein. Mit meinen Bodenbrettfütterer ist es leicht, die Bienen schnell zu füttern. Stecken Sie einfach die Stöpsel in die Öffnung und füllen Sie die Bretter mit Sirup auf, auch wenn etwas ausläuft. Wenn es stark regnet, kann es Sinn machen, den Stock abzudecken, damit kein Regenwasser in den Sirup fließt, aber wenn es nur nieselt, ist das nicht nötig. Hier funktioniert eine 2:1 Mischung gut und falls doch etwas Regen in den Sirup gelangt und dieser dadurch etwas verwässert, werden die Bienen ihn trotzdem noch fressen, selbst sich das Verhältnis auf 1:2 umkehrt.

Schwarmkontrolle

Ein anderes Thema im Frühling sind die Schwärme. Natürlich können Sie Ihre Stöcke mit Aufsätzen füllen, damit die Bienen den Stock nie ganz ausfüllen und keinen Platzmangel spüren. Aber meiner Erfahrung nach wird das einen Schwarm nicht aufhalten. Sie müssen einen anderen Weg finden, um die Bienen davon zu überzeugen, keine Schwarmvorbereitungen treffen.

Wenn meine Bienen über sich Honigvorräte hätten, wie es bei Walt Wright´s Bienen in Tennessee der Fall zu sein scheint, dann würde ich auch mit Checkerboarding arbeiten. Aber meine Bienen befinden sich immer im obersten Aufsatz und dadurch haben sie keinen verdeckelten Honig über sich. Deshalb versuche ich einfach nur, das Brutnest offen genug zu halten. Im April ist der Stock normalerweise noch zu klein, um einen Schwarm zu produzieren, aber falls doch richtig viel los ist, gebe ich ein paar zusätzliche Kästen dazu. Bienen scheinen im April nur dann zu schwärmen, wenn ihr Stock wirklich überfüllt ist. Ab Mai muss ich mich hier an meinem Standort ernsthaft darum kümmern, Schwärmen vorzubeugen. Das sollte am besten funktionieren, ohne Stöcke aufzuteilen, damit sich die ungeteilte Arbeitskraft auf die Honigproduktion konzentrieren kann. Dafür empfehle ich, das Brutnest offen zu halten. Hierfür eignet sich die Schachbrett-Methode gut, aber wie schon erwähnt, habe ich nicht die richtigen Voraussetzungen dafür. Wenn also ein Stock richtig durchstartet und im frühen Mai schon sehr stark ist, dann öffne ich das Brutnest mit leeren Rahmen. Ohne Kunstwaben. Nur leere Rahmen. Stellen Sie diese in das Zentrum des Brutnests, dann werden sie schnell bebaut und mit Brut gefüllt. Wie viele Rahmen Sie einsetzen, hängt von der Stärke des Stocks ab, aber wenn die Nächte nicht mehr kühl sind und die Bienen schnell die leeren Rahmen ausfüllen, dann können Sie schon den nächsten einsetzen. Das Maximum, das Sie nur in einem sehr starken Stock einsetzen sollten, liegt bei einem leerem Rahmen pro gefülltem Rahmen. Das Minimum liegt bei insgesamt einem leeren Rahmen.

Mehr Information zum Thema Schwarmvorbeugung finden Sie im Kapitel *Schwarmkontrolle*.

Teilungen

Wenn Sie mehr Bienen haben wollen und die Honigproduktion dabei nicht Ihre erste Priorität ist, dann können Sie Stöcke aufteilen. Manchmal versuche ich an warmen Apriltagen, bis zum Bodenbrett durchzukommen und es zu säubern, während ich Ausschau nach Brut, Eiern usw. halte, um sicher zu sein, dass es dem Stock gut geht. Andernfalls schätze ich die Stärke und den Bevölkerungszuwachs einfach so ein, aber bis Sie dafür den richtigen Blick entwickeln, sollten Sie nach Schwarmzellen suchen. Normalerweise hängen sie von den Rahmen herab. Dadurch haben Sie eine bessere Vorstellung davon, wie viele Schwarmzellen ein Stock braucht, um einen Schwarm auszulösen und Sie können besser abschätzen, wie hart Sie eingreifen müssen. Wenn Sie viele Schwarmzellen finden, dann ist es schon zu spät für eine gute Ernte und Sie sollten sich darauf konzentrieren, den Stock zu teilen.

Aufsätze

Natürlich müssen Sie Aufsätze hinzufügen. Damit sollten Sie aber warten, bis der Stock nicht mehr mit kaltem Wetter zu kämpfen hat, sondern stark genug ist, sich um die zusätzlichen Aufsätze zu kümmern. Mein Ziel ist es, den Platz im Stock zu verdoppeln. Wenn Sie zwei volle Kästen haben, dann können Sie zwei Kästen hinzufügen. Bei vier vollen Kästen kommen vier neue dazu. In einem Supererntejahr kann es Ihnen aber passieren, dass Ihre Stöcke so groß sind, dass diese Regel nicht mehr funktioniert, aber es ist eine gute Orientierungszahl, um den Bienen einerseits genügend zusätzlichen Raum zu geben, ohne sie anderseits zu überfordern.

Legende Arbeiter

Ursachen

Wenn es im Stock über mehrere Wochen keine Königin und somit keine Brut gibt, dann entwickeln Arbeiterbienen manchmal die Fähigkeit, Eier zu legen. Dabei ist nicht so sehr das Fehlen der Königin, sondern das Fehlen der Brut die Ursache, aber diese wird natürlich dadurch verursacht, dass es keine Königin gibt. Die Arbeitereier sind für gewöhnlich haploid (unfruchtbar mit einem halben Chromosomensatz) und werden zu Drohnen heranwachsen.

Symptome

Legende Arbeiter legen ihre Eier in Arbeiterzellen oder in Drohnenzellen und legen dabei mehrere Eier in dieselbe Zelle. Arbeitereier liegen normalerweise nicht auf dem Zellgrund (mit Ausnahme von Drohnenzellen) sondern an den Zellseiten. Ein Stock mit vielen Drohnen ist ein Anzeichen für legende Arbeiter, weil viele Eier in eine Zelle oder auf Pollen gelegt werden.

Manchmal legt eine Königin, die eine Zeitlang keine Eier gelegt hat, am Anfang mehrere Eier in eine Zelle, aber nach ein bis zwei Tagen hört sie damit wieder auf. Legende Arbeiterbienen hingegen legen drei, vier oder noch mehr Eier in fast jede Zelle. Das Problem hierbei ist, dass die Bienen glauben, sie hätten eine Königin (die legenden Arbeiter) und sie deshalb keine neue Königin akzeptieren werden. Die legenden Arbeiterbienen zu finden, ist aber fast unmöglich. Ich habe einmal eine in einem Ablegerkasten mit nur zwei Rahmen gefunden, indem ich jede einzelne Bienen genauestens untersucht habe, aber in einem normalgroßen Stock ist das kaum möglich, weil es einfach zu viele Bienen und zu viele legende Arbeiterbienen gibt.

Lösungen
Die einfachste und schnellste Lösung
Abschütteln und vergessen

Meiner Meinung nach gibt es zwei praktische Lösungen: Wenn Sie mehrere Stöcke haben, und insbesondere wenn Ihre Stöcke weit entfernt liegen, ist es am einfachsten, alle Bienen in verschiedene andere Stöcke abzuschütteln und alle Waben in die anderen Stöcke zu geben. Für einen abgelegenen oder kleinen

Stock finde ich das die beste Lösung. Sie verlieren nicht viel Zeit und Geld bei dem Versuch, den Stock mit einer neuen Königin zu besetzen, die sowieso zurückgewiesen wird. Mit dieser Methode haben Sie den geringsten Aufwand und recht sichere Ergebnisse.

Wenn Sie den Stock nicht verlieren wollen, dann können Sie ein paar Wochen nach dem Abschütteln ein paar Rahmen aus jedem Stock entnehmen und Brut aus mehreren Stöcken zusammensuchen. Mit einem Rahmen offener Brut und schlüpfender Brut und einem Rahmen voller Honig und Pollen aus jedem Stock haben Sie genug Material zusammen.

Am erfolgreichsten, aber mit mehreren Besuchen am Bienenstand verbunden: Geben Sie ihnen offene Brut

Die einzige andere praktische Methode besteht darin, jede Woche einen neuen Rahmen mit offener Brut in den Stock zu geben, bis die Bienen eine Königin heranziehen.

Normalerweise werden die Bienen beim zweiten oder dritten Rahmen offener Brut anfangen, Königinnenzellen zu bauen. Das ist recht einfach, wenn Sie den Stand in Ihrem Garten hinter dem Haus stehen haben, aber wenn er 20 km entfernt ist, wird es mühsamer.

Andere weniger erfolgreiche oder aufwändigere Methoden

Ich würde es mit einer der oben genannten Methoden probieren, aber falls Sie wissen möchten, was ich sonst noch probiert habe, beschreibe ich im Folgenden andere Dinge, die manchmal funktioniert haben. Manche sind einfach nur Variationen derselben Grundmethode.

1) Wenn Sie mehrere schwache Stöcke haben, in denen es legende Arbeiter gibt, aber wenigstens einen starken Stock, in dem es eine Königin gibt, dann geben Sie alle Stöcke mit legenden Arbeitern auf den starken Stock mit der Königin. Die Verwirrung, die zwischen den Stöcken einsetzt, wird normalerweise dazu führen, dass Sie einen starken Stock mit Königin als Ergebnis erhalten.

2) Wenn Sie einen Stock mit Königin auf eine Seite eines Doppelschirms stellen und einen Stock mit legenden Arbeitern auf die andere, dann werden die Brutpheromone die legenden Arbeiter für zwei bis drei Wochen unterdrücken, sodass Sie dann eine neue Königin in den Stock einführen können.

3) Geben Sie Königinnenzellen in den Stock (entweder in einem Rahmen aus einem Stock, der versucht, seine Königin auszuwechseln, aus einem Schwarm, oder aus Ihrer Königinnenzucht). Manchmal lassen die Bienen doch zu, dass eine Königin schlüpft. Manchmal werden sie die Zellen aber auch zerstören.

4) Setzen Sie eine jungfräuliche Königin ein. Beräuchern Sie den Stock ordentlich und geben Sie die Königin hinein. Manchmal wird sie von den Bienen angenommen, manchmal nicht.

5) Geben Sie einen Rahmen schlüpfender Brut mit einer Königin in einem Käfig in den Stock, in dem Sie legende Arbeiter haben. Wenn die Bienen aufgehört haben, den Käfig zu beißen und die Wächterbienen zu töten, dann können Sie die Königin freilassen. Das funktioniert normalerweise, aber manchmal werden die Bienen die Königin trotzdem töten.

Weitere Informationen zu legenden Arbeiterbienen
Brutpheromone
Die Pheromone aus offener Brut unterdrücken die Entwicklung von legenden Arbeiterbienen, aber das funktioniert nicht immer. Auf jeden Fall ist es nicht das Königinnenpheromon, das diese Wirkung entwickelt, wie es noch in älterer Literatur behauptet wird.

Zum Beispiel Seite 11 aus "Wisdom of the hive":

"das Königinnenpheromon ist weder notwendig noch ausreichend, um die Entwicklung von Eierstöcken bei Arbeiterbienen zu unterdrücken. Stattdessen hält es die Arbeiter davon ab, zusätzliche Königinnen heranzuziehen.
Inzwischen ist klar, dass das Pheromon, dass die Arbeiter dazu anregt, keine Eier zu legen, aus der Brut stammt und nicht von der Königin (siehe

auch Seeling 1985; Willis, Winston, und Slessor 1990)."

Es gibt immer mehrere legende Arbeiterbienen, sogar in einem Stock mit Königin

„Anarchistische Bienen" gibt es immer, aber normalerweise in so kleiner Anzahl, dass sie kein Problem darstellen oder einfach von den anderen Arbeitern unter Kontrolle gehalten werden können, es sei denn, es werden Drohnen im Stock benötigt. Solange die Entwicklung der Eierstöcke unterdrückt wird, bleibt die Zahl legender Bienen gering.

Seite 9 aus "The Wisdom of the Hive"

"Allen Studien zufolge haben weniger als 1% aller Arbeiterbienen ausreichend entwickelte Eierstöcke, um Eier zu legen (Ratnieks 1993; auch Visscher 1995a). Ratnieks hat zum Beispiel 10 634 Arbeiter aus 21 Stöcken seziert, und herausgefunden, dass nur 7 mäßig entwickelte Eier legten (halb so groß wie ein normales Ei) und dass nur eine ein voll entwickeltes Ei im Körper hatte."

Wenn Sie berechnen, dass in einem durchschnittlichen starken Stock über 100 000 Bienen leben, dann kommen Sie auf etwa 70 legende Arbeiterbienen. In einem Stock, der Probleme mit legenden Arbeitern hat, liegt diese Zahl natürlich deutlich höher.

Mehr als nur Bienen

Eine Honigbienenkolonie besteht aus mehr als nur aus Bienen. Es gibt ein ganzes Ökosystem, das von mikroskopisch kleinen bis zu recht großen Lebensformen reicht, weil es viele symbiotische und gute Beziehungen in einer Bienenkolonie gibt. Diese Beziehungen schaffen es oft, krankheitserregende Organismen aus dem Stock zu verdrängen.

Makro- und Mikrofauna

Es gibt zum Beispiel mehr als 32 Milbenarten, die harmonisch mit den Bienen zusammenleben. Wenn die Milben am Leben gelassen werden (anstatt sie mit Akariziden zu töten), dann werden sie von anderen Insekten, die im Stock leben, wie dem Pseudoskorpion, der schädliche Milben frisst, gefressen.

Eine Untersuchung wilder Stöcke hat gezeigt, dass sich gerade im makroskopischen Bereich viele Lebensformen finden, wie Milben, Käfer, Wachswürmer, Ameisen und Schaben.

Mikroflora

Auch die Mikroflora in einem Bienenstock ist vielseitig, von Pilzen über Bakterien hin bis zu Hefen. Viele davon sind notwendig für die Verdauung von Pollen oder den Erhalt eines gesunden Verdauungstrakts der Bienen, indem Krankheitserreger verdrängt werden, die andernfalls den Stock überlasten würden. Scheinbar gutartige und selbst leicht schädliche Erreger haben oft einen Nutzen, indem sie anstelle von tödlichen Erregern agieren.

Viele der Gattung Lactobacillus werden gebraucht, um Pollen verdauen zu können; viele der Bifidobakterien und der Gluconacetobacter sind nützlich, um Nosema und andere Krankheitserreger zu vertreiben und sie tragen vermutlich auch zur Verdauung bei.

Krankheitserreger?

Sogar scheinbar krankheitserregende Organismen, wie der Aspergillus fumigatus, der Steinbrut verursacht, ersetzen noch schlimmere Krankheitserreger, wie in diesem Fall Nosemaseuche, oder im Falle von Ascosphaera apis, der Kalkbrut verursacht, aber der Europäischen Faulbrut vorbeugt.

Das Gleichgewicht durcheinander bringen

Wie sehr bringen wir das Gleichgewicht dieses vielseitigen Ökosystems durcheinander, wenn wir anti-bakterielle Substanzen wie Tylan oder Terramycin oder Pilzbekämpfungsmittel wie Fumidil einsetzen? Selbst ätherische Öle und organische Säuren haben einen antibakteriellen und pilzbekämpfenden Effekt. Und dann töten wir zusätzliche noch viele Milben und Insekten mit Akariziden.

Nachdem wir dann dieses komplexe Gebilde völlig durcheinander gebracht haben, ohne Rücksicht darauf, dass wir das Wachs verschmutzen, das wir weiter benutzen und als Kunstwaben wieder in den Stock geben, sind wir überrascht zu sehen, dass unsere Bienen sich nicht gut entwickeln. Unter diesen Umständen sollten wir eher überrascht sein, dass sie überhaupt noch am Leben sind!

Weiterführende Info

Suchen Sie Im Internet unter folgenden Begriffen und schauen Sie sich die Ergebnisse an:

Bienen Mikroflora (8 290 Treffer)

Bienen "symbiotische Milben" (42 500 Treffer)

Bienen symbiotische Bakterien (6 420 Treffer)

Hier finden Sie weitere Begriffe und Gruppen, die Sie auch suchen können:

Bifidobacterium animalis

Bifidobacterium asteroides

Bifidobacterium coryneforme

Bifidobacterium cuniculi

Bifidobacterium globosum

Lactobacillus plantarum

Bartonella sp.

Gluconacetobacter sp.

Simonsiella sp.

Bienenmathematik

Die Zahlen des Lebenszyklus von Bienen scheinen unwichtig zu sein, aber lassen Sie uns darüber sprechen, wozu sie nützlich sein können.

Kaste	Bruttage	Verdeckelung	Schlüpfen		
Königin	$3^1/_2$	8 +/-1	16 +/-1	Legen	28 +/-5
Arbeiter	$3^1/_2$	9 +/-1	20 +/-1	Sammeln	42 +/-7
Drohne	$3^1/_2$	10 +/-1	24 +/-1	Flug z.Sammelpl.	38+/-5

Wenn Sie Eier finden, aber keine Königin sehen, fragen Sie sich: wann habe ich zum letzten Mal die Königin gesehen? Wenn es Eier gibt, dann gab es zumindest vor drei Tagen noch eine Königin und das Wahrscheinlichste ist, dass sie immer noch da ist.

Wenn Sie offene Brut und Larven finden, die frisch geschlüpft sind, hatten Sie vor vier Tagen noch eine Königin.

Wenn Sie ein Königinnengitter zwischen zwei Kästen stellen und vier Tage später wieder nachschauen und dabei Eier auf einer Seite finden, aber nicht auf der anderen Seite, dann wissen Sie, dass sich die Königin auf der Seite befindet, wo die Eier sind.

Wenn Sie geschlossene Königinnenzellen sehen: wie lange brauchen sie wohl, bis sie sicher geschlüpft sind? 9 Tage, aber eher 8.

Wenn Sie eine Königin verloren oder getötet haben, wie lange dauert es dann, bis Sie eine neue legende Königin haben werden? Etwa 24 bis 31 Tage, weil die Bienen mit einer gerade geschlüpften Larve mit der Aufzucht beginnen werden.

Wenn Sie mit Larven beginnen: wann müssen Sie die Larven in einen Ablegerkasten umsiedeln? Nach 10 Tagen (14 Tage ab dem Moment, in dem das Ei gelegt wurde).

Wenn Sie die Königin einschränken, wie lange dauert es, bevor sich die Larven umlarven? Vier Tage, weil manche am dritten Tag noch nicht geschlüpft sein werden.

Wenn Sie die Königin einschränken, um Larven zu bekommen, wie lange dauert es, bis Sie eine neue legende Königin haben? 28 bis 35 Tage.

Wenn eine Königin getötet wird und die Bienen eine neue heranziehen, wie viel Brut wird noch im Stock übrig sein, wenn die neue Königin anfängt zu legen? Gar keine, weil die neue Königin 24 bis 31 Tage braucht (aus einer vier Tage alten Larve herangezogen) bis sie legt und innerhalb von 21 Tagen werden alle Arbeiter geschlüpft sein und in 24 Tagen alle Drohneneier.

Wenn die Königin heute beginnt, zu legen, wie lange dauert es dann, bis diese Bienen Honig sammeln werden? Etwa 42 Tage.

Sie sehen, dass es hilfreich ist, zu wissen, wie lange die verschiedenen Prozesse dauern.

Manchmal müssen Sie die Rechnung einfach für den besten und für den schlechtesten Fall aufstellen. So ist zum Beispiel eine nicht gedeckelte Königinnenzelle mit einer Larve zwischen vier und acht Tagen alt (ab dem Ei). Eine gedeckelte Zelle ist zwischen acht und 16 Tagen alt. Wenn Sie sich die Zellspitze anschauen, erkennen Sie, ob die Zelle gerade gedeckelt wurde (weich und weiß) oder ob sie kurz vor dem Schlüpfen ist (braun und papierartig und oft von den Arbeitern bis auf den Kokon runtergeputzt). Eine weiche weiße Königinnenzelle ist zwischen acht und 12 Tage alt, eine papierartige zwischen 13 und 16 Tage. Die Königin schlüpft am sechzehnten Tag (am fünfzehnten, wenn es draußen heiß ist). Für gewöhnlich wird sie nach zwanzig Tagen legen. Wenn Sie nicht sicher sind, ob die Bienen eine Königin haben oder nicht, lesen Sie im ersten Band im Kapitel „Die Abkürzung" nach.

Bienenrassen

Italienisch

Apis mellifera ligustica. Die bekannteste Bienenrasse in Nordamerika. Wie alle kommerziellen Bienen sind sie sanft und produzieren gut. Sie brauchen weniger Propolis als manche dunklen Bienen. Sie haben normalerweise gelbe bis braune Streifen auf ihrem Abdomen. Ihr größter Nachteil ist, dass sie zum Rauben und Sich Verfliegen neigen. Die meisten (wie bei allen Königinnen) werden im Süden gezüchtet und herangezogen, aber man findet auch im Norden einige Züchter.

Starline

Sie sind einfach nur hybride Italienische Bienen. Zwei Stränge von Italienischen Bienen werden getrennt gehalten und ihre Hybriden werden zur Königin der Starline-Bienen. Sie sind fruchtbar und produktiv, aber die nachfolgenden Königinnen (egal ob durch Ersetzung, Schlüpfen oder einen Schwarm gewonnen) sind eher enttäuschend. Wenn Sie jedes Jahr eine neue Starline-Königin kaufen, um die vorherige auszutauschen, werden Sie damit gute Ergebnisse erzielen. Aber leider weiß ich nicht, wo sie noch zu erhalten sind. Früher bekam man sie aus York und vorher aus Dadant.

Cordovan

Sie sind Teil der Italienischen Bienen. Theoretisch können Cordovan-Bienen in jeder Zucht enthalten sein, weil sie sich nur in der Farbe unterscheiden. Aber diejenigen, die ich gesehen habe und die es in Nordamerika zu kaufen gibt, sind alle Italienische Bienen.

Sie sind etwas sanfter, haben etwas mehr Hang zum Rauben und sehen interessant aus. Sie haben überhaupt keine schwarze Farbe und sehen auf den ersten Blick sehr gelb aus. Wenn Sie genau hinsehen, merken Sie, dass Italienische Bienen normalerweise schwarze Beine und einen schwarzen Kopf haben, aber diese hier haben lila-braune Beine und auch einen lila-braunen Kopf.

Kaukasisch

Apis mellifera caucasica. Sie sind silber-grau bis dunkelbraun. Sie produzieren viel Propolis, der eher klebrig als hart ist. Diese Bienen bauen ein wenig langsamer als Italienische Bienen. Sie stehen außerdem in dem Ruf, sanfter zu sein und weniger Hang zum Rauben zu haben. Theoretisch sind sie etwas weniger produktiv als Italienische Bienen, aber ich denke, dass sie im Durchschnitt genauso produktiv sind, aber dadurch, dass sie weniger rauben, bekommen Sie weniger von starken Nachbarstöcken ab.

Carnica

Apis mellifera carnica. Sie sind dunkelbraun bis schwarz. Sie fliegen in etwas kühlerem Wetter und sind besser geeignet für nördliches Klima. Sie haben zwar den Ruf, weniger produktiv zu sein als Italienische Bienen, aber ich kann das nicht bestätigen. Die Carnica-Bienen, die ich hatte, waren sehr produktiv und sehr fruchtbar. Sie überwintern in kleinen Trauben und stoppen die Brutzucht, wenn es Nahrungsmangel gibt.

Midnite

Sie stehen in ähnlichem Verhältnis zu den Kaukasischen Bienen, wie die Starline-Bienen zu den Italienischen. Zunächst gab es zwei Linien Kaukasischer Bienen, die für eine F1-Kreuzung benutzt wurden. Später, als die beiden Linien nur schwer auseinander zu halten waren, wurde die Carnica-Linie mit einer Kaukasischen Linie gekreuzt. Dadurch bekamen die Bienen diese hybride Stärke, die aber in der folgeneden Königinnen-Generation wieder verschwunden ist. Sie wurden in York und vorher in Dadant verkauft, aber ich weiß nicht, wo sie heute noch erhältlich sind.

Russisch

Apis mellifera acervorum oder carpatica oder caucasica oder carnica. Manche behaupten sogar, dass sie mit Apis ceranae gekreuzt sind (sehr zweifelhaft). Sie stammen aus der russischen Primorsky-Region und wurden dazu benutzt, die Milbenresistenz zu erhöhen, weil sie trotz Milben gut überleben konnten. Sie verhalten sich etwas defensiv, aber in eigenartiger Weise. Sie stoßen viel mit dem Kopf, stechen aber nicht mehr als andere Bienen. Jede erste Kreuzungs-Generation, egal welcher Rasse, kann bösartig sein und diese Bienen sind da keine Ausnahme. Sie sind gute Wächter, aber normalerweise nicht hektisch (sie rennen also nicht wild in den Waben umher, sodass Sie die Königin nicht finden oder andere Arbeiten im Stock nicht verrichten können). Im Bezug auf ihr Produktions- und Schwarmverhalten sind sie nicht so vorhersehbar. Sie sind ähnlich genügsam wie Carnica-Bienen. Sie wurden im Juni 1997 vom US-Landwirtschaftsministerium in die USA gebracht, auf einer Insel in Louisiana geprüft und dann ab 1999 in anderen Bundesstaaten getestet. Ab 2000 wurden sie zum allgemeinen Verkauf freigegeben.

Buckfast

Sie sind eine Mischung aus verschiedenen Bienen von Bruder Adam und Buckfast Abbey. Ich hatte sie über mehrere Jahre, sie waren sehr sanft. Sie bauten im Frühjahr sehr schnell auf, hatten sehr gute Ernten und bauten im Herbst ihre Bevölkerung ab. Was das Rauben angeht, sind sie genauso wie Italienische Bienen. Sie sind resistent gegen Tracheenmilben und genügsamer als Italienische Bienen, aber nicht so genügsam wie Carnica-Bienen.

Deutsche oder englische Wildbienen

Apis mellifera mellifera. Ursprünglich wilde Bienen aus England oder Deutschland. Sie teilen einige Eigenschaften mit anderen dunklen Bienen und kommen gut in feuchten, kalten Klimagebieten zurecht. Sie haben eine Tendenz dazu, etwas hektisch durcheinander zu laufen und Schwärme zu bilden, aber sie scheinen sich gut an nördliches Klima anpassen zu können. Einige, die hier in den USA erhältlich waren, waren vom Temperament her nur schwer zu kontrollieren, vermutlich deshalb, weil sie mit Italienischen Bienen gekreuzt wurden.

LUS

Kleine schwarze Bienen, die den Carnica-Bienen und Iitalienischen Bienen im Bezug auf Produktion und Temperament ähnlich sind, aber gegen Milben resistent sind und bei denen legende Arbeiter eine neue Königin heranziehen können. Diese Fähigkeit heißt Thelytoky. Hierzu hat das US-Landwirtschaftsministerium verschiedene Studien in den 1980er und 90er Jahren erstellt.

Afrikanisierte Honigbienen (AHB)

Ich habe gehört, dass diese Bienen auch Apis mellifera scutelata genannt werden, aber Scutelata sind Afrikanische Bienen vom Kap. Dr. Kerr, der sie gezüchtet hat, dachte, dass es sich um Adansonii handelt. AHB sind eine Mischung aus Afrikanischen Bienen (Scutelata) und italienischen Bienen. Sie wurden gezüchtet, um die Bienenproduktion anzuregen. Das Ministerium hat sie in Baton Rouge aus einem Stamm gezüchtet, der von Kerr zwischen Juli 1942 und 1961 herangezogen wurde.

Aus den Berichten, die ich gelesen habe, geht hervor, dass das Ministerium rund 1 500 Königinnen pro Jahr zwischen 1949 bis 1961 in die USA eingeführt hat. Die Brasilianer haben auch mit dieser Art von Bienen experimentiert und die Einfuhr der Bienen wurde eine Zeitlang von den Nachrichten verfolgt. Einige sind sehr produktiv, aber auch sehr defensiv. Wenn Sie einen sehr agressiven Stock haben, und Sie denken, dass es sich um AHB handeln könnte, dann sollten Sie die Königin austauschen. Aggressive Bienen in einer Umgebung zu halten, in der sie Menschen verletzen könnten, ist einfach verantwortungslos. Deshalb sollten Sie die Königin austauschen, damit niemand (auch Sie nicht) verletzt wird.

Bienen umsiedeln

Stöcke um 3 Meter bewegen

Wenn Sie Ihren Stock um 3 Meter versetzen wollen, setzen Sie die Kästen einfach auf ein Rollbrett und setzen Sie den Stock am neuen Standort wieder zusammen. Beim Abbau und Wiederaufbau sollten die Kästen dieselbe Reihenfolge haben.

Stöcke um 3 Kilometer bewegen

Wenn Sie Ihre Stöcke um 3 Kilometer oder mehr versetzen wollen, dann müssen Sie den Stock für den Transport ordentlich verschnüren und verladen. Ich mache das normalerweise selber, deshalb werde ich beschreiben, wie ich es mache.

Ich wähle einen Zeitpunkt, wenn die Bienen fliegen. Zunächst stelle ich mein Transportmittel so nah wie möglich an den Stock. Am besten direkt dahinter. Ich habe einen kleinen Laster, den ich nutze, aber ein Pickup würde es auch tun. Ich lege ein Bodenbrett in den Lastwagen, dahin, wo ich den Stock hinstellen will. Ich lege einen Gurt unter, damit ich später den Stock damit befestigen kann. Sie können die Gurte in Baugeschäften kaufen, aber auch in Bienenzubehör-Geschäften. Ich stelle die Kästen auf das Bodenbrett, in der Reihenfolge, in der ich sie abnehme. So bleiben sie im Laster in umgekehrter Reihenfolge und beim Wiederaufbau kommen sie automatisch wieder in die richtige Reihenfolge. Wenn Sie alle Kästen aufgeladen haben, sollten Sie sie zusammennageln. Es gibt Heftklammern von 5 cm Länge, die Sie benutzen können, oder Sie nehmen kleine Blöcke Sperrholz (5cm x5cm) und nageln Sie als Verbundstücke zwischen die Kästen. Bedecken Sie den Eingang mit #8-Maschendraht, das sollte ausreichen, um die Bienen im Stock zu halten. Lassen Sie den Eingang offen, bis Sie abfahrbereit sind.

Schnüren Sie alles gut zusammen und befestigen Sie den Stock so gut Sie können; Sie können auch leere Kästen ringsherum stellen, um den Stock zu stabilisieren, damit er in den Kurven nicht umfallen kann.

Der nächste Schritt hängt von Ihrer Situation ab. Wenn Sie an diesem Standort noch andere Stöcke haben und die Stöcke, die Sie fortbewegen wollen, auf ein paar Sammelbienen verzichten können, dann können Sie die Stöcke einfach forttransportieren. Die Sammelbienen, die vom Feld zurückkommen, können in den verbleibenden Stöcken unterkommen. Wenn Sie aber nur einen Stock haben, oder sehr besorgt sind, die ausgeflogenen Bienen zu verlieren, dann warten Sie, bis es dunkel ist, bevor Sie den Stock verschließen und wegfahren.

Wenn Sie am neuen Standort bei Tageslicht ankommen, dann legen Sie ein Bodenbrett an den neuen Standort und laden den Stock Kasten für Kasten aus, nachdem Sie die Heftklammern oder Sperrholzverbindungen entfernt haben. Wenn es dunkel ist, sollten Sie bis zum Tagesanbruch warten.

Stecken Sie einen Zweig in den Eingang, damit jede Biene, die ausfliegt, ihn bemerkt. Ein grüner Spross mit ein paar Blättern eignet sich gut, damit die Bienen durch die Blätter hindurchfliegen müssen. Durch die Blätter werden die Bienen gezwungen, langsamer zu fliegen und ihre Umgebung bewusster wahrzunehmen. Dieser Trick ist hilfreich, unabhängig davon wie weit Sie den Stock von seinem ursprünglichen Standort fortbewegt haben.

Sie können aber auch ein Brett (wie Dadant in „The Hive and the Honey Bee" empfiehlt) oder Grashalme in den Eingang stecken.

> *"Bienen, die weniger als 2,5 km umgesiedelt wurden, werden zahlreich an ihren alten Standort zurückkehren. Das kann verhindert werden, indem Sie Gras oder Strohhalme in den Eingang stecken, um die Bienen dazu zu bringen, die Veränderung um sie herum zu bemerken, wenn sie das erste Mal am neuen Standort aus dem Stock herausfliegen" —The How-To-Do-It book of Beekeeping, Richard Taylor*

Mehr als 30 cm und weniger als 3 km

Es handelt sich um ein sehr kontroverses Thema: einem alten Spruch nach sollten Sie einen Stock entweder 30 cm oder 3 km weit weg bewegen. Ich muss meine Stöcke oft um etwa 100 Meter bewegen, aber bislang war das kein Problem. Ich bewege meine Stöcke so wenig wie möglich, weil jede Bewegung, auch wenn sie nur um 3 Meter ist, den Stock für einen ganzen Tag lahmlegt. Aber wenn es nötig ist, dann bewege ich die Stöcke. Was ich im Folgenden beschreibe, habe ich mir nicht alles selbst ausgedacht, aber Vieles habe ich so angepasst, wie es für mich praktischer ist:

Viele Details, die mir vielleicht als offensichtlich erscheinen, ergeben sich womöglich für einen Anfänger nicht so einfach von selbst. Deshalb habe ich detailliert beschrieben, wie ich normalerweise meine Stöcke bewege. Ich gehe bei dieser Beschreibung davon aus, dass der Stock zu schwer ist, um ihn komplett zu bewegen oder dass ich keine Unterstützung dafür finde. Aber wenn Sie Hilfe haben und den Stock einfach anheben können, dann blockieren Sie einfach den Eingang, bewegen Sie den Stock nach Einbruch der Dunkelheit und stecken Sie einen Zweig in den Eingang. Jedes Mal, wenn ich darüber rede, zitiert jemand die „3 Meter oder 3 Kilometer-Regel" und sagt, dass alles andere nicht funktioniert, oder dass man sonst alle Bienen verliert. Ich habe meine Stöcke schon unzählige Male so bewegt, ohne viele Bienen zu verlieren, und ohne dass sich eine Traube von Bienen in der nächsten Nacht am alten Stock zusammengefunden hätte.

Stöcke bis zu 100 Meter allein transportieren
Konzepte
Neuorientierung

Wenn Bienen aus dem Stock fliegen, dann schenken sie normalerweise ihrem Umfeld keine Aufmerksamkeit. Sie wissen, wo sie leben und denken beim Ausfliegen nicht jedes Mal darüber nach. Beim Rückflug halten sie Ausschau nach vertrauten Landschaften, an denen sie sich orientieren. Wenn sie als junge Bienen zum ersten Mal den Stock verlassen, dann orientieren sie sich. Unter gewissen Umständen orientieren sie sich auch später noch neu. Zum Beispiel nach langem Eingesperrtsein. Jedes Eingesperrtsein wird dazu führen, dass sich einige Bienen neu orientieren. Nach 72 Stunden wird sich der größte Teil der Bienen bereits hinterher neu orientieren. Nach noch längerer Zeit ist kein Unterschied festzustellen. Auch ein Hindernis am Ausgang führt zu einer Neuorientierung. Züchter stopfen manchmal Gras in den Ausgang. In dem Moment, in dem der Ausgang wieder freigegeben wird, orientieren sich die Bienen neu. Ein Hindernis am Ausgang, das die Bienen dazu bringt, einen anderen Ausgang zu suchen, wird sie dazu bringen, sich neu zu orientieren. Ein Zweig oder ein Brett am Ausgang wird die Bienen dazu veranlassen, um das Hindernis herumzufliegen und zwingt sie dazu, ihr Umfeld aufmerksam wahrzunehmen. Veraltete Züchter würden den Stock einmal richtig durchschütteln, um den Bienen das Signal zu geben, dass etwas passiert ist und sie aufmerksamer sein müssen.

Autopilot

Wenn Bienen zum Stock zurückfliegen, sind sie normalerweise auf „Autopilot" eingestellt. So ähnlich wie wenn Sie von der Arbeit nach Hause fahren. Sie denken nicht darüber nach, wo Sie abbiegen müssen, Sie biegen einfach ab. Wenn die Bienen sich nicht neu orientiert haben, dann werden sie sich an vertrauten Landstrichen orientieren und so zum alten Standort zurückkehren. Wenn Sie sich neu orientiert haben, werden sie zwar trotzdem noch zum alten Standort fliegen, aber wenn sie ihren Stock dort nicht mehr vorfinden, werden sie sich erinnern, wie sie an diesem Tag aus dem Stock herausgeflogen sind und sich an den richtigen Weg erinnern.

Einen neuen Stock finden

Gehen wir davon aus, dass die Bienen sich nicht neu orientiert haben und nun herausfinden müssen, wo der neue Stock steht: die Bienen werden in immer größer werdenden Spiralen umherfliegen, bis sie den Stock riechen können. Dabei ist es wahrscheinlich, dass sie in den ersten Stock fliegen, den sie riechen können. Wie lange sie brauchen, um den neuen Standort zu finden, hängt von dessen Entfernung ab. Mit anderen Worten: wenn der neue Stock doppelt so weit entfernt ist, werden die Bienen viermal länger brauchen, um ihn zu finden.

Wetter

Sie sollten bedenken, dass kaltes Wetter die Dinge sehr widersprüchlich beeinflussen kann. Einerseits ist es sehr wahrscheinlich, dass sich die Bienen neu orientieren, wenn sie 72 Stunden lang eingesperrt gewesen sind und Sie sie währenddessen bewegt haben. Falls die Bienen doch zum alten Standort zurückgeflogen sind, müssen sie anderseits zum Stock zurückfinden, bevor es zu kalt wird und sie erfrieren.

Einen Kasten zurücklassen

Einen Kasten am alten Standort zurückzulassen, ist kompliziert. Wenn Sie von Anfang an einen Kasten am alten Standort zurücklassen, dann werden einfach alle Bienen dorthin zurückkehren und auch dort bleiben. Wenn Sie nichts am alten Standort zurücklassen, dann werden die Bienen versuchen, den neuen Standort zu finden, aber ein paar könnten trotzdem am alten Standort hängenbleiben. Wenn Sie bis kurz vor Einbruch der Dunkelheit warten und dann einen Kasten an den alten Standort stellen, regen Sie die Bienen trotzdem noch dazu an, den neuen Standort zu finden, aber Sie geben ihnen auch eine Unterkunft, falls sie es nicht schaffen. Sie können diesen Kasten dann einfach mit zum Stock nehmen, und, wenn das Wetter warm genug ist, ihn neben den Stock stellen. Bei kaltem Wetter sollten Sie diesen Kasten besser ganz oben auf den Stock stellen, obwohl das im Dunkeln nicht gerade praktisch ist.

Material:
- Ein zweites Bodenbrett. Wenn Sie keines haben, dann nehmen Sie einfach ein Brett, das groß genug ist, um den Stock darauf zu stellen.

- Ein drittes Bodenbrett.

- Eine Stoffabdeckung kann nützlich sein, ist aber nicht unbedingt nötig. Wenn Sie keine zur Hand haben, dann nehmen Sie einfach ein großes Brett, mit dem Sie den Stock abdecken können.

- Zweite Abdeckung. Wenn Sie keine haben, dann benutzen Sie einfach ein Brett, um den Stock von oben zuzudecken.

- Rauchapparat

- Schleier

- Handschuhe (optional aber nützlich)

- Schutzanzug (optional aber nützlich)

- Einen Zweig, den Sie in den Eingang stecken können, um den Ausflug der Bienen aus dem Stock zu verlangsamen

Methode
Ziehen so viel Schutzkleidung an, wie Sie brauchen, um sich wohl zu fühlen. Bedenken Sie dabei, dass wir keine Rahmen anfassen werden, deshalb sind Handschuhe in diesem Fall nicht hinderlich.

Wenn Sie normalerweise eine Rauchwolke in den Eingang blasen, dann heben Sie den Deckel ab und pusten Sie Rauch in die Innenverkleidung (es sei denn, Sie haben keine).

Danach gebe ich für gewöhnlich vier bis fünf ordentliche Puster in den Eingang und warte etwa eine Minute. Dann wiederhole ich das Ganze, warte wieder und wiederhole es solange, bis ich sehe, dass weißer Rauch aus dem Stockdach steigt. Das ist viel mehr Rauch als ich sonst in den Stock puste, aber dadurch, dass wir den Stock zweimal umherbewegen, ist es wichtig, dass meine Bienen für längere Zeit ruhig bleiben. Wenn Ihre Bienen zwischendurch böse werden oder Sie einen besonders starken Stock bewegen wollen, können Sie auch zwischendurch hin und wieder etwas räuchern.

Warten Sie dann etwa drei Minuten, bevor Sie den Stock öffnen.

Legen Sie das zweite Bodenbrett neben den Stock. Nehmen Sie den obersten Kasten zusammen mit dem Deckel ab und stellen Sie ihn auf das Bodenbrett. Nehmen Sie dann den Deckel ab und stellen Sie Stück für Stück die folgenden Kästen aufeinander, bis Sie ganz unten angekommen sind. Sie brauchen den letzten Kasten nicht umzuschichten, weil er zuerst bewegt wird.

Ihre Kästen stehen nun in genau umgedrehter Reihenfolge, und wenn Sie sie am neuen Standort wieder abladen, kommen sie automatisch in die ursprüngliche Reihenfolge zurück.

Legen Sie den Deckel auf den obersten Kasten, um die Bienen ruhig zu halten und legen Sie auch einen Deckel auf den letzten Brutkasten, damit Ihnen die Bienen nicht ins Gesicht fliegen. Tragen Sie den letzten Brutkasten zusammen mit dem Deckel und dem Bodenbrett an den neuen Standort.

Stecken Sie den Zweig in den Eingang, damit die Bienen beim Herausfliegen durch ihn durch kommen müssen. Der Zweig muss nicht so dicht mit Blättern gefüllt sein, dass die Bienen nicht mehr herausgelangen können, es reicht, dass sie ihn auf jeden Fall bemerken. Dadurch werden sie dazu gebracht, sich zu reorientieren, wenn sie aus dem Stock fliegen. Wenn Sie sie beobachten, werden Sie sehen, wie die Bienen den Stock in Kreisen umfliegen werden, wobei die Kreise immer größer werden, bis die Bienen den Stock in ihre geistige Landkarte eingeordnet haben. Wenn sie den Stock an einen Ort bewegt haben, der den Bienen schon vorher bekannt war, geschieht diese Neuorientierung recht schnell.

Wenn sie eine Stoffabdeckung benutzen wollen, legen Sie sie über den Brutkasten, nehmen Sie aber vorher den Deckel ab. Das hilft den Bienen, ruhig zu bleiben, aber Sie müssen später die Abdeckung abnehmen, während Sie den Kasten halten. Deshalb mag ich Stoff lieber als andere Abdeckungen.

Nehmen Sie den Deckel mit zurück an den alten Standort. Nehmen Sie den obersten Kasten und Deckel ab und stellen Sie ihn auf das dritte Bodenbrett. Legen Sie dann den Deckel, den Sie mit zurückgebracht haben, auf den Kastenstapel. So haben Sie immer einen Deckel auf den Kästen und einen Deckel auf dem Kasten, den Sie gerade transportieren. Dadurch bleiben die Bienen ruhig. Vielleicht denken Sie, dass der Boden ja trotzdem unbedeckt ist, während Sie den Kasten bewegen. Das ist zwar richtig, aber die Bienen bewegen sich nicht nach unten, wenn sie geschubst werden, sondern sie bewegen sich immer nach oben. Trotzdem würde ich keine kurzen Hosen anziehen, wenn ich Kästen umhertrage.

Tragen Sie den zweiten Kasten zum neuen Standort und ziehen Sie den Stoff ab (wenn Sie welchen benutzt haben), während Sie den Kasten noch tragen, dann stellen Sie den Kasten ab. Nehmen Sie den Deckel ab und legen Sie stattdessen den Stoff auf den Kasten.

Gehen Sie mit dem Deckel zum alten Standort zurück und wiederholen Sie den Vorgang, bis alle Kästen am neuen Standort sind.

Am alten Standort sollte nichts zurückbleiben, was die Bienen an ihr altes Zuhause erinnert. Wenn es schon fast dunkel ist, bringen Sie den letzten Kasten zusammen mit Deckel und Bodenbrett zurück an den alten Standort. Verschließen Sie nach Einbruch der Dunkelheit den Eingang oder ziehen Sie den Stock aus dem Eingang und bringen Sie den Kasten zurück an den neuen Standort. Stellen Sie ihn einfach neben den Stock. Öffnen Sie dann den Eingang oder nehmen Sie den Zweig heraus. *Versuchen Sie nicht, diesen Kasten auf den Stock zu stellen, es sei denn, die Temperaturen sind sehr niedrig!* Wenn Sie noch nie im Dunkeln einen Stock geöffnet haben: schätzen Sie sich glücklich un versuchen Sie es am besten auch gar nicht. Bienen verhalten sich bei Dunkelheit sehr defensiv und werden Sie angreifen und sich an sie heften und an Ihnen herumkrabbeln, bis sie eine Stelle zum Stechen gefunden haben.

Am nächsten Morgen können Sie den Kasten dann auf den Stock stellen. Vergessen Sie nicht, jede Art von Ausrüstung vom alten Standort zu entfernen, damit sich die Bienen dort nicht zu neuen Trauben zusammenfinden.

Manche Feldbienen werden zum alten Standort zurückkehren. Wenn sie aufgepasst haben und sich beim Ausflug neu orientiert haben, dann werden sie sich daran erinnern, wo der Stock nun steht und dorthin zurückfliegen. Sonst werden sie so lange in Kreisen umherfliegen, bis sie den neuen Standort gefunden haben.

Sie können am Abend, bevor es dunkel wird, sehen, ob sich am alten Standort eine Bienentraube versammelt. Sollte dies der Fall sein, können Sie hier einfach einen Aufsatz hinstellen, in den die Bienen hineinfliegen. So können Sie sie nach Einbruch der Dunkelheit an den neuen Standort zurückbringen. Mir ist es noch nie passiert, dass ich noch am nächsten Tag Bienentrauben am alten Standort vorgefunden hätte.

Varroabehandlungen, die nicht funktionieren

Viele Züchter setzen verschiedene Behandlungen in ihren Stöcken ein, und trotzdem haben sie nicht weniger Milben. Lassen Sie uns hierzu ein paar Zahlen anschauen:

Unabhängig davon, welche Behandlung genau eingesetzt wird, möchte ich Ihnen eine ungefähre Vorstellung davon geben, was genau dabei abläuft. Die Nummern sind gerundet und unterschätzen möglicherweise die Fortpflanzung der Milben und Zahlen der Milben, die von den Bienen abgestreift werden.

Wir gehen hier von einer wöchentlichen Behandlung mit 100%iger Wirkung auf phoretische Milben aus. Wir gehen außerdem davon aus, dass sich die Hälfte der Varroa in den Zellen befindet und wir eine Gesamt-Milbenbevölkerung von 32 000 haben, dass die Milben in den Zellen in einer Woche um die Hälfte abnehmen werden und dass die Hälfte der Milben in den Zellen Nachwuchs haben wird, der schlüpft. Die Rechnung dazu sieht wie folgt aus:

100 %						
Woche	Phoretisch	Verdeckelt	Tot	Fortgepflanzt	Geschlüpft	Zurückgekommen
1	16 000	16 000	16 000	8 000	16 000*	8 000
2	8 000	16 000	8 000	8 000	16 000	8 000
3	8 000	16 000	8 000	8 000	16 000	8 000
4	8 000	16 000	8 000	8 000	16 000	8,000

* die Hälfte von 16 000 plus 8 000 Nachwuchs
Verdeckelt bezieht sich auf innerhalb von verdeckelten Zellen.
Zurückgekommen ist die Anzahl derer, die in die Zellen zurückgekehrt sind und dort verdeckelt wurden.

Gehen wir nun von einer wöchentlichen Behandlung mit 50% Effektivität bei phoretischen Milben aus, wobei alle anderen Annahmen gleich bleiben:

50%						
Woche	Phoretisch	Verdeckelt	Tot	Fortgepflanzt	Ge-schlüpft	Zurückgekommen
1	16 000	16 000	8 000	8 000	16 000	12 000
2	12 000	20 000	6 000	10 000	20 000	13 000
3	13 000	23 000	6 500	11 500	23 000	14 750
4	14 750	26 250	7 375	13 125	26 250	16 813

In der folgenden Tabelle gehen wir von 50% Effektivität in einem Stock ohne Brut aus:

50%	Ohne	Brut				
Wo-che	Phore-tisch	Ver-deckelt	Tot	Fort-gepflanzt	Ge-schlüpft	Zurückgekommen
1	32 000	N/A	16 000	N/A	N/A	N/A
2	16 000	N/A	8 000	N/A	N/A	N/A
3	8 000	N/A	4 000	N/A	N/A	N/A
4	4 000	N/A	2 000	N/A	N/A	N/A

Und auch noch die Rechnung von 100% Effektivität in einem Stock ohne Brut:

100 %	Ohne	Brut				
Woc-che	Phore-tisch	Ver-deckelt	Tot	Fort-gepflanzt	Ge-schlüpft	Zurückgekom-men
1	32 000	N/A	32 000	N/A	N/A	N/A
2	N/A	N/A	N/A	N/A	N/A	N/A
3	N/A	N/A	N/A	N/A	N/A	N/A
4	N/A	N/A	N/A	N/A	N/A	N/A

Ganz ohne Behandlung würden die Zahlen so aussehen:

0%						
Wo-che	Phore-tisch	Ver-deckelt	Tot	Fort-gepflanzt	Ge-schlüpft	Zurückgekom-men
1	16 000	16 000	N/A	8 000	16 000	16 000
2	16 000	24 000	N/A	12 000	24 000	20 000
3	20 000	32 000	N/A	16 000	32 000	26 000
4	26 000	42 000	N/A	21 000	42 000	34 000

Bei einer detaillierten mathematischen Berechnung sollten natürlich noch andere Faktoren mit in Betracht gezogen werden: verfliegen, rauben, Hygieneverhalten (Auskauen), Pflege, Jahreszeit usw. Ich wollte nur die allgemeine Funktionsweise darstellen.

Ein paar gute Königinnen

Einfache Hobby-Königinnenzucht

Diese Frage wird mir oft gestellt. Ich möchte den Vorgang so einfach wie möglich beschreiben und dabei möglichst hochwertige Königinnen erhalten.

Arbeitskraft und Ressourcen

Die Qualität der Königinnen hängt direkt davon ab, wie gut sie ernährt wird. Dies wiederum hängt davon ab, wie viele Arbeitskräfte zur Verfügung stehen, um die Larven zu füttern (Bienendichte) und wie viel Nahrung vorrätig ist.

Qualität von Nachschaffungs-Königinnen

Lassen Sie uns zunächst das Thema Nachschaffungs-Königinnen und ihre Qualität näher betrachten. In den vergangenen Jahren wurde viel darüber spekuliert. Nachdem ich die Meinungen vieler erfahrener Königinnenzüchter gelesen habe, bin ich inzwischen davon überzeugt, dass die vorherrschende Theorie, nach der die Bienen mit zu alten Larven beginnen, nicht wahr ist. Ich denke, dass Sie gute Königinnen aus Nachschaffungszellen erhalten können, wenn sichergestellt ist, dass die Bienen die Zellwände einreißen können und dass genügend Futter und Arbeitskraft zur Verfügung steht, um die Königin angemessen zu umsorgen.

Dies bedeutet, dass Sie eine gute Bienendichte brauchen (als Arbeitskraft), mit Pollen und Honig gefüllte Rahmen (als Nahrung) und Nektar und Sirup (damit die Bienen wissen, dass sie genügend Vorräte haben).

Wenn sie nun entweder neu gezogene Wachswaben und Wachskunstwaben ohne Draht oder sogar einfach nur leere Rahmen in das Brutnest geben, und dies in einer Jahreszeit geschieht, in der die Bienen eine Königin züchten wollen (etwa einen Monat nach der ersten Blüte bis zum Ende der Haupttracht), dann werden sie diese Waben schnell ausbauen und mit Eiern füllen. Vier bis fünf Tage später sollten diese Rahmen mit Larven gefüllt sein, die nicht von Kokons daran gehindert werden, die Zellwände einzureißen, um Königinnenzellen zu bauen. Wenn Sie dies mit einem starken Stock versuchen und ihm dann die Königin entnehmen und sie stattdessen mit einem Brutrahmen und einem Honigrahmen in einen Ablegerkasten geben, dann werden die Bienen im Stock sehr bald viele Königinnenzellen bauen.

Experten zum Thema Nachschaffungs-Königinnen
Jay Smith, von Better Queens

"Einige Bienenzüchter, mich inbegriffen, haben behauptet, dass die Bienen es so eilig haben, eine neue Königin heranzuziehen, dass sie Larven aussuchen, die schon zu alt sind, um sich noch zu hochwertigen Königinnen zu entwickeln. Spätere Beobachtungen haben aber gezeigt, dass diese Annahme falsch ist, und dass die Bienen das Bestmögliche aus den gegebenen Umständen machen.

"Die Königinnen, die aus der Nachschaffungsmethode entstehen, sind minderwertig, weil die Bienen die harten Wände der alten Zellen, die mit Kokons gefüllt sind, nicht einreißen können. Infolgedessen füllen die Bienen Arbeiterzellen mit Bienenmilch, um die Larven aus den Zellen herauszuspülen, damit sie dann kleine Königinnenzellen bauen können, die nach unten ausgerichtet sind. Die Larven können die Bienenmilch, die sich am Zellboden befindet, nicht trinken, wodurch sie nur schlecht ernährt werden. Wenn ein Stock aber stark genug ist, also viele Bienen hat, die gut ernährt sind und die viele neue Waben bauen, dann kann dieser Stock sehr gute Königinnen hervorbringen. Und glauben Sie mir eins: die Bienen werden nie etwas so Dummes tun wie zu alte Larven auszusuchen."—Jay Smith

C.C. Miller's Ansicht zu Nachschaffungsköniginnen

"Wenn es, wie es früher angenommen wurde, wahr wäre, dass königinnenlose Bienen in einer solchen Eile sind, eine neue Königin heranzuziehen, dass sie dafür zu alte Larven aussuchen, dann würde man weniger als neun Tage warten müssen. Eine Königin reift ab dem Moment, in dem das Ei gelegt wird, in fünfzehn Tagen heran und wird während ihrer Larvenzeit mit demselben Futter gefüttert, das einer Arbeiterlarve während der ersten drei Tage gegeben wird. Eine Arbeiterlarve, die älter als drei Tage ist (oder älter als sechs Tage nachdem das Ei gelegt wurde), wäre zu alt, um eine gute Königin zu werden. Wenn die Bienen eine Larve auswählen würden, die älter als drei Tage ist, dann würde sie in weniger als neun Tagen als Königin schlüpfen. Aber ich denke nicht, dass das schon mal jemand beobachtet hätte. Bienen bevorzugen also nicht zu alte Larven. Bienen wählen keine alten Larven aus, wenn junge Larven vorhanden sind; das konnte ich in verschiedenen Experimenten und Beobachtungen selbst bestätigen."—Fifty Years Among the Bees, C.C. Miller

Ausrüstung

Das zweite zu besprechende Thema ist die Ausrüstung. Sie können ein Begattungsvölkchen in Standardkästen mit Füllbrettern (oder Trennbrettern) einrichten, aber nur dann, wenn Sie zusätzliche Kästen und Bretter zur Verfügung haben. Der Vorteil ist, dass Sie diese in dem Maße erweitern können, wie der Stock wächst, wenn Sie die Königin nicht brauchen. Sie können auch Zwei-Rahmen-Kästen bauen oder größere Kästen in Zwei-Rahmen-Kästen umbauen (normalerweise als Königinnenschloss im Verkauf). Diese Kästen müssen dieselbe Tiefe haben wir Ihre Brutrahmen.

Methode:
Stellen Sie sicher, dass die Bienen gut ernährt sind

Füttern Sie die Bienen ein paar Tage bevor Sie beginnen, es sei denn, es gibt gerade eine sehr gute Tracht.

Nehmen Sie den Bienen die Königin

Nehmen Sie den Bienen die Königin (geben Sie neue Waben in den Stock oder nicht) und neun Tage später werden die Zellen ausgereift und verdeckelt sein. Drei Tage später schlüpfen sie.

Begattungsvölkchen gründen

Wenn Sie nicht vorhaben, die Königin in Ihrem derzeitigen Stock zu ersetzen, müsen Sie nun ein Begattungsvölkchen gründen. Das Königinnenschloss, unser Kasten mit Standardbrutrahmen, wird mit zwei Rahmen Ablegern in jedem Kasten gefüllt, aber genauso gut können Sie Füllbretter oder normale Kästen verwenden. In meinen Kästen sind alle Ablegerrahmen von mittlerer Tiefe. Die Königin, die wir aus dem Stock entnommen haben, passt gut in diesen Kasten. Nun brauchen wir in jedem Begattungsvölkchen einen Rahmen mit Brut und einen Rahmen mit Honig.

Königinnenzellen umsiedeln

Am folgenden Tag (zehn Tage nachdem Sie die Königin aus dem Stock genommen haben), schneiden Sie mit einem scharfen Messer die Königinnenzellen aus den neuen Wachswaben, die Sie in den Stock gegeben haben. Wenn Sie drahtlose Kunstwaben oder gar keine Kunstwaben verwendet haben, dann sollte es einfach sein, die Waben ohne Probleme (wie bei verdrahteten Waben oder Plastikwaben) herauszuschneiden und Sie können diese Zellen in das Begattungsvölkchen geben. Formen Sie mit Ihrem Daumen einfach eine kleine Einbuchtung und geben Sie die Zellen vorsichtig hinein. Sie können auch einfach jeden Rahmen, der Zellen hat, in das Begattungsvölkchen geben und die restlichen Zellen opfern (weil die erste Königin, die schlüpft, sie zerstören wird). Das kann hilfreich sein, wenn Sie Plastikwaben haben oder die Zellen nicht einzeln herausschneiden wollen.

Suchen Sie nach Eiern

Zwei Wochen später sollten Sie nachschauen, ob Sie Eier im Begattungsvölkchen haben. Nach spätestens drei Wochen sollten sie zu sehen sein. Lassen Sie die neue Königin den ganzen Ableger voll mit Eiern legen, bevor Sie sie in einen Stock oder einen Käfig geben geben.

Für die nächste Runde entnehmen Sie dem Begattungsvölkchen einfach die Königin einen Tag bevor Sie neue Zellen dazugeben.

Wenn Ihre Begattungsvölkchen von der Brut, die die Königin gelegt hat, gut bevölkert sind, können Sie weitere Königinnen heranziehen, indem Sie einfach einem starken Ableger seine Königin entnehmen. Auch hier hängt Ihr Erfolg von der Bienendichte und den Futtervorräten ab. Wenn sie Wachswaben haben, können Sie auch einfach die Zellen herausschneiden und sie in anderen Begattungsvölkchen nutzen. In diesem Fall sollten Sie die Völkchen einen Tag vorher einrichten oder ihnen einen Tag vorher die Königin entnehmen.

So einfach ist es, ein paar Königinnen zu züchten.

Teil III Fortgeschrittene

Genetik

Die Notwendigkeit genetischer Vielfalt

Für jede Spezie, die sich durch sexuelle Fortpflanzung vermehrt, ist die genetische Vielfalt entscheidend für ihre Gesundheit und ihren Bestand. Fehlende Vielfalt führt dazu, dass die Population gegenüber neuen Krankheiten, Schädlingen oder anderen Problemen verletzlich ist. Eine hohe Vielfalt verbessert die Chancen, die notwendigen Eigenschaften zu bilden, die zum Überleben nötig sind. Dieser Bedarf scheint mit dem Konzept der selektiven Zucht übereinzustimmen, und das tut er auch in gewissem Maße. Bei der selektiven Zucht wird ausgewählt, das bedeutet, dass Sie versuchen, diejenigen Merkmale nicht zu züchten, die Sie nicht mögen. Dies begrenzt den Genpool – wenn auch auf eine positive Art – aber es grenzt dennoch die Vielfalt immer weiter ein, weil Sie aus einer immer weniger breiten Vielfalt von Vorfahren auswählen können. Unabhängig davon, ob Sie an die Schöpfung oder an die Evolution glauben, hat die sexuelle Fortpflanzung in jedem Fall eines zum Ziel: Vielfalt. Die Königin paart sich mit nicht nur einer, sondern mit mehreren Drohnen und die Stöcke produzieren viele Drohnen, um ihre Gene draußen zu verbreiten. Selbst ein Stock, der keine Königin hat, und zum Aussterben verdammt ist, wird noch Drohnen nach draußen schicken, damit seine Gene im großen Genpool überleben. Jede Krankheit begrenzt diesen Pool nur auf diejenigen, die die Krankheit überleben können und jeder neue Schädling begrenzt den Pool nur auf die Wesen, die den Schädlingsbefall überleben.

Wir als Bienenzüchter tragen dazu bei, diesen Pool noch kleiner zu machen, indem wir eine Königin aussuchen und dann aus dieser einen Tausende von neuen Königinnen züchten. Das ist etwas, was in der Natur in dieser Form nie passiert ist. Indem wir Königinnen von ein paar Züchtern kaufen, die dasselbe machen und auf denselben begrenzten Pool zurückgreifen, schränken wir die Vielfalt noch weiter ein. Und je kleiner wir den Genpool machen, desto weniger wahrscheinlich ist es, dass sich darunter noch Gene finden, die in der Lage sind, den nächsten Angriff von Krankheiten oder Schädlingen zu überleben. Das sind schaurige Aussichten. Wir ignorieren die den Bienen eingebaute Geschlechtskontrolle durch ihre Allel-Eigenschaft, die den Erfolg von inzüchtigen Bienen begrenzt. Eine aus Inzucht erzeugte Bienenfamilie hat viele   diploide (befruchtete) Drohneneier (weil sich ähnliche Geschlechtsallele aufreihen), deren Entwicklung die Bienen nicht zulassen werden.

Wildbienen haben die Vielfalt beibehalten

Die Vielfalt im Genpool ist über viele Jahre hinweg von Wildbienen erhalten worden. In den letzten Jahren ist jedoch auch diese Vielfalt durch den Einfluss von Krankheiten, Schädlingen und nicht zuletzt durch den Verlust von Lebensraum, den Einsatz von Pestiziden und die Angst vor AHB eingeschränkt worden.

Was können wir tun?

Wir sollten nicht solche Bienen vermehren, die nur einen begrenzten Genpool haben und dann erwarten, dass sie überleben können oder gar widerstandfähig sind. Was können wir also unternehmen, um die Genvielfalt zu fördern und gleichzeitig die Bienen, die wir züchten, zu verbessern?

Wir können unsere Perspektive ändern: statt die beste Königin, die wir haben, als Mutter auszusuchen und die zweitbeste als Drohnenmutter zu bestimmen, sollten wir nicht nur darüber nachdenken, welche Eigenschaften wir mit der Zucht wegzüchten wollen. Anders gesagt: wenn eine Königin schlechte Eigenschaften hat, wenn sie zum Beispiel schlecht gelaunte Arbeiter produziert, dann rotten wir diese aus. Wenn die Arbeiter aber gute Eigenschaften haben, dann sollten wir sie nicht nur wegen der Genetik der besten Königin ersetzen, sondern versuchen, ihre Linie aufrechtzuerhalten, indem wir Teilungen vornehmen, Königinnen heranziehen oder Drohnen aus dieser Linie benutzen. Benutzen Sie nicht dieselbe Mutterkönigin für alle neuen Bienenschübe. Ersetzen Sie nicht die Königin in Wildstöcken, die Sie finden oder die Sie fangen. Wenn ein Stock aggressiv ist, aber andere gute Eigenschaften hat, dann versuchen Sie, einen Tochterstock heranzuziehen, um zu sehen, ob Sie die schlechten Eigenschaften so loswerden können, anstatt einfach die Königin zu ersetzen. Züchten Sie Ihre Bienen aus örtlichen Wildstöcken statt mit kommerziellen Königinnen. Selbst wenn Sie Ihre Bienen aus kommerziellen Bienen züchten, werden Sie sich mit Wildbienen paaren. Unterstützen Sie kleine lokale Königinnenzüchter, damit möglichst viele genetische Linien erhalten bleiben. Teilen Sie mehrere Stöcke und lassen Sie sie ihre eigenen Königinnen heranziehen, statt einfach neue Königinnen zu kaufen, damit jede Kolonie ihre eigene genetische Linie fortführen kann.

Wildbienen

Es wird viel davon gesprochen, dass die Wildbienen ausgestorben seien. Ich habe beobachtet, dass sich die Wildbienen, die ich finde, sehr verändert haben. Früher habe ich üblicherweise lederfarbene italienisch aussehende Bienen gefunden, aber inzwischen finde ich mehr schwarze Bienen mit ein paar braunen Anteilen. Ich züchte diese Wildbienen sowohl für mich selber als auch zum Verkauf. Oft werde ich gefragt, woher ich weiß, dass es sich bei diesen Bienen um Wildbienen handelt und nicht etwa um kürzlich aus einem anderen Stock entflogene Bienen. Zunächst einmal verhalten sich Wildbienen ganz anders als Hausbienen. Das äußert sich nur in Kleinigkeiten, aber sie überwintern zum Beispiel in viel kleineren Trauben und sind deutlich fruchtbarer. Im Bezug auf die Verwendung von Propolis und ihren Hang zum hektischen Umherrennen sind sie sehr unterschiedlich. Sie sind deutlich kleiner, weil sie aus natürlich großen Zellen stammen.

Schwärme

...sind der einfachste Weg, um an Wildbienen zu kommen. Es gibt viele Schwärme von Wildbienen, aber eben auch viele Schwärme von gezüchteten Bienen. Ich nehme die Schwärme in beiden Fällen auf, aber wenn Sie speziell nach Wildbienen suchen, um Königinnen zu züchten, dann sollten Sie nach kleinen Bienen Ausschau halten. Bei Schwärmen aus kleinen Bienen handelt es sich mit höherer Wahrscheinlichkeit um Wildbienen. Schwärme mit größeren Bienen stammen wahrscheinlich eher aus einem Zuchtstock.

Um an Schwärme zu gelangen, sollten Sie sich mit der örtlichen Polizeidienststelle in Verbindung setzen, sowie mit der Außenstelle des Landwirtschaftsministeriums. Wenn Sie besonders viele Schwärme suchen, dann können Sie sich auch in den Gelben Seiten als Schwarmeinfänger anbieten.

Einen Schwarm fangen

Hierüber ist schon viel geschrieben worden, dennoch kommt es immer ganz auf die Situation an. Ein Schwarm ist ein Haufen heimatloser Bienen mit einer Königin. Die Bienen haben vielleicht schon beschlossen, wo sie hinfliegen wollen, oder sie haben Boten ausgeschickt, um einen Ort zu suchen. Schwärme organisieren sich für gewöhnlich morgens und sie fliegen am frühen Nachmittag los, aber sie können auch erst später ausschwärmen, und für den ganzen Vorgang zwischen einigen Minuten und mehreren Tagen brauchen. Wenn Sie Schwärme jagen, wird es Ihnen oft passieren, dass Sie zu spät kommen oder dass Sie gerade richtig kommen. Am besten haben Sie deshalb Ihre Ausrüstung immer bei sich. Wenn Sie erst noch Ihre Ausrüstung zusammensuchen müssen, ist es wahrscheinlich schon zu spät. Halten Sie einen Kasten mit einem gelöcherten Bodenbrett bereit. Nageln Sie kleine Sperrholzquadrate sowohl in den Kasten als auch auf den Boden oder benutzen Sie Heftklammern, die in Bienenzucht-Ausstattern zum Bewegen von Stöcken verkauft werden. Sie brauchen außerdem einen Deckel. Ich mag eine Transportabdeckung eher, weil sie praktischer ist. Ich verwende gern zugeschnittenen Maschendraht, um den Eingang zu verschließen (aber noch ohne den Draht zu befestigen). Ein Tacker ist besonders geeignet, um später den Maschendraht am Eingang zu befestigen und um die Transportverkleidung am Kasten festzumachen. Am besten sind dazu die für leichte Nutzung gemachten Tacker, weil die Klammern besser haften bleiben. Warum das so ist, weiß ich auch nicht.

Verwenden Sie besser keinen Tacker, der T50-Heftklammern benutzt, aber wenn Sie ihn schon gekauft haben sollten, dann können Sie ihn nehmen. Wenn Sie noch keinen Tacker haben, kaufen Sie am besten einen, der J21-Heftklammern benutzt. Sie brauchen außerdem mindestens einen Schleier, aber ich würde Ihnen auch eine Jacke oder einen Anzug empfehlen. Auch Handschuhe und eine Bürste können nützlich sein. Ein Netz mit einem 20-Liter-Eimer wird Ihnen helfen, den Schwarm einzufangen. Befestigen Sie einen langen Stab daran, und schwingen Sie es dann von unten unter den Schwarm, damit dieser im Eimer landet. Ziehen Sie dann das Netz zu, und kippen Sie den Inhalt des Eimers in Ihren Kasten. Das Schwierigste daran ist, die Königin miteinzufangen. Wenn Sie es schaffen, versuchen Sie, die Königin zu erspähen. Wenn Sie sicher sind, dass Sie sie gesehen haben und dass sie im Kasten gelandet ist, dann verschließen Sie Ihren Kasten, bürsten Sie Nachzügler ab und gehen Sie. Wenn Sie sich aber nicht sicher sind, sollten Sie den Bienen Gelegenheit geben, sich etwas einzurichten. Dafür ist es hilfreich, wenn Ihr Kasten nach Zitronengras (ätherischem Öl) riecht.

Geben Sie also etwas ätherisches Öl (hält länger) oder Schwarmköder (ist teurer, funktioniert aber sehr gut) in den Kasten oder besprühen Sie ihn mit etwas Zitronenaroma (billig, leicht zu finden, hält aber nicht so lange an), bevor Sie den Schwarm dazu geben. Wenn Sie Paketbienen kaufen, werden Sie merken, dass sie nach diesen Aromen riechen. Manchmal lässt sich der Schwarm dann im Kasten nieder. Es kann aber auch sein, dass Sie die Königin nicht erwischt haben, oder sie fühlt sich an einem anderen Ort wohler als in Ihrem Kasten, dann werden sich die Bienen wieder draußen rund um einen Ast versammeln. Ich schüttele sie für gewöhnlich so lange, bis sie da bleiben. Das funktioniert normalerweise. Meiner Erfahrung nach sind Honig, Brut und ähnliches nicht ausschlaggebend dafür, dass der Schwarm bleibt, obwohl sie helfen können, dass sich die Bienen gut einrichten, sobald sie einmal entschieden haben, dass sie im Kasten bleiben werden. Die Bienen sind schließlich nicht nach einem schon bewohnten Stock auf der Suche, sondern nach einem neuen, leeren Zuhause. Alte leere Waben sind manchmal hilfreich. Manchmal kann auch etwas Brut die Bienen davon überzeugen, im Kasten zu bleiben. Es kann auch gut sein, etwas Königinnenpheromone (QMP) im Kasten zu haben. Dazu können Sie entweder Ihre alten Königinnen im Ruhestand in einem Glas mit Alkohol aufbewahren (Königinnensaft) oder Bee Bost kaufen (ich habe es zuletzt bei Mann Lake gesehen).

Tragen Sie immer Schutzkleidung. Schwärme sind zwar normalerweise nicht böse, aber ihr Verhalten ist schwer vorhersehbar. Passen Sie auch auf Stromleitungen auf und fallen Sie nicht von der Leiter, während Sie versuchen, Schwärme einzufangen. Ich möchte es nochmal betonen: wenn ein Haufen Bienen um Sie herumschwärmt, und noch schlimmer, wenn eine davon unter Ihren Kopfschutz gerät, dann ist es sehr schwer, ruhig zu bleiben. Wenn Sie aber auf einer Leiter stehen, müssen Sie das trotzdem schaffen.

Meine derzeitige Lieblingsmethode, um einen Schwarm zu fangen, funktioniert ganz ohne Leiter. Besorgen Sie sich genügend Kästen (einen tiefen, zwei mittlere), am besten solche, in denen schon Bienen gelebt haben und in denen noch ein paar alte Waben sind. Geben Sie etwas QMP dazu, entweder ein Viertel Stäbchen Bee Bost oder ein in Königinnensaft getränktes Wattestäbchen zusammen mit Zitronengras (ätherisches Öl). Tränken Sie das andere Ende des Wattestäbchens in das ätherische Öl, legen Sie es in die Nähe des Schwarms und schauen Sie nach Einbruch der Dunkelheit wieder nach. Wahrscheinlich werden die Bienen schon in die Kästen eingezogen sein. Tackern Sie den Eingang zu und nehmen Sie ihren neuen Stock mit nach Hause.

Entnahme

Manchmal wird auch vom Ausschneiden gesprochen. Dies ist nicht gerade der leichteste Weg, um an neue Bienen zu kommen. Zwar ist es aufregend und macht Spaß, aber Sie brauchen einiges an Basteltalent und vor allem an Mut. Bei der Entnahme entfernen Sie alle Bienen und mit ihnen alle Waben aus einem Baum, einem Haus, oder wo auch immer die Bienen gerade leben. Oft müssen Sie dafür Wände öffnen und hinterher wieder reparieren. Wirtschaftlich gesehen lohnt es sich also nicht wirklich, es sei denn, jemand bezahlt Sie dafür, die Bienen zu entfernen oder Sie haben einfach sehr viel Freizeit.

Jede Entnahme ist anders. Manchmal befinden sich die Bienen in einem alten verlassenen Gebäude und dem Eigentümer ist es egal, ob Sie eine Vertäfelung abreißen oder eine Wand öffnen. Normalerweise gibt es aber immer jemandem, dem das nicht egal ist, sodass Sie nicht einfach alles aufklopfen können, sondern alles so hinterlassen müssen, wie es vorher war oder zumindest dem Eigentümer erklären müssen, welche Reparaturen später auf ihn zukommen. Aber lassen wir die Bauthemen mal einen Moment lang beiseite: wenn Sie an die Waben herankommen, egal ob nun in einem Haus, einem Baum etc., müssen Sie die Brut so herausschneiden, dass sie in die Rahmen passt und dann die Rahmen um sie herum festbinden, damit die Brut einen Halt hat. Bei Honig, insbesondere bei neuen Waben, funktioniert dies nicht sehr gut, weil er zu schwer ist. Kratzen Sie den Honig also einfach so heraus und geben Sie ihn in einen 20-Liter-Eimer mit einem Deckel, um die Bienen außen vor zu halten. Versuchen Sie, die Brut in einen leeren Kasten zu geben und bürsten oder schütteln Sie die Bienen mit hinein. Wenn Sie die Königin sehen können, versuchen Sie, sie mit einer Haarspange zu fangen oder geben Sie sie in einen Käfig und lassen Sie sie dann in den Kasten. Wenn Sie Brut und die Königin in den neuen Kasten verlagern, dann wird nach und nach auch der Rest der Bienen nachkommen. Wenn Sie die Königin nicht entdecken, dann geben Sie so lange Bienen und Brutwaben in den neuen Kasten und den Honig in den Eimer, bis alle Waben verschwunden sind. Nehmen Sie dann den Eimer mit und gehen Sie, wenn möglich, ein paar Stunden weg. Lassen Sie die Bienen selbst herausfinden, wo die Königin und die anderen Bienen sind. Sie werden sich alle von selbst im neuen Kasten einfinden. Bei Einbruch der Dunkelheit sollten sie alle übersiedelt haben, dann können Sie den Kasten schließen und mit nach Hause nehmen.

Kegel-Methode

Diese Methode wird angewandt, wenn Sie den Stock nicht zerreißen können oder es so viele Bienen gibt, dass Sie nicht gleichzeitig alle im Griff haben können. Sie stülpen deshalb einen Maschendrahtkegel über den Haupteingang des derzeitigen Bienenstocks. Vor alle anderen Eingänge tackern Sie Maschendrahtstücke und verschließen sie so. Das Ende des Kegels sollte aus ausgefransten Drähten bestehen, sodass die Bienen sich hindurchquetschen können (auch Drohnen und die Königin), sie aber nicht wieder in den Stock zurückfliegen können. Richten Sie den Kegel etwas nach oben, damit die Bienen den Eingang zurück nicht so leicht finden. Als nächstes stellen Sie einen Stock mit einem Rahmen frischer Brut und ein paar Rahmen schlüpfender Brut und etwas Honig oder Pollen direkt neben den ursprünglichen Stock. Vielleicht müssen Sie etwas konstruieren, um den neuen Stock auf dieselbe Höhe wie den alten Stock stellen zu können, um den zurückkehrenden Sammelbienen, die sich rund um den Kegeleingang versammeln, zu helfen. Manchmal lassen sich die Bienen in dem Kasten mit den Brutwaben nieder, aber manchmal bleiben sie auch einfach rund um den Kegel hängen. Das größte

Problem, das ich gehabt habe, war, dass viele Bienen nach einem Weg zurück in den alten Stock gesucht haben und dafür in wilden Kreisen umhergeflogen sind. Hauseigentümer werden dann oft nervös und besprühen die Bienen mit Insektiziden, weil sie Angst bekommen. Sollte dies in Ihrem Fall wahrscheinlich sein, dann stellen Sie den Kasten mit der Brut nicht direkt neben den alten Stock, sondern besser in Ihren eigenen Bienenstand, am besten mindestens 3 km entfernt, und saugen oder bürsten Sie die Bienen jeden Abend ab und nehmen Sie ihn in einem Kasten mit Brut mit. Nach und nach werden Sie den alten Stock so entvölkern. Wenn Sie das durchhalten, bis nur noch eine unbedeutende Zahl an Bienen zurückbleibt, dann können Sie etwas Schwefel in Ihren Rauchapparat geben, um die restlichen Bienen zu töten (Schwefelrauch ist für Bienen tödlich, hinterlässt aber keine giftigen Rückstände) oder benutzen Sie BeeQuick, um den Rest der Bienen nach draußen zu vertreiben. Wenn Sie BeeQuick benutzen, schaffen Sie es vielleicht sogar, die Königin nach draußen zu locken. Versuchen Sie dann, sie mit einer Haarspange zu fangen, geben Sie sie in einen Kasten und geben Sie die restlichen Bienen dazu. Solange der Kegel noch auf dem Eingang zum alten Stock steckt, können die Bienen sich nicht wieder dort einrichten. Ich würde den Kegel noch ein paar Tage dort lassen und dann einen starken Stock neben den alten Stock stellen. Nehmen Sie nun den Kegel ab und geben Sie etwas Honig in den Eingang, um die Bienen zum Raub anzuregen. Gerade während einer Hungersnot im Sommer oder zu Herbstende ist das sehr effektiv. Sobald die Bienen einmal begonnen haben, den alten Stock zu überfallen, werden sie ihn komplett leer räumen. Das ist besonders wichtig, wenn sich der alte Stock in einem Haus befindet, weil sonst das Wachs und der Honig schmelzen könnten oder durch den Honig Mäuse und andere Schädlinge angezogen werden. Sie sollten den alten Stock nun so gut wie möglich verschließen. Polyurethanschaum aus dem Baumarkt eignet sich gut, um die Öffnungen zu versiegeln. Der Schaum wird in die Öffnungen gespritzt und dehnt sich dort aus, wodurch er sehr gut dicht hält. Joe Waggle hatte folgende Idee: wenn Sie den Stock, den Sie beseitigen wollen, vorher gut beobachten können, dann warten Sie den Moment ab, in dem sich die Bienen schwarmbereit machen, stülpen Sie dann den Kegel auf den Eingang. So fangen Sie die unbefruchtete Königin, die den Stock zur Paarung verlassen will und den Schwarm gleich mit.

Bienensauger

Ich möchte vorwegnehmen, dass ich keine Bienensauger mag. Sie töten viele Bienen, erschweren es, die Königin zu finden und töten sie unter Umständen. Ich benutze sie kaum. Sie sind zwar praktisch, um die letzten Nachzügler einer Kolonie einzusammeln, aber ich ziehe es vor, eine Wasser-Sprühflasche zu benutzen, damit die Bienen weniger fliegen oder eine Bürste zu nehmen oder die Bienen abzuschütteln. Ein Bienensauger wird oft dann benutzt, wenn Erfahrung und Fingerspitzengefühl fehlen, da sie aber manchmal nützlich sein können, möchte ich trotzdem etwas zu ihrer Benutzung sagen.

Brushy Mt. Bee Farm stellt Bienensauger her, aber Sie können auch einen gewöhnlichen Staubsauger umfunktionieren. Dabei sollten Sie Folgendes beachten:

Wenn Sie zu viel Saugkraft verwenden, werden zu viele Bienen getötet. Wenn Sie einen normalen Staubsauger umbauen, dann sollten Sie ein Loch in die Oberfläche schneiden oder mit einer Lochsäge eine Öffnung schaffen. Natürlich kommt es auf den Staubsauger an, aber wenn Sie Platz haben, können Sie ruhig ein 7 cm großes Loch öffnen. Wenn Sie nicht so viel Platz haben, dann machen Sie das Loch einfach etwas länger. Mit einem Stück Holz oder Plastik basteln Sie nun einen Schieber und nageln ihn an einer Seite fest. Mit der anderen Seite können Sie das Loch größer oder kleiner machen. Von innen wird das Loch mit Maschendraht abgedeckt. Ich klebe den Draht einfach mit Epoxid fest. Wenn Sie den Schieber so einstellen, dass die Öffnung größer wird, dann erzeugen Sie weniger Saugkraft und wenn Sie die Öffnung kleiner machen, verstärken Sie die Saugkraft.

Wenn die Bienen zu hart auf den Boden des Saugers aufschlagen, werden sie verletzt oder sterben. Deshalb sollten Sie den Boden am besten mit etwas Schaumgummi auskleiden. Oder zerknüllen Sie etwas Zeitungspapier und befestigen Sie es am Boden – oder nehmen Sie einfach irgendein Material, das den Aufprall der Bienen abfängt, damit er nicht zu hart ist. Bienen können auch von den Rillen im Schlauch zerfetzt werden. Deshalb sollten Sie sich wenn möglich einen glatten Schlauch oder einen Schlauch mit ganz kleinen Rillen besorgen.

Wenn Sie den Sauger zu lange eingeschaltet lassen, werden die Bienen im Innern sich zu sehr erhitzen, ihren Honig erbrechen und daran sterben. Das Innere des Saugers verklebt dadurch, lassen Sie ihn also nicht länger eingeschaltet als notwendig.

Stellen Sie die Saugkraft sorgfältig ein. Es reicht, wenn der Sauger so stark saugt, dass er die Bienen aus den Waben herausziehen kann. Wenn Sie ihn zu stark einstellen, wird sich die Saugertasche mit zerquetschten Bienen füllen.

Sie können den Sauger benutzen, um Bienen zu entfernen und Waben zu säubern. Seien Sie bei der Benutzung vorsichtig. Mir hat der Sauger sehr viel genutzt, aber ich habe auch schon sehr viele Bienen versehentlich getötet.

Bienen umsiedeln

Bienen aus einem Stock in einen anderen umsiedeln (sei es von Bäumen, alten Stöcken oder anderen Orten).

Bienen leben oft in alten verfaulten Stöcken, die in Stücke zerfallen und die so mit Waben durchzogen sind, dass man sie nicht gut bearbeiten kann. Oder der Stock befindet sich in einem Gummibaum, oder in einem Kasten ohne Rahmen, oder einem heruntergefallenen Ast oder sonst irgendeinem Ort, aus dem Sie die Bienen entfernen wollen. Vielleicht wollen Sie die Bienen auch aus tiefen in mittlere Rahmen umsiedeln. Wenn die Bienen derzeit so eingesiedelt sind, dass Sie sie mit nach Hause nehmen können, und Sie sie dort umsiedeln können, dann habe ich einige Methoden, die funktionieren. Ich habe sie bei Kasten-Stöcken und bei Gummibäumen ausprobiert. Sie wollen zwar, dass die Bienen ihren alten Stock verlassen, aber Sie möchten dabei nicht die Brut verlieren. Sie wollen so viele Bienen wie möglich und natürlich die Königin in den neuen Stock hinüberretten. Dazu sollten die beiden Stöcke miteinander verbunden sein. Verbinden Sie die beiden Stöcke mit einem Stück Sperrholz, das so groß ist wie die Seite des größeren Stocks und auf der anderen Seite so groß wie der kleinere Stock, mit einem Loch in der Mitte.

Als nächstes müssen Sie entscheiden, ob Sie Bee Go oder Bee Quick (ähnlich, riecht aber besser) verwenden wollen oder ob Sie die Bienen einfach einräuchern und viel Geduld mitbringen.

Es ist hilfreich, wenn der neue Stock schon ein paar gebaute Waben und wenn möglich auch schon einen Rahmen mit Brut enthält.

Wenn Sie Bee Go oder Bee Quick verwenden wollen, dann stellen Sie den alten Stock auf den neuen Stock. Halten Sie ein Königinnenabsperrgitter bereit. Benutzen Sie einen getränkten Lappen für den Rauch und legen Sie ihn so nah wie möglich an den alten Stock. Dadurch werden die Bienen in den neuen Kasten getrieben. Wenn der neue Kasten sich deutlich gefüllt hat und der alte Stock ziemlich leer ist, bringen Sie das Absperrgitter an. Wenn möglich, stellen Sie den alten Stock auf den Kopf, sodass die Waben andersherum angeordnet sind, als sie es normalerweise wären. Dadurch verlassen die Bienen leichter ihre Waben, weil nach und nach der Honig ausläuft und sie keine Brut in die umgestülpten Waben legen können.

Wenn Sie räuchern und klopfen wollen, dann sollten Sie den alten Stock nach unten stellen und den neuen Stock darauf. Beräuchern Sie den alten Stock ordentlich und klopfen Sie die Seite mit einem Taschenmesser oder einem Stock ab. Sie müssen nicht allzu stark schlagen, es reichen ein paar Klopfer. Viel Rauch hilft eher. Sobald Sie sehen, dass die meisten Bienen sich in den neuen Kasten begeben haben, bringen Sie das Königinnenabsperrgitter an. Es ist egal, in welche Richtung die Waben zeigen, um die Bienen nach draußen zu locken, aber es hilft, wenn die Waben auf dem Kopf stehen. Die Königin befindet sich wahrscheinlich oben.

Wenn Sie keine Eile haben, stellen Sie den neuen Stock einfach auf den alten und warten Sie darauf, dass die Bienen sich von allein im neuen Stock ansiedeln. Das kann einige Zeit dauern, weil die Königin vielleicht ihre Brutkammer nicht verlassen will.

Köderstöcke

Köderstöcke sind leere Kästen, die aufgestellt werden, um einen Schwarm anzuregen, einzuziehen. Diese Stöcke werden Bienen in einem Stock nicht zum Schwärmen anregen, aber falls die Bienen sowieso schon entschieden haben, zu schwärmen, dann sind diese Köderstöcke eine gute Gelegenheit, ihnen ein neues Zuhause anzubieten. Ich benutze dabei als ätherisches Öl Zitronengras, Sie können aber auch QMP (Königinnenpheromon, wird verkauft unter der Marke Bee Boost) kaufen. Es besteht aus kleinen Plastikstäben, die mit dem Geruch imprägniert sind. Wenn ich diese Stäbe für Köderstöcke benutze, dann schneide ich sie in gleich große Stücke und benutze nur ein Stück und etwas Zitronengras oder Schwarmköder. Sowohl Schwarmköder als auch QMP sind bei Bienenzucht-Ausstattern erhältlich. Sie können aber auch Ihr eigenes QMP herstellen, indem Sie Ihre alten Königinnen (nachdem Sie sie ersetzt haben) sowie jungfräuliche Königinnen, die Sie nicht brauchen, in einem Glas mit Alkohol einlegen. Geben Sie ein paar Tropfen dieser Flüssigkeit auf den Köderstock. Es hilft außerdem, alte leere Waben dazuzugeben sowie Kästen zu verwenden, in denen schon einmal Bienen gelebt haben. Ich habe letztes Jahr sieben solcher Köderstöcke aufgestellt und damit einen Schwarm einfangen können. Das ist zwar kein Riesengewinn, aber ich habe ein paar schöne Wildbienen dazubekommen.

Es gibt einige Faktoren, von denen der Erfolg beim Schwarmanlocken abhängen kann, wie zum Beispiel die Größe des Kastens, die Größe des Eingangs und die Höhe des Baums. Aber es gibt auch genügend Abweichungen. Ich hatte bis jetzt am meisten Glück mit einem Kasten, der die Größe eines 5er-Rahmen-Ablegerkastens (oder einem mittleren 8er-Rahmen-Kasten) hatte und in dem sich ein Schwarmköder befand, egal ob selbst gemacht oder gekauft. Der Kasten hing in etwa 3,5 m Höhe, mit einem Eingangsloch von etwa 2,5 cm und innen hatte ich Rahmen ohne Kunstwaben, aber mit einem Leitwachsfaden (sehen Sie hierzu im Kapitel *Rahmen ohne Kunstwaben* nach) eingesetzt. Allerdings hatte ich das Problem, das Wespen und Finken eingezogen sind und dass Wachsmotten die alten Waben aufgefressen oder Kinder die Kästen mit Steinen beworfen und so zerstört haben. Sie können in den Eingang zwei Nägel querschlagen, sodass sie ein X bilden, dadurch wird es für Vögel härter, sich einzunisten oder decken Sie das Loch mit Maschendraht ab. Streichen Sie die Kästen in braun oder anderen Baumfarben, damit Kinder sie nicht so leicht entdecken. Benutzen Sie statt alter Waben Leitfäden, oder säubern Sie die alten Waben sehr gut und besprühen Sie sie mit Certan, damit keine Wachsmotten in den Stock einziehen. Einen Schwarm anzulocken ist wie Fische angeln. Deshalb würde ich mich nicht darauf verlassen, dass es klappt, wenn Sie so mit der Bienenzucht beginnen wollen. Vielleicht fangen Sie im ersten Jahr einen Schwarm, oder Sie haben jahrelang überhaupt kein Glück. Wenn Sie also unbedingt Fisch zum Mittagessen haben wollen, dann sind Sie auf der sicheren Seite, wenn Sie ihn kaufen gehen. Beim Schwarmanlocken ist das nicht anders.

Königinnenzucht

Um sich Vorträge des Autors anzuschauen, suchen Sie einfach im Internet nach Videos unter den Stichwörtern "Michael Bush Queen Rearing".

Warum sollten Sie Ihre Königinnen selbst züchten?

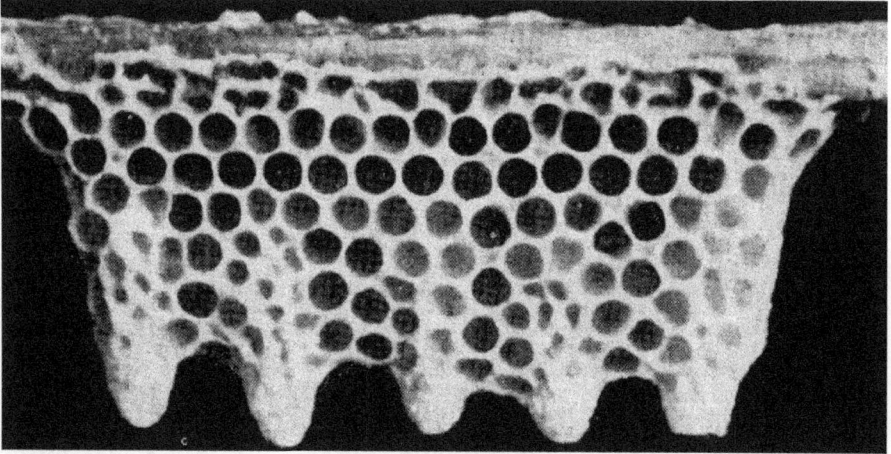

Kosten

Eine typische Königin kostet um die USD 20, und wenn Sie den Versand und andere mögliche Kosten dazurechnen, wird es sogar noch teurer.

Zeit

Wenn Sie eine Königin bestellen, dann dauert es normalerweise mehrere Tage, bis sie geliefert wird. Häufig bräuchten Sie die Königin aber sehr dringend. Wenn Sie ein paar Königinnen in einem Ablegerkasten vorrätig haben, haben Sie immer eine zur Hand.

Verfügbarkeit

Es passiert oft, dass genau in dem Moment, in dem Sie eine Königin brauchen, gerade keine lieferbar ist. Auch hier ist es von Vorteil, selbst Königinnen vorrätig zu haben.

AHB

Die im Süden gezüchteten Königinnen stammen immer häufiger aus Gebieten mit Afrikanisierten Honigbienen. Um aber AHB nicht auch im Norden zu verbreiten, sollten wir aufhören, Königinnen aus dem Süden zu importieren.

Ans Klima angepasste Bienen

Man kann nicht erwarten, dass Bienen, die im tiefsten Süden gezüchtet wurden, den Winter im Norden gut verkraften. Lokale Wildbienen sind an das hiesige Klima gewöhnt. Selbst wenn Sie Königinnen aus einem kommerziellen Stock züchten sollten, sollte dieser an Ihre Umgebung angepasst sein und unter Ihren Umständen gut überwintern können.

Widerstandskraft gegen Milben und Krankheiten

Es ist einfach, Widerstand gegen Tracheenmilben anzuzüchten. Benutzen Sie einfach keine Behandlungen und schon erhalten Sie widerstandsfähige Bienen, die hygienisch sind und dadurch AFB (Amerikanische Faulbrut) und andere Brutkrankheiten sowie Varroa-Probleme vermeiden. Trotz dieser Tatsache behandeln die meisten Züchter ihre Bienen und fördern diese nützlichen Eigenschaften bewusst oder unbewusst nicht. Dabei ist doch die Genetik unserer Königin viel zu wichtig, als sie uns von Personen bestimmen zu lassen, die keine Verantwortung für den Erfolg oder Misserfolg der Bienen tragen. Tatsächlich ist es doch so, dass die Leute, die Bienen und Königinnen verkaufen, mehr Geld verdienen, wenn die Tiere nicht widerstandsfähig sind. Damit will ich nicht sagen, dass die Lieferanten absichtlich Königinnen züchten, die nicht gut funktionieren, aber auf jeden Fall haben sie keinen finanziellen Anreiz, Königinnen zu züchten, die besonders produktiv, langlebig etc. sind. Das heißt nicht, dass es nicht auch Königinnenzüchter gibt, die versuchen, in der Zucht alles richtig zu machen, aber sie sind eben nur eine Minderheit. Kurz gesagt: wenn Sie Ihre Bienen nicht mehr behandeln wollen, dann müssen Sie Ihre eigenen Königinnen züchten.

Qualität

Nichts ist in der Bienenzucht bedeutender für den Erfolg als die Königin. Die Qualität Ihrer eigenen Königin kann die eines Königinnenzüchters leicht übertreffen. Sie haben Zeit, Dinge zu tun, für die sich ein kommerzieller Züchter keine Zeit nimmt. So haben Untersuchungen zum Beispiel gezeigt, dass Königinnen, die erst dann legen, wenn sie mindestens 21 Tage alt sind, besser entwickelte Eierstöcke haben als Königinnen, die schon früher Eier legen. Wenn Sie noch länger warten, sind die Ergebnisse sogar noch etwas besser, aber die Hürde der 21 Tage scheint der kritische Zeitsprung zu sein. Ein kommerzieller Königinnenzüchter sucht normalerweise nach 14 Tagen nach Eiern und wenn er welche findet, dann wird die Königin eingelagert und verschickt. Sie können hingegen Ihren eigenen Königinnen mehr Zeit geben, um sich besser zu entwickeln.

Konzepte der Königinnenzucht

Gründe, Königinnen zu züchten
Bienen ziehen Königinnen aus einem der folgenden vier Gründe heran:

Notfall/Nachschaffung
Es gibt plötzlich keine Königin mehr, sodass eine neue Königin aus einer schon bestehenden Arbeiterlarve herangezogen wird.

Stille Unweiselung
Die Bienen glauben, dass ihre derzeitige Königin nicht mehr produziert und ziehen deshalb eine neue heran.

Fortpflanzungsschwarm
Die Bienen entscheiden, dass es genug Bienen, Vorräte und Zeit vor dem Wintereinbruch gibt, um einen Schwarm loszuschicken, der gute Chancen hat, sich noch vor dem Winter so zu stabilisieren, dass er das Überleben des Volks nicht gefährdet.

Schwarm wegen Überbevölkerung
Die Bienen denken, dass es im Stock zu viele Bienen und zu wenig Platz oder Vorräte gibt, weshalb sie einen Schwarm als Bevölkerungskontrolle losschicken. Dieser Schwarm hat nicht die allerbesten Überlebenschancen, aber er erhöht die Überlebenschancen der Bienen, die im Stock verbleiben.

Man erhält die meisten Zellen und das beste Futter, wenn man zwei Situationen gleichzeitig simuliert: Nachschaffung und Überbevölkerung.

Ein Bienenzüchter kann auf ganz einfachem Weg eine neue Königin bekommen: indem er einen Stock teilt und eine Hälfte ohne Königin lässt, aber mit entsprechenden Larven, damit eine Königin herangezogen werden kann. Warum sollte man also Königinnen speziell züchten?

Möglichst viele Königinnen mit möglichst wenig Aufwand

Die Idee der folgenden Absätze ist es, zu beschreiben, wie wir möglichst viele Königinnen mit der Genetik erhalten, die wir ausgesucht haben, ohne dafür viele Resourcen aufwenden zu müssen. Um das Thema Ressourcen etwas anschaulicher zu machen, möchte ich gerne die Extremfälle beschreiben: wir entnehmen einem starken Stock die Königin. In den 24 Tagen, in denen der Stock ohne legende Königin bleibt, hätte er einen kompletten Satz an Brut produziert. Die Königin hätte in dieser Zeit mehrere tausend Eier pro Tag gelegt und ein starker Stock hätte mehrere tausend Brutzellen heranziehen können. Wir verlieren in dieser Zeit also potenziell etwa 30 000 oder noch mehr Arbeiter, indem wir dem Stock die Königin nehmen und als Ergebnis erhalten wir nur eine neue Königin. All die Königinnenzellen, die der Stock gebaut hat, werden von der ersten Königin, die schlüpft, zerstört werden.

Wenn wir einen kleinen Ableger hätten, dann hätten wir ein paar tausend königinnenlose Bienen, die ein paar Königinnenzellen bauen, und diese paar tausend Bienen hätten in der Zeit, in der Sie die Königin entnehmen, nur einige hundert Arbeiter heranziehen können. Aber auch hier ist das Ergebnis mehrerer Königinnenzellen am Ende nur eine einzige Königin.

Die meisten Strategien der Königinnenzucht drehen sich darum, mit möglichst wenig königinnenlosen Bienen in möglichst kurzer Zeit die meisten Eier legenden Königinnen zu produzieren.

Woher kommen die Königinnen

Eine Königin ist das Produkt aus einem befruchteten Ei, genauso wie eine Arbeiterbiene. Das Futter macht den Unterschied, und zwar ab dem vierten Tag. Wenn Sie also ein frisch geschlüpftes Ei nehmen und es in eine Königinnenzelle legen (oder in etwas, das die Bienen glauben macht, dass es sich um eine Königinnenzelle handelt) und dies in einem Stock geschieht, der eine Königin braucht (weil er entweder einen Schwarm produzieren will oder weil er keine Königin mehr hat), dann werden die Bienen aus diesem Ei eine Königin heranziehen.

Methoden, um eine Larve in einen Weiselbecher zu legen

Es gibt viele Methoden hierfür. Sie können die meisten Originalquellen hier finden:

http://bushfarms.com/beesoldbooks.htm

Im Folgenden ein paar Auszüge:
Die Doolittle-Methode

Wurde ursprünglich von G.M. Doolittle erfunden, um eine Larve im richtigen Alter in selbstgemachte Wachsbecher zu verpflanzen. Das Verfahren erfordert etwas Geschicklichkeit und gute Augen, ist aber das Meistbenutzte. Heutzutage werden häufig Plastikbecher anstelle von Wachsbechern verwendet. Die Königin wird manchmal eingesperrt, um die Larve im richtigen Alter an einer einzigen Stelle zu haben, um sie gut auszusuchen. Maschendraht funktioniert gut, weil die Arbeiterbienen hindurchkrabbeln können, die Königin aber nicht. Der Maschendraht wird normalerweise auf alte dunkle Waben gesetzt, damit die Larven leichter zu sehen sind und um einen robusten Boden zu haben, damit die Larven leichter zu verpflanzen sind. Sobald Sie einen guten Blick für das richtige Alter der Larven bekommen haben, ist das Verpflanzen wenig kompliziert. Am 14. Tag werden die Larven dann in Ablegerkästen umgesiedelt.

Die Jenter-Methode

Diese Methode befindet sich unter verschiedenen Bezeichnungen im Umlauf. Das Prinzip ist folgendes: die Königin legt ihre Eier in einen kleinen Kasten, der aussieht wie Arbeiterzellen. Jeder zweite Zellboden in jeder zweiten Reihe hat einen Stöpsel im Zellboden. Sobald das Ei schlüpft, wird der Stöpsel entfernt und auf einen Weiselbecher gelegt. Dadurch erreichen Sie dasselbe wie mit der Doolittle-Methode, aber Sie brauchen nicht so viel Fingerspitzengefühl und gute Augen. Am 14. Tag geben Sie die Becher in einen Ablegerkasten.

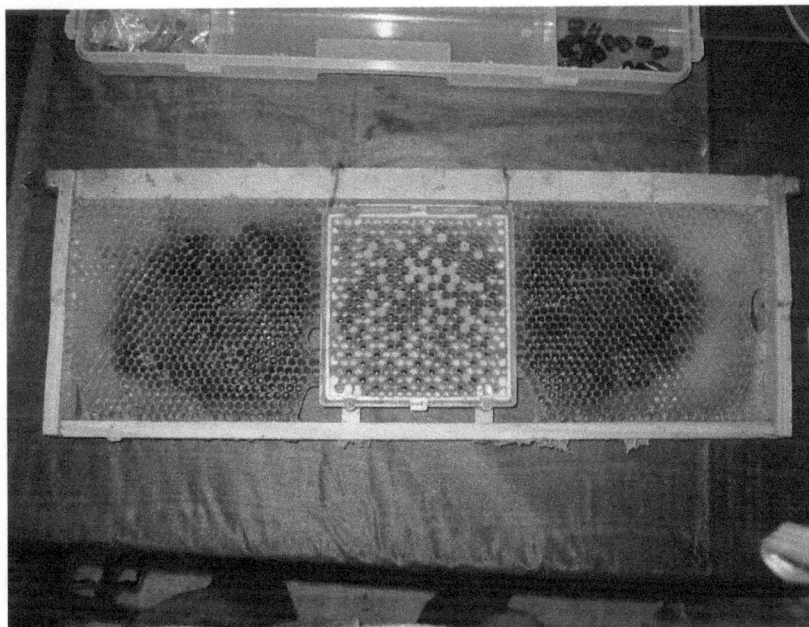

Jenter-Kasten Vorderansicht

Jenter-Kasten Rückansicht

Jenter-Kasten Ansicht von oben

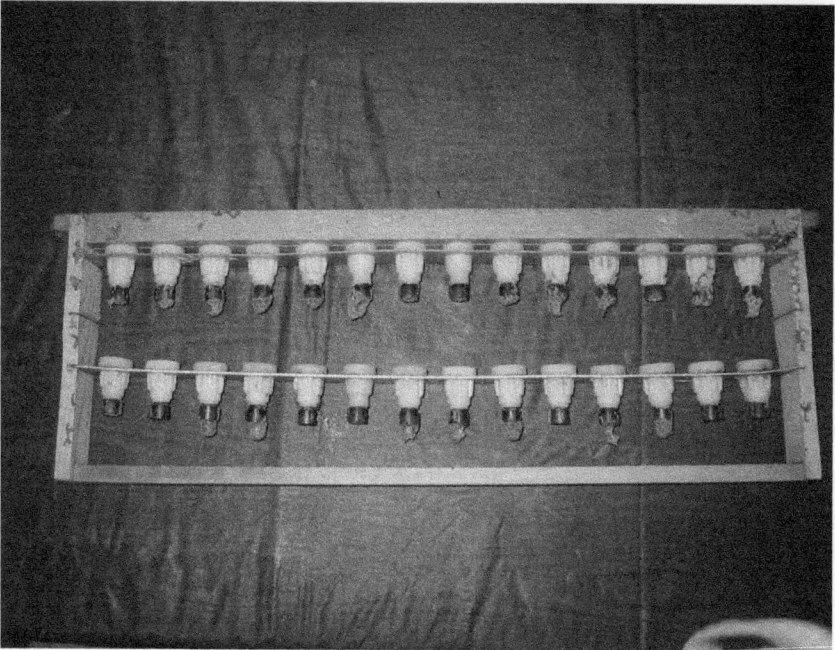

Weiselbecher mit toten Königinnen

Hier sehen Sie das Jenter-System in Fotos. Vorder-, Rück- und Oberansicht des Kastens und zum Schluss ein Foto einer Zellenleiste, bei der ich einen Weiselbecher vergessen hatte, den die Bienen gebaut hatten. Ergebnis: 17 tote Königinnen.

Vorteile der Jenter-Methode

Wenn Sie neu in der Königinnenzucht sind, dann sehen Sie hier genau, in welchem Stadium sich die Larven befinden, weil Sie wissen, wann die Eier gelegt worden sind.

Wenn Sie keine besonders guten Augen haben (so wie ich), dann müssen Sie hier nicht die Larven genau sehen können.

Wenn Sie kein großes Fingerspitzengefühl haben (so wie ich), dann brauchen Sie hierbei keine kleinen zerbrechlichen Dinge umherzubewegen und in eine Zelle zu verpflanzen. Sie brauchen einfach nur die Stöpsel herauszuziehen.

Vorteile vom Verpflanzen

Wenn die Königin ihre Eier nicht in den Jenter-Käfig legt und ich den Plan nicht einhalte, dann habe ich keine Larve im richtigen Stadium, außer ich suche mir die richtige Larve aus und verpflanze sie.

Wenn ich zu beschäftigt gewesen bin, die Königin vier Tage vorher einzusperren, dann kann ich einfach verpflanzen.

Wenn die Mutterkönigin aus einem Außenstand stammt, dann brauche ich nicht zweimal zum Außenstand zu fahren (einmal, um sie einzusperren und dann noch einmal, um die Larven umzusiedeln).

Ich brauche kein Königinnenzucht-Set kaufen.

Die Hopkins-Methode

In der Variante, die ich benutze, wird die Königin durch einen Maschendrahtkäfig eingesperrt, um in neue Waben zu legen, damit ich genau weiß, wie alt die Larven sind (ähnlich wie bei der Doolittle-Methode, aber auf neuen leeren statt auf alten Waben). Diese Waben sollten aus Wachs sein und möglichst nicht verdrahtet, damit Sie die Zellen problemlos herausschneiden können, obwohl Hobkins empfiehlt, verdrahtete Waben zu benutzen, damit diese nicht durchhängen. Wenn Sie also verdrahtete Waben benutzen sollten, dann sollten Sie um die Drähte herumarbeiten, damit diese Sie nicht stören. Lassen Sie die Königin am nächsten Tag wieder frei. Sie können auch einfach nur die neuen Waben in die Mitte des Brutnests geben und jeden Tag nachschauen, ob die Königin schon Eier in sie gelegt hat, damit Sie genau wissen, wie alt Ihre Larven sind.

Maschendraht-Begrenzungskäfig

Hopkins-Halter, um den Rahmen über dem Kasten zu befestigen

Am vierten Tag (ab dem Moment, in dem die Königin eingesperrt wurde oder in dem sie in die Waben gelegt hat) wird die Wabe schlüpfen. In jeder zweiten Zelle werden alle Larven getötet, indem Sie mit einem stumpfen Nagel oder einem Streichholz oder etwas ähnlichem reinstechen. Dann zerstören Sie die Larven in jeder zweiten Zelle (oder zwei Zellen ja, eine nein) der anderen Reihen genauso, um genügend Platz zwischen den Larven zu bekommen. Dann hängen Sie den Rahmen über einen königinnenlosen Stock. Als Platzhalter nehmen Sie einen leeren Rahmen unter dem Rahmen mit den Zellen und einen Aufsatz darüber. Hierzu müssen Sie gegebenenfalls die Rahmen etwas zurechtschieben und ein Stück Stoff über den Stock legen. Die Bienen erkennen die Zellen wegen ihrer Ausrichtung als Königinnenzellen an und bauen die Zellen weiter aus. Die Zellen sollten weit genug auseinander liegen, dass Sie sie am 14. Tag noch ausschneiden können und sie entweder auf verschiedene Stöcke verteilen können, die eine neue Königin brauchen oder um den Stöcken ihre Königin zurückzugeben, denen Sie zum Zuchtzweck die Königin entnommen haben, oder Sie geben die Zellen einfach in einen Ablegerkasten.

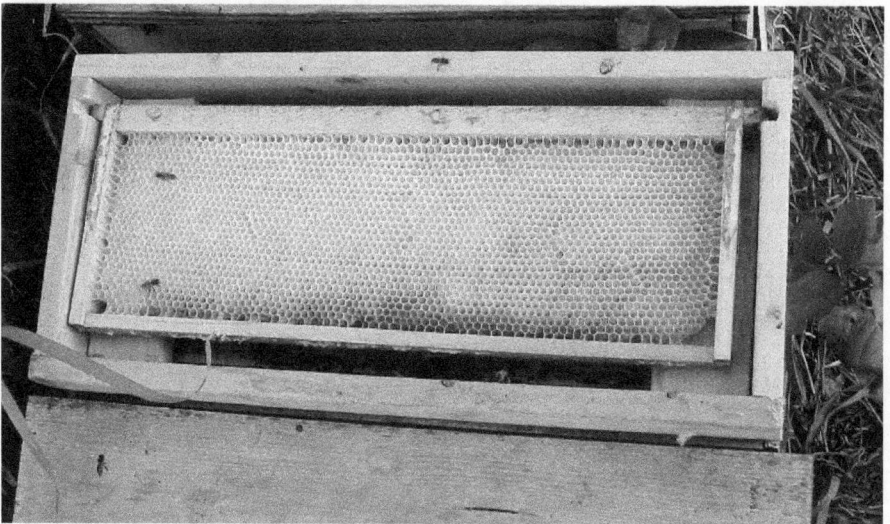

Larvenrahmen im Hobkins-Halter

Starter

Für mich ist das Schwierigste bei der Königinnenzucht, abgesehen vom richtigen Zeitpunkt, der Starter. Das Wichtigste ist, dass der Starter voller Bienen ist. Wenn er königinnenlos ist, hilft das auch, aber wenn ich sagen müsste, was ich zwischen königinnenlos und voller Bienen bevorzugen würde, dann würde ich auf jeden Fall einen vollen Starter aussuchen. Sie brauchen nämlich eine sehr hohe Bienendichte. Egal ob es sich um einen kleinen Kasten oder um einen großen Stock handelt, die Dichte ist wichtig, nicht die absolute Anzahl der Bienen. Es gibt verschiedene Methoden, um viele Bienen ohne Königin zu bekommen, die Zellen bauen wollen, aber Sie können auf keinen Fall viele neue Zellen von einem Starter erwarten, der nicht wirklich übervoll von Bienen ist.

Ein anderer wichtiger Erfolgsfaktor für einen Starter ist, dass die Bienen gut gefüttert werden. Wenn es gerade keine Tracht gibt, dann sollten Sie auf jeden Fall füttern, um sicherzustellen, dass die Larven gut ernährt werden.

Alle anderen Faktoren, die in den verschiedenen Königinnenzuchtsystemen noch berücksichtigt werden, und die vielfach übereinstimmen, sind Kniffe, um die Ergebnisse der Zucht noch weiter zu verbessern, unabhängig davon, wie die äußeren Bedingungen sind. Soll heißen: sie sind vor allem für Königinnenzüchter wichtig, die vom frühen Frühjahr bis zum Spätherbst einen beständigen Vorrat an Königinnen halten müssen, unabhängig von Ernte- und Wetterbedingungen.

Für den Hobbyköniginnenzüchter sind diese Tricks wahrscheinlich weniger wichtig als die Wahl des richtigen Zeitpunkts. Königinnen während der Hauptschwarmsaison, kurz vor oder während der Tracht, zu züchten, ist recht leicht. Königinnen während einer Hungersnot oder vor der Hauptschwarmsaison zu züchten, ist schwieriger und aufwändiger. Für Anfänger würde ich deshalb diese Feinheiten überspringen und sie erst nach und nach ausprobieren, wenn es erforderlich ist.

Ein Cloake-Brett (Boden ohne Boden) ist hierbei nützlich. So können Sie den Stock so organisieren, dass ein Teil während der Starterphase königinnenlos ist und danach weiselrichtig wird, ohne den Gang des Stocks großartig zu unterbrechen. Aber notwendig ist das nicht.

Der einfachste Weg, den ich kenne, ist folgender: Sie entnehmen einem starken Stock die Königin einen Tag vorher und reduzieren ihn auf den Minimalplatz (hierzu entnehmen Sie alle leeren Rahmen, damit Sie auch ein paar Kästen entnehmen können und wenn Sie volle Aufsätze haben, entnehmen Sie auch diese). Vielleicht versetzen Sie die Bienen damit sogar in Schwarmlaune, aber auf jedem Fall werden sie viele Königinnenzellen produzieren. Sie müssen sicherstellen, dass im Stock nicht schon Königinnenzellen vorhanden sind, weil diese sonst zuerst schlüpfen und Ihre Zellen zerstören werden.

Sie können alternativ auch viele Bienen in einen Schwarmkasten schütteln und ihnen ein paar Rahmen mit Honig und Pollen sowie einen Rahmen mit Zellen dazugeben.

Bienenzucht-Mathematik

Kaste	Bruttage	Verdeckelung	Schlüpfen		
Königin	$3^1/_2$	8 +/-1	16 +/-1	Legen	28 +/-5
Arbeiter	$3^1/_2$	9 +/-1	20 +/-1	Sammeln	42 +/-7
Drohne	$3^1/_2$	10 +/-1	24 +/-1	Flug z.Sammelpl.	38+/-5

Königinnenzuchtkalender:

Der Tag, an dem das Ei gelegt wurde, zählt als Null (es ist noch keine Zeit verstrichen)

Aufagbenplan nach Tagen

-4 Geben Sie den Jenter-Käfig in den Stock. Geben Sie den Bienen Zeit, sich an den Käfig zu gewöhnen, ihn zu putzen und mit Bienengeruch zu füllen.

0 Sperren Sie die Königin ein. Nun legt die Königin innerhalb des Jenter-Käfigs Eier, deren Alter Sie genau kennen.

1 Lassen Sie die Königin frei. Es ist nicht notwendig, dass sie zu viele Eier in jede Zelle legt, deshalb sollte sie nach 24 Stunden freigelassen werden.

3 Bereiten Sie den Starter vor. Nehmen Sie den Bienen die Königin und stellen Sie sicher, dass die Bienendichte *sehr* hoch ist. Dadurch haben die Bienen einen hohen Bedarf an einer Königin

und es sind genügend Bienen da, die sich um die Eier kümmern können. Stellen Sie sicher, dass der Starter genügend Pollen und Nektar hat. Füttern Sie, damit der Starter besser versorgt ist.

$3^1/_2$ Die Eier schlüpfen.

4 Siedeln Sie die Larven in den Starter um und geben Sie die Königinnenzellen dazu. Füttern Sie den Starter, damit die Larven besser angenommen werden.

8 Königinnenzellen werden gedeckelt.

13 Bereiten Sie Ablegerkästen bzw. die Stöcke, deren Königin Sie ersetzen wollen, vor, damit diese Stöcke schon ohne Königin sind und die Königinnenzellen erwarten. Füttern Sie die Ableger, damit sie die Zellen besser aufnehmen.

14 Siedeln Sie die Königinnenzellen in die Ableger um. Am 14. Tag sind die Zellen am härtesten und bei warmem Wetter könnten sie am folgenden Tag schon schlüpfen, weshalb sie am 14. Tag bewegt werden müssen, damit die erste Königin, die schlüpft, nicht den Rest tötet.

15-17 Die Königinnen schlüpfen (bei warmem Wetter wahrscheinlich eher am 15. Tag, bei kaltem Wetter eher am 17. Tag, aber am wahrscheinlichsten ist Tag 16).

17-21 Die Königinnen härten.

21-24 Orientierungsflüge.

21-28 Paarungsflüge.

25-35 Die Königin beginnt, Eier zu legen.

28 Wenn Sie versuchen, die Königin in einem Stock zu ersetzen, halten Sie heute in Ihren Ablegerkästen Ausschau nach einer legenden Königin, und wenn Sie eine finden, entnehmen Sie dem Stock, den Sie erneuern wollen, die alte Königin.

29 Geben Sie die neue legende Königin in den Stock, aus dem Sie am Vortag die alte Königin entnommen haben.

Ablegerkästen

Zwei mal Vier Ablegerkästen

Hier wurde ein 10er-Rahmen-Kasten in vier Ablegerkästen mit je zwei Rahmen aufgeteilt. Sie sehen etwas blauen Stoff, der aus den Kästen hervorschaut. Das sind Leinen-Innenabdeckungen, damit ich jeden Ableger einzeln öffnen kann, ohne dass die Bienen in den nächsten Ableger entwischen. Sie sehen außerdem einen Kalender an jedem Kasten.

Anmerkungen zu Ablegerkästen

Meiner Meinung nach macht es am meisten Sinn, Standardrahmen in Ablegerkästen zu verwenden. Hier ein paar Bienenzüchter, die das auch so sehen:

„Einige Königinnenzüchter benutzen einen sehr kleinen Stock mit deutlich kleineren Rahmen als den üblichen, in denen sie ihre Königinnen bis zur Paarung halten, aber aus verschiedenen Gründen denke ich, dass es besser ist, dieselbe Rahmengröße bei der Königinnenzucht zu verwenden, die man auch in seinen sonstigen Stöcken verwendet. Zum einen kann man ein Ablegervölkchen in ein paar Minuten aus jedem beliebigen Stock bilden, indem man einfach zwei oder drei Rahmen entnimmt und mit den daran hängenden Bienen in den Ableger gibt. Genausogut können Sie das Ablegervölkchen jederzeit problemlos mit anderen Stöcken mischen, wenn die Rahmen gleichgroß sind. Und schließlich brauchen Sie nur eine Rahmengröße zu bauen. Ich habe meine Ablegerkästen immer wie beschrieben bearbeitet und würde das nicht ändern wollen."—Isaac Hopkins, The Australasian Bee Manual

"Es scheint keinen großen Vorteil in Mini-Ablegern bei der Honigproduktion zu geben. Der Züchter möchte normalerweise gern seine Produktion steigern und es scheint praktischer, 2 oder 3 Rahmen für die Königinnenzucht zu verwenden und diese dann in komplette Stöcke auszubauen... Ich benutze für jeden Ableger einen kompletten Stock, in den ich einfach 3 oder 4 Rahmen gebe, mit ein paar Attrappen dazwischen. Natürlich

braucht man hierzu mehr Bienen als wenn man drei Ableger in einem Stock hat, aber es ist einfach praktischer, wenn ein Ableger schon einen ganzen Stock für sich hat, wenn er sich sowieso in eine komplette Kolonie entwickeln soll."—C.C. Miller, Fifty Years Among the Bees

"Kleine Mini-Ableger waren eine Zeitlang beliebt, aber diese Phase scheint vorbei zu sein. Sie sind so klein, dass die Bienen in unnatürlichen Umständen leben und sich deshalb auch unnatürlich verhalten... Ich empfehle daher sehr, einen Ablegerkasten mit den Rahmen zu bestücken, die Sie auch in Ihren anderen Stöcken verwenden. Ich benutze einen Zwillingsstock, wobei jede Hälfte groß genug ist, um zwei große Rahmen und ein Trennbrett zu fassen."—Smith, Queen Rearing Simplified

"Ich bin überzeugt davon, dass der beste Ablegerkasten aus einem oder zwei Rahmen aus einem gewöhnlichen Stock besteht. Auf diese Weise ist die Arbeit, die vom Ablegervolk geleistet wird, später nützlich für andere Stöcke, wenn ich die Ableger nicht mehr brauche... Sie nehmen einfach einen Rahmen mit Brut und einen mit Honig zusammen mit den Bienen, die daran hängen und passen auf, dass nicht etwa die alte Königin darunter ist. Dann geben Sie den Rahmen in den Stock, den Sie zum Ableger machen möchten und geben das Trennbrett dazu, um die Größe des Stocks an die Größe der Kolonie anzupassen."—G. M. Doolittle, Scientific Queen-Rearing

Königinnenmarkierungsfarben:

Jahre enden auf der Zahl:

1 oder 6 – weiß

2 oder 7 – gelb

3 oder 8 – rot

4 oder 9 – grün

5 oder 0 - blau

Königinnen fangen und markieren

Solange Sie nur wenig Übung haben, besteht hierbei immer die Gefahr, die Königin zu verletzen. Aber es lohnt sich, das Königinnenfangen zu üben. Ich würde dazu einen Königinnenfänger (Haarspange), eine Markiertube und Farbstifte kaufen. Sie können mit ein paar Drohnen üben, indem Sie sie mit der Markierungsfarbe von vor ein paar Jahren oder besser noch mit der Markierungsfarbe für das kommende Jahr markieren, damit Sie sie nicht mit Königinnen verwechseln. Benutzen Sie die aktuellen Farben ausschließlich für Königinnen.

Ich kaufe am liebsten einen Haarspangen-Fänger und einen Königinnenmuff (von Brushy Mt.), sowie eine Markiertube und Farbstifte. Fangen Sie die Königin vorsichtig mit der Spange ein. Sie hat so viel Platz, dass Sie die Königin möglichst nicht verletzen, aber Sie sollten trotzdem aufpassen. Wenn Sie sie zusammen mit der Markiertube und dem Farbstift (schon geschüttelt und schreibbereit) in den Königinnenmuff legen, dann kann die Königin beim Markieren nicht davonfliegen. Nehmen Sie den Markierer und ziehen Sie den Stöpsel heraus. Wenn Sie sich vom Stock entfernen, können Sie Bienen verlieren, die mit am Clip hängen oder um ihn herum fliegen. Schütteln Sie die Spange nicht, damit die Königin nicht verloren geht. Sie können die Spange auch mit ins Badezimmer nehmen, um sicherer zu sein, dass Ihnen die Königin nicht davonfliegt oder kaufen Sie einen Königinnenmuff von Brushy Mountain. Bürsten Sie mit einer Bürste oder Feder die Arbeiter ab und versuchen Sie, die Königin in die Markiertube zu führen. Sie krabbelt normalerweise nach oben und hin zum Licht, wenn Sie die Spange öffnen, sollte sie deshalb leicht in die Tube krabbeln. Falls sie es aber nicht tut und stattdessen auf Ihrer Hand oder Ihrem Handschuh entlang läuft, dann behalten Sie die Ruhe: legen Sie die Spange beiseite und stülpen Sie die Tube über die Königin. Bedecken Sie die Tube mit Ihrer Hand, damit die Königin in die andere Richtung, aus der das Licht kommt, läuft. Schließen Sie die Tube dann mit dem Stöpsel. Seien Sie dabei schnell, aber nicht hektisch. Tippen Sie mit dem Farbstift sachte einen Punkt auf die Oberseite der Königin (Sie sollten den Stift vorher schon auf einem Papier oder einem Stück Holz ausprobiert haben, damit er schon Farbe an der Spitze hat), in die Mitte des Rückens direkt zwischen den beiden Flügeln. Sie müssen die Königin noch eine Weile länger festgesteckt behalten und gleichzeitig auf die Farbe pusten, damit diese trocknet. Lassen Sie die Königin nicht zu früh frei, sonst verschmiert die Farbe in ihren Körpergelenken und die Königin könnte dadurch verstümmelt werden oder sogar sterben. Nachdem die Farbe getrocknet ist (nach etwa 20 Sekunden), ziehen Sie den Stöpsel halb heraus, damit die Königin sich bewegen kann. Während Sie den Markierer an die oberen Leisten des Stocks halten, ziehen Sie den Stöpsel ganz heraus, und die Königin wird normalerweise ganz von selbst zurück in den Stock krabbeln.

Jay Smith

Einige Zitate von Jay Smith (berühmter Königinnen- und Bienenzüchter, der wahrscheinlich mehr Königinnen als irgendjemand sonst gezüchtet hat)

Langlebigkeit von Königinnen:
Aus "Better Queens", Seite 18:

"Wir hatten in Indiana eine Königin namens Alice, die acht Jahre und zwei Monate alt geworden ist und bis in ihr siebtes Lebensjahr hinein sehr gute Arbeit geleistet hat. Es besteht an dieser Aussage überhaupt kein Zweifel: wir haben die Königin an John Chapel aus Oakland City, Indiana verkauft und sie war die einzige Königin im ganzen Bienenstand mit gestutzten Flügeln. Natürlich ist dies eine seltene Ausnahme. Ich experimentierte zu dieser Zeit mit künstlichen Waben mit hölzernen Zellen, in die die Königin gelegt hat."—Jay Smith

Ich möchte gern den Satz unterstreichen: „Natürlich ist dies eine seltene Ausnahme".

Drei Jahre sind die typische Lebensdauer einer Königin.

Nachschaffungsköniginnen:

"Eine Anzahl von Bienenzüchtern, einschließlich meiner selbst, haben behauptet, dass die Bienen es so eilig haben, eine Königin heranzuziehen, dass sie Larven aussuchen, die zu alt sind, um die besten Ergebnisse zu erzielen. Spätere Beobachtungen haben gezeigt, dass diese Behauptung falsch war und nun bin ich überzeugt, dass die Bienen das ihnen Bestmögliche unter den gegebenen Umständen tun.

"Die minderwertigen Königinnen, die durch die Nachschaffungsmethode erzeugt werden, sind Ergebnis der Tatsache, dass die Bienen die harten Zellwände in den alten Waben mit Kokons nicht einreißen können. Stattdessen füllen die Bienen Arbeiterzellen mit Bienenmilch, wodurch die Larven aus den Zellöffnungen gespült werden und bauen dann nach unten zeigende kleine Königinnenzellen. Die Larven können die

Bienenmilch nicht trinken, die auf dem Boden der Zellen schwimmt und sind daher nicht gut ernährt. Wenn die Kolonie aber viele Bienen hat, gut ernährt ist und gute Waben hat, dann kann sie auch die besten Königinnen produzieren. Und glauben Sie mir – sie werden nie etwas so Dummes tun wie zu alte Larven auszuwählen."—Jay Smith

---

C.C. Miller

C.C. Miller's Ansicht zu Nachschaffungsköniginnen

"Wenn es wahr wäre, wie es früher angenommen wurde, dass königinnenlose Bienen es so eilig haben, eine Königin heranzuziehen, dass sie hierfür zu alte Larven aussuchen, dann bräuchte man kaum noch neun Tage warten. Eine Königin reift in 15 Tagen heran, ab dem Moment, in dem ihr Ei gelegt wird, und sie wird in ihrer Larvenzeit mit demselben Futter gefüttert, mit dem auch Arbeiterlarven während drei Tagen gefüttert werden. Wenn also eine Arbeiterlarve älter als drei Tage ist (also ihr Ei vor mehr als sechs Tagen gelegt wurde), dann wäre sie zu alt, um eine gute Königin zu werden. Wenn die Bienen eine Larve auswählen würden, die älter als drei Tage ist, dann würde die Königin in weniger als neun Tagen schlüpfen. Aber ich glaube nicht, dass das schon einmal jemand beobachtet hat. Bienen suchen keine zu alten Larven aus. Tatsächlich wählen Bienen keine Larven aus, die zu alt sind, wenn jüngere Larven vorhanden sind, wie ich in vielen Experimenten und Beobachtungen feststellen konnte."—Fifty Years Among the Bees, C.C. Miller

---

Königinnenbanken

Bienenzüchter können es schaffen, mehrere Königinnen in einem Stock zu halten, wenn sie es schaffen, dass die Bienen die Königinnen annehmen (nach einer königinnenlosen Nacht oder indem Bienen aus verschiedenen Stöcken gemischt werden) und wenn die Königinnen voneinander getrennt in Käfigen untergebracht sind, damit sie sich nicht gegenseitig töten. Ich mache das mit einem 2 cm breiten Brett auf einem Ableger oder einem Rahmen mit Plastikleisten, die die JzBz-Zusatzkäfige halten. Ich gebe regelmäßig einen Rahmen mit Brut dazu, damit keine legenden Arbeiter herangezogen werden und damit es immer genug junge Bienen gibt, die die Königinnen füttern können.

Boden ohne Boden (Cloake-Brett)

Boden ohne Boden oder Cloake-Brett; wird benutzt, um den obersten Kasten aus einem Königinnenzucht-Stock aus einem königinnenlosen Starterkasten in einen weiselrichtigen Finisher zu verwandeln.

Dieser hier ist aus 1,9 cm mal 1,9 cm Sperrholz mit einer 0,9 cm mal 0,9 cm Kerbe. Lassen Sie das Brett 1,9 cm oder mehr nach vorn überstehen und legen Sie ein weiteres Stück Holz unter die Seiten, um ein Landebrett zu schaffen. Schneiden Sie ein Stück 0,4 cm oder 0,6 cm Sperrholz zurecht, um einen bewegbaren Boden zu schaffen. Schmieren Sie die Ecken mit Vaseline ein, damit die Bienen das Holz nicht festkleben. Von oben nach unten:

der Rahmen in einem Stock ohne Boden; Einsetzen des Bodens; Cloake-Brett mit eingesetztem Boden.

Ableger

Optimaler Raum

Ich finde es wichtig, den Bienen genau den Platz zu geben, den sie brauchen, bis die Haupthonigtracht kommt. Um Brut aufzuziehen und Wachs zu erzeugen, wird Wärme benötigt. Ablegerkästen ermöglichen es Ihnen, den Platz einzugrenzen, um den sich dann nur eine kleine Anzahl von Bienen kümmern muss, während der Stock sich stabilisiert oder zum Beispiel überwintert. Hier sehen Sie einige Fotos von meinen Ablegern und meinen Vorrichtungen zum Überwintern.

Verschieden große Ableger

Zwei mal vier Rahmen - Ablegerkasten

Sortierte breite Ablegerkästen

Links sehen Sie Zwei-mal-vier-Ablegerkästen. Vier Ablegerkästen mit zwei Rahmen in jedem, in einem Kasten für 10 Rahmen. Beachten Sie den blauen Stoff, der hervorschaut. Das sind Leinen-Innenverkleidungen, damit ich jeden Ableger einzeln öffnen kann, ohne dass die Bienen in den nächsten Ableger überlaufen. Sie sehen hier auch die Ableger-Kalender. Darunter sehen Sie mitteltiefe Ablegerkästen. Anzahl der Rahmen (von links nach rechts): 2, 3, 4, 5, 8, 10. Ich mag die Kästen mit zwei Rahmen sehr gern als Ablegerkästen. Der mittlere Kasten mit 8 Rahmen ist praktisch, weil er dasselbe Fassungsvermögen hat wie ein tiefer Kasten mit fünf Rahmen.

Ableger überwintern

Laut Forschungen sind mindestens 2 000 Bienen nötig, um kalte Temperaturen überleben zu können (Southwick 1984). Ich weiß nicht genau, welche Temperaturen sie überleben können, aber meine Ableger halten sich normalerweise problemlos bis zu einem länger anhaltenden Frost von unter Null Grad. Aber Temperaturen unter Null überleben sie für gewöhnlich nicht lange. Ich setze dabei auf einen mittleren Kasten mit acht Rahmen, der ordentlich mit Bienen gefüllt ist, um durch den Winter zu kommen.

Im Folgenden beschreibe ich einige der Dinge, die ich ausprobiert habe, um Ableger zu überwintern. Ich habe 14 Ableger mit je 8 Rahmen und 20 mit je 5 Rahmen. Als Grundlage benutze ich acht Stück Sperrholz 1,9 cm dick, mit einer Schicht Styropor und noch einmal Sperrholz darüber. Die Ableger befinden sich darüber aufgereiht. Der Boden ist aus 0,6 cm dickem Sperrholz mit einem Lüftungsloch auf der Rückseite. Auch der obere Teil besteht aus Sperrholz mit einem Loch, in den ein Glasfütterer passt (mit Maschendraht eingefasst) und mit einem weiteren Lüftungsloch. Der Eingang bei den Kästen mit fünf Rahmen ist etwa 2,5 cm breit und 1,9 cm hoch und in den Kästen mit acht Rahmen 6,3 cm breit. Ich musste alle Eingänge mit Maschendraht kleiner machen, um die Stöcke vor Räubern zu schützen, deshalb sind sie jetzt alle 1,9 cm mal 1,9 cm groß. Zwei Stöcke wurden ausgeraubt und sind ausgestorben, aber dem Rest scheint es gut zu gehen. Ein Ableger hat eine Königinnenbank; hier habe ich einen Terrarium-Heizer untergestellt. Der obere Teil besteht aus Sperrholz und einer Schicht Styropor, um gut abzuschließen. Ich habe ein elektrisches Heizgerät eingesetzt und das Thermostat auf 21° C eingestellt. Das größte Problem, das ich gehabt habe, waren auslaufende Fütterer und die Bienen davon abzuhalten, im Königinnenkäfig eine Traube zu bilden, und die Königinnen nach draußen zu lassen. Der Terrariumheizer hat mir mit der Königinnenbank sehr geholfen. Das Füttern ist kompliziert: Sirup bildet zu viel Feuchtigkeit und Fütterer sind manchmal undicht und tropfen auf die Bienen.

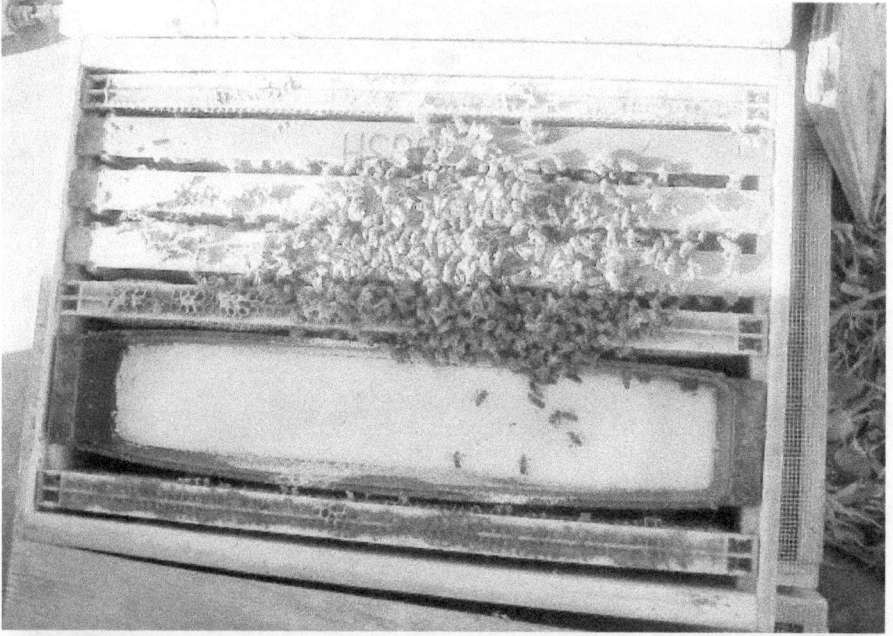

Trockenen Zucker füttern

Auf den ersten beiden Bildern sehen Sie, wie trockener Zucker gefüttert wird. Das habe ich dieses Jahr mit meinen Ablegern ausprobiert. Auf dem folgenden Bild sehen Sie einen Rahmenfütterer, der mit trockenem Zucker gefüllt ist. Das nachfolgende Bild zeigt, wie ich an den Seiten füttere, ohne einen Rahmenfütterer zu benutzen, sondern einfach, indem ich ein paar Rahmen entferne. Die letzten beiden Fotos zeigen meine Überwinterungsvorbereitungen. In der Mitte sehen Sie etwas Freiraum für das Heizgerät; das Thermostat ist auf 15.6º C gestellt. Das Styropor bedeckt drei Seiten des Ablegers. Die doppelten haben eine zusätzliche Schicht, um den Raum auszufüllen und die einzelnen, die aufeinander stehen, haben jeder sein eigenes Bodenbrett. Die Böden dienen als Fütterer, sodass man sie mit Sirup füllen kann, wenn das Wetter warm genug dafür ist (nicht vor Frühling). Dieses System funktioniert gut.

Ich empfehle Anfängern, mindestens ein paar Ableger zu haben. Sie sind nützlich, um Stöcke zu gründen, Königinnen zu züchten und Reserveköniginnen zu halten. Da ich für alle Zwecke mittlere Rahmen empfehle, möchte ich erwähnen, dass Sie fertige Ablegerkästen mit fünf mittleren Rahmen bei Brushy Mt Bee Farm kaufen können. Sie können aber auch Kästen mit acht mittleren Rahmen kaufen, die dasselbe Fassungsvermögen haben wie ein Kasten mit fünf tiefen Rahmen. Ich glaube, dass bei Miller Bee Supply, Rossman´s und möglicherweise auch bei anderen Anbietern mittlere Abelgerkästen erhältlich sind. Sie könnten auch einen tiefen Kasten anpassen, oder Ihren eigenen Kasten bauen, wenn Sie ein Händchen für Holz haben. Für Ablegerkästen finde ich es außerdem praktisch, ein Bodenbrett und eine bewegliche Abdeckung zu haben. Ich habe beides in passenden Größen für Kästen mit drei Rahmen, vier Rahmen und fünf Rahmen. Ich benutze aber auch Kästen mit acht Rahmen als Ablegerkästen. Dabei versuche ich, den Platz der Kolonie am Anfang einzuschränken. Jeder Raum, der nicht gebraucht wird, ist für eine kleine Kolonie, die gerade erst anfängt, nur zusätzliche Arbeit.

Wozu Ableger gut sind:
Teilungen

Sie können einen Rahmen mit Brut (in Eiern), einen mit schlüpfender Brut und ein paar Rahmen mit Honig und Pollen nehmen und sie in einen Ableger geben. Schütteln Sie dann von einem anderen Rahmen zusätzlich die Bienen in den Ableger. Die Bienen werden dann eine Königin heranziehen und schon haben Sie einen neuen Stock. Sobald der Ablegerkasten voll ist, können Sie ihn in einen normalen Kasten umsiedeln.

Künstlicher Schwarm

Wenn die Bienen versuchen, zu schwärmen, dann folgen Sie den oben beschriebenen Schritten und geben Sie eine alte Königin mit in den Ablegerkasten. Entfernen Sie bis auf eine oder zwei alle Schwarmzellen im Stock.

Königinnen aus Schwarmzellen ziehen

Sie können eine Teilung vornehmen wie oben beschrieben, um eine Königin zu erhalten, aber wenn die Bienen versuchen, zu schwärmen, können Sie auch zuerst den Stock teilen und dann in jeden Ableger eine Königinnenzelle zusammen mit Brut, Honig und Bienen geben. Die Bienen werden dann die Königin heranziehen und Sie können sie benutzen, um die Königin in einem anderen Stock auszutauschen oder um sie zu verkaufen etc. Natürlich können Sie die Königinnenzucht auch betreiben, um die Zellen zu erhalten, die Sie dann auseinander schneiden und in verschiedenen Ablegern verteilen.

Eine Ersatzkönigin halten

Wenn Sie in einem Stock die Königin austauschen, dann behalten Sie die alte Königin und geben Sie sie in einen Ableger mit Brut und Honig. Falls die neue Königin nicht angenommen werden sollte, haben Sie so immer noch die alte Königin in Reserve. Außerdem können Sie, wenn Sie eine Königin in einem Ableger halten, schnell einmal einen Stock mit einer neuen Königin besetzen. Damit der Ableger nicht zu stark wird, sollten Sie gedeckelte Brut entnehmen und in andere Stöcke verteilen.

Absolut sichere Königinnenzucht

Wenn Sie die Schritte befolgen, die im ersten Absatz beschrieben wurden (Teilungen), und dann eine Königin in einem Käfig einsetzen, dann werden die Ammenbienen diese neue Königin schnell akzeptieren. Sobald die Königin Eier gelegt hat, können Sie die Königin in dem Stock, den Sie erneuern wollen, töten und die neue Königin einsetzen, indem Sie die Stöcke mithilfe einer Zeitungspapier-Trennwand zusammenführen. Die Bienen werden so die neue Königin problemlos aufnehmen.

Königinnenbank

Ich habe eine Abdeckung gebaut, die die Größe eines Ablegers hat und 1,9 cm dick ist. Dann habe ich Königinnenkäfige mit dem Draht nach unten aufgestellt, sodass ich die Königinnen hier mehrere Tage oder Wochen lang halten kann, bevor ich sie in andere Stöcke einführe.

Wabenbauen

Das funktioniert besonders gut mit regressierten Bienen, weil es bei unnatürlich großen Bienen sehr schwer ist, dass sie ihre eigenen Zellen bauen und diese in natürlicher Größe entstehen (hier geht es nicht darum, dass große Bienen schon fertige Kunstwaben in natürlicher Größe, also 4,9 mm nutzen sollen). Wenn Sie einen Ableger mit kleinen Bienen austatten (durch eine Teilung), dann geben Sie, sobald sich der Ableger eingerichtet hat, Rahmen mit Kunstwaben von 4,9 mm in die Positionen 1, 2, 4 und 5. Füttern Sie den Kasten gut und entfernen Sie jeden Tag bebaute Rahmen. Wenn es schon Eier gibt, dann geben Sie diese Rahmen in einen anderen Stock. Halten Sie etwa 1,5 bis 2 kg Bienen in Ihrem Ableger.

Schwarmfangen

Ablegerkästen sind gut geeignet, um kleine Schwärme aufzunehmen.

Köderstöcke

Ableger eignen sich auch gut als Köderstöcke, um Schwärme anzulocken. Sie können natürlich auch einen Kasten mit 10 Rahmen benutzen, aber er ist schwieriger an einem Baum aufzuhängen und die beste Gelegenheit, einen Schwarm zu erwischen, haben Sie nun mal in 3 m Höhe.

Geschüttelte Schwärme

Sie können ein gelöchertes Bodenbrett in den Ableger einsetzen und die Bienen aus den Brutrahmen von verschiedenen Stöcken in den Ableger schütteln (passen Sie dabei auf, dass Sie nicht auch die Königin mit in den Ableger schütteln) und schon haben Sie einen Haufen heimatloser und königinnenloser Bienen. Sie können sie in einen Stock zusammen mit etwas Brut geben, damit sie sich ihre eigene Königin heranziehen oder Sie können sie in einen Ableger mit einer Königin in einem Käfig geben.

Honigtransport

Ableger, selbst wenn sie fünf Rahmen voller Honig haben, sind praktischer als große Kästen mit zehn Rahmen. Es ist einfacher, die Bienen von den Rahmen abzubürsten um zu ernten und sie sind leichter zu transportieren.

Leichtere Ausrüstung

Mittel statt tief

Mein erster Schritt hin zu einer einfacheren Bienenzucht war das Experimentieren mit horizontalen Stöcken, die ich sehr mag. Aber ich hatte trotzdem noch viel altes Zubehör, deshalb habe ich als nächstes begonnen, die tiefen Rahmen in mittlere umzubauen. Ich habe aufgehört, tiefe und flache Rahmen zu verwenden. Dann habe ich meine 10er-Rahmen-Kästen so umgebaut, dass sie nur noch acht Rahmen fassten. Warum? Weil ein 10er-Rahmen-Kasten mit tiefen Rahmen voller Honig etwa 40 kg wiegt. Ein 10er-Rahmen-Kasten mit mittleren Rahmen voller Honig wiegt nur 25 kg und ein 8er-Rahmen-Kasten mit mittleren Rahmen voller Honig nur mehr um die 20 kg.

Links sehen Sie einen typischen Stockaufbau, wie er in vielen Büchern empfohlen wird. Von unten nach oben: ein Bodenbrett, zwei tiefe Kästen für Brut, ein Königinnenabsperrgitter, zwei flache Aufsätze, eine Innenabdeckung und eine ausziehbare Abdeckung. (Ein Kasten mit 10 Rahmen voller Honig wiegt etwa 40 kg. Ein Kasten mit mittleren Rahmen wiegt etwa 25 kg und ein Kasten mit nur acht mittleren Rahmen mit Honig um die 20kg.) Rechts sehen Sie einen meiner vertikalen Stöcke. Dieser hat vier mittlere Kästen für Brut und Honig (kein Königinnenabsperrgitter) und einen abnehmbaren Aufsatz mit Leisten auf beiden Seiten, um einen Obereingang zu schaffen (es gibt keinen Untereingang). Die Arbeit wird sehr erleichtert, wenn Sie für alles dieselbe Rahmengröße verwenden, weil jeder Honigrahmen als Futterreserve für den Winter verwendet werden kann und jeder Brutrahmen aus den Aufsätzen genommen und anderswo eingesetzt werden kann. Alle Rahmen sind austauschbar. Indem Sie kein Königinnenabsperrgitter verwenden, vermeiden Sie ein honiggebundenes Brutnest und schränken die Bienen in ihrer Arbeit nicht nur auf die Aufsätze ein. Außerdem brauchen Sie so keinen Untereingang, weil die Drohnen oben aus dem Stock gelangen können (sie werden nicht durch das Sperrgitter aufgehalten).

Acht Rahmen anstatt zehn

Ich bin zu schwere Kästen leid, deshalb habe ich begonnen, 8er-Rahmen-Kästen zu kaufen. Aber ich hatte noch viele 10er-Kästen. Hier sehen Sie ein paar 10er-Kästen unten, auf denen dann die 8er-Kästen stehen. Das Brett an der Seite deckt die Lücke ab. Auf dem folgenden Bild sehen Sie einen Stock mit 10er-Rahmen zwischen zwei 8er-Rahmen-Stöcken. Als ich das letzte Mal meinen Rundgang durch meinen Bienenstand gemacht habe, habe ich nicht einen einzigen Kasten angehoben, weil alle Trauben sich oben angesammelt haben. Trotzdem tat mir der Rücken weh und ich konnte mir nicht erklären, warum. Dann erinnerte ich mich an die Betonsteine, die ich gehoben habe. Also habe ich angefangen, Drahtklammern zu basteln, die die Deckel festhalten und habe alle Betonsteine entsorgt (Sehen Sie unter dem Kapitel *Verschiedenes Ausrüstungszubehör* nach). Aber 100 km/h starke Winde heben manchmal die Deckel von den Stöcken ab, wenn sie nicht mit Betonklötzen beschwert sind. Manchmal stößt der Wind die Deckel aber trotzdem um.

8er-Rahmen-Aufsatz auf einem 10er-Rahmen-Brutnest

8er-Rahmen-Stock neben einem 10er-Rahmen-Stock

Ich habe alle meine tiefen Kästen und Rahmen verkleinert. Hier sehen Sie, was ich mit den Tragleisten gemacht habe und auf dem Foto danach, was ich mit gebrochenen oder geborstenen Leisten gemacht habe.

Tiefer Rahmen, der auf einen mittleren Rahmen zugeschnitten wurde

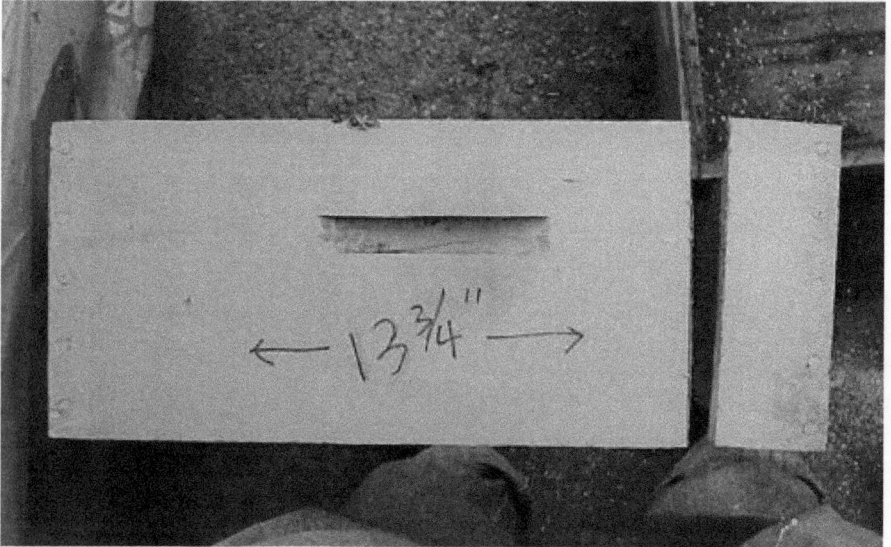

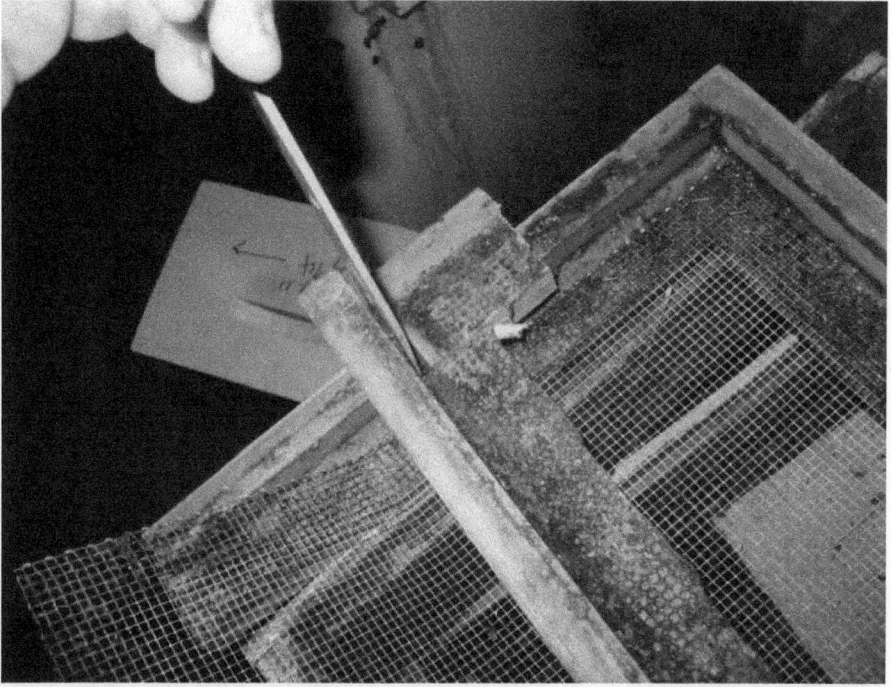

Zuschneiden von10er-Kästen und Bodenbrettern auf 8er-Rahmen-Größe

Ich schneide alle meine 10er-Rahmenkästen und Bodenbretter zu. Hier haben Sie die Schritte gesehen, um aus einem 10er-Kasten und einem Brushy Mountain gelöchertem Bodenbrett einen 8er-Kasten mit passendem Bodenbrett zu machen. Mit der Handsäge schneide ich den Schnitt der Kreissäge nochmal nach, weil ihr Blatt immer ausgefranste Enden hinterlässt.

Ausrüstung in Wachs tauchen

Als ich meine Bienenzucht ausgeweitet habe, habe ich viel neues Zubehör gekauft und mich entschlossen, es in Wachs oder Harz zu tauchen, damit es sich länger hält. Den Tank habe ich von einem Freund bekommen, der dasselbe macht. Es wäre praktischer gewesen, wenn der Tank etwas größer gewesen wäre, aber es funktioniert ganz gut und ich hatte weder Zeit noch Geld, um mir einen anderen Tank zu besorgen. Nach der Standardmethode werden zwei Anteile Paraffin (Bienenwachs) mit einem Anteil Harz gemischt. Das Harz stammt von Mann Lake. Die Wachs-Harz-Mischung wird geschmolzen und auf zwischen 110° und 121° C erhitzt. Bei 120° C kochen die Kästen ordentlich für etwa sechs bis acht Minuten. Bei 110° C brauchen sie etwa zehn bis zwölf Minuten. Sie dürfen den Tank nicht unbeaufsichtigt lassen und brauchen auf jeden Fall ein Thermometer, weil sonst große Brandgefahr besteht. Deshalb sollten Sie unbedingt auch einen Feuerlöscher bereit halten. Ich benutze außerdem einen Wecker, damit ich die Zeit richtig messen kann. Das ist schließlich nicht so, wie wenn Ihnen nur die Bohnen anbrennen. Wenn hier etwas schief geht, dann haben Sie ein paar hundert Pfund Kohlenwasserstoff als Benzin.

Bodenbretter im Tank

Auskochen einiger Kästen. Die Kästen, die obendrauf stehen, halten die unteren Kästen in der Flüssigkeit, sie würden sonst obenauf schwimmen.

Kästen und Bretter nach dem Auskochen. Das Zubehör sieht gut aus und riecht auch sehr gut.Wassertropfen perlen einfach außen ab.

Bienen glauben wohl, dass es sich bei der Wachs-Harz-Mischung um Propolis handelt. Hier sehen Sie, wie eine Biene die Mischung von meinem Handschuh abträgt.

Entscheidungen des Bienenvolks

Ich denke schon seit einiger Zeit über das Thema nach, aber ein Vortrag von Tom Seeley bei einem KHPA-Treffen darüber, wie ein Schwarm sein neues Zuhause findet, und zwei Tage (und Nächte) voller Gespräche mit Walt Wright haben mir geholfen, meine Ideen zu ordnen.

Meinen Beobachtungen zufolge verlangsamt sich die Entwicklung eines Bienenstocks immer dann, wenn die Bienen vor einer Entscheidung stehen. Dabei kann es einfach darum gehen, wohin sich die Traube bewegen soll, um Vorräte zu finden, oder ob die Bienen lieber Plastikwaben bebauen oder sich durch ein Absperrgitter hindurch in die Honigwabenbereiche bewegen. Manchmal können gegenteilige Strategien des Züchters dasselbe Ergebnis bringen, weil die Bienen ihre eigene Entscheidung schon gefällt hatten, manchmal können kleinere Aktionen des Züchters aber auch die Bienen nicht aus ihrer Unentschiedenheit herausholen.

Nehmen wir ein Beispiel, das viele schon einmal beobachtet haben: Bienen durch ein Königinnenabsperrgitter zu bewegen. Wenn die Bienen im unteren Teil des Stocks genug Platz haben, dann sehen sie keinen Grund dazu, warum sie sich nach oben (und durch das Gitter) bewegen sollten. Aber wenn Sie diesen unteren Bereich nun ordentlich überfüllen, dann haben die Bienen gar keine andere Wahl. Sobald sie dann die Entscheidung getroffen haben, bewegen sie sich schnell durch das Gitter.

Ich habe einen Vortrag von Dr. Tom Seeley darüber gehört, wie Bienen entscheiden, wohin sie schwärmen sollen. Es ist eine Frage der Konsensbildung und braucht einige Zeit.

Ein anderes Beispiel bezieht sich auf Rahmen; tiefe, Dadant tiefe und mittlere Rahmen. Bei mittleren Rahmen scheinen die Bienen nie zu zögern, sich einen Kasten nach oben oder nach unten zu bewegen, wenn sie mehr Platz brauchen. Bei tiefen Rahmen bleiben sie oft in einem Kasten hängen und wollen dann nicht mehr weiter nach oben oder nach unten. Bei Dadant tiefen Rahmen haben die Bienen so viel Platz, dass sie es gar nicht nötig haben, nach oben oder nach unten zu krabbeln. Ich habe beobachtet, dass meine Ergebnisse entweder mit Dadant tiefen Rahmen, wo die Bienen nichts entscheiden brauchen, oder mit mittleren Rahmen besser sind, wo ihnen die Entscheidung leicht fällt.

Hierin liegt meiner Meinung nach auch der Grund für ihren Enthusiasmus und die Geschwindigkeit, mit der sie ihre eigenen Waben bauen, im Vergleich dazu, wie sie Kunstwaben und vor allem Plastikwaben bebauen. Bei Kunstwaben wissen die Bienen, was sie eigentlich bauen wollen, aber sie müssen sich damit arrangieren, was sie mit diesem Blatt mit Kunstwaben anfangen sollen.

Ich denke, dass das auch der Grund ist, warum Züchter dieselben Ergebnisse erhalten, obwohl sie gegensätzliche Dinge tun. Sobald die Bienen einmal eine Entscheidung getroffen haben, passiert alles ganz schnell. Wenn sie aber zunächst einen Konsens finden müssen, dann dauert das. Eine Traube in einem langen mitteltiefen Stock hat nur einen Weg, den sie gehen kann: seitlich. Eine Traube in einem vertikalen Stock mit acht Rahmen hat, wenn sie sich unten befindet, auch nur eine Richtung, in die sie gehen kann: nach oben; und wenn sie sich oben befindet: nach unten.

Manchmal glaube ich, dass wir als Züchter den Bienen zu viele Entscheidungen überlassen. Haben Sie nicht auch schon eine Traube inmitten von Vorräten gesehen, die sich einfach nicht bewegt hat, um an diese Vorräte zu gelangen. Ich glaube, die Bienen konnten sich einfach nicht entscheiden.

Unentschlossenheit verbraucht viel Energie und Zeit. Das wirft den Stock in seiner Entwicklung zurück und kann dazu führen, dass er nicht überlebt. Als Züchter sollte Ihnen das bewusst sein, damit Sie diese Kenntnis zu Ihrem und zum Vorteil Ihrer Bienen nutzen können.

Stöcke mit zwei Königinnen

Ich möchte dieses Kapitel damit beginnen, Ihnen zu berichten, dass ich Stöcke mit je zwei Königinnen gehabt habe, dass ich es aber normalerweise für einfacher halte, zwei getrennte Stöcke mit je einer Königin zu halten. Meiner Meinung nach ist das größte Problem, dass Sie einen riesigen Stock haben, mit Aufsätzen so hoch, dass sie in den Himmel reichen. Dieser riesige Stock wird von Unmengen Bienen umschwärmt und für alles, was Sie in irgendeiner Form mit den Königinnen machen wollen, müssen Sie jeden einzelnen Kasten auseinandernehmen. Dieser riesige Bienenhaufen kann einem, vor allem als Anfänger, Angst einjagen. Um das Ganze möglichst praktisch zu halten, brauchen Sie ein System, bei dem Sie nicht alle Kästen auseinandernehmen müssen, um an eine der Königinnen zu gelangen.

Dies vorangestellt, ist die eigentliche Idee dahinter, zwei Königinnen zu halten, natürlich, dass diese doppelt so viele Eier legen und sich der Stock im Frühjahr doppelt so schnell erholt. Mehr Arbeiter, mehr Honig.

Um das zu erreichen, gibt es verschiedene Ansätze. Einer benötigt nur wenig Zubehör, wenig Aufwand, ist aber auch weniger zuverlässig: sie ziehen einfach Königinnenzellen heran und geben Sie in den obersten Kasten, bevor sie schlüpfen. So kommen Sie mit geringem Aufwand zu einem Stock mit zwei Königinnen. Sie können die Chancen erhöhen, indem Sie auf halber Höhe Ihres Stocks ein Königinnenabsperrgitter einsetzen. Natürlich brauchen dann beide Teile des Stocks (über und unter dem Gitter) einen Ausgang für Drohnen und für die Königin. Manchmal funktioniert das. Im schlimmsten Fall wird die Königin von den Bienen ersetzt und im besten Fall haben Sie als Ergebnis zwei legende Königinnen. Mir ist das mehrfach aus Versehen passiert, wenn ich Königinnen gezüchtet habe. Einzelheiten darüber, wie eine Königin in einem oberen Teil eines Stocks gepaart wird, können Sie bei Doolittle's in *Scientific Queen Rearing* nachlesen.

Auch ein Demaree-Plan funktioniert hierfür ganz gut. Nehmen Sie einfach ein doppeltes gelöchertes Bodenbrett (oder zwei einzelne gelöcherte Bodenbretter) und stellen Sie einen Kasten mit Brut darauf. Die Bienen ziehen dann im königinnenlosen Teil (egal welcher es ist) eine neue Königin heran. Sobald sich die Haupttracht nähert, können Sie beide Teile mit einer

Zeitungspapierwand wieder zusammenführen (mit oder ohne Absperrgitter).

Wenn Sie eine verlässlichere Methode ausprobieren wollen, dann schauen Sie sich mein Konzept für einen Zwei-Königinnen-Stock an: ich würde einen horizontalen Stock einrichten, der aus drei Kästen besteht (123,8 cm), mit den Eingängen auf der langen Seite. Richten Sie die Eingänge so ein, dass Sie sie jeweils auf beiden langen Seiten öffnen oder schließen können. Der Kasten braucht zwei Kerben, damit ein Königinnenabspergitter jeweils so hineinpasst, dass der Kasten dreigeteilt wird. So können Sie oben und unten je eine Königin halten und die Aufsätze in der Mitte haben.

Damit der Stock die beiden Königinnen annimmt, können Sie verschiedene Methoden ausprobieren, aber in jedem Fall sind die Königinnen weit genug voneinander entfernt, um nicht miteinander zu kämpfen. In der Mitte befinden sich zwei Brutnester und zwei Aufsätze. Sie können die Königinnen kaufen, den Stock vorher für 24 Stunden ohne Königin lassen, das Brutnest aufteilen und in jedes gleichzeitig eine Königin in einem Käfig einführen.

Wenn Sie Ihre eigenen Königinnen züchten, dann können Sie in beide Teile des Stocks je eine unbegattete Königin geben und darauf hoffen, dass beide in den jeweils richtigen Teil des Stocks zurückfliegen, wenn sie sich gepaart haben.

Die beste Zeit, um zwei Königinnen zum Eierlegen zu bringen, ist im Frühling, je eher, desto besser. Während der Honigtracht ist es wahrscheinlich einfacher, den Stock aufzuteilen und alle offene Brut in einen Teil zu geben und den Großteil der Bienen in den anderen Teil, um die Produktion aufrecht zu halten, weil es nicht hilfreich wäre, wenn sich ein Großteil der Bienen *während* einer Tracht der Brutaufzucht widmet.

Snelgrove hatte die Idee, einen Stock so zu nutzen, dass sowohl der obere als auch der untere Eingang mit einem doppelten gelöcherten Bodenbrett kombiniert wurde. Vielleicht gibt es einen Weg, dass dies auch für die horizontale Version funktioniert.

Der Sinn eines Zwei-Königinnen-Stocks ist es, einen „Super"-Stock mit einer riesigen Bienenbevölkerung zu schaffen. Das können Sie aber auch durch Teilungen erreichen. Lesen Sie hierzu das Kapitel *Teilungen*.

Oberladerstöcke

Kenia-Oberladerstöcke

Bau von Oberladerstöcken im Kenia-Stil. Die Seiten sind 2,5 cm mal 30 cm mal 118 cm lang. Der Boden ist 2,5 cm mal 15 cm mal 118 cm lang.

Die Endleisten messen 2,54 cm mal 30 cm mal 38 cm.

Die Bretter sind weder abgeschrägt noch eingekerbt. Sie werden einfach auf diese Länge zugeschnitten und zusammengenagelt.

Die Seiten werden so auseinandergestellt, dass sie mit den Kanten der Endleisten zusammen abschließen. Beides wird vernagelt und verschraubt. Ich benutze Schrauben an diesen Stellen, weil ich sonst den ganzen Stock aufhebeln würde, wenn ich die Deckeln abhebele.

Mit Bienen. Der Aufsatz ist eingekerbt; hier habe ich einen Faden Leitwachs angeklebt und festgenagelt. Rechts sehen Sie die Leiste oben auf dem Aufsatz. Das Brutnest hat 3,17 cm breite Leisten und der Honig 3,8 cm breite Leisten. Sie sind jeweils 38,1 cm lang.

Waben in einem Oberladerstock im Kenia-Stil. Entdecken Sie die Königin?

Eine Nahaufnahme der Königin im Oberladerstock im Kenia-Stil

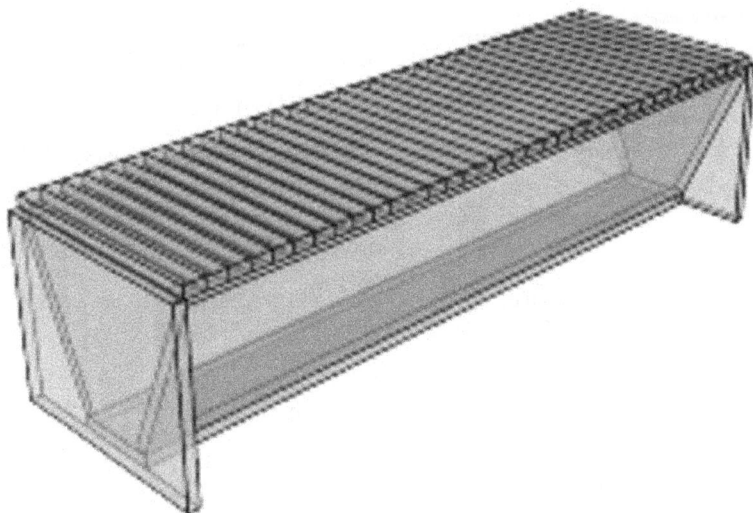

Dreidimensionale Zeichnung (Chris Somerlot).

Ein Oberladerstock sollte einfach und günstig zu bauen sein, einfach zu bearbeiten sein und natürlich große Zellen haben. Beim Kenia-Stil (schräggestellte Seiten) sind die Waben stärker und brechen daher nicht so schnell, wenn sie mit Honig gefüllt sind. Dieser Stock funktioniert sehr gut, ohne dass die Waben einbrechen. Die kleinen Waben sind einfach zu bearbeiten und bei weitem nicht so zerbrechlich wie frei hängende Waben. Auf den Bildern sehen Sie (in dieser Reihenfolge):

Der Eingang in einen Oberladerstock (Kenia-Stil) besteht einfach nur aus einer Öffnung der Frontleiste um mindestens 0,95 cm. Der Deckel liegt auf einer Oberleiste von 1,9 cm, d.h. dass der Eingang 1,9 cm hoch und 0,95 cm breit ist. Er ist einfach nur die Lücke, die über der ersten Leiste entsteht.

Bestandteil-Liste:

2 Holzleisten mit den Maßen 1,9cm x 28,6cm x 118,1cm

2 Holzleisten mit den Maßen 1,9cm 28,6cm x 38,1cm

1 Holzleiste mit den Maßen 1,9cm x 14cm x 118,1cm

Ein Deckel mit den Maßen 38,1cm x 121,9cm

16 Holzleisten mit den Maßen 38,1cm x 3,2cm x 1,9cm

18 Holzleisten mit den Maßen 38,1cm x 3,8cm x 1,9cm

34 - dreieckige Wabenanleiter, die aus schrägen Vorlagen geschnitten werden oder aus der Ecke eines 1,9 cm dicken Holzbretts. Sie schneiden in einem 45°-Winkel, um eine Vorlage zu bilden, die 2,5cm x 1,9cm x 1,9cm misst.

2 Holzleisten aus Zedern- oder anderem behandeltem Holz mit den Maßen 8,9cm x 8,9cm x 40,6cm

Alle Schnitte sind gerade Schnitte, außer wenn Sie die abgeschrägten Holzteile selber zuschneiden

Es ist schwierig, den Bau des Eingangs zu erklären, weil Sie ihn eigentlich gar nicht bewusst bauen müssen. Sie lassen einfach eine Lücke über der Vorderleiste (man hat ja sowieso immer noch etwas Platz übrig) . Die Leisten an der Seite heben den darüberliegenden Aufsatz so an, dass der Eingang entsteht.

Eingang

(Foto von Theresa Cassidy)

Eingang mit zurückgeschobenem Deckel (Foto von Theresa Cassidy)

Oberladerstock (Tansania-Stil)

Oberladerstock (Tansania-Stil)

Offener Oberladerstock (Tansania-Stil)

Waben in einem Oberladerstock (Tansania-Stil)

Hier sehen Sie einen langen, mitteltiefen Stock. Dieser hat anstelle von Rahmen Tragleisten. Der Eingang besteht nur aus einer abziehbaren Abdeckung und einer Lücke von 0,98 cm über der Vorderleiste. Ein Vorteil dieses Stocks ist, dass mittlere Standardrahmen für ihn verwendet werden können, wenn der Stock also einmal Ressourcen aus einem meiner anderen Stöcke benötigt, dann habe ich schnell einen passenden Rahmen mit Brut zur Hand. Außerdem kann ich mit ein paar Brutrahmen aus meinen anderen Stöcken (die alle mittelgroße Rahmen verwenden) schnell einen neuen Stock aufmachen. Ich habe nicht beobachten können, dass sich die Waben bei diesem Stock besser befestigen als beim Stock mit abgeschrägten Seiten.

Bestandteilliste:

Zwei Holzleisten mit den Maßen 1,9cmx 18,4cm x 118,1cm. Hierbei schneiden Sie in beide Bretter eine Falz, damit der Rahmen aufliegen kann. Die Falz misst 9,5 mm (horizontal) und 19 mm (vertikal).

Zwei Holzleisten mit den Maßen 1,9cm x 18,4cm x 50,5cm.

Ein Bodenbrett (Sperrholz, Coroplast oder ähnliches) mit den Maßen 121,92cm x 50,2cm)

Einen Deckel mit den Maßen 50,2cm x 121,92cm (aus Sperrholz, Coroplast oder Wellblech) oder aus drei annehmbaren Abdeckungen.

16 Holzleisten mit den Maßen 48,3cm x 3,17cm x 1cm

18 Holzleisten mit den Maßen 48,3cm x 3,81cm x 1cm

34 dreieckige Wabenanleiter, die aus schrägen Vorlagen geschnitten werden oder aus der Ecke eines 1,9 cm dicken Holzbretts. Sie schneiden in einem 45°-Winkel, um eine Vorlage zu bilden, die 2,5cm x 1,9cm x 1,9cm x 44cm misst.

2 Holzleisten aus Zedern- oder anderem behandeltem Holz mit den Maßen 8,9cm x 8,9cm x 40,6cm

Wabenmaße

4 7 mm Wabenmaß

Ich möchte Ihnen nur ein paar Wabenmaße zeigen. Hier sehen Sie zum Beispiel Brutwaben aus meinem Oberladerstock

Kenia-Stil. Um richtig zu messen, beginnen Sie an der 10 cm-Markierung und zählen die folgenden zehn Waben ab. Dabei komme ich auf 4,7cm pro zehn Zellen. Ich beginne bei dem Maßband, bei der 10 cm-Markierung zu zählen, weil es schwer zu sehen ist, wo genau die Markierung von 0 cm liegt.

Häufig gestellte Fragen
Überwintern

F: Manche Leute sagen, dass Oberladerstöcke in kalten Klimazonen nicht gut überwintern. Stimmt das?

A: Ich habe diese Stöcke in Nebraska und andere Züchter haben sie an so kalten Orten wie Casper Wyoming. Ich habe nur sehr selten gehört, dass Bienen in Oberladerstöcken bei kaltem Klima nicht gut überwintern würden und wenn, dann nur von Personen, die es noch nicht selbst ausprobiert haben.

Es ist gut, wenn Sie es schaffen, die Traube zu Winterbeginn an einem Ende des Stocks zu haben, damit die Bienen sich den Winter über zum anderen Ende durcharbeiten können. Wenn die Bienen am Anfang ihre Traube in der Mitte bilden, dann werden sie sich bis zu einem Ende bewegen und dort verhungern, obwohl es am anderen Ende des Stocks noch Vorräte gibt. Es ist komplizierter, Oberladerstöcke in sehr *heißen* Klimazonen zu halten, und trotzdem gibt es Züchter, die es schaffen. Ich habe Probleme, wenn die Temperaturen auf über 37.8° C steigen, weil dann die Waben zusammenbrechen.

Tropisch?

F: Oberladerstöcke wurden in Afrika erfunden, richtig? Es sind also tropische Stöcke?

A: Eigentlich wurden diese Stöcke schon vor Tausenden von Jahren in Griechenland erfunden, und wurden dann auch andernorts genutzt. Aber die eigentliche Sorge scheint eher darin zu liegen, ob sich die Bienen überhaupt horizontal bewegen. Aber dazu besteht kein Grund. Ich habe schon Stöcke in hohlen horizontalen Ästen gesehen oder in Böden und ich selbst habe Bienen schon in horizontalen Stöcken überwintert, sowohl in Oberladerstöcken als auch in Langstroth-Stöcken. Bienen tendieren dazu, sich in eine Richtung zu bewegen, sobald sie ihre Traube gebildet haben, und bei kaltem Wetter fällt es ihnen schwer, diese Richtung später zu ändern. Aber es scheint ihnen dabei egal zu sein, ob sie sich horizontal oder vertikal bewegen müssen. Horizontale Stöcke sind in Skandinavien schon seit Jahrhunderten bekannt. Laut Eva Crane handelt es sich bei den meisten Stöcken sowohl heutzutage als auch im Verlauf der Geschichte um horizontale Stöcke in jeder Region, vom hohen Norden bis in tropische Gebiete.

Königinnenabsperrgitter?

F: Wie halten Sie die Königin ohne ein Absperrgitter vom Honig fern?

A: Ich benutze auch in meinen normalen Stöcken keine Absperrgitter. Die Königin legt nicht quer durch den Stock. Wenn Sie trotzdem Brut in Ihren Honigaufsätzen in einem Langstroth-Stock finden, dann liegt das daran, dass entweder die Königin nach Platz gesucht hat, um Drohnenbrut zu legen, was Sie nicht zugelassen haben, indem Sie entweder die Waben herausgeschnitten haben oder nur Kunstwaben für Arbeitereier verwendet haben; oder aber die Königin will das Brutnest ausbauen oder einen Schwarm vorbereiten. Würden Sie es bevorzugen, dass die Bienen schwärmen? Die Bienen brauchen ein gefestigtes Brutnest. Sie wollen nicht überall im Stock Brut haben. Manche Züchter versuchen, etwas gedeckelten Honig als eine Art Absperrgitter zu verwenden. Ich mache genau das Gegenteil. Ich versuche, meine Bienen dazu zu bringen, das Brutnest so weit wie möglich zu erweitern, um sie vom Schwärmen abzuhalten und mehr Arbeitskräfte zu haben, die Honig sammeln können. Dafür setze ich während der Hauptschwarmsaison leere Aufsätze in das Brutnest ein.

Ernte

F: Wie ernten Sie Honig aus einem Oberladerstock?

A: Sie können entweder die Honigwaben herausschneiden, zerbrechen und den Honig sieben, oder Sie können Wabenstücke ausschneiden. Wenn Sie wollen, können Sie auch eine Honigschleuder kaufen; bei Swienty gibt es eine Schleuder, die auch für Oberladerstöcke funktioniert. Aber wenn Sie nur ein paar Stöcke haben, dann lohnt sich eine Schleuder normalerweise nicht.

Obereingang?

F: Manche Züchter sagen, dass durch Obereingänge zu viel Wärme entweicht. Wie handhaben Sie das bei Ihren Eingängen?

A: Ein Obereingang funktioniert für den Winter sehr gut in jedem Stock (egal ob Oberlader oder nicht). Die Feuchtigkeit kann entweichen und es entsteht weniger Kondenswasser. Der Wärmeverlust ist dabei selten ein Problem, das wirkliche Risiko für Stöcke liegt im Winter im Kondenswasser. Das können Sie mit einem Obereingang einfach regeln. Alle meine Stöcke haben *nur* Obereingänge. Ich bin auf diese Art der Eingänge vor allem der Stinktiere wegen umgestiegen. Mein erster Oberladerstock hatte einen Untereingang und ich hatte damals große Probleme mit Stinktieren. Nachdem ich auf Obereingänge umgestiegen bin, hat sich das Thema erledigt. Meine Eingänge befinden sich in der Lücke auf der Vorderseite des Stocks zwischen der ersten Leiste und der Vorderwand. So brauche ich keine Löcher zu bohren.

Schräggestellte Seitenwände?

F: Haben Obereingänge im Kenia-Stil weniger Haftzellen als solche im Tansania-Stil?

A: Meiner Erfahrung nach nicht. Ich kenne auch nur einen Züchter mit Stöcken im Tansania-Stil, der diese Meinung vertritt.

Die meisten anderen haben dieselbe Erfahrung gemacht wie ich, nämlich dass es in beiden Fällen wenig Haftung gibt.

Varroa?

F: Wie behandeln Sie einen Oberladerstock im Fall von Varroa?

A: Gar nicht, weil ich kleinere, natürlich große Zellen in meinen Stöcken habe. Aber Sie könnten ein Loch im Stock öffnen und den Dampf von Oxalsäure in den Stock blasen oder den Stock mit Oxalsäure bespritzen oder Puderzucker verwenden.

Füttern?

F: Wie füttern Sie einen Oberladerstock?

A: Da ich nur in Notfällen füttere, benutze ich trockenen Zucker auf dem Bodenbrett (wenn es kein gelöchertes ist), das funktioniert gut. Besprühen Sie den Zucker mit etwas Wasser, damit die Bienen auf ihn aufmerksam werden und damit der Zucker verklumpt, damit die Reinigungsbienen ihn nicht als Müll nach draußen tragen. Sie können auch einen Beutelfütterer auf dem Boden verwenden, oder Sie können einen Rahmenfütterer einsetzen, wenn auch Langstroth-Rahmen in Ihren Stock passen oder einen entsprechend passenden Rahmen bauen. Die mittleren Rahmen kann ich für fast alles in einem normalen Stock benutzen. Hier habe ich auch schon Rahmenfütterer mit Schwimmkörpern benutzt.

Verwaltung?

F: Gibt es Unterschiede in der Bearbeitung von Oberladerstöcken und Standard-Stöcken?

A: Das Wichtigste ist, zu erreichen, dass die Bienen parallele Waben bauen. Eine gut gebaute Wabe führt zur nächsten gut gebauten Wabe genauso wie eine schlecht gebaute Wabe zur nächsten schlecht gebauten Wabe führt. Deshalb müssen Sie vor allem am Anfang sehr gut aufpassen. Wabenchaos entsteht meistens dadurch, dass der Königinnenkäfig im Stock gelassen wird, von dem aus die Bienen dann ihre ersten Waben bauen, was zu einem großen Durcheinander führt. Ich finde es überraschend, wie viele Züchter „auf Nummer sicher" gehen wollen und den Königinnenkäfig im Stock lassen. Sie verstehen anscheinend nicht, dass sie damit fast automatisch verhindern, dass die erste Wabe richtig gebaut wird, was bedeutet, dass wenn sie nicht sofort danach eingreifen, der ganze Stock falsch bebaut wird. Sobald Sie erst einmal beim Chaos angelangt sind, bleibt nur noch eins: Sie müssen sicherstellen, dass die letzte gebaute Wabe richtig gebaut ist, weil sie die Orientierung für die nächste Wabe bildet. Es reicht nicht, Ihren Bienen nur hoffnungsvoll zuzuschauen und darauf zu warten, dass sie wieder auf den richtigen Weg kommen. Das werden sie nicht, Sie müssen ihnen die Richtung vorgeben. Dabei geht es nicht darum, die Zellen zu verdrahten oder nicht zu verdrahten. Es geht auch nicht darum, Rahmen zu benutzen oder nicht. Es geht einfach nur darum, dass die letzte gebaute Wabe richtig gebaut ist.

Ein regelmäßiges Abernten hilft, Vorratsraum im Honigbereich freizuhalten.

Der Stock braucht während der Hauptschwarmsaison leere Rahmen im Brutnest, damit das Brutnest wachsen kann und kein Schwarm entsteht.

Die Traube sollte zu Winterbeginn an einem Ende des Stocks entstehen (zumindest in nördlichen, also kälteren Klimaregionen), damit die Bienen sich nicht von der Mitte aus zu einem Ende des Stocks durcharbeiten und dort verhungern, obwohl es auf der anderen Seite noch Vorräte gibt.

Sie können hierfür ganz einfach den Rahmen, an dem sich die Traube bildet, an das Ende des Stocks umsiedeln und mit einem anderen Rahmen austauschen. Wenn Sie den Eingang zum Stock an ein Ende des Stocks legen, beugen Sie diesem Problem vor, weil für gewöhnlich auch das Brutnest ganz in der Nähe des Eingangs ist. Wenn der Eingang und damit das Brutnest in der Mitte des Stocks sind, dann fördern Sie, dass die Bienen ihre Traube in der Mitte bilden.

Waben sollten mit Vorsicht behandelt werden. Achten Sie auf den Winkel, den die Waben zum Boden haben. Immer wenn Sie sie andersherum drehen, besteht das Risiko, dass die Waben leicht brechen. Halten Sie die Waben also möglichst in der gleichen Position. Wenn Sie sie umdrehen, dann drehen Sie den flachen Teil der Waben in die Vertikale und nicht in die Horizontale. Prüfen Sie außerdem die Haftung der Zellen mit den Wänden, dem Boden und den anderen Waben, bevor Sie die Waben herausnehmen. Schneiden Sie diese Haftungen vorher durch.

Produktion?

F: Welche Art von Stock bringt mehr Geld - ein Langstroth-Stock oder ein Oberladerstock?

A: Beide Stöcke werden unterschiedlich bearbeitet. Wenn Sie einen Oberladerstock haben, den Sie einfach erreichen können, und den Sie während der Haupttracht wöchentlich kontrollieren können, um den Platz richtig einzuteilen, dann denke ich, ist der Ertrag gleich. Wenn Sie einen Oberladerstock an einem Außenstand haben, den Sie nicht sehr oft besuchen, oder selbst wenn der Stock in Ihrem Garten hinter dem Haus steht, Sie aber keine Zeit haben, sich um ihn zu kümmern, dann wird Ihnen ein Langstroth-Stock wahrscheinlich mehr Honig einbringen.

Ein Oberladerstock braucht zwar mehr *regelmäßige* Kontrollen, aber er bedeutet nicht mehr Arbeit, denn Sie brauchen keine schweren Kisten mehr transportieren.

Gelöchertes Bodenbrett?

F: Kann ich ein gelöchertes Bodenbrett in meinem Oberladerstock verwenden?

A: Ja, das können Sie. Aber ich würde den Stock nicht ganz offen lassen, weil er sonst zu viel Belüftung hätte. Meiner Erfahrung nach beeinflusst das die Varroa-Zahlen nicht.

F: Wie kann man denn zu viel Belüftung haben? Ist Belüftung denn nicht etwas Gutes?

A: Im Winter bedeutet zu viel Belüftung zu viel Wärmeverlust. Aber selbst im Sommer können die Bienen durch zu viel Verdunstung auskühlen, sodass der Stock auch an einem heißen Tag deutlich kühler ist als die Außentemperatur. Zu viel Belüftung kann dazu führen, dass die Bienen die kühlere Temperatur nicht beibehalten können. Wenn Wachs über die normale Temperatur im Stock (34° C) erwärmt wird, dann wird es sehr schwach und die Waben können einstürzen. Laut Hubers Belüftungsexperimenten führen mehr Luftlöcher sogar zu weniger Belüftung.

Querbelüftung

F: In Langstroth-Stöcken gibt es oft Ober- und Untereingänge, um für ausreichend Belüftung zu sorgen. Sollte ich das auch in meinem Oberladerstock einführen?

A: Den Bienen scheint es schwer zu fallen, einen vertikalen Stock zu belüften, wenn dieser oben kein Luftloch hat. Sie müssen die trockene Luft (die absinken will) nach oben bewegen und die warme feuchte Luft von oben (die nach oben gehen will) nach unten bewegen und dort verteilen. Das ist so, wie wenn der Weg zur Schule hin und zurück 10 km nach oben ansteigen würde. Deshalb hilft ein Luftloch oder Obereingang in einem vertikalen Stock, weil die heiße feuchte Luft entweichen kann, wodurch die trockene Luft von unten nach oben gezogen wird. Bei einem horizontalen Stock ist das kein Problem. Die Luft wird einfach in Kreisbewegungen von einer Seite zur anderen und nach draußen bewegt. Wie ein sanfter Spaziergang ohne Hügel. Bei Querbelüftung (zum Beispiel durch Vorder- und Hintereingang) kann es passieren, dass der Wind durch den Stock durchweht und Schaden anrichtet.

Landebrett?

F: Brauche ich ein Landebrett am Eingang?

A: Nein. Haben Sie jemals beobachtet, wie eine Biene versucht, auf einem Landebrett zu landen? Landebretter bieten einfach nur Mäusen eine gute Gelegenheit, um in den Stock zu krabbeln. Sie werden von den Bienen überhaupt nicht gebraucht und sind meiner Meinung nach der Mäuse wegen kontraproduktiv.

Länge?

F: Was ist die optimale Länge für einen Oberladerstock?

A: Meiner Erfahrung nach sind etwa 120 cm gut. Bei einem kleineren Stock ist es schwierig, die Bienen vom Schwärmen abzuhalten. Ein größerer Stock ist nur schwer ganz mit Bienen auszufüllen. Bruder Adams Forschungen zu Bienen und Stöcken zeigen, dass die maximale Länge bei 150 cm liegt. Ich denke auch, dass dies eine brauchbare maximale Stocklänge ist.

Breite der Bretter?

F: Warum kann ich nicht alle Leisten gleich breit schneiden?

A: Das könnten Sie zwar, aber unabhängig davon werden die Bienen nicht alle Waben gleich dick bauen, weshalb es schwierig ist, sie an den Leisten zu halten. Wenn Sie alle Leisten gleich breit schneiden wollen, dann würde ich eine Breite von 3.17 cm vorschlagen und viele Platzhalter von der gleichen Breite einfügen, damit die Bienen sich entscheiden können, dickere aben zu bauen.

Leitwachs

F: Was ist das beste Leitwachs?

A: Die meisten üblicherweise verwendeten Leitwachsvarianten sind in Ordnung, außer vielleicht Wachs in Kerben, weil es nicht ausreicht, um den Bienen eine gute Orientierung zu geben. Sie brauchen etwas, das deutlich mehr hervorsticht. 0,64 cm sind gut, 1,27 cm sind besser. Ein Leitwachsfaden oder ein Dreieck funktioniert, aber beide haben Vor- und Nachteile. Meiner Meinung nach hat das Holzdreieck die meisten Vorteile und wenig Nachteile. Die Bienen richten sich nach ihm und haften die Waben sehr gut an. Leitwachsfäden mag ich deshalb nicht, weil sie zerbrechlich sind und bei warmem Wasser leicht abfallen können. Am wenigsten brauchbar sind aufgeklebte Kügelchen auf einem flachen Brett. Das kann zwar auch funktionieren, es ist aber sehr unwahrscheinlich, dass sie helfen.

Leitwaben

F: Muss ich Leitwaben auf dem Holzdreieck anbringen?

A: Nein, das würde ich nicht empfehlen. Das Wachs, das Sie auf die Waben kleben, wird nicht so gut halten wie die Waben, die die Bienen selber bauen. Sie schwächen damit also eher die Verbindung zwischen Waben und Holz. Meiner Erfahrung nach halten sich die Bienen mit oder ohne Leitwaben genauso gut an die Orientierung, die das Dreieck gibt.

Lattenrost

F: Kann ich einen Lattenrost (oder andere Bestandteile) in meinen Oberladerstock einbauen?

A: Natürlich, aber eigentlich besteht der große Vorteil eines Oberladerstocks gerade in seiner Einfachheit, abgesehen davon, dass Sie keine Kästen tragen müssen. Deshalb ziehe ich es vor, diese Stöcke so einfach und praktisch wie möglich einzurichten.

Horizontalstöcke

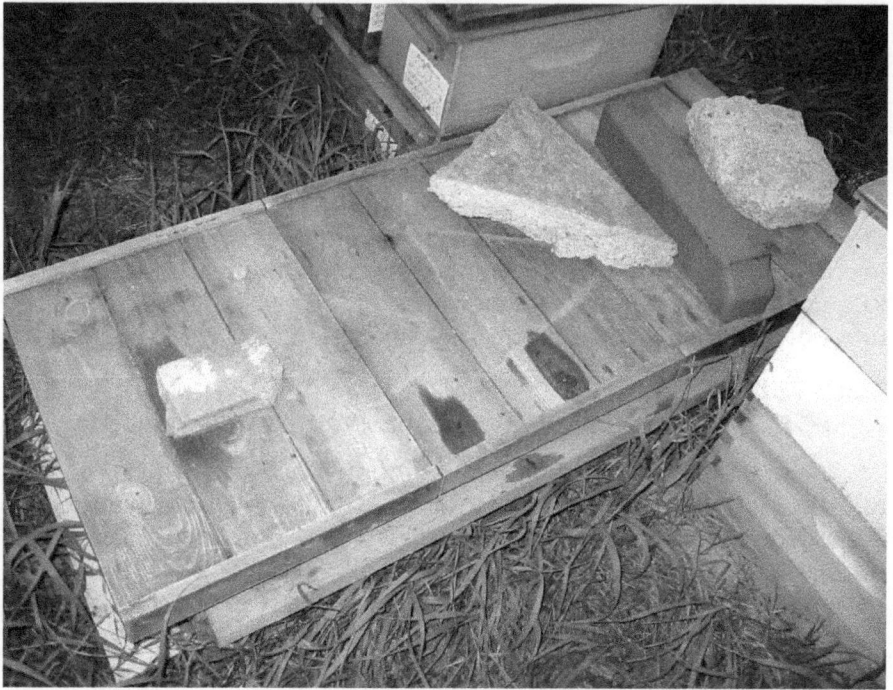

Mitteltiefer Horizontalstock.

Als ich aufhören wollte, bei meiner Bienenzucht so viel Gewicht zu heben, ist mir als erstes ein Horizontalstock in den Sinn gekommen. Ich hatte schon 1975 einen für einen Freund gebaut, aber noch nie selbst mit einem gearbeitet. Den nächsten Stock baute ich dann im Jahr 2002. Die Idee ist einfach, den Stockverlauf horizontal auszurichten, damit Sie nichts anheben brauchen. Diese Stöcke sind in vielen Teilen der Welt sehr beliebt. Eine andere Variante sind Oberladerstöcke (Lesen Sie für Anleitungen und Infos das vorherige Kapitel zu *Oberladerstöcken*), in denen der Stock nicht nur horizontal verläuft, sondern auch keine Rahmen für die Waben benötigt. Ich arbeite derzeit mit zwei tiefen Stöcken mit 12 Rahmen, einem tiefen Stock mit 22 Rahmen und fünf mittleren Stöcken mit 33 Rahmen. Mein Ziel ist es, jedes Jahr neue Stöcke hinzuzufügen. Meine Eingänge sind einfach angepasste abziehbare Abdeckungen. Der Vorteil hierbei ist, dass ich keine Löcher bohren brauche und keine Probleme mit Stinktieren habe. Der Eingang lässt sich zusammen mit den Aufsätzen bewegen, sodass die Bienen neu hinzugefügte Aufsätze besser bearbeiten.

Langstock Vorderansicht. Mittlere Rahmen und hauptsächlich PermaComb

Betrieb

Diese Stöcke ähneln in ihrem Betrieb sehr den Oberladerstöcken (Informationen finden Sie im vorherigen Kapitel).

Langstock mit Aufsätzen. Hauptsächlich Rahmen ohne Kunstwaben.

Beobachtungsstöcke

Wozu dient ein Beobachtungsstock?

Ich liebe meine Beobachtungsstöcke. Ich habe von ihnen in einem Jahr viel mehr gelernt, als von meinen anderen Stöcken in vielen Jahren. Wenn Sie zusätzlich zu Ihren anderen Stöcken einen Beobachtungsstock haben, dann bekommen Sie eine viel bessere Vorstellung davon, was in Ihren anderen Stöcken passiert. Sie sehen, ob Pollen in den Stock geliefert wird, ob Nektar eingeflogen wird, ob die Bienen ausgeraubt werden etc. Sie können beobachten, wie die Bienen eine Königin heranziehen. Sie können mitan-sehen, wie sich die Königin in der Paarungszeit verhält, Sie sehen, wie die Bienen einen Schwarm vorbereiten. Außerdem können Sie Tage oder Stunden zählen, die vergehen, bis Zellen gedeckelt werden, bis die Eier schlüpfen usw. Sie können den Schwänzeltanz und andere Tänze beobachten. Mit diesem Stock hören Sie, wie die Bienen klingen, wenn sie königinnenlos sind, wenn sie ausgeraubt werden, wenn eine Königin schlüpft uvm. Ich hatte mehrfach angefangen, einen Beobachtungsstock zu bauen, bis ich ihn endlich fertig hatte und heute wüsste ich nicht mehr, wie ich ohne ihn klarkommen konnte.

Bilder verschiedener Beobachtungsstock-Typen

Langstroth-Beobachtungsstock (tief). Bienen auf den Tragleisten.
10 Rahmen.

Diese Stöcke funktionieren sehr gut mit Rahmen ohne Kunstwaben. Die Ansicht wurde von der Vorderseite der Waben aufgenommen, nicht von den Endleisten her. Beobachtungsstöcke mit Rahmen voller fertiger Kunstwaben sind nicht sehr nützlich. Sie sehen Bienen in einem tiefen Langstroth-Beobachtungskasten. Sie befinden sich auf Tragleisten anstatt auf Rahmen. Sie wurden in einen doppelt so breiten Kasten umgesiedelt (Standardtiefe und 82,5 cm lang), der im Schatten steht. Die unteren Waben sind dann irgendwann wie eine Reihe Dominosteine zusammengefallen, weshalb ich auf mittlere Tiefe umgestiegen bin. Trotzdem ist der Beobachtungsstock noch nützlich. Ich habe ein Abdeckbrett, das als Einsatz funktioniert und die Sonne so abhält, dass das Wachs nicht schmilzt.

Glasrahmenfütterer für einen Beobachtungsstock im Haus. Ich habe den Fütterer so gebaut, dass er den leeren Raum ausfüllt, der entstanden ist, als ich den Stock von zwei tiefen und zwei flachen auf vier mittlere Rahmen umgebaut habe.

Abdeckvorhang

Der Sprung im Glas stammt von einem Einsatz, den ich in den Stock gegeben habe, um den Wabenabstand zu korrigieren. Außen ist der Stock mit Sicherheitsglas geschlossen. Das innere Glas ist normales zugeschnittenes Glas, das ich leider einmal mit einem Werkzeug beim Saubermachen beschädigt habe. Dieser Sprung hat sich dann langsam über die gesamte Glasfront ausgebreitet.

Der Schlauch geht durch das Fenster nach draußen.

Falsch geneigte Zellen

Bienen bauen die meisten Zellen schräg, mit einer Neigung zwischen Zellboden und Zelldecke von bis zu 15 Grad. Aber manchmal bauen sie sie aus Versehen schräg oder der Züchter dreht die Waben im Stock absichtlich um, damit die Bienen nicht mehr an ihnen weiter bauen. Meine Bienen haben diese Waben manchmal mit Honig angefüllt, aber die Königin mag solche Waben zum Eierlegen nicht besonders. Wenn Sie einmal diese umgedrehten Waben sehen wollen, schauen Sie sich das Bild am unteren Rand an. Sie sehen, dass der Honig nicht so sehr der Schwerkraft folgt, sondern der Arbeitsweise der Bienen (vorheriges Bild). Der Honig liegt nicht einfach flach in der Zelle, sondern ist teilweise nach oben und unten ausgerichtet. Wenn Sie sich die Zellen auf dem anderen Bild anschauen, sehen Sie, dass sie entweder vollständig horizontal oder sogar etwas nach unten geneigt sind.

Brut in PermaComb

Wie bekommt man einen Beobachtungsstock?
Sie können ihn entweder selber bauen oder einen fertigen Stock kaufen

Ich möchte an dieser Stelle gern eine Anmerkung vorschalten: *alle* Beobachtungsstöcke, die ich gesehen, benutzt oder vermessen habe, hatten einen falschen Wabenabstand. Manche waren zu klein, andere zu groß. Vor ein paar Jahren gab es bei Brushy Mt. Beobachtungsstöcke. Alle anderen Stöcke, die ich kenne, sind nicht besonders gut gebaut und machen ihre Haltung schwer. Fühlen Sie sich also ermuntert, Ihren eigenen Stock zu bauen. Vielleicht ist es für Sie auch einfacher, einen fertigen Beobachtungsstock zu kaufen und dann entsprechend umzubauen. Ein guter Beobachtungsstock sollte folgende Eigenschaften haben:

Der Stock sollte groß genug sein, um das ganze Jahr über mit einer Rahmendicke zu funktionieren. So können Sie die Königin, die Eier und die Brut immer schnell finden, was das Ziel eines Beobachtungsstocks ist.

Ein weiteres Problem ist, dass fertig gebaute Modelle auslaufen und einfach nicht weiter produziert werden; die beschriebenen Modelle sind vielleicht nicht mehr erhältlich, wenn dieses Buch veröffentlicht ist.

Glas oder Plexiglas

Ich mag beide. Wenn Sie einen Stock kaufen, solten Sie Sicherheitsglas kaufen, weil es lange hält. Mein Stock hat Sicherheitsglas, und es hat bis heute gehalten, obwohl meine Enkel es ein paar Mal mit ihren Spielzeugen getroffen haben. Wenn Sie Ihren eigenen Stock bauen, dann ist Plexiglas eine bessere Option, weil es weniger zerbrechlich und leichter ist. Glas lässt sich einfacher reinigen. Hierzu brauchen Sie einfach nur mit einer Rasierklinge Unreinheiten abkratzen. Danach können Sie mit normalem Fensterreiniger über die Scheibe wischen. Um Plexiglas zu reinigen, benötigen Sie Mineralöl in Lebensmittelqualität, das Sie im Supermarkt erhalten. Das Reinigungsmittel muss auf der Scheibe eine Weile einweichen, um Wachs und Propolis entfernen zu können.

Andere praktische Funktionen

Obwohl mein Draper-Stock zu groß ist, mag ich ihn sehr. Er hat ein Drehgelenk, sodass ich ihn einfach umdrehen kann. Ich habe zusätzliche Glasscheiben eingesetzt, um mein Problem mit dem Wabenabstand zu lösen.

Ausgang

Der Stock braucht einen Ausgang. Ich benutze einen Schlauch, der eigentlich für eine Sumpfpumpe hergestellt wurde. Er ist etwa 3,17 cm breit. Mit einer Lochsäge habe ich ein Loch durch meinen Fensterrahmen gebohrt, und den Schlauch hindurchgesteckt. Von außen habe ich das Loch mit Isolierband abgedichtet, damit der Schlauch nicht zurück ins Haus rutscht. Der Schlauch wird mit einer Schlauchschelle am Ausgang befestigt. Beim Brushy Mt.-Stock musste eine Lücke mit einem kleinen Holzstück ausgefüllt werden. Ich habe ein etwa 2,7 cm breites Loch hineingebohrt und dann eine 2,5 cm breite (Innendurchmesser) Pfeife eingesetzt, damit der Ausgang an den Schlauch angeklemmt werden konnte. Es ist sinnvoll, den Stock an ein Fenster zu stellen, wo er keiner direkten Sonneneinstrahlung ausgesetzt ist (durch Bäume, die Schatten geben oder ähnliches), damit das Wachs im Stock nicht schmilzt.

Privatssphäre

Ich habe einfach schwarzen Baumwollstoff gekauft, ihn einmal gefaltet und ihn dann über meinen Beobachtungsstock gelegt. Sie können den Stoff auch so zuschneiden, dass er genau auf den Stock passt. Sie haben dann eine Abdeckung, die einfach herzustellen, anzubringen und zu entfernen ist. Bienen haben es gern hauptsächlich dunkel.

Fragen zu Beobachtungsstöcken
Rahmengröße

Brushy Mt. scheint die einzige Firma zu sein, die verstanden hat, dass in einem Beobachtungsstock am besten eine einzige Rahmengröße verwendet wird und dass diese mit den Rahmen in den Brutkammern der anderen Stöcke des Züchters übereinstimmen sollte. Inzwischen bietet Brushy Mt. deshalb nur noch den „Ulster"-Stock an. Früher hatten sie einen Beobachtungsstock im Angebot, bei dem alle Rahmen tief waren (Huber-Stock) und einen anderen mit ausschließlich mittleren Rahmen (Von Frisch). Ich habe meinen Stock so umgebaut, dass er mit vier mittleren Rahmen und einem selbstgemachten Glasfütterer arbeitet, um die entstandenen Lücken auszufüllen.

Gesamtgröße

Mit dem kleinen Tew-Stock habe ich bislang kein Glück in der Bienenzucht gehabt (dazu wurde er auch ursprünglich nicht entworfen), obwohl ich wirklich hart daran gearbeitet habe (darüber werde ich später noch ausführlicher berichten). Aber die Bienen haben darin kein Glück gehabt. Er ist zu klein. Ich denke, dass die Mindestgröße für einen nachhaltigen Beobachtungsstock bei drei mittleren oder zwei tiefen Rahmen liegt, aber vier mittlere Rahmen oder drei tiefe Rahmen sind sicher besser. Da Sie den Stock nach draußen tragen müssen, um ihn zu bearbeiten (zumindest wenn Sie ihn in Ihrem Wohnzimmer stehen haben wie ich), sollte er möglichst leicht sein, damit Sie ihn transportieren können. Ein Stock mit vier mittleren Rahmen ist für mich in der Größe noch handhabbar, deshalb empfehle ich diese Größe; vier mittlere oder drei tiefe (je nachdem, welche Rahmengröße Sie in Ihren Brutkammern verwenden). Sie können die Stöcke anpassen, indem Sie die Rahmen auf die richtige Größe zuschneiden und den restlichen Platz für Fütterer verwenden oder einfach noch eine Tragleiste einsetzen, um den Wabenabstand richtig zu bestimmen.

Glasabstand

Aus irgendeinem für mich unerfindlichen Grund scheint kein Glasabstand der richtige zu sein. Mein Draper-Stock hat 5,71 cm zum Glas und die Bienen bauen jede Menge Wirrbau in diesen Zwischenraum. Der Stock von Brushy Mt. hat 3,81 cm Platz, aber als ich versucht habe, Rahmen einzusetzen, war alles zu eng, die Brut konnte nicht schlüpfen und die Bienen haben sich verdrückt. Ich habe die Stöcke von Brushy Mt. umgebaut, indem ich eine Zwischenwand aus dem Baumarkt eingefügt habe, die 0,64 cm dick ist. Ich schiebe diese Wand hinter die Scharniere (auf der Seite, an der die Scharniere sind) und hinter die Tür (auf der anderen Seite). Diese Wand hat für mich wunderbar funktioniert und dieser Stock ist inzwischen mein bester. 4,45 cm ist genau der richtige Abstand zum Glas in einem Beobachtungsstock; auch 4,76 cm sind noch in Ordnung.

Fütterer

Beobachtungsstöcke stehen (normalerweise) im Haus, weshalb Sie den Stock füttern können sollten, ohne ihn nach draußen tragen zu müssen. Der Van Frisch Stock von Brushy Mt. hat eine eingebaute Fütteranlage, in die sie ein Literglas mit gelöchertem Deckel geben können. Das funktioniert ganz gut. Der Draper-Stock hat keinen solchen Fütterer, weshalb ich hierfür einen Rahmenfütterer mit Glaswänden gebaut habe; oben habe ich ein Loch gemacht, durch das ich ihn füttern kann. Das Loch wird mit einem Stück Maschendraht abgedeckt. Durch dieses Loch kann ich auch gut Pollen füttern, weil er gut durch die Löcher im

Maschendraht passt. Allerdings hatte ich Schwierigkeiten, als ich den Pollen in den Sirup gestreut habe, weil der Sirup dadurch fermentierte. Deshalb habe ich ein anderes Loch geöffnet, das nicht in den Fütterer, sondern direkt in den Stock führt. Auch dieses Loch ist mit Maschendraht abgedeckt, sodass der Pollen noch hindurchpasst.

Belüftung

Die richtige Belüftung für Sie und für die Bienen zu finden, ist nicht einfach. Der lange Schlauch, der zum Fenster hinausführt, ermöglicht kaum genug Belüftung für den Stock. Ich habe den Tew-Stock mehrmals umgebaut, bis ich die Belüftung genug reduziert hatte, dass die Bienen überhaupt ihre Brut heranziehen konnten. Im Draper-Stock dagegen musste ich für mehr Belüftung sorgen, damit die Gläser nicht mit Kondenswasser beschlugen und meine Probleme mit Kalkbrut weggingen. Sie müssen deshalb sehr auf die Bedürfnisse der Bienen achten. Wenn die Scheiben im Stock beschlagen, ist die Belüftung nicht ausreichend. Auch wenn Sie Kalkbrut sehen, braucht der Stock mehr Belüftung. Wenn die Bienen Probleme haben, überhaupt Brut aufzuziehen, dann ist wahrscheinlich zu viel Belüftung im Stock.

Räuber

Ein Beobachtungsstock ist von Natur aus klein und deshalb anfällig für Raubüberfälle aus größeren Stöcken im Garten. Der Von Frisch-Stock hat eine Scheibe aus Plexiglas, das sich innerhalb des Schlauchs verschließen lässt, sodass der Eingang reduziert oder ganz verschlossen werden kann. Der Draper-Stock hat diese Vorrichtung nicht, was hin und wieder ein Problem ist.

Abklemmen

Ich habe eine Menge Zubehöre ausprobiert, um den Stock abzuklemmen, damit ich ihn mit nach draußen nehmen kann, oder den Strom von Bienen nach innen oder nach draußen stoppen kann. Aber keines hat wirklich gut funktioniert. Letztendlich habe ich dann drei Stoffstücke genommen, die groß genug sind, um den Schlauch abzudecken. Ich nehme den Schlauch ab und verschließe die Enden schnell mit dem Stoff, den ich mit Haargummis festmache. Wenn ich jemanden da habe, der mir helfen kann, dann hält die andere Person den Stoff über das eine Ende, während ich das andere mit den Gummis zuklemme. Nachdem der Schlauch abgeklemmt ist, und der Anschluss an den Schlauch am Stock auch verschlossen ist, kann ich nach draußen gehen und den Schlauch leeren, damit sich die Bienen nicht in ihm anstauen, wenn ich ihn wieder anschließe. Dann bearbeite ich den Stock draußen und bringe ihn, wenn ich fertig bin, wieder rein.

Den Stock bearbeiten

Sobald Sie den Beobachtungsstock öffnen, werden die Bienen hinausschwärmen. Sie werden einen Rauchapparat und eine Bürste brauchen, um die Tür anschließend wieder zumachen zu können. Versuchen Sie mit dem Rauch, die Bienen zurück in den Stock zu jagen und bürsten Sie so viele wie möglich beiseite, bevor Sie die Tür schließen. Ein anderer Vorteil des Von Frisch-Stocks (nachdem ich den zusätzlichen Platzhalter eingefügt habe) ist, dass die Bienen nicht so sehr in den Scharnieren oder in der Tür zerquetscht werden, weil überall mindestens 0,64 cm Platz ist. Ich bürste die Bienen ab, schüttele den Stock ein bißchen und bürste nochmal. Dann bringe ich den Stock wieder ins Haus, halte die beiden Schlauchenden aneinander, nehme die Stoffabdeckung ab und schließe so schnell wie möglich alles wieder an. Wenn ich die Schläuche wirklich schnell anschließe, kommt eigentlich nie auch nur eine Biene ins Haus. Falls sie doch mal ins Haus fliegen, dann werden sie einfach nur versuchen, durch ein Fenster nach draußen zu gelangen. Sie können sie dann einfach mit einem Glas und einem Stück Papier einfangen. Stülpen Sie das Glas über die Biene und decken Sie das Glas von unten mit dem Papier ab. Tragen Sie das Glas nach draußen und lassen Sie die Biene frei.

Wenn ich größere Arbeiten am Stock vornehmen muss oder eine gründliche Reinigung plane, gebe ich die Rahmen in einen Ablegerkasten; der Eingang ist hierbei am selben Platz wie der Schlauch, wobei der Schlauch noch geschlossen ist. Bei mir steht der Ablegerkasten auf einem leeren Kasten, damit er die richtige Höhe bekommt. Wenn der Eingang zum Ableger an derselben Stelle ist, dann finden die Bienen ihn schnell. So habe ich leicht ein paar Tage Zeit, wenn ich sie brauche, um den Wirrbau oder Propolis oder was mich sonst stört, zu entfernen, um andere Sachen zu verbessern, einen Fütterer zu bauen, Platzhalter einzusetzen, ein extra Loch zum Pollenfüttern zu bohren, für mehr oder weniger Belüftung zu sorgen usw. Wenn ich fertig bin, gebe ich die Rahmen wieder in den Beobachtungsstock, entferne den Ablegerkasten und schließe den Schlauch wieder an.

Kastenschablone

Als ich meine Bienenzucht erweitert habe, habe ich viel neues Zubehör gekauft, bis ich mich entschlossen habe, eine Kastenschablone zu bauen, um neue Kästen zusammenzusetzen. Hier sind die entsprechenden Fotos.

Kastenschablone ohne Leitbretter

Einsetzen der Leitbretter

Vorder- und Rückseite werden in die Schablone eingesetzt

Einsetzen der Seiten

Seiten werden mit einem Gummihammer festgeklopft

Seiten werden genagelt

Schablone wird umgedreht

Nachdem die andere Seite genagelt wurde, wird die Schablone entfernt

Bretter werden aus der Mitte der Kästen genommen

Verschiedenes Zubehör

Im Folgenden sehen Sie einige kleine Artikel, die ich für meinen Gebrauch angepasst habe und verschiedene Fotos dazu.

Deckelklemme

Klammer, die den Deckel befestigt

Sie sehen eine Klemme, um den Deckel zu befestigen. Ich habe sie in einem Video gesehen und beschlossen, mir auch welche zu machen, um keine Backsteine mehr heben zu müssen. Die Klemme passt genau in die Handgrifflöcher. Sie ist aus verzinktem Eisendraht gemacht.

Stockunterlage

Stockunterlagen

Mein Ziel war es, ganz einfach 14 Stöcke auf die gleiche Höhe zu bringen, und sie im Winter nahe zusammenzuschieben, damit sie die Wärme besser halten. Die Entfernung beträgt 40 cm, wobei die Hinterseite der Stöcke nach innen gestellt ist und der Eingang nach außen zeigt.

Wegerich

Wegerich

Hierbei handelt es sich zwar nicht direkt um Ausrüstung, aber falls Sie gestochen werden sollten, ist dies die beste Medizin. Nehmen Sie einfach ein Blatt, zerbeißen Sie es und geben Sie es als Brei auf den Stich (natürlich erst, nachdem Sie den Stachel gezogen haben).

Falls Sie keinen Wegerich zur Hand haben, empfehle ich Ihnen hier andere Mittel (die besten zuerst)

1) Brei aus Wegerich

2) Brei aus feuchtem zerstoßenem Aspirin

3) Tabakbrei

4) Brei aus Natrium

5) Brei aus Mononatriumglutamat

6) Bittersalzbrei

7) Kochsalzbrei

Schwimmkörper

Schwimmkörper für Fütterer (Eimer)

Diesen Schwimmkörper benutze ich für einen 20-Liter-Eimer. Er ist aus 0,64 cm dickem Luan-Sperrholz gemacht. Aber egal was ich mache, es ertrinken immer noch Bienen. Wenn Sie solche Schwimmkörper benutzen, sollten Sie sicherstellen, dass Sie genug Eimer haben, damit die Bienen sich besser verteilen. Ich habe beobachtet, dass weniger Bienen sterben, wenn ich mehr Eimer aufstelle. Wenn es aber in der Nähe noch andere Bienenstände gibt, sind offene Fütterer wahrscheinlich keine gute Idee.

Raucheinsatz

Raucheinsatz

Dadurch schaffen Sie eine konstante Sauerstoffquelle, damit Ihr Rauchapparat nicht ausgeht. Schneiden Sie ein paar Kanten an der Unterseite heraus und biegen Sie sie nach außen, damit der Einsatz gut hält.

Werkzeug zum Verdrahten

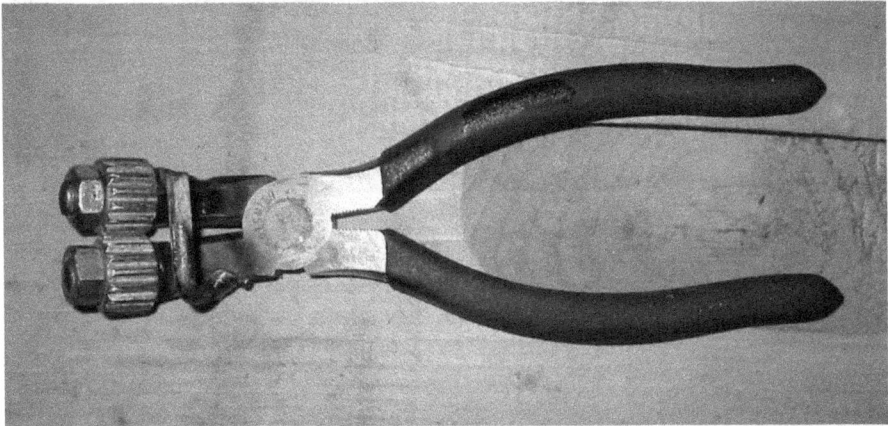

Zange zum Draht wellen

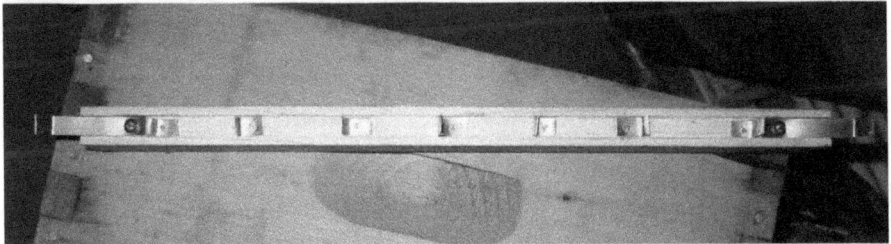

Draht-Einbetter

Ich habe den Einbetter von Walter T. Kelley gekauft, aber er hat an den Enden nicht gut funktioniert und auch Drahtstücke in der Mitte ausgelassen. Ich habe die kleinen silbernen Metallteile, die zu sehen sind, auf das Blech aufgeklebt, und nun funktioniert der Einbetter perfekt.

Dee Lusby hat mich dazu überredet, das Verdrahten einmal zu probieren. Aber ich war schnell von den billigen Plastikzangen frustriert. Um den Draht eng genug zusammenzukräuseln, habe ich letztlich Blasen an den Händen gehabt. Also habe ich bei meinem

Schweißer im Ort eine neue Zange machen lassen. Er hat das Ende eine Zange im 45°-Winkel abgeschnitten und zwei Bolzen und ein Stück Schweißdraht angeschweißt. Dann hat er die Gänge eingestanzt, damit die Schraubenmuttern sich nicht bewegen konnten. Das funktioniert prima. Ich musste mich erst einmal daran gewöhnen, nicht so hart zuzudrücken, weil ich jetzt eine bessere Hebelwirkung habe.

Tiefe 4,9mm-Kunstwaben; in einem mittleren Rahmen aufge-schnitten

Ich habe 4,9mm-Kunstwaben verwendet. Da alle meine Kästen mittelgroß sind und die Kunstwaben vorher nur für tiefe Kästen gemacht wurden. Ich habe sie aufgeschnitten und die Hälfte in einen mittleren Rahmen gegeben und unten eine Lücke offen gelassen. Die Bienen brauchen sowieso irgendwo Platz, um das zu bauen, was sie wollen. Deshalb habe ich ihnen diesen Platz gleich eingeräumt. Ich habe zwei horizontale Drähte eingezogen und die Tragleisten auf 3,17 cm zugeschnitten.

Dinge, die ich *nicht* erfunden habe

„Wie jeder weiß, wird Christopher Kolumbus von der Nachwelt geehrt, weil er der Letzte war, der Amerika entdeckt hat"—James Joyce

"Was ist´s, das geschehen ist? Eben das hernach geschehen wird. Was ist´s, das man getan hat? Eben das man hernach tun wird; und geschieht nichts Neues unter der Sonne. Geschieht auch etwas, davon man sagen möchte: Siehe, das ist neu? Es ist zuvor auch geschehen in den langen Zeiten, die vor uns gewesen sind."—Kohelet 1:9,10

Es folgt eine Zusammenstellung von einigen Themen, die wir schon besprochen haben, aber hin und wieder wird mir von jemandem vorgeworfen, dass ich mir Ideen anderer Leute zuschreibe.Deshalb möchte ich gern klarstellen: ich behaupte nicht, irgendetwas erfunden zu haben. Hier eine Liste von Dingen, die ich angeblich behauptet habe, erfunden zu haben, die ich aber tatsächlich nicht erfunden habe:

Wabenabstand

Ja, mir wurde vorgeworfen, dass ich behauptet hätte, ihn erfunden zu haben. Aber ich habe ihn nicht erfunden (sondern natürlich die Bienen selbst), ich habe ihn auch nicht entdeckt (er wird schon lange verwendet), und wir wissen nicht, wer ihn entdeckt hat. Die Griechen haben herausgefunden, wie weit die Waben voneinander entfernt sein müssen; Huber hat es dann sehr genau ausgemessen. Nicht einmal Langstroth hat es selbst erfunden, den Wabenabstand um die Rahmen herum zu nutzen, das wusste schon Jan Dzierzon lange vor Langstroth. Deshalb könnte man wahrscheinlich sagen, dass der Langstroth-Stock eigentlich von Jan Dzierzon erfunden wurde.

Nur mittlere Kästen verwenden

Ich weiß nicht, wer zuerst versucht hat, andere zu überzeugen, aber Steve von Brushy Mt. schlägt es schon seit langem vor, wie viele andere auch. Ich bin seit relativ kurzer Zeit umgestiegen (ab 2003, also nach 31 Jahren Bienenzucht), weil ich es einfach für eine gute Idee hielt.

8er-Rahmen-Kästen verwenden

Sie wurden vor über 100 Jahren erfunden, wahrscheinlich vor etwa 150 Jahren. Kim Flottum ist schon seit langem ein Fürsprecher dieser Idee, ebenso wie C.C. Miller und Carl Killion.

Oberladerstöcke

Die Griechen haben sie vor mehreren tausend Jahren erfunden. Sie sind auch die Erfinder von Leitwachs an den Leisten. Ich habe in den 1970ern einen Stock auf Grundlage des griechischen Korbstocks aus Holz gebaut, bevor ich moderne Stöcke gesehen hatte. Aber die Idee stammt von den Griechen. Mein Stock war kein langer Stock (auf den Gedanken war ich nicht gekommen), deshalb war er nicht besonders nützlich. Als ich dann Anfang der 1980er Jahre einen Artikel in ABJ mit einem Foto von einem Oberladerstock im Kenia-Stil gelesen habe, wurde mir klar, dass dieser Stock das perfektioniert hatte, was ich vorher versucht hatte, den Griechen abzuschauen.

Oberladerstock

Rahmen ohne Kunstwaben

Diese werden schon seit langem benutzt. Jan Dzierzon, Huber, Langstroth und viele andere haben Rahmen ohne Kunstwaben verwendet. Sie alle griffen damit auf die griechischen Korb-Oberladerstöcke zurück. Die Stöcke, die ich baue, ähneln dem Modell in Langstroths Buch und seinen Patenten sowie Modellen aus Kings Buch. A.I. Root und andere Bienenzucht-Ausstatter mit vielen Jahren Erfahrung haben sie jahrelang hergestellt. Später hat der inzwischen verstorbene Charles Martin Simon versucht, sie wieder beliebt zu machen. Ich halte sie immer noch für eine gute Idee.

Schmale Rahmen

Schmale Rahmen

Auch diese werden schon seit langem verwendet. Ich finde zwar keine exakten Maße für die griechischen Korbstöcke, aber Huber hat 3,17 cm breite Rahmen schon im späten 18. Jahrhundert verwendet. Viele Verfechter benutzen sie seit Jahren, darunter jüngst Koover. Die Russen haben sie studiert und sind zu der Erkenntnis gekommen, dass sie Nosema-Probleme reduzieren und die Brutaufzucht verbessern. Ich denke, dass sie gut geeignet sind, um schnell auf kleine Zellen umzusteigen und um 9 Rahmen voller gerader Brutwaben in meinen 8er-Rahmen-Kästen zu bekommen.

Langstöcke

Mir ist zwar die Idee gekommen, ohne dass ich vorher einen solchen Stock gesehen hatte, aber es war nur ein Versuch, die Probleme einer alten Dame mit dem Gewichteheben zu lösen, weil sie ihre Bienen sehr mochte, aber ihr Rücken sehr schmerzte. Andere haben diese Art von Stock aber schon lange vor mir entwickelt. Es ist ja auch eine offensichtliche Idee, wenn man versucht, das Problem des Kastenhebens zu lösen. Diese Art von Stöcken gibt es schon seit Jahrhunderten und sie ist immer noch die beliebteste Art in der Welt, einen Stock einzurichten - von Nordeuropa über den Mittleren Osten bis nach Afrika und darüber hinaus.

Raucheinsatz

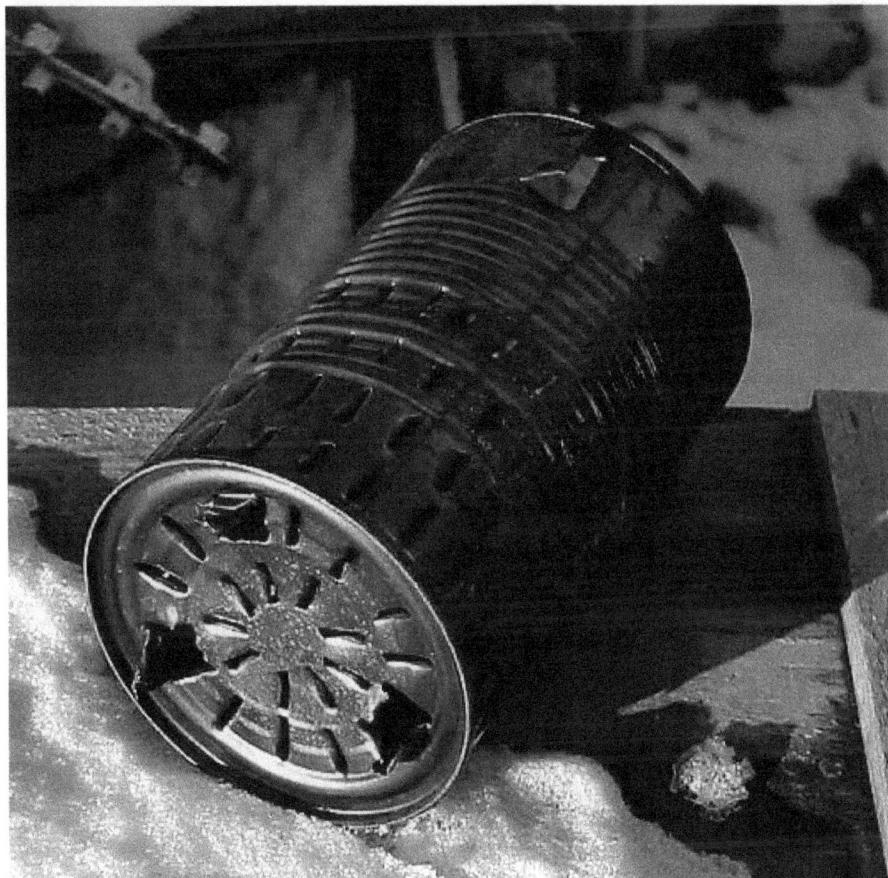

Der Einsatz, den ich aus einer Suppendose gemacht habe, ist nur eine Nachbildung aus dem Rauchboy-Rauchapparat. Ich habe ihn auf jeden Fall nicht erfunden, aber ich mochte die Idee und habe alle meine Rauchapparate entsprechend aufgerüstet. Also habe ich sie einfach aus alten Dosen gemacht. Wahrscheinlich hatte auch schon jemand vor Rauchboy diese Idee.

Stöcke nicht bemalen

Auch dies war nicht meine Idee. Für jeden bequemen Bienenzüchter ist das eine ganz normale Schlussfolgerung, aber C.C. Miller, G.M. Doolittle und Richard Taylor haben hierzu geschrieben, lange bevor ich es getan habe.

*"Den Lehren von G. M. Doolittle zu Folge,
dessen Ideen ich sehr vertraue, ist es
wahrscheinlicher, dass die Feuchtigkeit in
unbemalten Stöcken trocknen kann als in
bemalten. In meinem Keller habe ich beobachten
können, wie ein bemalter Stock feucht und modrig
war, während alle unbemalten Stöcke in sehr
gutem Zustand waren."—C.C. Miller*

Bienenzucht mit kleinen Bienenzellen

Natürlich haben die Bienen die natürliche Zellgröße selbst erfunden. Lusbys waren soweit ich weiß die ersten, die die kleinen Zellen in Zusammenhang mit Krankheitsvorsorge und Bienengesundheit gebracht haben. Ich bin erst spät auf kleine Zellen umgestiegen. Lusbys haben damit schon 1984 angefangen, während ich erst 2001 damit begonnen habe, nachdem ich darüber auf www.beesource.com gelesen hatte.

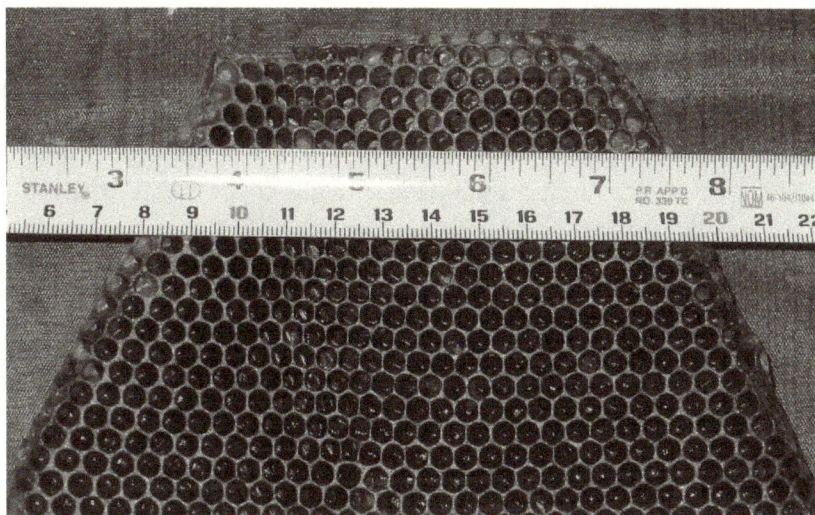

Obereingänge

Ich bin nicht sicher, wie viele Personen dies über die Jahre ausprobiert haben oder wem ich die Idee zusprechen soll. Jemand hat einen osteuropäischen Züchter zitiert, der Obereingänge mit einer Reihe von Vorteilen verbindet, die ich selbst noch nicht beobachten konnte. Ich denke vielmehr, dass es sich um eine einfache Art der Bienenzucht handelt, die verschiedene Probleme löst, die ich mit Schädlingen und Belüftung hatte. Lloyd Spears hat auf jeden Fall schon mit ihnen gearbeitet, lange bevor ich es getan habe. Von ihm habe ich auch die Idee, Unterlegscheiben zu benutzen, um den Deckel anzuheben.

Das Brutnest öffnen

Mir ist nicht bekannt, wer zuerst auf die Idee gekommen ist, das Brutnest zu öffnen, um Schwärmen vorzubeugen. Ein ungeklärtes Rätsel. Ich tue es seit Jahren, weil ich es irgendwo gelesen habe. Zuerst dachte ich, dass ich den Bienen damit nur helfe, ihr Brutnest nicht zu schließen, weil sie es aus Versehen mit Nektar gefüllt hatten; was in der älteren Literatur für gewöhnlich als honiggebunden bezeichnet wurde. Irgendwann wurde mir dann aber klar, dass die Bienen das Brutnest auffüllten, weil sie planten, zu schwärmen. Aber unabhängig davon, warum die Bienen nun das Brutnest auffüllen – es offen zu halten, hält sie vom Schwärmen ab. Verschiedene Züchter haben diese Methode über Jahre hinweg angewendet, weiter empfohlen und abgewandelt. Das Endergebnis bleibt dasselbe: ein erweitertes Brutnest beugt dem Ausschwärmen vor.

Unnatürliche Dinge in der Bienenzucht

In gewisser Weise ist die Bienenzucht wohl immer etwas Natürliches, weil die Bienen sowieso das tun werden, was sie wollen. Aber anderseits kann die Zucht nichts Natürliches sein, weil wir die Bienen unter Bedingungen halten, unter denen sie nicht in der Natur leben.

Was wir alles verändern, indem wir Bienen züchten:

Genetik:

Wir züchten die Bienen so, dass sie weniger

Defensiv sind

Schwarm-orientiert sind

Propolis brauchen

Wirrbau erstellen

Aufgeregt sind

Drohnen heranziehen

Wir züchten Bienen so, dass sie mehr

Vorräte anlegen

Im Frühjahr richtig loslegen und im Herbst ruhiger werden

Wir züchten außerdem

AFB-Resistenz

„Sauberere" Bienen (d.h., dass sie mit Milben oder anderen Schädlingen befallene Zellen herausreißen)

Unterdrückte Milbenfortpflanzung (ich denke, wir wissen selbst noch nicht genau, was das bedeutet, außer, dass es weniger Milben gibt)

Unterbrechungen:

Einräuchern

Den Stock öffnen

Die Rahmen umordnen

Die Königin mit einem Absperrgitter einsperren

Die Bienen durch ein Absperrgitter zwingen

Die Bienen durch eine Pollenfalle zwingen

Honig stehlen

Nahrung:

Pollenersatz statt Pollen

Zuckersirup statt Honig

Gifte und Chemikalien im Stock:

Ätherische Öle

Organische Säuren (Ameisensäure usw.)

Akaricide (Apistan und CheckMite)

Pestizide (von Pflanzenschutzmitteln bis zu Insektiziden)
Antibiotika (TM und Fumidil).

Aufgrund von vorgegebenen Waben in den Rahmen:

Stockorgansisation:

Zellgröße.

Anzahl an Drohnenzellen

Ausrichtung der Zellen

Verteilung der Zellgrößen

Bevölkerung im Stock:

Wir versuchen, die Anzahl der Drohnen zu reduzieren

Wir haben weniger Unterkasten mit verschiedenen Größen

Angesammelte wachslösliche kontaminierte Stoffe

Aufgrund der Rahmen oder Tragleisten:

Abstand zwischen den Waben

Dicke der Waben

Verteilung der Wabendicke

Ansammlung von Chemikalien und möglicherweise Sporen im Kunstwachs

Belüftung um die Waben. Die Rahmen haben oben Öffnungen, aber natürliche Waben sind oben befestigt

Durch die Aufsätze verändert sich der Umfang des Stocks, um Schwärmen vorzubeugen und um zu überwintern

Natürliche Stöcke unterscheiden sich in vieler Hinsicht untereinander, aber künstliche Stöcke verändern:

Belüftung

Größe

Die Kommunikation innerhalb des Stocks durch die Lücken zwischen den Kästen und die Lücken oben

Kondensierung, Verteilung der Kondensierung und Feuchtigkeitsaufnahme

Wabenabstand oben und an den Seiten, während in einem natürlichen Stock die Decke normalerweise solide und ohne Durchgang ist, nur mit einigen kleinen Wegen hier und da, je nachdem wie die Bienen sie für ihre Bewegung oder für die Belüftung brauchen

Die Stelle, an der sich der Eingang befindet

Ablagerungen am Boden (Wachsblättchen, tote Bienen, Wachsmotten usw.)

Verschiedenes:

Einige Züchter stutzen die Flügel der Königin (nachdem sie sich hoffentlich gepaart hat), wodurch sie überhaupt nicht mehr aus dem Stock fliegen kann. Manche Züchter haben Königinnen hin und wieder außerhalb des Stocks beobachtet. Ich weiß nicht genau, was der Grund für diese Ausflüge ist, aber es ist eigentlich auch nicht wichtig.

Wir markieren die Königin mit Farbe.

Wir tauschen die Königinnen viel häufiger aus, als dies in der Natur passieren würde.

Wir kommen der Natur in die Quere, wenn eine Königin eigentlich ausgetauscht werden würde, indem wir zum Beispiel einen Schwarm verhindern oder indem wir die stille Unweiselung unterbrechen.

Ich will damit nicht sagen, dass alles, was wir ändern, unbedingt schlecht ist, genauso wenig, dass alles gut ist, aber wenn wir einen natürlichen nachhaltigen Weg finden wollen, um Bienen zu züchten, dann müssen wir die nachhaltige Weise verstehen, in der die Bienen sich selbst am Leben erhalten. Mich würden Untersuchungen darüber sehr interessieren, wie die Veränderungen, die die Menschen eingeführt haben, sowohl in guter als auch in schlechter Weise das natürliche Gleichgewicht von Bienenkolonien beeinflusst haben.

Wissenschaftliche Forschungen

Zitate

"Ein Großteil des Wissens in dieser Welt ist eine imaginäre Konstruktion. - Helen Keller

"Man kann die Wege der Natur schwer erahnen, sie zeigt Methoden, die die Wissenschaft begründen, und indem wir sie gründlich studieren, können wir vielleicht einige ihrer Mysterien aufklären." - Francis Huber, Neue Beobachtungen an den Bienen, Band II

"Im Laufe vieler Jahre täglichen Kontakts mit Bienen wird der Züchter die nötigen Kenntnisse und Einblicke in die msyteriösen Lebensformen der Honigbienen gewinnen, die dem Wissenschaftler im Labor und dem Anfänger mit wenigen Stöcken normalerweise verwehrt bleiben. Eine begrenzte praktische Erfahrung wird unaufhaltsam zu Ansichten und Schlussfolgerungen führen, die oft weit von denen entfernt liegen, die man mit großer praktischer Erfahrung erlangt. Der professionelle Bienenzüchter ist ständig verpflichtet, die Dinge realistisch einzuschätzen und einen unvoreingenommenen Blick auf jedes neue Problem zu werfen, das er vorfindet. Er ist außerdem gezwungen, seine Methoden auf konkrete Ergebnisse zu basieren und muss zwischen Wesentlichem und Unwesentlichem gut unterscheiden können." - Beekeeping at Buckfast Abbey, Bruder Adam

"Benutzen Sie nur das, was funktioniert, und nehmen Sie es, wo immer Sie es bekommen können." - Bruce Lee

"Ich habe noch nie etwas von jemandem gelernt, der meiner Meinung war." - Robert A. Heinlein

Ich liebe wissenschaftliche Untersuchungen. Ich habe viele von ihnen zu unterschiedlichen Themen von vorn bis hinten gelesen. Es gibt vieles, was man aus ihnen lernen kann. Trotzdem bin ich oft nicht mit den von den Forschern gezogenen Schlussfolgerungen einverstanden.

Post hoc ergo propter hoc (danach, also dadurch) ist der erste logische Fehler und eine Falle, in die Menschen und Tiere gleichermaßen tappen. Die große Versuchung bei diesem Fehler ist, dass „post hoc ergo propter hoc" eine gute Grundlage für eine Theorie darstellt. Der Fehler liegt dabei nicht darin, es für eine Theorie zu benutzen, sondern vielmehr darin, es als Beweis anzuführen.

Lassen Sie uns zunächst diese Fehler anschauen. Bei mir zuhause kräht jeden Morgen der Hahn und jeden Morgen, nachdem der Hahn gekräht hat, geht die Sonne auf. Bedeutet das, dass die Sonne aufgeht, weil der Hahn kräht? Da wir keine anderen Verbindungen sehen, außer das beide Tatsachen aufeinanderfolgend geschehen, würden die meisten von uns wohl davon ausgehen, dass der Hahn nicht die Ursache für den Sonnenaufgang ist.

Alle Kulturen, die ich kenne, haben ihre eigenen Erzählungen und Witze, um sich über diesen Fehler lustig zu machen. Bei uns ist es „zieh an meinem Finger". Und weil die andere Person am Finger zieht und direkt danach etwas Unerwartetes passiert, verbindet das Gehirn beide Ereignisse und für einen Moment glauben Sie, dass beide kausal zusammenhängen.

Nach ein oder zwei Sekunden hat Ihr Gehirn aber nachgedacht und erkannt, dass dieser Zusammenhang absurd ist – dann lachen Sie. In Afrika wird oft die „der Hahn lässt die Sonne aufgehen-Geschichte" erzählt; bei den Lakota ist ein wieherndes Pferd die Ursache für den Sonnenaufgang. Naive Anthropologen dokumentieren diese Geschichten oft so, als ob die Leute wirklich an diese Verbindung glauben würden, aber meiner Erfahrung nach erzählen primitive Kulturen diese Geschichten, um den Denkfehler deutlich zu machen. Dann sehen die Leute zu, wie die Anthropologen die Geschichte glauben und bis ins letzte Detail aufschreiben, weshalb die Ureinwohner den Kopf schütteln und über so viel Einfalt lachen.

Beim Autofahren ist es mir manchmal passiert, dass ich plötzlich ein Geräusch gehört habe. Zuerst dachte ich, dass ich dieses Geräusch verursacht hätte und ich habe mich gefragt, wo es wohl hergekommen war, aber nachdem das Geräusch ein paar Mal nicht aufgetaucht war, habe ich gemerkt, dass eines meiner Kinder dieses Geräusch gemacht hatte. Es war einfach nur Zufall, dass ich gerade Auto gefahren war.

Jeder „statistische Beweis" ist nicht wirklich ein Beweis. Je mehr Beispiele und Stichproben man hat, desto wahrscheinlicher wird es natürlich, dass das, was ich sehe, auch wirklich in Zusammenhang steht und nicht nur ein Zufall ist. Aber einen wirklich analytischen Beweis gibt es nicht. Solange ich nicht den Mechanismus erkannt habe und beweisen kann, dass dieser Mechanismus die Ursache ist, habe ich einfach nur eine größer werdende Wahrscheinlichkeit.

Jeder, der ein wenig von Wahrscheinlichkeitsrechnung versteht, kann das nachvollziehen. Wenn ich eine Münze werfe, wie hoch ist dann die Wahrscheinlichkeit, dass sie mit dem Kopf nach oben fällt? 50/50. Ich werfe sie also und sie zeigt tatsächlich Kopf. Wie hoch ist die Chance, dass auch beim zweiten Wurf wieder Kopf angezeigt wird? 50/50, genau wie beim ersten Mal. Mir selber ist es schon einmal passiert, dass ich eine Münze 27 Mal geworfen habe und sie jedes Mal Kopf gezeigt hat. Beweist das nun, dass die Wahrscheinlichkeit nicht bei 50/50 liegt? Nein, es beweist einfach nur, dass die Zahl meiner Stichproben einfach zu klein war, um statistisch gültig zu sein. Wie oft muss ich also die Münze werfen, bis meine Ergebnisse absolute Tatsachen widerspiegeln? Egal, wie oft ich werfe – ich komme einfach nur näher an die richtige Antwort. Dabei geht es nicht um einen absoluten Beweis, sondern um das Sammeln ausreichender Stichproben. Je größer die Anzahl der Stichproben, desto näher komme ich der Antwort, aber es ist ein altes mathematisches Problem: ich nehme die Hälfte, davon die Hälfte, davon Hälfte und davon wiederum die Hälfte. Aber wann komme ich am Ende an? Niemals. Ich kann ihm nur immer näher kommen.

Hier ging es nur darum, ob die Wahrscheinlichkeit beim Münzenwerfen wirklich 50% beträgt. Der Lebenszyklus eines jeden Organismus ist aber unzählige Male komplexer, als eine Münze zu werfen und wird durch mehr Faktoren beeinflusst, als wir in Betracht ziehen können. Wenn ich etwas Bestimmtes tue und dabei ein bestimmtes Ergebnis erhalte, beweist das dann, dass ausschließlich mein Handeln dieses Ergebnis hervorgerufen hat? Wenn ich eine große Anzahl an Stichproben habe und ich sehr großen Erfolg mit etwas Bestimmtem habe (im Gegensatz zu sehr wenig Erfolg in einer Vergleichsgruppe), dann ist es wahrscheinlich, dass meine Theorie richtig ist. Je kleiner die Anzahl der Stichproben, desto geringer wird der Unterschied im Erfolg und in anderen Faktoren sein und umso mehr andere Faktoren können sich einmischen, die zum Erfolg oder Misserfolg beitragen. Schlimmer noch - je verzerrter diese Variablen zugunsten der einen oder der anderen Gruppe sind, desto weniger gültig sind meine Ergebnisse.

> *"...eine Rose ist nicht unbedingt und untauglicherweise nur eine Rose... es ist je am Mittag und zu Mitternacht ein sehr verschiedenes biochemisches System." - Colin Pittendrigh*

Ein anderes Problem bei solchen Forschungen ist, dass die Bienen im Mai nicht dasselbe tun wie im Oktober.

> *"Die kleinste Bewegung ist wichtig für die Natur. Der ganze Ozean wird durch einen Kieselstein beeinflusst." - Blaise Pascal*

Noch gehe ich von einem vorurteilsfreien Forscher aus. Einer meiner Lehrer (er war kein Professor, sondern ein sehr weiser Schreiner), hat einmal gesagt: „jeder denkt, dass seine eigene Idee die beste ist, weil sie eben gerade ihm eingefallen ist". Das scheint zwar sehr offensichtlich zu sein, ist aber wichtig. Ich bin meinen Ideen gegenüber aufgeschlossen, weil sie in meine Denkweise passen. Wenn sie das nicht tun würden, wären sie mir schließlich nicht eingefallen. Deshalb ist es in der Welt der Wissenschaften wichtig, Ergebnisse zu produzieren. Reproduzierbarkeit ist zwar ein guter Test, insbesondere wenn jemand eine zweite oder dritte Studie durchführt. So kann ein Teil der Vorurteile und anderer nicht vorhergesehener Faktoren ausgeschlossen werden.

Das zweite Problem bei Untersuchungen ist, mit welcher Motivation sie betrieben werden. Der Antrieb zu forschen liegt meistens (aber nicht immer) in persönlichem Gewinn. Ein paar altruistische Leute lieben vielleicht ein bestimmtes Tier, oder eine bestimmte Person und forschen, weil sie ein Problem lösen oder ein Leiden lindern wollen. Diese Personen haben leider meist nicht sehr viel Geld und ihre Forschungen werden nicht sehr gut aufgenommen. Damit sage ich nicht, dass jeder Forscher bewusst Vorurteile pflegt, aber sogar ein Professor muss hin und wieder ein Buch veröffentlichen.

Viele Forschungen werden von bestimmten Institutionen finanziert und beeinflusst, die eine eigene Sichtweise darauf haben, was die richtige Lösung ist, wobei diese Lösung oft etwas ist, das verkauft und vermarktet wird, möglichst mit einem Patent, einem Copyright oder einem anderem Schutz, der Monopole aufrecht erhält.

Es gibt keine Gewinnaussichten und damit auch keine Investitionen für Forschungen, die einfach nur einfache Lösungen finden.

Sicher werden nicht alle mit mir übereinstimmen, aber ich denke, dass einige Institutionen, wie das Landwirtschafts-ministerium, ihre eigenen Interessen haben, die deutlich werden, wenn man ihr Verhalten über einige Zeit beobachtet. Das große Interesse jeder Regierungseinheit ist es, an mehr Geld und mehr Macht zu kommen, und den Anschein zu erwecken, dass sie ihre Mission erfüllt. Im Fall des Landwirtschaftsministeriums ist es ganz offensichtlich, dass chemikalischen Lösungen der Vorzug gegenüber natürlichen Lösungen gegeben werden soll. Sie begünstigen alles, was den Finanzen der Agrarwirtschaft hilft. Das betrifft nicht nur kleine Bauern, Bienenzüchter und andere, sondern die gesamte Agrarwirtschaft.

Es wird gern gesehen, wie sich Geld von einer Hand zur anderen bewegt, weil das die Wirtschaft anzukurbeln scheint.

Nur, weil ein bestimmtes Thema untersucht wurde und die Forscher zu einem Ergebnis gekommen sind, heißt das noch lange nicht, dass dieses Ergebnis auch richtig ist.

In diesem Zusammenhang möchte ich auch etwas dazu schreiben, warum manche Leute keine Forschungen mögen und selber auf ihre eigene Meinung zählen. Einen Grund habe ich oben schon angeführt, nämlich, dass wir unsere eigenen Ideen immer mögen, weil sie am meisten in unser Denkschema passen, aber es gibt einen anderen Grund, nämlich, dass es Menschen gibt, für die „wissenschaftlich nicht bewiesen" gleichbedeutend ist mit „nicht wahr". Etwas, das noch nicht bewiesen wurde, ist einfach nur das: noch nicht bewiesen. Aber bloß weil ich selbst es noch nicht beweisen konnte, macht es etwas nicht unwahr.

1847 führte Dr. Ignaz Philipp Semmelweis ein, sich die Hände zu waschen, bevor man Babys auf die Welt brachte. Er kam auf diese Idee, indem er die statistischen Fakten analysierte: Mütter und Babies starben weniger häufig, wenn sie von Ärzten behandelt worden waren, die sich zuvor die Hände gewaschen hatten. Das war ein „post hoc ergo propter hoc" - die Ärzte wuschen sich die Hände und Mütter und Babies starben weniger häufig. Dies war aber noch kein wissenschaftlicher Beweis und daher erkannten seine Kollegen den Zusammenhang nicht als wissenschaftlichen Beweis an. Warum? Weil der Arzt keine Möglichkeit hatte, den Zusammenhang zu beweisen oder durch ein Experiment darzustellen. Weil der Arzt etwas vorschlug, was er nicht beweisen konnte, wurde er als Quacksalber aus der medizinischen Gemeinschaft ausgeschlossen. Hier haben Sie ein Beispiel von etwas, das nicht wissenschaftlich bewiesen worden war.

In den 1850er Jahren, als Louis Pasteur und Robert Koch die Mikrobiologie und die Theroie der Bazillen begründeten, wurde Dr. Semmelweis´ Theorie endlich wissenschaftlich unterlegt. Nun gab es einen Zusammenhang und es wurde möglich, Experimente durchzuführen, um diesen nachzuweisen.

Was ich sagen will: die Theorie war wahr, auch bevor sie geprüft worden war und genauso war sie es danach. Die Wahrheit ändert sich nicht dadurch, dass etwas bewiesen wird oder nicht. Es gab auch schon vor dem Beweis Anhaltspunkte zugunsten des Händewaschens, aber eben keinen Beweis.

Wir leben unser Leben und treffen unsere Entscheidungen unserer Weltansicht entsprechend. Diese Ansicht ist nicht wahr, sie beruht einfach auf unserer Erfahrung und auf dem, was wir gelernt haben. Aber manchmal taucht etwas Neues auf, dass unsere Ansicht verändert und wir akzeptieren es, weil die Nachweise stark genug sind. Diese Nachweise zu ignorieren, obwohl wir sie nachvollziehen können, bloß weil sie noch nicht bewiesen sind, ist dumm. Genauso dumm kann es sein, an Dingen zu hängen, obwohl sie als falsch bewiesen worden sind. Aber nur, weil die Mehrheit von Leuten glaubt, dass etwas bewiesen ist, heißt das nicht unbedingt, das dem auch so ist; genauso ist es mit Dingen, von denen viele Leute glauben, dass sie falsch sind – sie müssen es nicht sein.

Deshalb würde ich Ihnen empfehlen, Forschungen mit einer Prise Skepsis zu lesen. Schauen Sie, welche Methoden angewandt wurden. Überlegen Sie, ob wichtige Elemente nicht berücksichtigt wurden. Achten Sie darauf, ob es Dinge gibt, die die untersuchte Bevölkerung und die Kontrollgruppe verzerren. Schauen Sie, ob die Studie wiederholt wurde und ob sie in diesem Fall zu denselben oder zu widersprüchlichen Ergebnissen geführt hat. Wie groß ist die untersuchte Bevölkerung? Wie groß sind die Erfolgsunterschiede? Wenn sie minimal sind, dann ist es vielleicht statistisch nicht wichtig. Selbst bei einem großen Unterschied: wurde er in einer zweiten Studie wiederholt? Fragen Sie sich auch: welche Vorurteile könnten die Forscher während der Untersuchung gehabt haben?

Nicht wissenschaftlich bewiesen

Zurück zum Thema. Oft wird das gesagt, um zu belegen, dass etwas nicht wahr ist „das ist ja überhaupt nicht wissenschaftlich bewiesen" oder so ähnlich. Oft wird das so gesagt, als ob das beweist, dass etwas falsch ist. Ganz offensichtlich haben sich diese Leute noch nicht den Verlauf der Geschichte angeschaut. Was heute „bekannt" ist und was „nicht bewiesen" ist, ändert sich von Tag zu Tag. Was heute noch als „Wissen" gilt, ist morgen verrückt. Was heute als verrückt gilt, ist morgen „Wissen". Ich finde es sinnvoller, meine eigenen Beobachtungen anzustellen und daraus meine eigenen Schlussfolgerungen zu ziehen. Aber lassen Sie uns einen Blick auf die Geschichte werfen und auf das „Warten auf den wissenschaftlichen Nachweis":

1604 wurde „A Counterblaste to Tobacco" von König James I von England geschrieben, worin er sich über passives Rauchen beschwert und vor Gefahren für die Lungen warnt. Damals gab es natürlich keine wissenschaftliche Basis für seine Annahmen.

1623-1640 will der Sultan des Ottomanischen Reichs Murad IV das Rauchen verbieten, weil es eine Gefährdung für die öffentliche Gesundheit darstellt. Auch hier gab es noch keinen wissenschaftlichen Nachweis. Nur die Beobachtung.

1798 behauptet der Physiker (und Unterzeichner der Unabhängigkeitserklärung) Benjamin Rush, dass Tabak sich negativ auf die Gesundheit auswirkt und Krebs erregt; all dies basierend auf seinen Beobachtungen, aber ohne wissenschaftliche Studien, die dies belegen könnten.

1929 veröffentlicht Fritz Lickint aus Dresden ein Dokument mit statistischen Nachweisen betreffend Zusammenhang Lungenkrebs – Tabak, aber auch in diesem Fall wurde der statistische Zusammenhang nicht als wissenschaftlicher Nachweis anerkannt, sondern gilt nur als "post hoc ergo propter hoc".

1948 veröffentlichte der britische Physiologe Richard Doll die erste größere Studie, die „bewies", dass Rauchen zu ernsthaften gesundheitlichen Schäden führen konnte. Natürlich bestand die Tabakindustrie weiter darauf, dass der Beweis nicht erbracht wurde, weil keine „wissenschaftliche Methode" nachgewiesen hatte, wie genau dieser Schaden erzeugt wird.

1950 veröffentlichte dann der Amerikanische Ärzteverband seine erste größere Studie, in der Rauchen definitiv mit Lungenkrebs in Verbindung gebracht wurde. Es handelte sich zwar immer noch nur um eine statistische Verbindung, aber die Zahlen der Statistik waren aufgrund ihrer Höhe aussagekräftig.

1953 entdeckte dann Dr. Ernst L. Wynder die biologische Verbindung zwischen Rauchen und Krebs.

1957 schreibt der Chirurg General Leroy E. Burney "Joint Report of Study Group on Smoking and Health" (gemeinsamer Bericht einer Studiengruppe über Rauchen und Gesundheit).

1965 verabschiedet der Kongress das Bundesgesetz zur Etikettierung und Bewerbung von Zigaretten und druckt die Warnungen der Chirurgen auf die Zigarettenschachteln.

Zu welchem Zeitpunkt hätten Sie aufgehört, zu rauchen?

Unterschiede zwischen allgemeinen Beobachtungen und zum Beispiel Beobachtungen über Unterschiede zwischen Zellgrößen.

> *"Widerspruch ist kein Zeichen von Irrtum, so wie das Fehlen von Widerspruch kein Zeichen für Wahrheit ist" - Blaise Pascal*
>
> *"Die Leute sind für gewöhnlich überzeugter von Argumenten, auf die sie selbst gestoßen sind als von solchen, die andere gefunden haben." - Blaise Pascal*

Es hat mich schon immer erstaunt und amüsiert, dass alle zu glauben scheinen, bei jedem Thema gäbe es eine Person, die Recht hat und eine andere, die im Unrecht ist, insbesondere dann, wenn die Unterschiede auf den Beobachtungen beider Personen basieren und wenn sie sich um etwas so Komplexes wie Bienen drehen. Ich wäre aber noch erstaunter, wenn immer alle mit den Beobachtungen der anderen übereinstimmen würden.

Bienen sind komplexe Tiere und ihr Verhalten hängt nicht nur von ihnen selbst ab, sondern davon, in welcher Entwicklungsstufe sich die Bienen selbst befinden, in welcher Entwicklungsstufe sich der Stock befindet, in welcher Jahreszeit etwas geschieht und von welcher Vegetation die Bienen umgeben sind.

Anders ausgedrückt: das Ergebnis fast jeder mit Bienen zusammenhängenden Frage wird von vielen anderen Faktoren abhängen. Es mag einige allgemeine Aussagen geben, die man treffen kann, aber es passiert erstaunlich oft, dass man denkt, man hätte solch eine Aussage gefunden und es sich dann herausstellt, dass sie doch von den Umständen abhängig ist. Was genau passiert, wenn der Stock sich im Frühjahr aufbaut, was passiert während einer Tracht, während eines Fallwinds, einer Hungersnot, in einem Stock mit Brut, ohne Brut, mit einer legenden Königin, mit einer unbegatteten Königin, ohne Königin usw. - all das variiert beträchtlich.

Damit will ich nicht sagen, dass ich erklären könnte, warum man zu unterschiedlichen Beobachtungen kommt, aber ich bin sicher, dass die Leute, die mir ihre Beobachtungen mitteilen, keinen Grund hätten, mich diesbezüglich anzulügen.

Wenn wir aber Beobachtungen vergleichen wollen, dann müssen wir einige Faktoren erst einmal vergleichbar machen und sicherstellen, dass wir auch dasselbe messen. Wenn wir zum Beispiel die Zellgröße messen, bilden wir dann einen Durchschnittswert aus allen Zellen, die kleiner als Drohnenzellen sind? Oder bilden wir den Durchschnitt nur aus den Zellen, die Brut enthalten? Messen wir nur im Zentrum des Brutnests? Haben wir einen bestimmten Radius gewählt oder einen Mittelwert? Messen wir auf die gleiche Weise, also zum Beispiel quer über den Zellboden oder an den Ecken? Und trotzdem kommen wir immer noch zu unterschiedlichen Ergebnissen.

Im Fall der Zellgröße haben wir Dee Lusby´s Beobachtung, dass die Arbeiterzellen sehr uniform in ihrer Größe sind. Dennis Murrel´s Beobachtung zeigt, dass sie einem Muster folgen: kleiner im Zentrum und nach außen hin größer, mit den größten Zellen an den Außenrändern. Meine Beobachtungen sind ähnlich, aber nicht identisch mit denen von Dennis. Dann ist da noch Tom Seeley mit seiner Beschreibung:

"Die grundlegende Nestorganisation besteht aus Honigvorrat oben, Brutnest unten und Pollenvorrat dazwischen. Diese Aufteilung führt zu unterschiedlichen Wabenstukturen. Vergleicht

*man Waben, die für Honigvorräte genutzt werden
mit Waben im Brutnest, sind letztere
üblicherweise dunkler und uniformer im Bezug
auf Zellbreite und –form. Drohnenwaben befinden
sich am Außenrand des Brutnests" —The nest of
the honey bee (Apis mellifera L.), T. D. Seeley und
R. A. Morse*

Auch das ähnelt den Beobachtungen, die Dennis und ich gemacht haben, dass es Honigvorratszellen gibt, die nicht dasselbe sind wie Brutzellen.

Langstroth schrieb:

*"Die Größe der Zellen, in denen Arbeiter
herangezogen werden, variiert niemals"*

Bedeutet das nun, dass Dee falsch liegt? Dass sie lügt? Ich denke nicht. Ich war in Arizona und habe mir die Wabenausschnitte angesehen, die Dee gemacht hat und an denen noch die Bienen hingen und die Waben in Rahmen, die Schwärme fangen sollten und die Größen waren sehr uniform. Warum sind ihre Waben also anders? Ich habe keine Ahnung. Aber worauf ich hinaus will, ist, dass Dee akkurat beschrieben hat, was sie beobachtet hat. Dennis hatte früher Fotos und Messaufzeichnungen auf seine Webseite gestellt; er ist also entweder sehr clever darin, Fotos zu manipulieren oder er zeigt einfach nur ganz ehrlich das, was er beobachtet hat. Da es meinen Beobachtungen ähnelt, und ich ihn als einen ehrlichen Menschen kenne, glaube ich, dass er diese Dinge wirklich so sieht. Ich bitte Züchter die ganze Zeit, mir ihre Beobachtungen mitzuteilen, wenn sie Waben ausschneiden und die Ergebnisse reichen von 5,2 mm bis zu 4,9 mm. Hat deshalb einer recht und die anderen nicht? Ich glaube nicht, ich glaube, dass sie diese Ergebnisse wirklich so vor sich sehen.

Im Bezug auf unterschiedliche Zellgröße

*"...eine stetige Bandbreite an Verhaltensweisen
und Zellgrößen wird in Kolonien festgestellt, die
entweder „stark europäisch" oder „stark
afrikanisiert" sind.*

*"Aufgrund der hohen Unterschiede innerhalb
der Wildbienen und im Vergleich zu gezüchteten
afrikanisierten Bienen ist die beste Lösung des
Afrikanisierungs-problems in solchen Regionen, in*

denen afrikanisierte Bienen dauerhafte Bevölkerungen geschaffen haben, ganz konsequent die sanftesten und produktivsten Bienen aus den bestehenden Kolonien auszusuchen" - Marla Spivak - Identification and relative success of Africanized and European honey bees in Costa Rica. Spivak, M—Do measurements of worker cell size reliably distinguish Africanized from European honey bees (Apis mellifera L.)?. Spivak, M; Erickson, E.H., Jr.

Wissenschaftliche Studien außer Acht lassen

"'Mit unserer Meinung und unserer Ansicht ist niemand einverstanden; jeder glaubt lieber an die seinen." - Alexander Pope

"Wenn wir einem anderen zeigen wollen, dass er sich irrt, dann müssen wir bedenken, aus welcher Perspektive er die Dinge betrachtet, weil es aus dieser Perspektive wohl für ihn wahr ist und wir müssen ihm diese Wahrheit zugestehen, aber ihm auch die Seite zeigen, auf der seine Annahme falsch ist. Dann ist er zufrieden, weil er nicht falsch gelegen hat und es nur versäumt hat, auch andere Perspektiven zu erwägen. Niemand fühlt sich aber beleidigt, weil er nicht alles in Betracht gezogen hat und das kommt wohl daher, dass ein Mensch von Natur aus nicht alles sehen kann und dass er normalerweise sich nicht in der Perspektive irren kann, aus der er die Dinge betrachtet, weil die Wahrnehmungen unserer Sinne immer wahr sind." - Blaise Pascal

"Die Wissenschaft hat etwas Faszinierendes an sich. Man erhält solch pauschale Mutmaßungen als Ergebnis aus solch unbedeutenden Fakten." - Mark Twain

Oftmals werden Leute angeklagt, dass sie wissenschaftliche Studien nur deshalb nicht in Betracht ziehen, weil sie nicht mit ihnen einverstanden sind. Vielleicht ist das eine gerechte Anklage an jemanden, der das Objekt der Studie nicht wirklich versucht hat zu messen. Wie auch immer – ich finde, dass jeder eine Studie beiseite lässt, wenn sie sich nicht mit den persönlichen Beobachtungen deckt – *und das sollte man auch!*

Selbst die „wissenschaftlich" Veranlagten unter uns werden wohl mehr wissenschaftliche Studien nicht beachten als dass sie es tun. Entweder weil die Schlussfolgerungen nicht gerechtfertigt sind, oder die untersuchten Zahlen nicht ausreichten oder das Experiment einfach schlecht konzipiert worden war; die meisten werden eine Studie, die ihrer eigenen Erfahrung widerspricht, nicht beachten. Ihre eigene Erfahrung haben Sie in einem ganz bestimmten Kontext gemacht (z.B. Klima, Bienenstand, Bienenrasse, Bienenzuchtsystem), wobei die Studie möglicherweise in einem anderen Klima oder unter anderen Umständen durchgeführt wurde. Deshalb liegt Ihre ehrliche Reaktion darin, die Unterschiede herauszufinden und dadurch die unterschiedlichen Ergebnisse erklären zu können.

Wenn Sie sich die Studien der letzten Jahre, der letzten Jahrzehnte oder gar Jahrhunderte anschauen, werden Sie merken, dass die Ergebnisse oft innerhalb von wenigen Jahren zwischen zwei gegensätzlichen Polen schwanken. Wie viele Medikamente wurden in Studien als sicher eingestuft und mussten dann trotzdem wieder vom Markt genommen werden, nachdem sie nicht einmal ein Jahr lang im Einsatz waren? Wie oft wurde gesagt, dass Koffein gut für Sie ist, dann wieder, dass es schlecht für Sie sei und plötzlich war es doch wieder gut. Oder Schokolade? Erinnern Sie sich noch daran, wie eine Zeitlang fast alle Ärzte einstimmig davon abgeraten haben, Schokolade zu essen? Heute gilt es als Antioxidationsmittel, das einer holländischen Studie zufolge die Todesrate von über 50-jährigen Männern auf die Hälfte reduziert.

Nur unkluge Leute befolgen die Schlussfolgerungen wissenschaftlicher Studien, ohne sie zu hinterfragen. Die Klugen wägen sie gegen ihre eigene Erfahrung und gesunden Menschenverstand ab.

Weltanschauung

Da die Weltanschauung viel mit diesem Thema zu tun hat, möchte ich Ihnen ein wenig über meine Weltanschauung erzählen.

Ich denke, dass die Welt zu komplex ist, als dass sie jemand irgendwann komplett verstehen könnte. Deshalb erschaffen wir uns unsere eigene Weltanschauung. Sie gibt uns einen Orientierungsrahmen, innerhalb dessen wir Probleme lösen und Entscheidungen treffen. Niemand von uns versteht das große

Ganze, also haben wir alle eine bestenfalls unvollständige Ansicht auf die Welt und im schlimmsten Fall eine völlig falsche Weltanschauung.

Empirisch versus statistisch

Ich bin ein großer Anhänger „wissenschaftlicher Methoden", insbesondere, wenn sie wirklich angewandt werden. Es gab in der „Welt der Wissenschaften" einmal eine Phase, in der alles ignoriert wurde, was nicht zumindest empirische Wahrheit war. Nachdem aber, wie im genannten Beispiel, Ärzte den Fehler begangen hatten, einen Arzt aus ihren Reihen auszuschließen, weil er etwas vorgschlagen hatte, das nur auf statistischer Grundlage basierte (nämlich sich die Hände zu waschen, bevor man Kinder auf die Welt brachte oder jemanden operierte), geht die derzeitige Tendenz in der Wissenschaft und Medizin eher dahin, statistischen Beweisen einigen Glauben zu schenken, manchmal sogar bis zu einem Ausmaß, das nicht immer nachvollziehbar ist.

Wie ich in dem Münzwurf-Beispiel gezeigt habe, werden die Wahrscheinlichkeiten einfach durch Zufall verzerrt. Manchmal werden die Ergebnisse auch durch andere Faktoren verfälscht. Dies sind einige der Gründe, warum Wissenschaftler in der Vergangenheit keine statistischen Belege in Betracht gezogen haben und stattdessen auf empirischen Beweisen beharrten.

Im Falle vieler statistischer Themen ist die untersuchte Gruppe sehr groß (zum Teil ganze Länder oder sogar Kontinente), die anderen Einflussfaktoren sind ausgeglichen und dennoch sind die Unterschiede in den Ergebnissen sehr groß. So ist zum Beispiel die Wahrscheinlichkeit, an Lungenkrebs zu sterben, für Frauen, die rauchen, zwölf mal höher als für Frauen, die nicht rauchen. Das ist keine unbedeutende Differenz. Wenn die Wahrscheinlichkeit doppelt so hoch wäre, wäre dies schon bedeutend, aber eine zwölf-fache Wahrscheinlichkeit ist sehr hoch. Wenn diese Zahlen auch noch aus sehr großen Untersuchungsgruppen stammen, sind sie umso aussagekräftiger.

Auf der anderen Seite haben wir hiermit immer noch keine empirische Beweislage geschaffen, sondern befinden uns, wenn wir uns nur auf Statistiken berufen, in einer *"post hoc ergo propter hoc"*-Situation.

Dennoch ist der Fund zu groß, um ihn einfach zu ignorieren. Dann gibt es aber auch noch Studien, die belegen, wie Tabakrauch Zellveränderungen und möglicherweise Krebs verursacht. Diese

Studie verfügt über mehr empirische Beweise, weil wir die Zellen den Tabaksubstanzen aussetzen und die Veränderungen beobachten können. Diese Prozesse sind so weit untersucht worden, dass wir wissen, dass manche dieser Chemikalien einige dieser Veränderungen auslösen.

Ich habe nicht genug Zeit, um Studien so intensiv zu betreiben, wie das im Fall der Krebsstudien geschehen ist. Ich habe wahrscheinlich nicht einmal genug Zeit, jede Studie, die es bislang gibt, zu lesen. Was ich (und jeder andere) gemacht habe, ist, nach Mustern zu suchen. Diese Muster sind die Spuren, die uns zu verschiedenen Experimenten führen. Wissenschaftler entwickeln aufgrund dieser Spuren ihre Theorien. Wir sehen, dass die meisten Dinge nach einem bestimmten Schema funktionieren und entwickeln daraus eine Theorie. Manchmal sind die Unterschiede zwischen einer Handlungsoption und einer anderen unbedeutend und man verschwendet nicht mehr Zeit darauf. Manchmal tauchen aber auch Probleme auf und es lohnt sich, diesen auf den Grund zu gehen. Hier sollte genauer untersucht werden, um mithilfe von wissenschaftlichen Methoden zu einer Lösung zu gelangen.

Lassen Sie uns das Ganze aus einer persönlicheren Perspektive betrachten: wenn ich ein glühend heißes Metall berühre und meine Finger tun anschließend weh und ich bekomme eine Blase – habe ich dann schon den empirischen Beweis, dass man sich die Finger verbrennt, wenn man heißes Metall anfässt? Es reicht nicht, wenn ich nur weiß „ich habe Metall angefasst und mein Finger tut weh". Ich muss noch andere Dinge mitbedenken. Zum Beispiel: Weiss ich etwas über Metall? Ich weiss, dass wenn es erhitzt wird, es dann Hitze weiterübertragen kann. Ich weiss auch, dass andere Materialien durch Hitze verbrennen oder schmelzen können und ich weiss, dass ich die Hitze fühle, die von dem Metall ausgeht. Deshalb ist es vernünftig, zu denken, dass das Metall mir die Ver-brennung zugefügt hat, weil beide Dinge nicht nur in chronologischer Reihenfolge stehen (eins folgte auf das andere), sondern ich kenne den Mechanismus. Ich habe beobachtet, wie andere Dinge verbrannt sind, wenn sie heiß werden, deshalb ist es logisch, anzunehmen, dass die Hitze (nicht das Metall an sich) mich verbrannt hat. Genauso logisch wäre es, nicht noch einmal heißes Metall anzufassen. Wenn ich aber anderseits nicht auf die Details Acht gebe und zu der falschen Schlussfolgerung gelange, dass das Anfassen von Metall zum Fingerverbrennen führt und den Mechanismus außer Acht lasse (nämlich die Hitze im Metall), dann fasse ich vielleicht nie wieder im Leben Metall an. Das mag dumm klingen, aber in komplexeren Situationen können wir das ganze Leben im Fehlglauben verbringen, wenn wir ein bestimmtes Detail nicht berücksichtigen.

Oft hat man auch einfach keine Zeit, um wirklich wissenschaftlich zu arbeiten. Wenn einige Bienen sterben, dann versuchen Sie womöglich gleichzeitig verschiedene Dinge und Ihre Bienen erholen sich. So wissen Sie danach nicht genau, was nun eigentlich den Bienen geholfen hat und den Unterschied gemacht hat. Selbst wenn Sie nur eine Behandlung ausprobieren, wissen Sie nicht, ob sich die Bienen nicht auch ohne sie erholt hätten.

Eine Bekannte von mir sagt gern: „die Töpfchen-Methode, die Sie ausprobieren, kurz bevor Ihr Kind es sowieso schafft, ist die, auf die Sie hinterher schwören". Soll heißen: die Kinder hätten es mit oder ohne Ihre Hilfe geschafft, aber Sie sind überzeugt davon, dass Ihre Methode die Ursache für den Erfolg war (*„post hoc"*).

Wenn Ihr Arzt Ihnen Medizin verschreibt und Sie danach gesund werden, gehen Sie wahrscheinlich davon aus, dass das an der Medizin lag. Statistisch gesehen gab es aber eine Wahrscheinlichkeit von 99%, dass Sie mit oder ohne Medikament gesund werden würden, aber Sie werden Ihre Genesung der Medizin zuschreiben, die Sie genommen haben, kurz bevor Sie sich besser fühlten. Genauso werden Sie das Medikament dafür verantwortlich machen, falls es Ihnen nach der Einnahme schlechter gehen sollte. Statistisch ist dieser Fall sogar wahrscheinlicher. Laut einer vor kurzem veröffentlichten Studie des National Academy Institute of Medicine sterben jedes Jahr mehr Menschen an medizinischen Fehlern als bei Autounfällen (43 458), an Brustkrebs (42 297) oder AIDS (16 16). Es ist also wahrscheinlich, dass das Medikament schuld ist. Aber es ist nicht sicher, solange wir nicht weitere Fakten zur Hand haben. Diese Art einfacherer Schlussfolgerungen, die nicht über genügend Grundlagen verfügen, um wissenschaftlich zu sein, sind oft das, wonach wir uns richten, weil wir keine Zeit, Energie oder Gelegenheit haben, genügend Daten zu sammeln, um zu richtigen Schlussfolgerungen zu gelangen. Diese Schluss-folgerungen sind nicht wissenschaftlich; manchmal sind sie falsch, aber oft sind sie auch richtig.

Natürliches

Ich gebe zu, dass ich natürlichen Dingen gegenüber positiv voreingenommen bin. Aber dabei handelt es sich nicht um einen fanatischen Glauben ohne Grundlage, sondern diese Denkweise basiert auf meiner Erfahrung und meinen Beobachtungen. Es handelt sich dabei um eines der Muster, die ich beobachtet habe. Über die Zeit hinweg habe ich gesehen, wie viele nichtnatürliche Lösungen für ein bestimmtes Problem kläglich gescheitert sind, manchmal mit katastrophalen Folgen.

Als ich jung war, sollte die Wissenschaft alle unsere Probleme lösen. Sie sollte alle Krankheiten heilen und uns Impfungen gegen alles mögliche geben. Sie sollte Fliegen, Moskitos, Ratten und wilde Hunde ausrotten (kennen Sie das Wort nicht aus einem anderen Kontext?). Die Menschen sind ziemlich erfolgreich darin gewesen, Bären und Wölfe auszurotten (für 14-jährige Trofeenjäger ging es dabei allerdings nicht um Wissenschaft). Infolge wurde überall DDT gesprüht, Rattengift ausgelegt und die Vernichtung von Greifvögeln betrieben, und das ohne die wilden Hunde zu nennen. Dennoch gab es keinen signifikanten Rückgang in der Zahl von Moskitos, Ratten, Mäusen oder Fliegen. Das ist nur eines von vielen Beispielen für „wissenschaftliche" Fiaskos.

Ich denke, dass Ärzte und Wissenschaftler oft nicht nur falsch liegen, sondern das Gegenteil von dem tun, was sie tun sollten. Ich weiß, dass ich damit ein ganz anderes Thema anschneide, aber ich bin ein Lakota-Sonnentänzer. Ich habe viele Fälle von Hitzeerschöpfung gesehen, wenn wir vier Tage und vier Nächte lang ohne Essen und ohne Wasser von Sonnenaufgang bis Sonnenuntergang getanzt haben, während es oft bis zu 38 °C hatte. Mir selbst ist das auch zweimal passiert. Die Leute bekommen dann heiße, trockene Haut, haben Schwindelgefühle, erbrechen sich und sind verwirrt. Dafür habe ich nur eine Heilung beobachtet, die funktioniert und noch nie versagt hat. Diese Leute bekommen nichts zu trinken und tanzen einfach noch zwei Tage weiter. Sie haben schon am Vortag aufgehört zu schwitzen, weil sie keine Flüssigkeit mehr in sich hatten. Wenn ich so jemanden zum Arzt bringen würde, würde dieser sofort versuchen, die Leute auszukühlen. Wenn Sie einen Hitzeschock haben, dann werden Sie verwirrt und können nicht mehr entscheiden, was Sie tun sollen. Der Körper heizt sich auf, weil er nicht weiß, was er tun soll. Die Intuition würde jetzt sagen, dass man solche Menschen abkühlen muss. Aber das funktioniert oft nicht. Wenn Ärzte die Abkühlmethode verwenden, sterben die Leute oft dabei. In einer großen Stadt sterben bei einer schlimmen Hitzewelle manchmal Tausende von Menschen und diese Menschen haben Zugang zu Wasser, medizinischer Versorgung und ihre Körper sind nicht zu ausgetrocknet, um zu schwitzen. Als ich das erste Mal einen Hitzeschock hatte, habe ich eine ganze Weile im Niobrara-Fluss gesessen und habe mich dadurch überhaupt nicht besser gefühlt.

Die Behandlung, die ich gesehen habe und die noch nie versagt hat, funktioniert so: Sie versetzen die Person in eine sehr heiße, sehr feuchte, sehr kurze Schwitzphase. Dazu bringen Sie sie in eine kleine Hütte mit roten heißen Steinen, verschließen die Hütte und gießen Wasser auf die Steine, damit viel Dampf entsteht, bis es so heiß ist, dass Sie es nicht mehr aushalten. Die Folgen für den Körper zeigen sich unmittelbar. Zunächst merkt der Körper, dass es heiß ist. Wie könnte er sich darüber auch unklar sein, wenn die Luft kurz vorm Kochen ist? Dann wird die Haut mit Kondenswasser bedeckt. Sobald die Person nach draußen kommt, weiß der Körper, dass er Kühlung braucht, und das Kondenswasser hilft dabei. Ich bezweifle, dass es jemals eine wissenschaftliche Studie über die Effektivität dieser Methode geben wird, weil sie der Weltanschauung der Wissenschaftler widerspricht.

Ärzte vertreten die Ansicht, dass ein Körper, der nicht das tut, was sie wollen, dazu gezwungen werden muss. Ich bin jedoch der Meinung, dass mein Körper etwas tut, um mir zu helfen. Wenn ich Fieber habe, dann steige ich entweder in eine möglichst heiße Badewanne, mache ein Dampfbad oder gehe in die Sauna. Wenn mein Körper Fieber haben will, dann helfe ich ihm dabei, es zu bekommen. Ich nehme keine Aspirin oder ähnliches, es sei denn, das Fieber würde nach der Sauna oder dem Bad nicht aufhören. Das ist mir aber noch nie passiert.

Meine Weltanschauung lautet: der Natur folgen und mit ihr zusammenarbeiten. Das gründet auf meinen Erfahrungen. Es ist wahr, dass unsere Erfahrungen uns manchmal in die falsche Richtung führen, aber oft helfen sie uns, die Muster von dem zu verstehen, was uns umgibt.

Paradigmen

"Alle Modelle sind falsch, aber manche sind nützlich" - George E.P. Box

Ein Teil des Problems liegt darin, dass jedes Modell, das wir haben, unvollständig ist. Ein neues Wort hat sich in unsere Sprache eingeschlichen; es ist zwar nicht neu, aber es ist zur Mode geworden. Computerprogrammierer benutzen es oft. Es ist das Wort „Paradigma". Einfach gesagt ist ein Paradigma eine Ansicht, ein Modell, eine vereinfachte Form, ein bestimmtes Problem zu betrachten und es zu lösen.

Nehmen wir zum Beispiel die Newtonsche Physik. Sie setzt sich aus mathematischen Regeln zusammen, die es uns ermöglichen, Dinge wie zum Beispiel den Lauf einer Kugel, die Energie in einem Autounfall oder die Bewegung der Planeten vorherzusagen. Kurz gefasst löst es die meisten Probleme, die mit Bewegung und Energie bei Geschwindigkeit unter der Lichtgeschwindigkeit zu tun haben. Sie ist ein nützliches Paradigma. Sie wird täglich angewandt und in der Schule gelehrt, weil sie nützlich ist.

Das Problem ist nur, dass sie nicht wahr ist. Jahrelang wurde sie als unanfechtbare Wahrheit angesehen, bis irgendwann Beweise auftauchten, die ihr widersprachen. Diese Beweise befinden sich auf einem atomaren Niveau und fast in Lichtgeschwindigkeit, aber sie waren nur schwer zu widerlegen. Diese Probleme auf atomarem Niveau und bei Fast-Lichtgeschwindigkeit blieben ungeklärt, bis Einstein, ein Mathematiker (der in Mathematik in der Schule durchgefallen war), ohne einen Abschluss in Physik, das Newton´sche Paradigma abgesetzt und stattdessen das Realitivitätsparadigma eingeführt hat. Dies galt ab dann als wahr (obwohl die meisten Pobleme viel einfacher mit dem Newton´schen Paradigma zu lösen gewesen wären und immer noch so gelöst werden), bis wiederum andere Widersprüche einen weiteren Paradigmenwechsel forderten, den zur Quantenphysik.

Einstein hat sehr darunter leiden müssen, dass er die Newton´sche Physik überholt hat. Sie hatte als absolute Wahrheit gegolten und plötzlich stellte er sie in Frage. Aber niemand schaffte es, die Probleme mit der Lichtgeschwindigkeit zu lösen, bis Einstein ein neues Paradigma gefunden hatte, das funktionierte.

"Hören Sie immer auf die Experten. Sie werden Ihnen sagen, was alles nicht getan werden kann und warum. Dann tun Sie es einfach." - Robert A. Heinlein

"Was wir entdecken müssen, wird oft ganz effektiv von dem verdeckt, was wir schon wissen." - Paul Mace, Autor von "Mace Utilities"

Diese Methode der Problemlösung nennt sich Paradigmenwechsel. Der größte Widerstand gegen ein neues

Paradigma ist das zu enge Festhalten am vorhergehenden Paradigma.

Das ist also der Sinn des Paradigmenwechsels: das Alte zu verwerfen (zumindet temporär), damit das, was wir schon wissen, uns nicht davon abhält, uns für das freizumachen, was wir entdecken müssen.

Das klassische Paradigma zu unserem Verhältnis zur Sonne ist folgendes: Die Sonne geht im Osten auf und im Westen unter. Dieses Paradigma ist sehr nützlich, wenn ich wissen will, in welche Richtung ich gehe und um meinen Stall, mein Haus, meine Bienenstöcke, Zelte oder was auch immer auszurichten. Für alles, was sich auf der Erde befindet, funktioniert das prima, aber es scheitert kläglich, wenn wir damit erklären wollen, was in unserem Sonnensystem passiert.

Dafür müssen wir uns stattdessen auf das Galilei'sche Paradigma, den Kopernikanismus, berufen, der besagt, dass die Sonne das Zentrum unseres Sonnensystems ist, dass sie sich nicht bewegt und dass wir uns um sie und um die eigene Achse drehen. Unsere Drehung verursacht die Illusion, dass die Sonne im Osten aufgeht und im Westen untergeht. Das tut sie in Wirklichkeit nicht, aber wir betrachten diesen Zustand oft als absolute Tatsache. Dabei geht die Sonne nur aus unserer Sicht auf der Erde im Osten auf.

Ist das klassische Modell, dass die Sonne im Osten aufgeht, wahr? Nein. Ist es nützlich? Ja. Ist Galilei's Modell wahr? Nein. Die Sonne ist nicht unbeweglich, sondern rast in Wirklichkeit durch den Raum, aber aus der Ansicht unseres Sonnensystems scheint es wahr zu sein und wenn es um die Bewegungen geht, die nur innerhalb unseres Sonnensystems stattfinden, ist es ein nützliches Modell.

Unsere Weltanschauung besteht aus einer Reihe von Paradigmen, die wir anerkennen. Aber oft verwechseln wir diese Weltanschauung und die Paradigmen mit der Wahrheit. Aber die Wahrheit müsste das komplette Universum umfassen. Dabei ist doch der Sinn eines Paradigmas, ein simples, abstraktes Modell zu bilden, die essentiellen Elemente hervorzuheben, um eine Lösung greifbarer zu machen. Deshalb ist ein Paradigma von Natur aus nicht die ganze Wahrheit, weil die ganze Wahrheit unendlich ist und wir von ihr völlig überwältigt wären.

Die Gefahr liegt darin, Paradigmen mit der Wahrheit zu verwechseln; Sie sind es aber nicht. Wenn das derzeitige Paradigma nicht mehr funktioniert, dann ist es Zeit für einen Wechsel. Suchen Sie sich eine andere Weltanschauung. Erfinden Sie eine von Null auf, aber seien Sie in jedem Fall bereit, die abzulegen, die nicht mehr funktioniert.

Ein Paradigma (das sich aus vielen kleineren zusammensetzt) ist die Philosophie. Sie ist toll für die großen Fragen wie „Warum bin ich hier?", „Wo gehe ich hin?", aber man kann mit ihr einfach kein Auto reparieren.

Ein anderes Paardigma ist die „wissenschaftliche Methode". Sie funktioniert prima zum Autoreparieren, aber nicht dafür, eine Beziehung aufzubauen.

Wissenschaftliche Zahlen in komplexen Systemen
Es ist nicht so einfach

Ich denke, jeder wird denken, dass etwas, was er misst, auch gleich wissenschaftlich ist. Dinge wie Gewicht, Temperatur oder Volumen sind einfach zu quantifizieren und erscheinen deshalb sehr wissenschaftlich, um etwas zu beweisen. Aber selbst recht einfache Systeme sind komplizierter, als dass man sie einfach nur messen bräuchte. Wir drücken solche komplexen Zusammenhänge oft so aus: „es ist nicht schwer, es ist einfach anzusetzen".

Auf diese Weise können wir sagen, dass ein Objekt, obwohl es vielleicht nicht schwerer ist als andere, schwer anzuheben ist, obwohl wir wissen, dass diese Angabe auf einer wissenschaftlichen Skala nicht anzeigbar ist. Wir finden, dass Gewicht eigentlich übersetzt werden sollte mit dem Schwierigkeitsgrad, den wir empfinden, wenn wir etwas anheben, aber wir wissen auch, dass die Gewichtsangabe das nicht ausdrücken wird.

Gewicht als Beispiel

Das Gewicht ist nur ein Indikator, der angibt, wie schwer etwas anzuheben ist. Aber ein Gewicht, das wir in einem großen Abstand zu unserem Körper anheben müssen, empfinden wir zum Beispiel als unangenehmer. Die Hebelwirkung hilft uns in diesem Fall nicht, und so wird viel mehr Last auf unseren Rücken geladen, als man das rein vom Gewicht des Gegenstands annehmen würde. Das passiert, weil die Schwierigkeit beim Anheben eben nicht allein vom Gewicht bestimmt wird. Es geht auch um Hebelwirkung und wie diese vor- oder nachteilig funktioniert. Eine Rolle spielt außerdem, wie schnell wir den Gegenstand wieder absetzen können oder mit wie viel Vorsicht wir ihn abstellen müssen. Es ist deutlich leichter, einen 25 kg-Sack Körner zu bewegen, den ich abwerfen kann, als einen 25 kg-Kasten mit Bienen zu tragen, den ich langsam und vorsichtig absetzen muss. Es kommt darauf an, wie weit ich mich dafür nach vorn beugen muss, um den Kasten anzuheben und anschließend wieder sanft abzusetzen. Sie sehen, dass das Gewicht an sich nur ein kleiner Teil der ganzen Schwierigkeit ist.

Ein Kasten mit acht Rahmen ist zum Beispiel einfacher zu handhaben, als man es vom Gewicht her denken würde. Natürlich wiegt er weniger als ein Kasten mit zehn Rahmen, der ansonsten die gleichen Voraussetzungen erfüllt (zum Beispiel beide mit Honig gefüllt, beide von der gleichen Tiefe usw.), aber das Gewicht, dass sie mit den zwei Rahmen reduziert haben, befindet sich am weitesten von Ihrem Körper entfernt, und die nachteilige Hebelwirkung hätte sich hier am meisten bemerkbar gemacht. Die Dinge also nur unter dem Gewichtskriterium zu bewerten, ist irreführend; Sie müssen viele andere Faktoren berücksichtigen. Zwar können einige dieser Faktoren auch quantifiziert werden, aber dies ist weit komplexer. Das „mechanische Gewicht" (Gewicht incl. mechanischer Vor- oder Nachteil) zu berechnen, ist viel komplizierter, als etwas einfach nur auf eine Waage zu stellen und es zu wiegen.

Überwintern als anderes Beispiel

Ich habe dieses Thema ausgewählt, um nicht nur über Kästen zu sprechen, sondern allgemein über Probleme in diesem Bereich und dafür scheint mir die Thermodynamik in einem überwinternden Stock ein gutes Beispiel zu sein. Ich möchte hier nicht versuchen, die Thermodynamik in einem Stock zu erklären, aber ich möchte das Thema anreißen und zeigen, dass Maßeinheiten eben oft komplizierter sind, als sie zunächst aussehen. Wie viele Aspekte der Thermodynamik in einem überwinternden Stock sind zu berücksichtigen?

● **Temperatur**. Das ist recht einfach. Sie stecken einfach das Thermometer dorthin, wo Sie die Temperatur messen wollen. Sie können die Temperatur an verschiedenen Stellen im Stock messen, in der Traube, am Außenrand der Traube und außerhalb des Stocks. Mit diesen „Tatsachen" wird normalerweise versucht, die Thermodynamik im Stock zu erklären. Aber sie sind nur ein kleiner Ausschnitt von dem, was wirklich passiert.

• **Wärmeproduktion.** Die Traube produziert Wärme. Sie können zwar sagen, dass damit nicht der Stock geheizt wird, und das versuchen die Bienen auch gar nicht, aber sie produzieren Wärme innerhalb des Stocks und diese Wärme verteilt sich im Stock und, abhängig von anderen Faktoren, auch in gewissem Grad nach draußen. Dies ist eine „thermostatisch" kontrollierte Wärmequelle, mit der die Bienen umso mehr Wärme produzieren werden, je mehr die Temperatur absinkt, um diesen Temperaturverlust auszugleichen. Die Temperatur in Ihrem Haus wird dieselbe sein unabhängig davon, ob Sie die Hintertür öffnen oder schließen, aber trotzdem macht es einen Unterschied, ob die Tür offen ist oder nicht. Ein thermostatisch reguliertes Umfeld kann einen Einfluss auf unsere Temperaturmessung haben, weil wir den Wärmeverlust nicht mit berücksichtigen.

• **Atmung.** Die Feuchtigkeit im Stock verändert sich in Abhängigkeit zu den Stoffwechselabläufen der Bienen. Sie wird von den Bienen als Wasser durch die Atmung in die Luft abgegeben. Diese Luft ist warm und feucht. Dadurch wird der Feuchtigkeitsgehalt der Luft verändert, was sich wiederum auf andere Faktoren auswirkt.

• **Feuchtigkeit.** Die Luftfeuchtigkeit beeinflusst viele andere Aspekte der Thermodynamik, weil durch die Konvektion mehr Hitze erzeugt wird, mehr Hitze in der Luft gespeichert wird, mehr Kondensation entsteht und weniger Verdampfung. Wir drücken das im Bezug auf Wetter oft so aus: „es war heiß, aber es war eine trockene Hitze" oder „es war nicht kalt, aber es war feucht".

• **Kondensation.** Die Kondensation von Wasser gibt Wärme ab. Wasser kondensiert an den kalten Seiten und am Deckel des Stocks den ganzen Winter über; das wirkt sich auf die Temperatur aus. Kondensation wird von Temperaturunterschieden und vom Kontakt der Luft mit Oberflächen verursacht. Sie findet statt, wenn die Feuchtigkeit in der Luft hoch genug ist und die Luft dann auf einer Oberfläche abkühlt. So kann sie den hohen Anteil an Feuchtigkeit nicht mehr halten.

• **Verdunstung.** Wasser, das kondensiert hat und an den Seiten herunterrinnt oder von oben herabtropft, verdunstet. Das Wasser nimmt bei der Verdunstung Hitze auf. Feuchte Bienen müssen unglaublich viel Energie verbrennen, um Wasser zu verdunsten, das auf sie getropft ist. Wasserpfützen auf dem Boden nehmen so lange Wärme auf, bis sie völlig verdunstet sind.

• **Thermische Masse.** Der im Stock gesammelte Honig speichert Wärme und gibt über die Zeit Wärme ab. Sie beeinflusst die Zeitspanne, in der Temperaturwechsel vor sich gehen. Die thermische Masse speichert einen Großteil der Wärme im Stock. Viel Honig kann einen Stock kühl halten, wenn es draußen warm ist; genauso gut kann eine Menge warmer Honig einen Stock warm halten, wenn es draußen kalt ist. Thermische Masse dämpft die Auswirkungen von Temperaturwechseln ab; speichert Wärme und gibt sie ab. Das hängt mehr mit der im System vorhandenen Hitze als mit der Temperatur zusammen. Eine große Masse mittlerer Hitze kann sogar mehr Wärme speichern als eine kleine Masse mit höherer Temperatur.

• **Luftaustausch.** Ich teile dieses Thema vom Punkt Konvektion ab, obwohl sie auch hier eine Rolle spielt, weil ich den Luftaustausch mit dem Äußeren von der Luftkonvektion trennen will, die innerhalb des Stocks stattfindet. Luft, die von außen in den Stock gelangt, ist wichtig für die Bienen, weil sie Sauerstoff für den äroben Stoffwechsel mitbringt, aber je mehr es davon gibt, desto mehr Einfluss hat sie auf die Temperatur im Stock. Wird die Luft im Winter reduziert, übersteigt die Temperatur im Stock die Außentemperatur. Wird die Luft zu sehr reduziert, werden die Bienen ersticken; erfährt der Stock zu viel Luftzufuhr, werden die Bienen sehr schwer zu tun haben, um die Hitze in der Traube zu erhalten. Selbst wenn Sie die Luftzufuhr so ausgleichen, dass die Innen- und Außentemperatur gleich sind, macht es ab diesem Moment keinen Unterschied mehr, aber die Traube wird Wärme verlieren, weshalb die Traube mehr Hitze produzieren muss, um diesen Verlust auszugleichen. Wenn Sie sich aber nur darauf beschränken, die Temperatur zu messen, werden Sie diesen Unterschied nicht wahrnehmen.

• **Konvektion** innerhalb des Stocks. Konvektion beschreibt, wie ein Gegenstand mit thermischer Masse und somit mit kinetischer Wärme Wärme an die Luft abgibt. Luft auf einer Oberfläche nimmt entweder Wärme auf oder gibt sie ab (es kommt auf den Temperaturunterschied zwischen beiden an), wenn sich die Luft erwärmt, steigt sie auf und wird durch kühlere Luft ersetzt. Kühlt sie ab, sinkt sie nach unten und wird durch wärmere Luft ersetzt. Gegenstände, die den Luftstrom blockieren oder den Raum in zwei Bereiche teilen, werden Wärme halten. So funktionieren zum Beispiel Bettdecken. Sie schaffen toten Raum, in dem die Luft sich nicht so einfach bewegen kann. Eine Vakuumthermosflasche funktioniert nach dem Prinzip, dass die Wärme nicht durch Konvektion weggetragen werden kann, wenn es keine Luft gibt. Je mehr freien Platz es im Stock gibt, desto mehr Konvektion kann stattfinden. Je mehr Sie den Raum eingrenzen, desto weniger Konvektion findet statt. Manchmal beziehen wir uns auf Konvektion, wenn wir sagen „es waren bestimmt 22°C im Raum, aber es war zugig".

• **Leitung.** Leitung beschreibt, wie sich die Wärme in einem Gegenstand ausbreitet. Nehmen wir zum Beispiel die Außenwand des Stocks. Nachts ist es draußen kühler; die Wand nimmt von innen die Wärme auf, die durch Konvektion (die Luft ist wärmer als die Oberfläche der Wand) und durch Abstrahlung (Wärme aus der Traube) entsteht. Diese Wärme erwärmt das Holz des Kastens. Der Grad, in dem sich die Wärme durch das Holz bewegt, ist die Leitfähigkeit. Die Wärme wird nach außen geleitet, wo sie durch Konvektion von der Oberfläche genommen wird. An einem warmen Tag auf der Südhalbkugel wird die Sonne die Wand erwärmen, die Wärme wird sich durch Konduktion durch die Wand auf die Innenseite weitervermitteln, wo sie durch Konvektion an die Luft abgegeben wird. Isolierung oder Styropor wird die Konduktion reduzieren.

• **Strahlung.** Strahlung ist der Prozess, in dem Energie von einem Gegenstand abgegeben wird, durch ein Medium oder durch Luft weitergegeben wird, ohne die Temperatur des Mediums dabei wesentlich zu beeinflussen, und dann von einem anderen Gegenstand aufgenommen wird. Eine Wärmelampe oder die Wärme eines Feuers sind hierfür ein Beispiel. Im Falle eines überwinternden Stocks sind die zwei Hauptstrahlungsquellen für Wärme die Traube und die Sonne. An einem sonnigen Tag dringt die Wärmestrahlung der Sonne in den Stock durch und verwandelt sich in kinetische Wärme. Durch Konduktion wird sie ins Innere des Stocks geleitet.

Die Wärmestrahlung wird von der Traube auf die umgebenden Honigwaben und Wände, Decken und Böden abgegeben. Ein Teil der Wärme wird dabei vom Honig und von den Wänden aufgenommen, ein weiterer Teil wird zurückgestrahlt. Die Menge hängt davon ab, wie nah die Traube ist und wie reflektiv die Oberfläche. Sie erfahren das praktisch, wenn Sie an einem kühlen Tag in der Sonne stehen und ihre Wärmestrahlung spüren, oder wenn Sie ein Thermometer in die Sonne halten und dann ganz deutlich höhere Temperaturen erhalten als im Schatten.

- **Temperaturunterschiede.** Der Temperaturunterschied zwischen der Traube und dem Äußeren ist ein wichtiger Faktor. Wenn die Außentemperatur im Winter im Durchschnitt 0° C beträgt, und sie selten auf -18° C absinkt, dann ist dieses Thema nicht so entscheidend. Wenn Ihre Wintertemperaturen aber oft über längere Zeit auf bis zu -40° C absinken, dann werden die Unterschiede wichtiger.

Die wichtigste Frage ist aber: „Wie wirken alle diese Faktoren während des Winters in einem Stock zusammen?"

Ein Schlüssel zum Verständnis liegt darin, die Bienen zu beobachten. Sie passen sich den Umständen an, die sie erleben, wie zum Beispiel an den Wärmeverlust, unabhängig davon, was Sie auf dem Thermometer sehen können. Die Traube fühlt sich von dem Ort angezogen, an dem sie am wenigsten Wärme verliert. Dadurch merken Sie, wo genau der Wärmeverlust stattfindet.

Was ich damit sagen will, ist, dass die Dinge sehr viel komplexer sind als einfache Messungen, und dennoch tendieren wir dazu, sie darauf zu reduzieren.

Die Königin in einem aggressiven Stock austauschen

Ein wirklich bösartiger Stock sollte unbedingt mit einer neuen Königin besetzt werden, aber es ist sehr schwierig, die derzeitige Königin in solch einem Stock zu finden. Zwischen hunderttausenden von aggressiven Bienen, die Sie gern am liebsten töten würden und einem wilden Gewimmel auf allen Waben, wird die bösartige Königin sehr aktiv und damit schwer zu finden sein. Aber auch ein Stock ohne Königin kann bösartig werden, deshalb sollten Sie nach Eiern oder anderen Anzeichen suchen, die Ihnen bestätigen, ob es noch eine Königin im Stock gibt, bevor Sie viel Zeit auf der Suche nach ihr verschwenden. Hören Sie auch, ob ein dissonant klingendes Brummen aus dem Stock kommt, bevor Sie ihn aufmachen; auch dies ist ein Anzeichen dafür, dass es keine Königin mehr gibt. Ich möchte Ihnen kurz beschreiben, was ich unter solchen Umständen tun würde:

Zuerst sollten Sie sich darauf vorbereiten, gestochen zu werden. Bereiten Sie sich darauf vor, sich vom Stock zu entfernen, und auch ein Stück wegzurennen - durch Büsche zu rennen funktioniert ganz gut, um die Bienen abzuhängen.

Teile und herrsche

Ihr Ziel ist es, den Stock in händelbare Teile aufzutrennen. Bereiten Sie einen leeren Kasten am alten Standort vor, um die Feldbienen einzusammeln, die am schwierigsten zu behandeln sind. Wenn Sie eine Schublade und jemanden haben, der mitanfassen kann, dann können Sie einen Stock vielleicht 30 Meter weit transportieren und dann einen leeren Kasten an den alten Standort stellen, um die Feldbienen einzusammeln, bevor Sie sich um den Rest des Stocks kümmern. Ich habe leider keine Hilfe zur Hand, deshalb transportiere ich den Stock Kasten für Kasten. Dabei sollten alle Kästen eine eigene Unterlage und einen eigenen Deckel haben. Jeder Kasten braucht eine neue Königin, falls Sie also Königinnen bestellen wollen, bestellen Sie mindestens eine Königin mehr, als Sie Kästen haben. Bereiten Sie die Bodenbretter vor; sie sollten 10 Schritte vom alten Standort entfernt sehen. Ziehen Sie sich die komplette Schutzkleidung an, binden Sie Ihre Hosenbeine mit Gummiband zu, damit die Bienen nicht in Ihre Hose fliegen können und vergessen Sie Ihren Schleier und

Lederschutzhandschuhe nicht. Legen Sie für jeden Kasten einen Deckel und ein zusätzliches Bodenbrett bereit. Zünden Sie den Rauchapparat an und räuchern Sie den Stock ordentlich ein, bis der Rauch aus dem oberen Teil heraussteigt. Damit versichern Sie sich, dass alle Bienen nur noch den Rauch riechen und keine Pheromone mehr. Blasen Sie keine Flammen in den Stock, nur Rauch und warten Sie mindestens eine Minute. Stemmen Sie den Deckel des obersten Kastens auf, aber heben Sie ihn noch nicht ab. Stellen Sie den Kasten auf ein Bodenbrett und bedecken Sie den Hauptstock mit einem Deckel. Stellen Sie den abgenommenen Kasten auf ein Bodenbrett. Halten Sie Ausschau nach Stöcken, die sehr viele Bienen und sehr wenig Gewicht haben (wahrscheinlich haben diese Stöcke Brut oder eine Königin) und markieren Sie diese mit einem Stein oder einem anderen Kennzeichen. Machen Sie dasselbe mit allen Kästen, bis der Stock aufgeteilt ist. Stellen Sie einen leeren Kasten mit Rahmen auf ein Bodenbrett und bedecken Sie ihn. So fangen Sie die zurückkommenden Bienen ein. Jetzt sollten Sie alles mindestens eine Stunde, besser noch einen Tag ruhen lassen.

Danach sollten Sie mit den am stärksten bevölkerten Stöcken anfangen, weil es am wahrscheinlichsten ist, dass diese noch eine Königin haben. Stellen Sie ein weiteres Bodenbrett und einen leeren Kasten (ohne Rahmen) auf das Bodenbrett. Räuchern Sie die Bienen dieses Mal nur sanft ein, schließlich wollen Sie nicht, dass die Königin zu viel umherläuft. Warten Sie eine Minute, öffnen Sie den Kasten und suchen Sie den Rahmen mit den meisten Bienen, weil Sie hier möglicherweise die Königin finden. Falls Sie sie finden, töten Sie sie. Falls Sie nicht fündig werden, geben Sie diesen Rahmen in einen leeren Kasten und suchen Sie auf den anderen Rahmen weiter. Falls der Kasten zu groß ist, teilen Sie die 10 Rahmen am besten in zwei Ablegerstöcke mit je fünf Rahmen. Geben Sie den Bienen Zeit, sich zu beruhigen und suchen Sie dann erneut. Finden Sie die Königin, töten Sie sie. Geben Sie den Bienen eine Ruhepause so oft Sie mögen, damit sie sich beruhigen können, aber hören Sie nicht auf, bevor Sie die Königin gefunden haben. Suchen Sie nach Spuren. Der Kasten mit den meisten Bienen hat sehr wahrscheinlich auch eine Königin. Nachdem die Königin tot ist, sollten Sie den Kasten mindestens 24 Stunden lang ohne Königin lassen, damit er bereit ist, eine neue Königin aufzunehmen.

Geben Sie nun eine Königin in einem Käfig in den Stock. Ziehen Sie den Zuckerstöpsel nicht heraus, sondern platzieren Sie den Käfig so, dass die Bienen die Königin füttern können. Einige werden die neue Königin sicher nicht akzeptieren, aber das sollte Sie im Moment nicht beunruhigen. Die Bienen, die die Königin annehmen, können sich mit denen mischen, die es noch nicht tun. Nach drei oder vier Tagen können Sie den Zuckerstöpsel entfernen, falls die Bienen willig scheinen sollten, die Königin freizulassen und sie nicht versuchen zu beißen, ansonsten öffnen Sie nur ein Loch im Stöpsel.

Vier oder fünf schwache aggressive Stöcke sind deutlich weniger aggressiv als ihre Summe in einem großen Stock; die Bienen sollten also allein durch die Teilung schon ruhiger werden. Nach etwa 12 Wochen sollte sich dann alles im Normalzustand befinden.

Falls Sie sich die Suche nach der alten Königin ganz ersparen wollen, warten Sie einfach eine Nacht, nachdem Sie die Teilung vorgenommen haben und geben Sie dann eine Königin in einem Zuckerkäfig in jeden Kasten. Schauen Sie am nächsten Tag nach, ob sie eine tote Königin finden oder ob eine Königin am Käfig herumbeißt. Der Kasten, in dem Sie das beobachten, enthält also höchstwahrscheinlich die Königin, die vorher im großen Stock war. Sie können zum Nachschauen auch hier wieder eine Hälfte der Rahmen in einen anderen Kasten geben und warten, dass die Bienen sich etwas beruhigen, wenn die Suche dadurch leichter wird. Anschließend können Sie den Zuckerstöpsel vom Käfig entfernen und die Königinnen in die Kästen laufen lassen. Falls die Königin im Kasten, in dem es schon eine Königin gab, getötet werden sollte, können Sie diesen Kasten einfach mit einem anderen zusammenlegen, der noch eine neue Königin hat. Sie können auch bei den Feldbienen die Königin austauschen, dies wird allerdings schwieriger, oder Sie können die Feldbienen mit einem anderen Kasten zusammenführen, indem Sie sie mit Zeitungspapier aneinanderstellen, dies aber erst, nachdem die neue Königin im anderen Kasten akzeptiert worden ist.

CCD – Colony Collapse Disorder

Dieses Thema des plötzlichen Völkersterbens wird sehr oft angesprochen und ich bin in diesem Zusammenhang oft falsch zitiert worden. Hier also nun das, was ich zu diesem Thema zu sagen habe:

Nachdem es CCD schon seit Jahren gibt und viele Studien über Mikroben in Bienen und in Bienenstöcken angestellt worden sind, habe ich meine eigene Theorie entwickelt. Es handelt sich dabei wie gesagt nur um eine Theorie und ich kenne nicht alle wissenschaftlichen Arbeiten, die es gibt. Aber mir scheint es so, dass hier argumentiert wird, dass die schuldigen Mikroben nicht gefunden werden oder, dass immer wieder andere Mikroben schuld sein sollen, und das geschieht meiner Meinung nach, weil es diese schuldige Mikrobe einfach nicht gibt. In einem gesunden Bienenstock und in einer gesunden Biene findet man über 8 000 Mikroben. Viele davon sind notwendig für die Gärung des Bienenbrots (Pollen, Nektar, verschiedene Bakterien, einige Hefen und andere Pilze). Vergärt der Pollen nicht, ist er für die Bienen unverdaulich. Außerdem verdrängen die Bakterien, die in den Bienen leben, viele Krankheitserreger. Und schließlich sollten wir nicht vergessen, dass diese 8 000 oder mehr Mikroben in einem Gleichgewicht leben. Selbst bestimmte Krankheitserreger beugen dabei anderen Krankheiten vor. So wissen wir, dass der Kalkbrut-Pilz Europäische Faulbrut verhindert und dass der Steinbrut-Pilz gegen Nosema vorbeugt. Es gibt noch viel mehr solcher Gegengewichte in einem gesunden Stock.

Lassen Sie uns nun Terramycin in dieses Gleichgewicht einführen. Bienenzüchter haben vor mehreren Jahrzehnten begonnen, es zu benutzen und die Mikroben hatten viele Jahre Zeit, dagegen Widerstandskräfte zu entwickeln. Terramycin hat also mit Sicherheit das ursprüngliche Gleichgewicht unterbrochen und stattdessen wurde ein neues Gleichgewicht aufgebaut.

Nun geben wir Tylosin (was eigentlich nur für TM-resistente Amerikanische Faulbrut verwendet werden sollte, letztlich aber viel breiter eingesetzt wurde und langlebiger ist) dazu und wechseln von Apistan und Coumaphos, die die Mikroben nicht geschädigt haben, wohl aber die Bienen und andere Insekten und Milben, die Teil des ökologischen Gleichgewichts waren. Stattdessen benutzen wird nun Ameisensäure und Oxalsäure, die den pH-Wert des Stocks ganz drastisch verändern, wodurch sich das Leben der Mikroben verändert und wodurch die meisten Mikroben direkt getötet werden. Von der Benutzung hin zu den organischen Säuren haben wir das komplette Ökosystem der Mikroben und anderer Lebewesen im Stock verändert. Was kann man da als Resultat erwarten? Ich würde unter anderem erwarten, Unterernährung vorzufinden, weil die Pollen nicht mehr verdaubar sind, obwohl die Nahrung an sich in Fülle vorhanden ist. Und ich würde mit einem ernsten Kollaps der Infrastruktur des Stocks rechnen.

Das ist meine Theorie.

Über den Autor

*"Er schreibt wie er spricht, mit mehr Inhalt,
Details und Tiefe, als man es bei so wenigen
Worten glauben würde... seine Webseite und
seine PowerPoint-Präsentationen sind der Gold
Standard für verschiedene Bienenzucht-Praktiken
mit gesundem Menschenverstand."—Dean Stiglitz*

Michael Bush ist einer der führenden Verfechter der behandlungsfreien Bienenzucht. Er hat einen vielseitigen Lebenslauf, von Schreinerei und graphischer Kunst über Konstruktion und Computerprogrammierung und verschiedene andere Stationen. Derzeit arbeitet er mit Computern. Er hält seit Mitte der 1970er Jahre Bienen, zwischen zwei und sieben Stöcke bis zum Jahr 2000. Durch Varroaprobleme sah er sich gezwungen, mit mehr Stöcken zu experimentieren und so stieg die Zahl seiner Stöcke jährlich an, bis sie 2008 etwa 200 Stöcke erreichte. Er ist auf zahlreichen Bienenzuchtforen aktiv und hat über 50 000 Posts veröffentlicht. Außerdem betreibt er seine eigene Webseite über Bienenzucht unter www.bushfarms.com/bees.htm

* 9 7 8 1 6 1 4 7 6 0 9 5 5 *